井眼轨道几何学
The Geometry of Wellbore Trajectory
（第二版）

刘修善　著

科学出版社

北　京

内 容 简 介

本书汇集作者 30 余年的研究成果，系统阐述了定向钻井的一系列科学与工程问题，基于微分几何、曲线论等理论，构建了井眼轨道几何学的成套理论、技术和方法。全书共五章，主要内容有：井眼轨道的表述方法、基本方程及二维模型、三维模型和通用模型，地球椭球及投影变换，井眼轨道定位方法和不确定性评价方法，各种复杂结构井及方位漂移轨道设计和井下管柱摩阻分析，实钻轨迹测斜计算、偏差分析及邻井防碰评价，空间圆弧轨迹演化规律，各种约束条件下的随钻轨迹控制方案设计，导向钻具几何造斜率，以及基于地层-钻具-轨迹系统的井眼轨迹定量预测与控制和地层自然造斜规律反演方法。

本书注重理论与实践相结合，适合从事油气井工程、探矿工程及相关专业的科研和技术人员阅读，也可作为高等院校相关专业师生的参考书。

图书在版编目(CIP)数据

井眼轨道几何学 = The Geometry of Wellbore Trajectory / 刘修善著. —2 版. —北京：科学出版社，2019.9

ISBN 978-7-03-062156-6

Ⅰ. ①井⋯ Ⅱ. ①刘⋯ Ⅲ. ①油气钻井–轨道计算 Ⅳ. ①TE2

中国版本图书馆 CIP 数据核字(2019)第 181094 号

责任编辑：吴凡洁 冯晓利 / 责任校对：王 瑞
责任印制：师艳茹 / 封面设计：蓝正设计

科 学 出 版 社 出版
北京东黄城根北街 16 号
邮政编码：100717
http://www.sciencep.com

三河市春园印刷有限公司 印刷
科学出版社发行 各地新华书店经销

*

2019 年 9 月第 一 版　开本：787×1092　1/16
2019 年 9 月第一次印刷　印张：19
字数：420 000

定价：268.00 元
(如有印装质量问题，我社负责调换)

第二版序

  石油和天然气是当今人类社会的主体能源，油气在世界能源结构的占比超过55%，而且石油也是最重要的化工资源，我们日常生活中几乎离不开石化产品。不仅如此，自1973年美国令美元与石油挂钩以来，现代社会赋予石油太多的其他含义，诸如与国际政治、外交、金融乃至军事都有着密切的关系。

  在油气勘探开发中，钻井工程是必不可少的环节，定向钻井已成为现代钻井工程的主要部分。定向钻井的关键技术是井眼轨道设计、监测与控制技术，其实质是根据油气勘探开发要求来构建井眼轨道的空间形态。该书系统研究和总结了定向钻井的若干科学与工程问题，将它们划分为井眼轨道表征、井眼轨道定位、井眼轨道设计、实钻轨迹监测和随钻轨迹控制五个研究主题，具有系统性。根据定向钻井的本质性特征，将一系列工程技术问题凝练为几何学命题，应用微分几何、曲线论等理论建立了定向钻井的成套技术方法，颇具特色和创新性。其开创性工作主要体现在：揭示了井眼轨道的弯曲和扭转特性及各种参数间相互影响规律，建立了井眼轨道的基本向量方程、挠曲特性方程和近似坐标方程；交叉融合大地测量学、地磁学等理论，提出了设计轨道和实钻轨迹的精准定位方法；揭示了井身剖面演化和地层自然造斜规律，提出了二维轨道交互设计、三维轨道漂移设计等系列化方法；提出了井眼轨迹模式识别方法、三种测斜计算方法(自然曲线法、曲线结构法、数值积分法)和评价实钻轨迹偏差的曲面投影法及通用靶心距计算方法，提高了井眼轨迹的监测精度及可靠性；揭示了空间圆弧轨迹演化规律，建立了软着陆轨迹控制方案设计、导向钻具几何造斜率预测等方法；构建了地层-钻具-轨迹系统，形成了井眼轨迹定量预测与控制和地层自然造斜规律反演技术。

  该书第二版较第一版增加了一些新的内容，进一步丰富和发展了定向钻井的有关理论认识和工程技术方法，具有较高的学术水平和实用价值，必将对石油工程技术进步和油气井工程学科发展起到推动作用。

苏义脑
中国工程院院士
2018年9月于北京

第一版序

自从 1859 年在美国钻成世界上第一口油井，从而开始规模化开采石油以来，石油日益成为人类社会不可或缺的能源资源。20 世纪世界进入石油经济时代。当今石油和天然气已经成为世界上应用最广泛的能源，占总能源消费的 60%以上。所以说油气资源是当代社会最重要的能源和战略物资，影响国计民生和国防安全。对石油的拥有量和消费量，往往也成了衡量一个国家综合国力和国民生活水平的标志之一。

由于油气资源深埋地下，要开采就必须钻井。钻井或以钻井为代表的工程技术，与勘探、开发共同构成支撑石油工业上游业务的三大支柱，这一点国际国内概莫能外。随着一百多年来石油工业的技术进步，今天的钻井已不单单是构建一条油气通道，而是日益成为提高勘探发现率和开发采收率的重要技术手段。20 世纪 90 年代以来，油气钻井高新技术发展很快，表现出"四高"特征，即在原来的"高投入、高产生、高风险"基础上，又增加了"高技术"的特点。美国能源部在展望 21 世纪钻井技术发展趋势时指出，今后的钻井是要"更深、更快、更便宜、更清洁"，我对此曾作了补充，还要"更安全、更聪明"——所谓更聪明，是指能大幅度提高勘探、开发效果的钻井方式和井型的变革，例如从直井向定向井的变革即为其例。

早期的石油钻井都要钻直井。尽管在 1895 年以前就有利用特殊工具在直井中打捞落鱼而进行过侧钻，但国际钻井界公认的定向钻井的开端是在 1932 年——一位大胆的钻井承包商和工程师，在美国加利福尼亚的 Huntington 海滩上安装钻机而弯曲地钻到海底油层，即今天所说的"海油陆采"——由此拉开了定向井时代的序幕，并在此后的几十年中，又进一步衍生出水平井、大位移井、多分支井和鱼骨井等先进的井型和成套技术。古人云："凡事预则立，不预则废"，设计就是"预"，井眼轨道设计就是上述这些钻井成套技术中的第一个环节和关键之一。

井眼轨道设计技术以钻井目标为前提，以几何学为基础，以计算机软件为手段，以井眼轨道控制技术为制约。复杂的钻井目标要求高水平的设计，如 Designer's Well，而这样的设计必须通过建立在几何学方法基础上的软件系统加以实现，并且只能在现有井眼轨道控制技术允许的条件下才能实现。反之，井眼轨道设计技术也会对井眼轨道控制技术提出要求并促进其向前发展。因此，又可以说井眼轨道设计技术与井眼轨道控制技术相辅相成，密不可分。只有对钻井工艺和井眼轨道控制技术有足够了解和掌握的人，才能作出高水平的井眼轨道设计方案。同时考虑井眼轨道控制方案的设计往往也是轨道设计者分内的工作。

该书作者刘修善教授是位青年学者，他曾在我的指导下攻读博士学位，具有多年从事钻井教学与科研的经历。他在井眼轨道设计方面进行过长期的钻研，并颇有心得与建树。浏览此书，我的感受可概括为四个字：集成，创新。作者对前人在井眼轨道设计方面的成果加以仔细研究，并吸收大地测量学和微分几何学的基本知识编入该书，从而为井眼轨道设计提供了更为坚实的基础和较高的起点，因而读者会感到更具系统性；作者又把自己多年来的有关研究成果纳入该书，对前人文献中的讹误之处加以求证和修改完善，因而又不乏创新性。

祝贺该书的正式出版，同时也期望我国年青的钻井科技工作者能在繁忙的工作之余，把自己的研究成果编纂成书，以提高我国油气钻井专业教学与科研的水平，推动钻井技术的进一步发展。

是为序。

中国工程院院士
2006 年 12 月

第二版前言

自本书第一版发布以来，定向钻井技术有了很大发展，作者主持完成的国家 973 计划和国家科技重大专项等课题也积累了一些新的研究成果。在国内外读者的广泛关注和不断催促下，作者对第一版进行修订的责任感和自信心与日俱增，驱使日夜兼程地修订本书。

与第一版相比，本书在结构和内容上都有很大变化。

(1) 凝练梳理了定向钻井的关键科学与工程问题，构建了井眼轨道表征、井眼轨道定位、井眼轨道设计、实钻轨迹监测和随钻轨迹控制五个研究主题，为此将第一版的九章内容修订为五章。

(2) 在井眼轨道表征方面：增加了井眼轨道的挠曲特性方程，揭示了挠曲参数分组及各组挠曲参数间的相互关系、井眼轨道挠曲形态与挠曲参数间的唯一对应关系；增加了井眼轨道特征参数及求取方法、井眼轨道模型及参数间的相互关系、井眼轨道通用模型等内容，为满足井眼轨道设计、监测与控制等不同需求，建立了一致性的井眼轨道模型化方法。

(3) 在井眼轨道定位方面：精简了大地测量学知识，增加了地磁场模型，论述了设计轨道和实钻轨迹的精准定位方法；增加了测斜仪工作原理、井眼轨迹误差模型及误差椭球表征等内容，介绍了井眼轨迹不确定性评价方法。

(4) 在井眼轨道设计方面：修改完善了设计步骤及要求、二维井眼轨道的交互式通用设计方法等内容，增加了井下管柱摩阻分析。

(5) 在实钻轨迹监测方面：增加了井眼轨迹模式识别方法，亦即测斜计算方法优选，修改完善了实钻轨迹偏差分析等内容，重构了邻井防碰分析的结构及内容。

(6) 在随钻轨迹控制方面：增加了井眼轨迹演化规律，修改完善了各种约束条件下的随钻轨迹控制方案设计；构建了地层-钻具-轨迹系统，论述了井眼轨迹定量预测与控制和地层自然造斜规律反演方法。

由于作者水平有限，书中欠妥之处在所难免，恭请广大读者批评指正。

刘修善

2018 年 9 月于北京

第一版前言

石油天然气作为一种主要能源，已成为世界性产业革命的支柱。随着油气需求量的日益增长和石油勘探开发程度的不断提高，石油钻井所面临的地质环境越来越复杂，对钻井工程设计、随钻监测与控制、井身质量和钻井效率的要求也越来越高。定向钻井可以解决直井难以解决的许多技术问题，其发展历史可追溯到19世纪末，而在世界范围内进行定向钻井技术的系统研究开始于20世纪50年代。进入20世纪80年代以来，随钻测量技术、PDC钻头和导向钻井工具的研究和应用，有效地推动了定向钻井技术的迅速发展。特别是近20年间，水平井和大位移井技术的推广应用，取得了巨大的技术经济效益和社会效益，使定向钻井技术成为石油勘探开发中的一项重要技术。

近20年来，定向钻井技术无论是在随钻测量仪器、井下工具及导向钻井系统的开发与应用方面，还是在井眼轨道设计、监测及控制方法等基础理论的研究方面，都取得了重要进展。作者自1984年参加工作以来，一直从事井眼轨道设计理论与监测方法方面的研究工作。在一些专家和朋友的鼓励下，经过近5年的思考和筹备，决定尝试撰写一部相关的学术专著，以总结20余年来的粗浅认识和体会。作者希望本书能够产生抛砖引玉的效果，为相关专业的研究人员和技术人员提供有益的参考，并对促进定向钻井技术的进一步发展起到积极的作用。

本书共分四篇，九章。第一篇大地测量学基础，介绍了大地测量和地球椭球及投影变换的基本理论，主要是为了使钻井工程师和研究人员能够了解和掌握定向钻井必备的相关知识，特别是有关高斯投影变换和方位角及其归化方面的知识。其中，第一章大地测量基础知识，阐述了地球的几何特征和物理特征、大地测量的基准面和高程系统以及大地测量坐标系统和国家大地测量基准；第二章地球椭球及投影变换，介绍了地球椭球的数学性质、投影方法和投影变形，详细阐述了高斯投影原理及投影变换方法、磁偏角和子午线收敛角的概念及计算方法、方位角的基准及其归化问题。第二篇井眼轨道的数学模型，研究了井眼轨道空间形态的描述与计算方法以及典型的井眼轨道模型。其中，第三章井眼轨道的空间形态，系统地阐述了井眼轨道弯曲和扭转的几何意义和运动学意义，揭示了井眼轨道参数之间的内在关系和基本特征，并探讨了井眼轨道挠曲参数的计算方法；第四章二维井眼轨道模型，分析了二维井眼轨道模型的力学基础，重点介绍了圆弧线模型、悬链线模型和抛物线模型的数学模型；第五章三维井眼轨道模型，主要研究了三维井眼轨道模型的数学特征及其描述方法，通过阐述典型模型的基本假设、适用条件以及井眼轨道参数的计算方法，为井眼轨道设计与计算奠定了基础。第三篇井眼轨道设计理论，系统地阐述了二维和三维井眼轨道的设计方法。其中，第六章二维井眼轨道设计，介绍了典型圆弧形剖面和靶区内井眼轨道的设计方法，阐述了井身剖面的特征参数及约束方程、通用圆弧形剖面以及交互式的设计理念和方法，还探讨了悬链线剖面和抛物线剖面的设计方法；第七章三维井眼轨道设计，介绍了简单障碍物模型的三维绕障井设计方法以及适当条件下的二维绕障井设计方法，阐述了方位漂移轨道的数学模型和约束方程以及适用于各种方位漂移规律的定向井、水平井和大位移井设计方法，还介绍了侧钻定向井和水平井的设计方法。第四篇井眼轨道监测与控制方法，介绍了实钻轨迹监测方法和井眼轨道控制方案的设计方法。其中，第八章实钻轨迹监测方法，介绍了实钻轨迹的测斜计算方法、实钻轨迹与设计轨道间的偏差分析方法以及用于邻井防碰和救援井中靶的最近距离计算方法；第九章井眼轨道控制方案设计，介绍了井眼方向控制方案和中靶控制方案的设计方法，阐述了同时满足井眼方向和中靶要求的软着陆控制方案设计方法，还介绍了弯壳体导向钻具几何造斜率的计算方法。本书围绕井眼轨道设计、监测及控制方法的理论体系，贯穿了系统的几何学研究方法，故定名为"井眼轨道几何学"。

虽然作者有写好本书的强烈愿望，但因能力和水平有限，疏漏和谬误之处在所难免，恳请同行专家批评指正。

本书是作者多年来学习和工作的总结，在此要特别感谢中国工程院院士苏义脑教授和清华大学副校长岑章志教授的指导和培养，苏义脑院士还在百忙之中审阅了书稿并为本书作序。同时感谢中国石油化工股份有限公司石油勘探开发研究院及德州石油钻井研究所有关部门、领导和同志的大力支持和热情帮助。

作　者

2006 年 10 月

目录

第二版序
第一版序
第二版前言
第一版前言

第一章 井眼轨道表征 ⋯ 1
第一节 井眼轨道表述 ⋯ 1
一、井眼轨道图示法 ⋯ 1
二、井眼轨道表征参数 ⋯ 5
第二节 井眼轨道基本方程 ⋯ 12
一、微分积分方程 ⋯ 12
二、基本向量方程 ⋯ 13
三、弯曲扭转方程 ⋯ 14
四、挠曲特性方程 ⋯ 16
五、近似坐标方程 ⋯ 18
第三节 二维井眼轨道模型 ⋯ 23
一、二维直线模型 ⋯ 23
二、圆弧线模型 ⋯ 24
三、悬链线模型 ⋯ 25
四、抛物线模型 ⋯ 29
第四节 三维井眼轨道模型 ⋯ 32
一、三维直线模型 ⋯ 32
二、空间圆弧模型 ⋯ 33
三、圆柱螺线模型 ⋯ 37
四、自然曲线模型 ⋯ 40
五、恒主法线模型 ⋯ 42
六、三维悬链线模型 ⋯ 44
七、三维抛物线模型 ⋯ 45
第五节 井眼轨道特征及通用模型 ⋯ 47
一、特征参数及求取方法 ⋯ 47
二、模型及参数间的关系 ⋯ 49
三、井眼轨道通用模型 ⋯ 51

参考文献 ··· 54

第二章　井眼轨道定位 ·· 57

第一节　地球椭球及几何参数 ··· 57
一、地球椭球的几何形状 ·· 57
二、大地测量坐标系统 ··· 59
三、椭球面上的曲率半径 ·· 64
四、椭球面上的弧长 ·· 69

第二节　地图投影及投影变换 ··· 71
一、地图投影方法 ··· 71
二、高斯-克吕格投影 ··· 72
三、通用横轴墨卡托投影 ·· 79

第三节　井眼轨道定位方法 ·· 82
一、井眼轨道坐标系统 ··· 82
二、子午线收敛角和磁偏角 ··· 89
三、传统定位方法 ··· 97
四、精准定位方法 ··· 99

第四节　井眼轨迹不确定性 ·· 101
一、测斜仪工作原理 ·· 102
二、井眼轨迹误差模型 ··· 107
三、井眼轨迹误差椭球 ··· 111

附录一　国际地磁参考场的高斯球谐系数 ··· 125
附录二　井眼轨迹的误差源及权函数 ··· 130
参考文献 ··· 136

第三章　井眼轨道设计 ·· 138

第一节　设计原则及步骤 ··· 138
一、设计原则 ·· 138
二、设计步骤及要求 ·· 139

第二节　定向井及水平井轨道设计 ··· 141
一、传统设计方法 ··· 141
二、通用交互式设计方法 ·· 144

第三节　大位移井轨道设计 ·· 156
一、悬链线剖面设计 ·· 156
二、抛物线剖面设计 ·· 159

第四节　绕障井轨道设计 ··· 160
一、三维绕障井轨道设计 ·· 160
二、侧钻绕障井轨道设计 ·· 164
三、二维绕障井轨道设计 ·· 169

第五节　方位漂移轨道设计 ·· 176

　　　　一、方位漂移特性表征·····176
　　　　二、直井漂移轨道设计·····177
　　　　三、定向井漂移轨道设计·····179
　　　　四、水平井漂移轨道设计·····181
　　　　五、大位移井漂移轨道设计·····182
　　第六节　井下管柱摩阻分析·····183
　　　　一、井下管柱的稳态力学模型·····183
　　　　二、主要影响因素及确定方法·····187
　　　　三、稳态力学模型的解算方法·····191
　　　　四、简化的管柱摩阻扭矩模型·····192
　　　　五、摩阻系数反演·····194
　　参考文献·····195

第四章　实钻轨迹监测·····197
　　第一节　实钻轨迹测斜计算·····197
　　　　一、测斜计算方法·····197
　　　　二、计算方法优选·····211
　　第二节　实钻轨迹偏差分析·····212
　　　　一、法面扫描法·····212
　　　　二、柱面投影法·····214
　　　　三、靶心距·····218
　　第三节　邻井防碰分析·····221
　　　　一、邻井定位方法·····221
　　　　二、邻井距离表征·····223
　　　　三、邻井距离通用算法·····229
　　　　四、邻井距离解析算法·····232
　　　　五、邻井防碰评价·····236
　　参考文献·····239

第五章　随钻轨迹控制·····241
　　第一节　空间圆弧轨迹演化规律·····241
　　　　一、井斜角和方位角方程·····242
　　　　二、空间坐标方程·····244
　　　　三、主法线角方程·····245
　　　　四、空间斜平面姿态·····247
　　　　五、井斜角极值·····248
　　　　六、井斜演化规律·····250
　　　　七、井眼轨迹控制模式·····250
　　第二节　井眼方向控制·····251
　　　　一、一般控制方案·····251
　　　　二、特殊控制方案·····255

第三节　井眼位置控制 259
　一、目标点位置 259
　二、单井段控制方案 260
　三、多井段控制方案 262
第四节　软着陆轨迹控制 265
　一、一般软着陆控制方案 265
　二、连续导向控制方案 266
第五节　导向钻具几何造斜率 269
　一、三点定圆原理 269
　二、几何造斜率预测 270
　三、导向钻具结构尺寸设计 274
第六节　地层-钻具-轨迹系统 276
　一、系统构成及特性表征 276
　二、系统内相互作用及约束关系 279
　三、井眼轨迹预测 281
　四、井眼轨迹控制 281
　五、地层自然造斜特性反演 282

参考文献 283

常用符号说明

L　　井深，m

α　　井斜角，(°)

ϕ　　方位角，(°)

N　　北坐标，m

E　　东坐标，m

H　　垂深，m

S　　水平长度，m

V　　水平位移，m

φ　　平移方位角，(°)

κ_α　　井斜变化率，(°)/m

κ_ϕ　　方位变化率，(°)/m

κ　　井眼曲率，(°)/m

τ　　井眼挠率，(°)/m

ω　　主法线角，(°)

R　　曲率半径，m

ε　　弯曲角，(°)

κ_t　　工具造斜率，(°)/m

ω_t　　工具面角，(°)

ϕ_w　　定向方位角，(°)

$\boldsymbol{r}$　　井眼轨道的位置向量

$\boldsymbol{t}$　　井眼轨道的单位切线向量

$\boldsymbol{n}$　　井眼轨道的单位主法线向量

$\boldsymbol{b}$　　井眼轨道的单位副法线向量

$\boldsymbol{h}$　　井眼高边方向的单位向量

坐标系 NEH	井口坐标系
坐标系 xyz	井眼坐标系
坐标系 XYZ	标架或工具坐标系
坐标系 UVW	误差椭球的主轴坐标系
$\boldsymbol{i}, \boldsymbol{j}, \boldsymbol{k}$	井口坐标系 NEH 的单位坐标向量
$\boldsymbol{e}_X, \boldsymbol{e}_Y, \boldsymbol{e}_Z$	标架坐标系 XYZ 的单位坐标向量
a, b	地球椭球的长短半轴，m
e	地球椭球的第一偏心率，无因次
L^*	大地经度，(°)
B^*	大地纬度，(°)
H^*	大地高，m
γ	子午线收敛角，(°)
δ	磁偏角，(°)
β	磁倾角或地层倾角，(°)
ψ	地层上倾方位角，(°)
$\sigma_1, \sigma_2, \sigma_3$	误差椭球的主轴半径，m

第一章

井眼轨道表征

油气钻井的基本任务是钻达勘探开发部署的设计目标，从而构建地面与井下的油气通道，并作为提高勘探发现率和开发采收率的重要技术手段[1,2]。当设计目标偏离井口处的铅垂线时，就必须采用定向井、水平井、大位移井、分支井等方式钻井。这些非直井钻井都需要使用定向造斜、轨道设计等钻井工艺技术，统称为定向钻井技术。

油气钻井是通过钻头破碎地层而形成井眼。定向钻井需要预先设计井眼轴线，并在钻井过程中随时监测和控制钻头轨迹。在油气井工程中，预先设计的井眼轴线称为设计轨道，而实际钻成的井眼轴线称为实钻轨迹，二者统称为井眼轨道或井眼轨迹。

井眼轨道是连续光滑的空间曲线，常用一些图形和参数来表述井眼轨道的形状及其变化规律，其核心是井眼轨道的基本方程及模型。井眼轨道表征必须以符合钻井工艺技术特征为前提，并具有明确的物理意义，内容包括井眼方向、空间坐标、挠曲形态等。

第一节　井眼轨道表述

表述井眼轨道形状及其变化规律既可用图形也可用参数，二者相辅相成，互为补充。这样既利用了图示法形象、直观等特点，也发挥了参数准确、灵活等优势。从钻井工程和曲线论的角度来说，大多数概念和定义对于设计轨道和实钻轨迹都适用。

一、井眼轨道图示法

用图示法来描绘井眼轨道既可用一个空间坐标系，也可用两个平面坐标系，分别称之为三维坐标图和柱面投影图[3-8]。要描绘井眼轨道，首先需要建立坐标系，其中最基本的坐标系是井口坐标系。

1. 井口坐标系

以井口 O 为原点，建立右手直角坐标系 NEH。其中，N 轴指向正北方向，E 轴指向正东方向，H 轴铅垂向下指向地心，如图 1-1 所示。

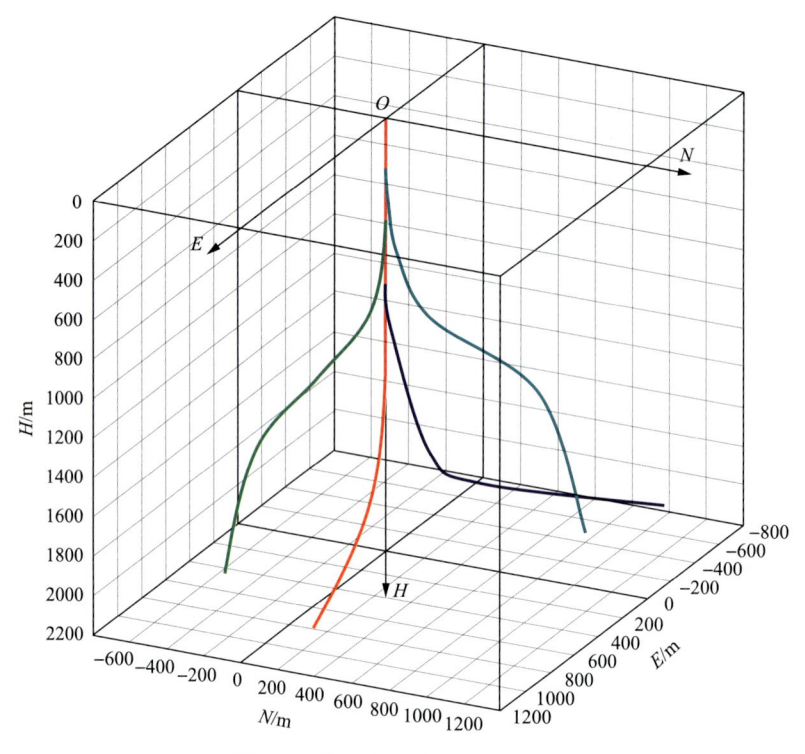

图 1-1 井口坐标系及三维坐标图

定向钻井涉及三个指北方向，即真北、网格北（即地图投影纵坐标北）和磁北。真北指向地理北极方向，网格北指向高斯投影、通用横轴墨卡托投影（universal transverse Mercator，UTM）等地图投影平面上的纵坐标轴正向，而磁北指向地磁北极方向。在井口坐标系中，垂深坐标轴 H 沿重力线方向指向地心，所以选定指北基准后就确定了北坐标轴 N 和东坐标轴 E 的方向。除坐标外，指北基准还是方位角的起算基准，对应于三个指北基准的方位角分别称之为真方位角 ϕ_T、网格方位角（也称坐标方位角）ϕ_G 和磁方位角 ϕ_M，如图 1-2 所示。

因为磁北极随时间变化，所以磁北不宜作为指北基准，否则会给后续的邻井防碰、老井侧钻及油田开发等工作带来不便。根据地图投影坐标容易算得井口坐标系下的靶点北坐标和东坐标，据此可直接设计井眼轨道，因此以往习惯采用网格北作为指北基准。然而，采用网格北作为指北基准存在一些固有缺陷和不足（详见第二章第三节），所以推荐采用真北方向作为指北基准。

2. 三维坐标图

在井口坐标系 NEH 下，沿井深绘制井眼轨道的坐标，便可得到井眼轨道的三维坐标图，如图 1-1 所示。

三维坐标图的优点是：在一个坐标系下就可以把井眼轨道完整地描绘出来，整体感强。但是因为井眼轨道只是一条曲线，不能像机械零件图那样给人以充分的立体感，所以往往需要借助于一些辅助手段来改善视觉效果。

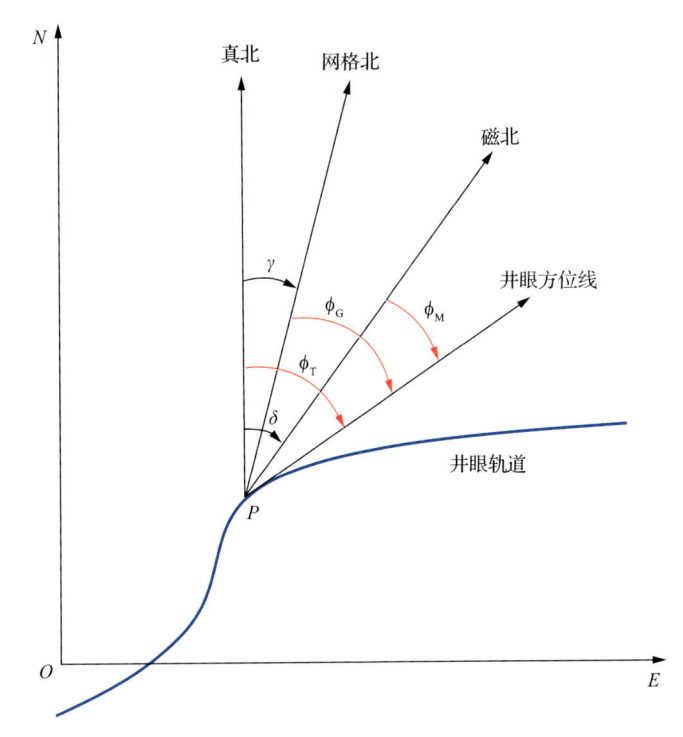

图 1-2 指北基准及方位角

3. 柱面投影图

用垂直剖面图和水平投影图两个平面图来描绘井眼轨道，如图 1-3 所示。过井眼轨道上各点作一系列铅垂线，这些铅垂线将构成一个弯曲柱面。弯曲柱面与水平面的交线就是井眼轨道的水平投影图。柱面是可展曲面，将它展为平面后，井眼轨道也随之变为平面曲线，这样便得到了井眼轨道的垂直剖面图。

柱面投影图有两个主要优点：①由垂直剖面图和水平投影图容易想象出井眼轨道的空间形状。若将垂直剖面图沿水平投影图上的井眼轨道形状进行弯曲，可恢复成由铅垂线构成的弯曲柱面，从而得到井眼轨道的空间形态；②柱面投影图能直观地反映出大多数井眼轨道参数的真实值，特别是井深、井斜角、方位角等基本参数的真实值。

为监测实钻轨迹与设计轨道的符合情况，以往还用井眼轨道投影图[3-5]，它将设计轨道和实钻轨迹都投影到某个铅垂面上。但是对于三维定向井，这种方法存在误差甚至会产生失真[8]。因此，在垂直剖面图上，应将实钻轨迹投影到设计轨道所在的铅垂曲面上[8]，如图 1-4 所示。首先，过设计轨道上各点作一系列铅垂线，这些铅垂线构成一个铅垂的弯曲柱面，简称设计曲面。然后，再将实钻轨迹垂直投影到设计曲面上得到实钻轨迹的投影轨迹。这样，设计轨道和投影轨迹都在设计曲面上，因此将设计曲面展开成平面便可得到井眼轨道的垂直剖面图，则当用柱面投影图来描绘井眼轨道时，在垂直剖面图上实钻轨迹实为设计曲面上的投影轨迹。

三维柱面图

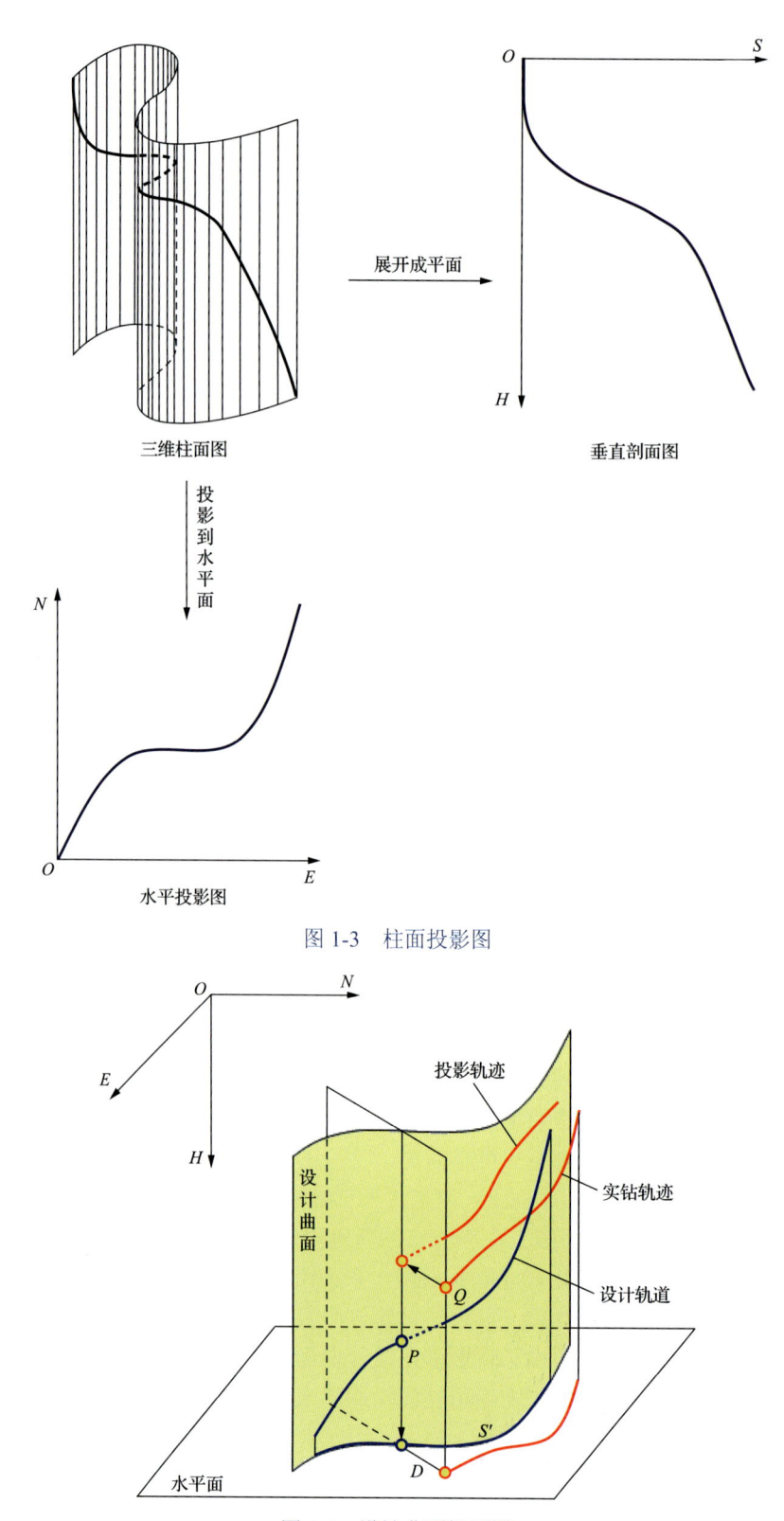

展开成平面

垂直剖面图

投影到水平面

水平投影图

图 1-3　柱面投影图

图 1-4　设计曲面投影图

需要说明的是：①先将实钻轨迹上任一点 Q 垂直投影到设计曲面上，然后再铅垂投影到水平面上，则铅垂线必然与设计轨道交于某点 P。因此，要监测实钻轨迹与设计轨道的符合情况，实钻轨迹上的 Q 点应与设计轨道上的 P 点相比较；②在垂直剖面图上，设计轨道的横坐标为水平长度，而实钻轨迹的横坐标为视水平长度，纵坐标均为垂深；③对于二维定向井，设计轨道位于铅垂平面内，即设计曲面退化为铅垂平面，因此（视）水平长度可简化为（视）水平位移。

总之，井眼轨道的三维坐标图和柱面投影图各有其特点，应根据具体情况合理使用。通常三维坐标图多用于描绘丛式井各井之间的空间位置关系、单口定向井的空间形态等情况，而柱面投影图多用于研究井眼轨道设计、实钻轨迹监测等问题。

二、井眼轨道表征参数

井眼轨道参数是表征井眼轨道空间形态的重要方法，大致可分为基本参数、坐标参数和挠曲参数等种类。掌握这些参数的基本概念及其相互关系是进行井眼轨道设计与计算的基础[3-7]。

1. 基本参数

理论上，如果知道井斜角和方位角沿井深的变化规律，就可以确定井眼轨道的空间形态，因此常把井深、井斜角和方位角称为井眼轨道的基本参数。

(1) 井深(L)：井眼轨道上某点到井口的井眼轴线长度，也称为斜深，单位为 m。井深是表征井眼轨道上某点位置的标志性参数。

对于实钻轨迹来说，测点处的井深也称为测量井深或简称测深，通常以钻柱长度或测斜电缆长度来量测。

(2) 井斜角(α)：井眼轨道上某点的井眼方向线与铅垂线之间的夹角，单位为(°)，如图 1-5 所示。

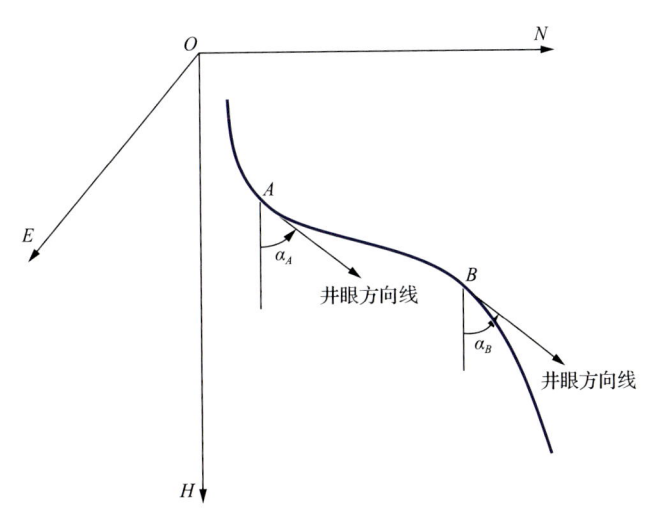

图 1-5 井斜角示意图

井眼方向线是指井眼轨道前进方向的切线。由井眼方向线和铅垂线可确定一个铅垂平面，在该平面内仅有井斜角变化而方位角恒定，所以该铅垂平面常称之为井斜平面。因此，井斜角是从铅垂线起算，在井斜平面内转至井眼方向线所形成的角度，其值域为 0°～180°。

(3) 方位角(ϕ)：井眼轨道上某点的井眼方位线与正北方向之间的夹角，单位为(°)，如图 1-6 所示。

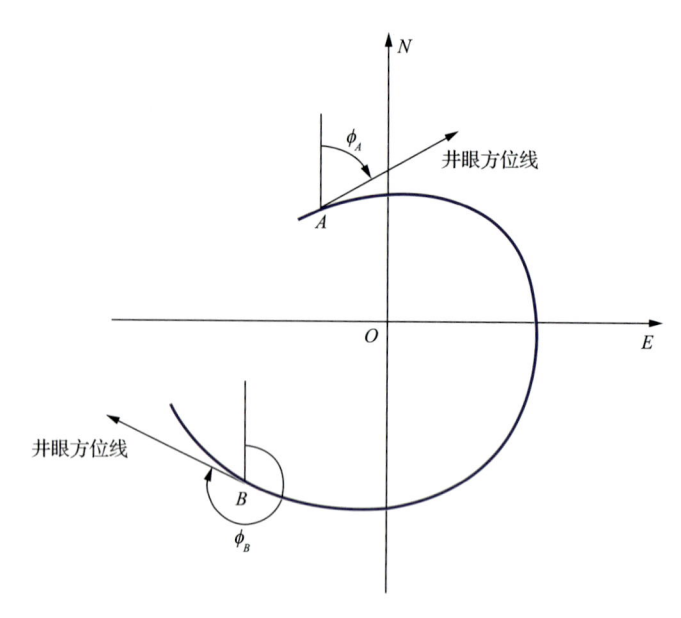

图 1-6　方位角示意图

井眼方位线是指井眼方向线在水平面上的投影线。方位角是从正北方向起算，在水平面上顺时针转至井眼方位线所形成的角度，其值域为 0°～360°。有时方位角也用象限角的形式表示，如 N60°W 等。

井斜角和方位角相互依存。只有井斜角不为零时，才存在方位角，否则就不存在井眼轨迹的倾斜方位问题。所以，一般意义上的井斜包含井斜角和方位角两方面含义。

2. 坐标参数

坐标参数用于表征井眼轨道上某点的空间位置。

(1) 空间坐标(N, E, H)：井眼轨道上某点的空间位置可以用北坐标(N)、东坐标(E)和垂深坐标(H)来表示，单位为 m，如图 1-1 所示。

除三维坐标图外，在井眼轨道的水平投影图上还可以反映出北坐标和东坐标的真实值，在垂直剖面图上可以反映出垂深的真实值，如图 1-3 所示。

(2) 水平位移(V)：井眼轨道上某点至井口所在铅垂线的距离，也称闭合距，单位为 m，如图 1-7 所示。水平位移恒为正值，在水平投影图上可以反映其真实值。

(a) 二维定向井　　　　　　　　　(b) 三维定向井

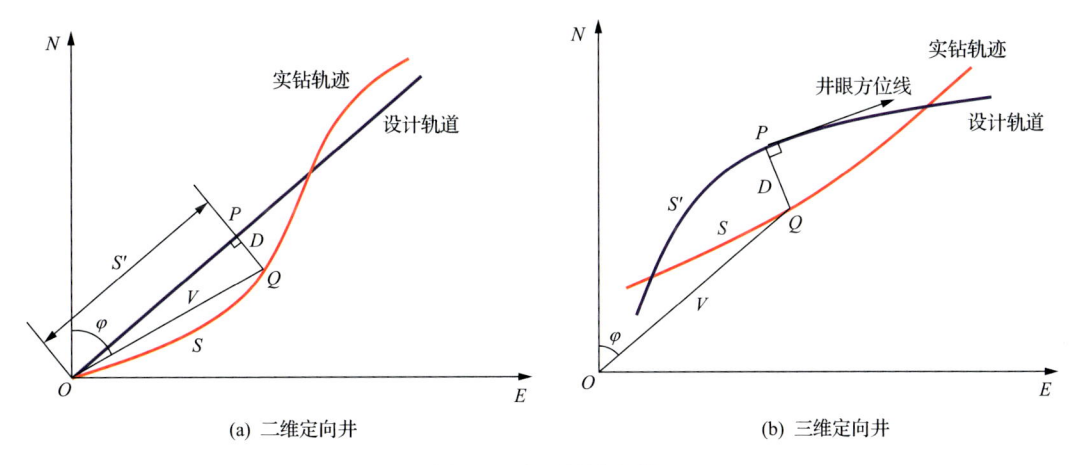

图 1-7　水平投影参数

(3) 平移方位角 (φ)：井眼轨道上某点水平位移方位线的方位角，也称闭合方位角，单位为 (°)，如图 1-7 所示。在水平投影图上可以反映其真实值。

在井口坐标系下，井眼轨道的北坐标和东坐标 (N, E) 与水平位移和平移方位角 (V, φ) 之间存在如下关系：

$$\begin{cases} V = \sqrt{N^2 + E^2} \\ \tan\varphi = \dfrac{E}{N} \end{cases} \tag{1-1}$$

$$\begin{cases} N = V\cos\varphi \\ E = V\sin\varphi \end{cases} \tag{1-2}$$

平移方位角的值域为 0°~360°，而反正切函数的主值区间为 –90°~90°。当使用式 (1-1) 计算平移方位角 φ 时，应使用如下处理方法：

$$\varphi = \begin{cases} \arctan(E/N) + (1-\operatorname{sgn}E)\times 180°, & \text{当} N > 0 \text{时} \\ \begin{rcases} 90°, & \text{若} E > 0 \\ 270°, & \text{若} E < 0 \end{rcases}, & \text{当} N = 0 \text{时} \\ \arctan(E/N) + 180°, & \text{当} N < 0 \text{时} \end{cases} \tag{1-3}$$

式中，sgn 为符号函数。

式 (1-3) 是解决反正切函数主值区间与参数值域相容性问题的普适性方法，还可用于处理方位角、主法线角等参数。

(4) 水平长度 (S)：从井口到井眼轨道上某点之间的井眼轨道在水平面上投影的曲线长度，称为水平 (投影) 长度，单位为 m，如图 1-7 所示。水平长度恒为正值，在水平投影图和垂直剖面图上可以反映其真实值。

(5) 视水平长度(S'): 先将实钻轨迹上某点 Q 垂直投影到设计曲面上, 然后再铅垂投影到水平面上, 则铅垂线必然与设计轨道交于某点 P。从井口到设计轨道上 P 点的水平长度称为实钻轨迹上 Q 点的视水平长度, 单位为 m, 如图 1-4 和图 1-7 所示。视水平长度可能为负值, 负值说明实钻轨迹背向于设计轨道。

(6) 水平偏距(D): 实钻轨迹上某点 Q 到设计曲面的距离, 单位为 m, 如图 1-7 所示。当实钻轨迹上某点 Q 位于设计曲面右侧时, 水平偏距取正值; 位于设计曲面左侧时, 水平偏距取负值。

在水平投影图上, 视水平长度可表征实钻轨迹沿设计轨道的进程, 而水平偏距表征实钻轨迹与设计轨道的横向偏差[6-8]。

3. 挠曲参数

井眼轨道是连续光滑的空间曲线, 既有弯曲又有扭转。为表征井眼轨道的挠曲形态, 首先引入活动标架的概念, 如图 1-8 所示。在井眼轨道上任取一点 P, 做出井眼轨道的切线, 并在其上截取单位长度, 得到单位切线向量 t, 它指向井眼轨道的前进方向; 在井眼轨道的弯曲方向上, 做出单位向量, 得到单位主法线向量 n, 它指向井眼轨道的凹方; 再做出一个单位向量, 使之垂直于单位切线向量 t 和单位主法线向量 n, 即 $b = t \times n$, 得到单位副法线向量 b。这三个单位向量 t、n 和 b 称为井眼轨道的基本向量, 它们构成一个右手系, 称为井眼轨道上 P 点的活动标架[5-7], 即 Frenet 标架[9,10]。

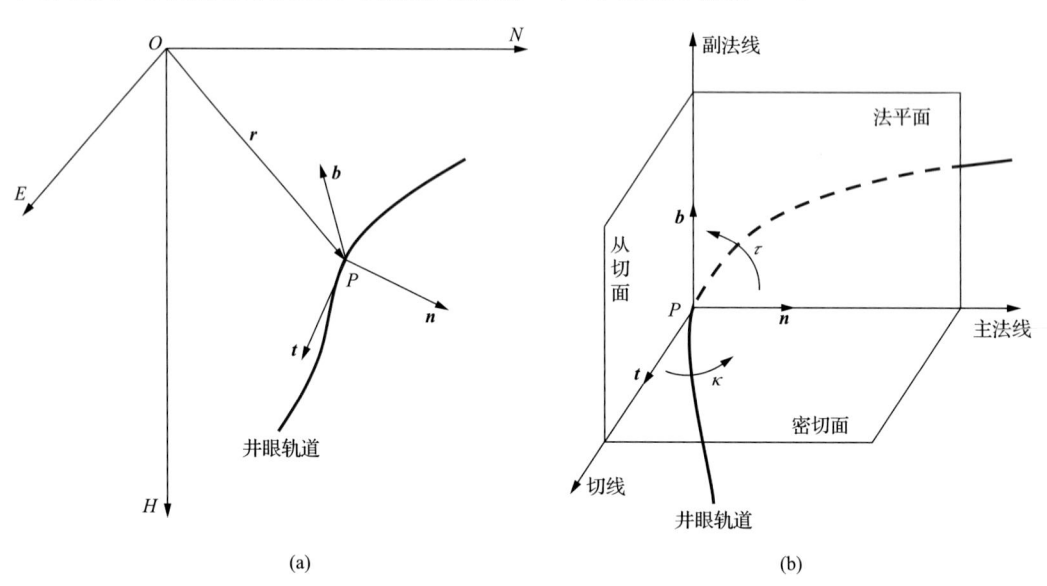

(a)

(b)

图 1-8　活动标架示意图

(1) 井斜变化率(κ_α): 沿井眼轨道的前进方向, 井斜角对于井深的变化速率, 即井斜角对于井深的一阶导数, 单位为 (°)/m。它反映了井斜角随井深变化的速率, 其定义式为

$$\kappa_\alpha = \frac{d\alpha}{dL} \tag{1-4}$$

(2)方位变化率(κ_ϕ)：沿井眼轨道的前进方向，方位角对于井深的变化速率，即方位角对于井深的一阶导数，单位为(°)/m。它反映了方位角随井深变化的速率，其定义式为

$$\kappa_\phi = \frac{d\phi}{dL} \tag{1-5}$$

(3)垂直剖面图上的井眼曲率(κ_v)：如图1-9所示，在垂直剖面图上，井眼轨道的曲线长度是井深，井眼方向线与铅垂线的夹角是井斜角，所以井眼轨道在垂直剖面图上的曲率等于井斜变化率，即

$$\kappa_v = \frac{d\alpha}{dL} = \kappa_\alpha \tag{1-6}$$

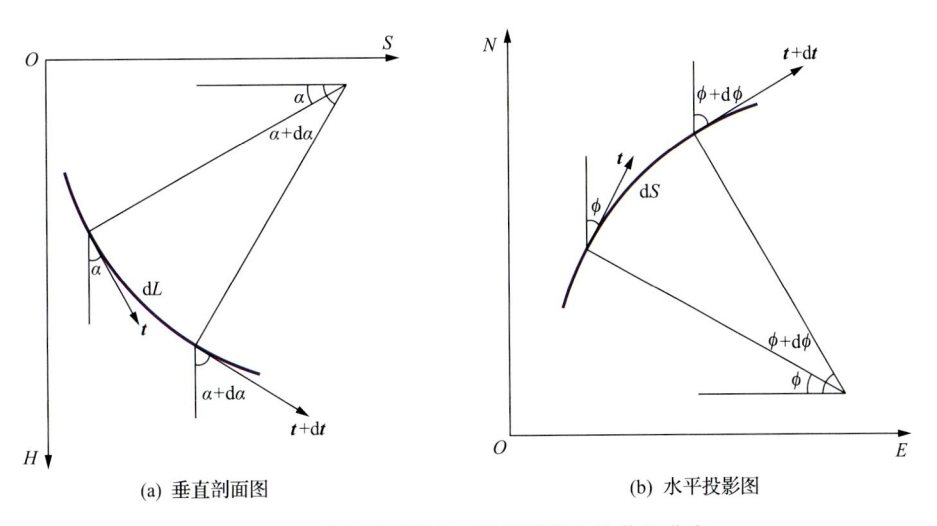

(a) 垂直剖面图   (b) 水平投影图

图 1-9　垂直剖面图和水平投影图上的井眼曲率

(4)水平投影图上的井眼曲率(κ_h)：如图1-9所示。在水平投影图上，井眼轨道的曲线长度是水平长度，而井眼方位线与正北方向的夹角是方位角，所以井眼轨道在水平投影图上的曲率为

$$\kappa_h = \frac{d\phi}{dS} \tag{1-7}$$

在井眼轨道的垂直剖面图上，容易得到

$$dS = dL \sin\alpha \tag{1-8}$$

因此

$$\kappa_\phi = \kappa_h \sin\alpha \tag{1-9}$$

在井眼轨道设计与计算中，常采用柱面图表示法，因此式(1-6)和式(1-9)是两个

重要的关系式，它们把柱面图上的井眼轨道变化情况与井眼轨道的空间形态联系了起来。

(5) 弯曲角 (ε)：在井眼轨道的前进方向上，任意两点切线向量之间的夹角，也称为狗腿角或全角[3-7]，单位为 (°)，如图 1-10 所示。

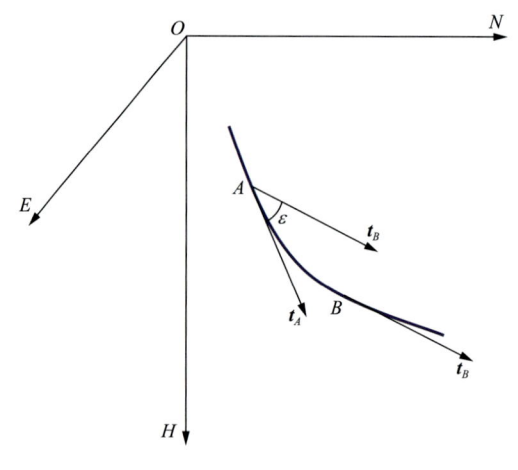

图 1-10　弯曲角示意图

(6) 井眼曲率 (κ)：井眼轨道的单位切线向量对于弧长的旋转速率，单位为 (°)/m。井眼曲率恒为正值，它刻画了井眼轨道的弯曲程度，也是井眼轨道偏离直线的程度[5-7]，其定义式为

$$\kappa = \lim_{\Delta L \to 0} \left| \frac{\varepsilon}{\Delta L} \right| = \left| \frac{\mathrm{d}\boldsymbol{t}}{\mathrm{d}L} \right| = |\dot{\boldsymbol{t}}| \tag{1-10}$$

式中，"·"表示对于曲线自然参数的微商[9]，井眼轨道的自然参数是井深 L。

井眼曲率 $\kappa = 0$ 的井眼轨道为直线，反之亦然。

(7) 扭转角 (θ)：在井眼轨道的前进方向上，任意两点副法线向量之间的夹角[5-7]，单位为 (°)，如图 1-11 所示。

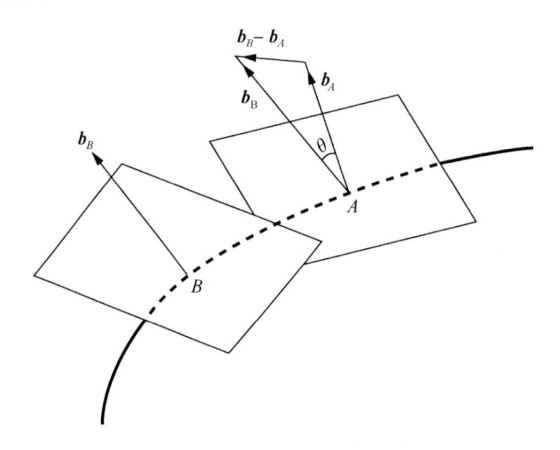

图 1-11　扭转角示意图

(8)井眼挠率(τ)：井眼轨道的单位副法线向量对于弧长的旋转速度，单位为(°)/m。井眼挠率刻画了井眼轨道的扭转程度，也是井眼轨道偏离平面曲线的程度[5-10]，其定义式为

$$\tau = \begin{cases} +|\dot{\boldsymbol{b}}|, & \text{当}\dot{\boldsymbol{b}}\text{和}\boldsymbol{n}\text{异向时} \\ -|\dot{\boldsymbol{b}}|, & \text{当}\dot{\boldsymbol{b}}\text{和}\boldsymbol{n}\text{同向时} \end{cases} \quad (1-11)$$

式中

$$|\dot{\boldsymbol{b}}| = \lim_{\Delta L \to 0} \left|\frac{\theta}{\Delta L}\right|$$

井眼挠率的正负号规定为：当单位副法线向量对井深的导数 $\dot{\boldsymbol{b}}$ 与单位主法线向量 $\boldsymbol{n}$ 异向时 τ 取正号，同向时 τ 取负号，如图1-12所示。

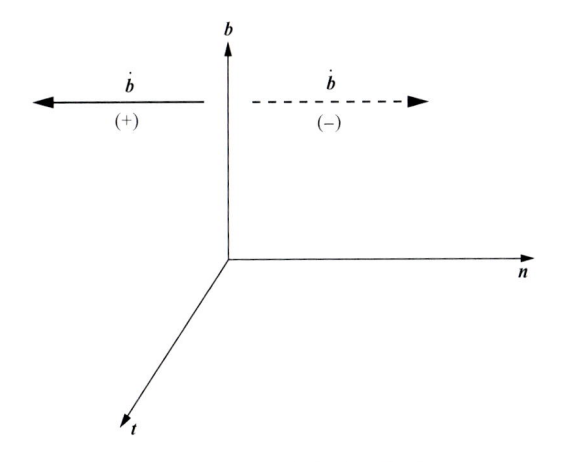

图1-12　井眼挠率的正负号

井眼挠率 $\tau = 0$ 的井眼轨道为平面曲线，反之亦然。

各种井眼曲率及井眼挠率与相应曲率半径间的关系可表示为

$$R = \frac{180}{\pi \kappa} \quad (1-12)$$

这样，当已知井眼曲率及挠率时，可求得相应的曲率半径，反之亦然。

式(1-12)中各种井眼曲率及井眼挠率的单位为(°)/m，但在油气井工程中它们的常用单位还有(°)/30m、(°)/100m等，二者相差一个换算系数。

(9)主法线角(ω)：井眼轨道主法线方向与井眼高边方向之间的夹角[11]，绕井眼方向线自井眼高边顺时针转至主法线所形成的角度，单位为(°)，如图1-13所示。

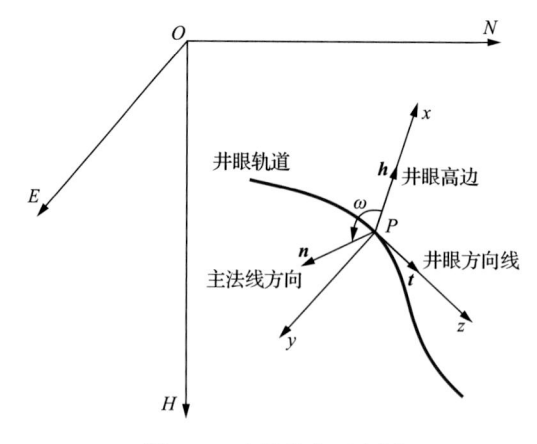

图 1-13 主法线角示意图

第二节 井眼轨道基本方程

井眼轨道参数并非都相互独立，有些参数之间存在着依存关系。井眼轨道的基本方程揭示了井眼轨道参数间的相互关系，刻画了井眼轨道的基本特征，是井眼轨道表征与计算的基础。

一、微分积分方程

井眼轨道上任一点 P 是以井深为标志，用空间坐标来表征其位置，如图 1-8(a) 所示。于是，井眼轨道方程的向量形式为[5-7]

$$\boldsymbol{r} = \boldsymbol{r}(L) = N\boldsymbol{i} + E\boldsymbol{j} + H\boldsymbol{k} \tag{1-13}$$

式中，$\boldsymbol{i}$、$\boldsymbol{j}$、$\boldsymbol{k}$ 分别为 N、E 和 H 坐标轴上的单位坐标向量。

如图 1-14 所示，根据微分学原理，对于井眼轨道上长度为 $\mathrm{d}L$ 的微元，存在如下关系式[3-5]：

$$\begin{cases} \dfrac{\mathrm{d}N}{\mathrm{d}L} = \dot{N} = \sin\alpha\cos\phi \\[4pt] \dfrac{\mathrm{d}E}{\mathrm{d}L} = \dot{E} = \sin\alpha\sin\phi \\[4pt] \dfrac{\mathrm{d}H}{\mathrm{d}L} = \dot{H} = \cos\alpha \\[4pt] \dfrac{\mathrm{d}S}{\mathrm{d}L} = \dot{S} = \sin\alpha \end{cases} \tag{1-14}$$

式 (1-14) 即为井眼轨道的微分方程。

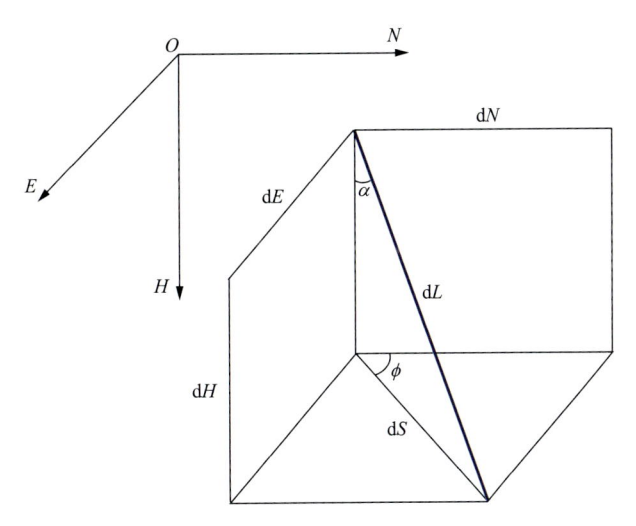

图 1-14 井眼轨道的微元模型

对式(1-14)进行积分，便可得到任一井段[L_0, L]的坐标增量为[5-7]

$$\begin{cases} \Delta N = \int_{L_0}^{L} \sin\alpha \cos\phi \, dL \\ \Delta E = \int_{L_0}^{L} \sin\alpha \sin\phi \, dL \\ \Delta H = \int_{L_0}^{L} \cos\alpha \, dL \\ \Delta S = \int_{L_0}^{L} \sin\alpha \, dL \end{cases} \quad (1\text{-}15)$$

式(1-15)就是井眼轨道的积分方程。

井眼轨道的微分方程和积分方程揭示了空间坐标与基本参数之间的相互关系。

二、基本向量方程

根据活动标架的定义，井眼轨道的基本向量($\boldsymbol{t}$, $\boldsymbol{n}$, $\boldsymbol{b}$)与位置向量 $\boldsymbol{r}$ 之间的关系为[5-10]

$$\begin{cases} \boldsymbol{t} = \dot{\boldsymbol{r}} = \dfrac{d\boldsymbol{r}}{dL} \\ \boldsymbol{n} = \dfrac{\dot{\boldsymbol{t}}}{|\dot{\boldsymbol{t}}|} = \dfrac{\ddot{\boldsymbol{r}}}{|\ddot{\boldsymbol{r}}|} \\ \boldsymbol{b} = \boldsymbol{t} \times \boldsymbol{n} \end{cases} \quad (1\text{-}16)$$

将式(1-13)代入式(1-16)中的第一式，并注意到式(1-14)，得

$$\boldsymbol{t} = \sin\alpha \cos\phi \, \boldsymbol{i} + \sin\alpha \sin\phi \, \boldsymbol{j} + \cos\alpha \, \boldsymbol{k} \quad (1\text{-}17)$$

将式(1-17)对井深 L 求导，并注意到 $|\dot{\boldsymbol{t}}| = |\ddot{\boldsymbol{r}}| = \kappa$，则由式(1-16)中的第二式得

$$\boldsymbol{n} = (\lambda_\alpha \cos\alpha \cos\phi - \lambda_\phi \sin\alpha \sin\phi)\boldsymbol{i} + (\lambda_\alpha \cos\alpha \sin\phi + \lambda_\phi \sin\alpha \cos\phi)\boldsymbol{j} + (-\lambda_\alpha \sin\alpha)\boldsymbol{k} \quad (1\text{-}18)$$

式中

$$\begin{cases} \lambda_\alpha = \dfrac{\kappa_\alpha}{\kappa} \\ \lambda_\phi = \dfrac{\kappa_\phi}{\kappa} \end{cases}$$

再将式(1-17)和式(1-18)代入式(1-16)中的第三式，经整理得

$$\boldsymbol{b} = (-\lambda_\alpha \sin\phi - \lambda_\phi \sin\alpha \cos\alpha \cos\phi)\boldsymbol{i} + (\lambda_\alpha \cos\phi - \lambda_\phi \sin\alpha \cos\alpha \sin\phi)\boldsymbol{j} + (\lambda_\phi \sin^2\alpha)\boldsymbol{k} \quad (1\text{-}19)$$

这样，便得到了井眼轨道的基本向量方程。这些方程揭示了活动标架与井眼轨道弯曲和扭转特性间的关系，可据此研究井眼轨道的挠曲形态。

根据井眼曲率、井眼挠率及活动标架的定义，还可得到如下关系式[5-10]：

$$\begin{cases} \dot{\boldsymbol{t}} = \kappa \boldsymbol{n} \\ \dot{\boldsymbol{n}} = -\kappa \boldsymbol{t} + \tau \boldsymbol{b} \\ \dot{\boldsymbol{b}} = -\tau \boldsymbol{n} \end{cases} \quad (1\text{-}20)$$

式(1-20)表明，基本向量 $\boldsymbol{t}$、$\boldsymbol{n}$、$\boldsymbol{b}$ 关于井深 L 的导数，可以表示成 $\boldsymbol{t}$、$\boldsymbol{n}$、$\boldsymbol{b}$ 的线性组合。如果把活动标架看作刚体，当它沿井眼轨道移动时将发生转动，其转动速度为

$$\boldsymbol{\Omega} = \tau \boldsymbol{t} + \kappa \boldsymbol{b} \quad (1\text{-}21)$$

式(1-21)表明，活动标架的转动向量落在从切面上，是绕 $\boldsymbol{t}$ 方向和绕 $\boldsymbol{b}$ 方向的两个转动向量之和。由此可得到井眼曲率和井眼挠率的运动学意义[5-10]：井眼曲率等于活动标架绕副法线方向的转动分量，井眼挠率等于活动标架绕切线方向的转动分量。

三、弯曲扭转方程

井眼轨道是连续光滑的空间曲线，既有弯曲又有扭转。井眼轨道的空间挠曲形态是衡量井身质量的重要指标，也是研究钻柱、套管柱、油管柱、抽油杆等井下管柱摩擦阻力(以下简称摩阻)及强度校核的基础。

(一)弯曲方程

如图 1-10 所示。对于井眼轨道上任意两点 A 和 B，由式(1-17)得

$$\begin{cases} \boldsymbol{t}_A = \sin\alpha_A \cos\phi_A \boldsymbol{i} + \sin\alpha_A \sin\phi_A \boldsymbol{j} + \cos\alpha_A \boldsymbol{k} \\ \boldsymbol{t}_B = \sin\alpha_B \cos\phi_B \boldsymbol{i} + \sin\alpha_B \sin\phi_B \boldsymbol{j} + \cos\alpha_B \boldsymbol{k} \end{cases} \quad (1\text{-}22)$$

根据弯曲角的定义，有

$$\cos\varepsilon = \frac{\boldsymbol{t}_A \cdot \boldsymbol{t}_B}{|\boldsymbol{t}_A||\boldsymbol{t}_B|} \tag{1-23}$$

因为 $\boldsymbol{t}_A$ 和 $\boldsymbol{t}_B$ 都是单位向量，所以 $|\boldsymbol{t}_A| = |\boldsymbol{t}_B| = 1$。将式(1-22)代入式(1-23)，经整理得

$$\cos\varepsilon = \cos\alpha_A \cos\alpha_B + \sin\alpha_A \sin\alpha_B \cos(\phi_B - \phi_A) \tag{1-24}$$

式(1-24)就是井眼轨道上任意两点间的弯曲角计算公式[12,13]。

将式(1-17)对井深 L 求导，得

$$\dot{\boldsymbol{t}} = (\kappa_\alpha \cos\alpha \cos\phi - \kappa_\phi \sin\alpha \sin\phi)\boldsymbol{i} + (\kappa_\alpha \cos\alpha \sin\phi + \kappa_\phi \sin\alpha \cos\phi)\boldsymbol{j} + (-\kappa_\alpha \sin\alpha)\boldsymbol{k} \tag{1-25}$$

根据井眼曲率的定义，得

$$\kappa = |\dot{\boldsymbol{t}}| = \sqrt{\kappa_\alpha^2 + \kappa_\phi^2 \sin^2\alpha} \tag{1-26}$$

式(1-26)就是井眼轨道上任一点的井眼曲率计算公式[12-15]。

注意到式(1-6)和式(1-9)，式(1-26)还可写成

$$\kappa = \sqrt{\kappa_v^2 + \kappa_h^2 \sin^4\alpha} \tag{1-27}$$

通常，井眼曲率是沿井深变化的，而平均井眼曲率是评价井身质量的重要指标。根据井眼曲率的定义，可按式(1-28)计算井段的平均井眼曲率[16]

$$\bar{\kappa} = \frac{\varepsilon}{L_B - L_A} \tag{1-28}$$

式中，弯曲角 ε 由式(1-24)确定。

(二) 扭转方程

如图 1-11 所示，对于井眼轨道上任意两点 A 和 B，由式(1-19)得

$$\begin{cases} \boldsymbol{b}_A = (-\lambda_{\alpha,A}\sin\phi_A - \lambda_{\phi,A}\sin\alpha_A \cos\alpha_A \cos\phi_A)\boldsymbol{i} + (\lambda_{\alpha,A}\cos\phi_A - \lambda_{\phi,A}\sin\alpha_A \cos\alpha_A \sin\phi_A)\boldsymbol{j} + (\lambda_{\phi,A}\sin^2\alpha_A)\boldsymbol{k} \\ \boldsymbol{b}_B = (-\lambda_{\alpha,B}\sin\phi_B - \lambda_{\phi,B}\sin\alpha_B \cos\alpha_B \cos\phi_B)\boldsymbol{i} + (\lambda_{\alpha,B}\cos\phi_B - \lambda_{\phi,B}\sin\alpha_B \cos\alpha_B \sin\phi_B)\boldsymbol{j} + (\lambda_{\phi,B}\sin^2\alpha_B)\boldsymbol{k} \end{cases} \tag{1-29}$$

根据扭转角的定义，有

$$\cos\theta = \frac{\boldsymbol{b}_A \cdot \boldsymbol{b}_B}{|\boldsymbol{b}_A||\boldsymbol{b}_B|} \tag{1-30}$$

因为 $\boldsymbol{b}_A$ 和 $\boldsymbol{b}_B$ 都是单位向量，所以 $|\boldsymbol{b}_A| = |\boldsymbol{b}_B| = 1$。将式(1-29)代入式(1-30)，经整理得[17-19]

$$\begin{aligned}\cos\theta = &\lambda_{\alpha,A}\lambda_{\alpha,B}\cos(\phi_B - \phi_A) + (\lambda_{\phi,A}\lambda_{\alpha,B}\sin\alpha_A \cos\alpha_A - \lambda_{\alpha,A}\lambda_{\phi,B}\sin\alpha_B \cos\alpha_B)\sin(\phi_B - \phi_A) \\ &+ \lambda_{\phi,A}\lambda_{\phi,B}\sin\alpha_A \sin\alpha_B[\sin\alpha_A \sin\alpha_B + \cos\alpha_A \cos\alpha_B \cos(\phi_B - \phi_A)]\end{aligned} \tag{1-31}$$

式(1-31)就是井眼轨道上任意两点间的扭转角计算公式。

对于平面内的井眼轨道,任意两点间的扭转角 $\theta = 0°$。

为表征井眼轨道的扭转方向,当 $\phi_B - \phi_A < 0$ 时,由式(1-31)算得的扭转角 θ 应取负值。为此,将式(1-20)中第三式两边点乘 $\boldsymbol{n}$,得

$$\dot{\boldsymbol{b}} \cdot \boldsymbol{n} = -\tau \boldsymbol{n} \cdot \boldsymbol{n} \tag{1-32}$$

所以

$$\tau = -\dot{\boldsymbol{b}} \cdot \boldsymbol{n} = \boldsymbol{b} \cdot \dot{\boldsymbol{n}} = \frac{(\dot{\boldsymbol{r}}, \ddot{\boldsymbol{r}}, \dddot{\boldsymbol{r}})}{\kappa^2} = \frac{1}{\kappa^2} \begin{vmatrix} \dot{N} & \dot{E} & \dot{H} \\ \ddot{N} & \ddot{E} & \ddot{H} \\ \dddot{N} & \dddot{E} & \dddot{H} \end{vmatrix} \tag{1-33}$$

将式(1-14)对井深 L 求导,得

$$\begin{cases} \ddot{N} = \kappa_\alpha \cos\alpha \cos\phi - \kappa_\phi \sin\alpha \sin\phi \\ \ddot{E} = \kappa_\alpha \cos\alpha \sin\phi + \kappa_\phi \sin\alpha \cos\phi \\ \ddot{H} = -\kappa_\alpha \sin\alpha \end{cases} \tag{1-34}$$

$$\begin{cases} \dddot{N} = \dot{\kappa}_\alpha \cos\alpha \cos\phi - \dot{\kappa}_\phi \sin\alpha \sin\phi - 2\kappa_\alpha \kappa_\phi \cos\alpha \sin\phi - (\kappa_\alpha^2 + \kappa_\phi^2)\sin\alpha \cos\phi \\ \dddot{E} = \dot{\kappa}_\alpha \cos\alpha \sin\phi + \dot{\kappa}_\phi \sin\alpha \cos\phi + 2\kappa_\alpha \kappa_\phi \cos\alpha \cos\phi - (\kappa_\alpha^2 + \kappa_\phi^2)\sin\alpha \sin\phi \\ \dddot{H} = -\dot{\kappa}_\alpha \sin\alpha - \kappa_\alpha^2 \cos\alpha \end{cases} \tag{1-35}$$

将式(1-14)、式(1-34)和式(1-35)代入式(1-33),经整理得[17-19]

$$\tau = \frac{\kappa_\alpha \dot{\kappa}_\phi - \kappa_\phi \dot{\kappa}_\alpha}{\kappa^2}\sin\alpha + \kappa_\phi\left(1 + \frac{\kappa_\alpha^2}{\kappa^2}\right)\cos\alpha \tag{1-36}$$

式(1-36)就是井眼轨道上任一点的井眼挠率计算公式。

研究表明:①井眼曲率是井眼挠率存在的基础,当井眼曲率 $\kappa = 0$ 时,不存在井眼挠率 τ;②位于任意平面内的井眼轨道都不存在扭转问题,即井眼挠率 $\tau = 0$;③对于不在平面内的井眼轨道,井眼挠率 τ 依存于方位变化率 κ_ϕ;④当井眼轨道为直线时,井眼曲率 κ 和井眼挠率 τ 均恒为零。

类似于平均井眼曲率,平均井眼挠率的计算公式为

$$\bar{\tau} = \frac{\theta}{L_B - L_A} \tag{1-37}$$

四、挠曲特性方程

井眼轨道的挠曲形态用挠曲参数来表征,但挠曲参数很多,常将它们分为若干组。例如,井斜变化率和方位变化率(κ_α, κ_ϕ)、垂直剖面图和水平投影图上的井眼曲率(κ_v, κ_h)、

井眼曲率和主法线角 (κ, ω) 等。各组挠曲参数间相互依存，且可互算。因此，任一组挠曲参数都能唯一确定井眼轨道的挠曲形态。

由式 (1-6) 和式 (1-9) 知，垂直剖面图和水平投影图上的井眼曲率 (κ_v, κ_h) 与井斜变化率和方位变化率 ($\kappa_\alpha, \kappa_\phi$) 之间的关系式为

$$\begin{cases} \kappa_\alpha = \kappa_v \\ \kappa_\phi = \kappa_h \sin\alpha \end{cases} \tag{1-38}$$

因此，只需再建立井眼曲率和主法线角 (κ, ω) 与井斜变化率和方位变化率 ($\kappa_\alpha, \kappa_\phi$) 间的关系式，便可实现上述三组挠曲参数间的互算。

如图 1-13 所示，单位切线向量 $\boldsymbol{t}$ 指示了井眼方向。在向量 $\boldsymbol{t}$ 的法平面与铅垂平面交线上，沿增井斜方向称为井眼高边，常用单位向量 $\boldsymbol{h}$ 表示。于是，表征井眼高边方向的单位向量 $\boldsymbol{h}$ 为[5-7]

$$\boldsymbol{h} = \cos\alpha\cos\phi\,\boldsymbol{i} + \cos\alpha\sin\phi\,\boldsymbol{j} - \sin\alpha\,\boldsymbol{k} \tag{1-39}$$

由主法线角和向量间夹角的定义，知[5-10]

$$\begin{cases} \cos\omega = \dfrac{\boldsymbol{n}\cdot\boldsymbol{h}}{|\boldsymbol{n}||\boldsymbol{h}|} \\ \sin\omega = \dfrac{|\boldsymbol{n}\times\boldsymbol{h}|}{|\boldsymbol{n}||\boldsymbol{h}|} \end{cases} \tag{1-40}$$

将式 (1-18) 和式 (1-39) 代入式 (1-40)，并注意到 $|\boldsymbol{n}| = |\boldsymbol{h}| = 1$，经整理得

$$\begin{cases} \cos\omega = \dfrac{\kappa_\alpha}{\kappa} \\ \sin\omega = \dfrac{\kappa_\phi}{\kappa}\sin\alpha \end{cases} \tag{1-41}$$

于是，有

$$\begin{cases} \kappa_\alpha = \kappa\cos\omega \\ \kappa_\phi = \kappa\dfrac{\sin\omega}{\sin\alpha} \end{cases} \tag{1-42}$$

因为井眼曲率 κ 恒为正值，且在井斜角值域内 $\sin\alpha \geqslant 0$，所以井斜变化率 κ_α 和方位变化率 κ_ϕ 的正负号取决于主法线角 ω 的数值，即

$$\kappa_\alpha \begin{cases} > 0, & \text{当 } 0° \leqslant \omega < 90° \text{ 和 } 270° < \omega < 360° \text{ 时} \\ = 0, & \text{当 } \omega = 90° \text{ 和 } \omega = 270° \text{ 时} \\ < 0, & \text{当 } 90° < \omega < 270° \text{ 时} \end{cases} \tag{1-43}$$

$$\kappa_\phi \begin{cases} > 0, & 当 0° < \omega < 180°时 \\ = 0, & 当 \omega=0°和\omega=180°时 \\ < 0, & 当 180° < \omega < 360°时 \end{cases} \quad (1\text{-}44)$$

显然，基于式(1-42)还可实现两组挠曲参数$(\kappa_\alpha, \kappa_\phi)$与$(\kappa, \omega)$之间的反算，即得到井眼曲率$\kappa$和主法线角$\omega$的计算公式为

$$\begin{cases} \kappa = \sqrt{\kappa_\alpha{}^2 + \kappa_\phi{}^2 \sin^2\alpha} \\ \tan\omega = \dfrac{\kappa_\phi}{\kappa_\alpha}\sin\alpha \end{cases} \quad (1\text{-}45)$$

因为主法线角 ω 的值域为 0°~360°，而反正切函数的主值区间为–90°~90°，所以应按式(1-3)的原理来计算主法线角 ω。

至此，便得到了两组挠曲参数$(\kappa_\alpha, \kappa_\phi)$与$(\kappa, \omega)$之间的互算关系式，即式(1-42)和式(1-45)。同时，这两组挠曲参数间的互算关系还可用图示法来表述。由式(1-42)和式(1-45)不难看出：若以 $\kappa_\phi\sin\alpha$ 为横轴、以 κ_α 为纵轴建立直角坐标系，则井眼曲率 κ 和主法线角 ω 分别为极坐标系的极径和极角，如图1-15所示。

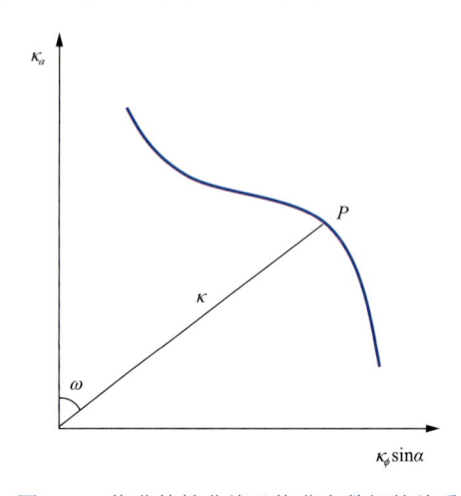

图 1-15 挠曲特性曲线及挠曲参数间的关系

此外，基于式(1-43)、式(1-44)及井斜变化率和方位变化率的定义，还可得到主法线角 ω 对井斜角 α 和方位角 ϕ 的影响规律，如图1-16所示。

五、近似坐标方程

为研究井眼轨道上任一点 $r(L_P)$ 邻近的空间形态，在其邻近范围内再取一点 $r(L_P+\Delta L)$，如图1-17所示。

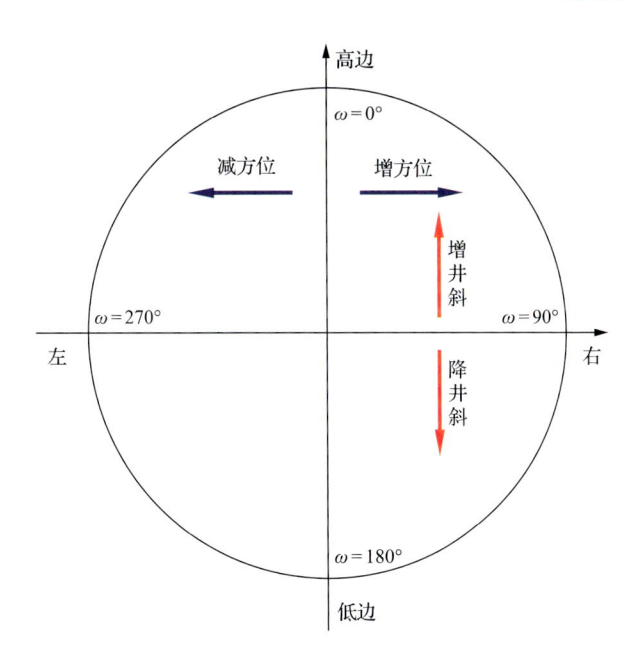

图 1-16 主法线角对井斜角和方位角的影响规律

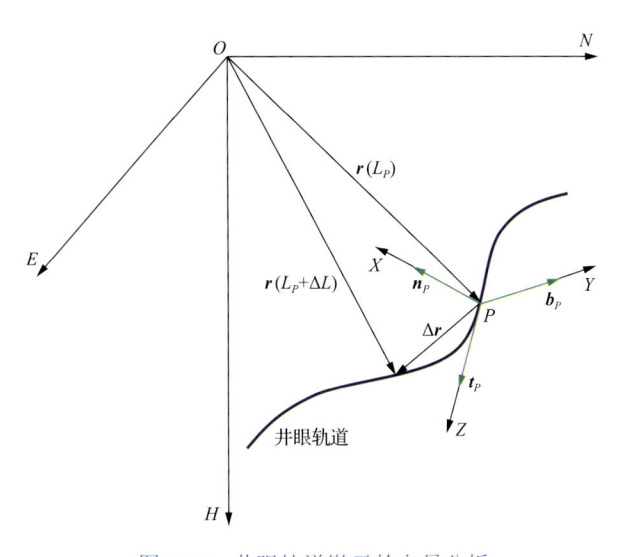

图 1-17 井眼轨道微元的向量分析

利用泰勒公式，有

$$r(L_P + \Delta L) - r(L_P) = \dot{r}(L_P)\Delta L + \frac{1}{2!}\ddot{r}(L_P)\Delta L^2 + \frac{1}{3!}[\dddot{r}(L_P) + \boldsymbol{\delta}]\Delta L^3 \tag{1-46}$$

式中

$$\lim_{\Delta L \to 0} \boldsymbol{\delta} = 0$$

因为

20 | 井眼轨道几何学

$$\begin{cases} \dot{\boldsymbol{r}} = \boldsymbol{t} \\ \ddot{\boldsymbol{r}} = \kappa \boldsymbol{n} \\ \dddot{\boldsymbol{r}} = \dot{\kappa}\boldsymbol{n} + \kappa \dot{\boldsymbol{n}} = \dot{\kappa}\boldsymbol{n} + \kappa(-\kappa\boldsymbol{t} + \tau\boldsymbol{b}) = -\kappa^2 \boldsymbol{t} + \dot{\kappa}\boldsymbol{n} + \kappa\tau\boldsymbol{b} \end{cases} \tag{1-47}$$

所以

$$\boldsymbol{r}(L_P + \Delta L) - \boldsymbol{r}(L_P) = \boldsymbol{t}_P \Delta L + \frac{1}{2}\kappa_P \boldsymbol{n}_P \Delta L^2 + \frac{1}{6}(-\kappa_P^2 \boldsymbol{t}_P + \dot{\kappa}_P \boldsymbol{n}_P + \kappa_P \tau_P \boldsymbol{b}_P + \boldsymbol{\delta})\Delta L^3 \tag{1-48}$$

式中

$$\boldsymbol{\delta} = \delta_1 \boldsymbol{t}_P + \delta_2 \boldsymbol{n}_P + \delta_3 \boldsymbol{b}_P$$

$\boldsymbol{t}_P$、$\boldsymbol{n}_P$、$\boldsymbol{b}_P$、κ_P、τ_P 等表示在点 $\boldsymbol{r}(L_P)$ 处的相应值。

进而,有

$$\boldsymbol{r}(L_P + \Delta L) - \boldsymbol{r}(L_P) = \left[\Delta L + \frac{1}{6}(-\kappa_P^2 + \delta_1)\Delta L^3\right]\boldsymbol{t}_P + \left[\frac{1}{2}\kappa_P \Delta L^2 + \frac{1}{6}(\dot{\kappa}_P + \delta_2)\Delta L^3\right]\boldsymbol{n}_P \\ + \left[\frac{1}{6}(\kappa_P \tau_P + \delta_3)\Delta L^3\right]\boldsymbol{b}_P \tag{1-49}$$

在 $\boldsymbol{t}_P$、$\boldsymbol{n}_P$ 和 $\boldsymbol{b}_P$ 分量中,若只取第一项,则有[20-23]

$$\boldsymbol{r}(L_P + \Delta L) - \boldsymbol{r}(L_P) = \Delta L \boldsymbol{t}_P + \frac{1}{2}\kappa_P \Delta L^2 \boldsymbol{n}_P + \frac{1}{6}\kappa_P \tau_P \Delta L^3 \boldsymbol{b}_P \tag{1-50}$$

如图 1-17 所示,以 P 点为原点,分别以 $\boldsymbol{n}_P$、$\boldsymbol{b}_P$、$\boldsymbol{t}_P$ 为 X 轴、Y 轴和 Z 轴,建立坐标系 XYZ,则井眼轨道上 P 点的邻近点坐标为[20-23]

$$\begin{cases} X = \frac{1}{2}\kappa_P \Delta L^2 \\ Y = \frac{1}{6}\kappa_P \tau_P \Delta L^3 \\ Z = \Delta L \end{cases} \tag{1-51}$$

式(1-51)可以看作井眼轨道上任一点邻近的近似方程。不难看出,井眼轨道在某点处的井眼曲率和井眼挠率决定了该点邻近的井眼轨道近似形状。

若将井眼轨道分别投影到活动标架的三个平面上,便可据此来研究井眼轨道在一点邻近的形状。

(1) 井眼轨道在法平面上的投影:

$$\begin{cases} X = \frac{1}{2}\kappa_P \Delta L^2 \\ Y = \frac{1}{6}\kappa_P \tau_P \Delta L^3 \\ Z = 0 \end{cases} \tag{1-52}$$

消去参数 ΔL 后，有

$$Y^2 = \frac{2\tau_P^2}{9\kappa_P} X^3, \qquad Z = 0 \tag{1-53}$$

它是半立方抛物线，如图 1-18 所示。

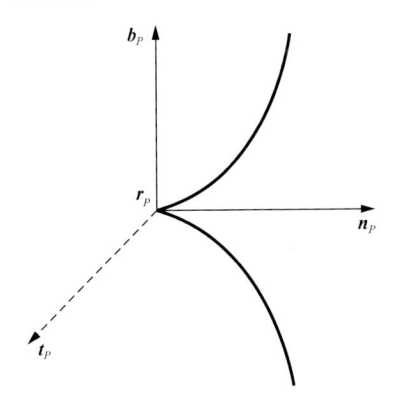

图 1-18　井眼轨道在法平面上的投影

(2) 井眼轨道在从切面上的投影：

$$\begin{cases} X = 0 \\ Y = \dfrac{1}{6}\kappa_P \tau_P \Delta L^3 \\ Z = \Delta L \end{cases} \tag{1-54}$$

消去参数 ΔL 后，有

$$Y = \frac{1}{6}\kappa_P \tau_P Z^3, \qquad X = 0 \tag{1-55}$$

它是立方抛物线，如图 1-19 所示。

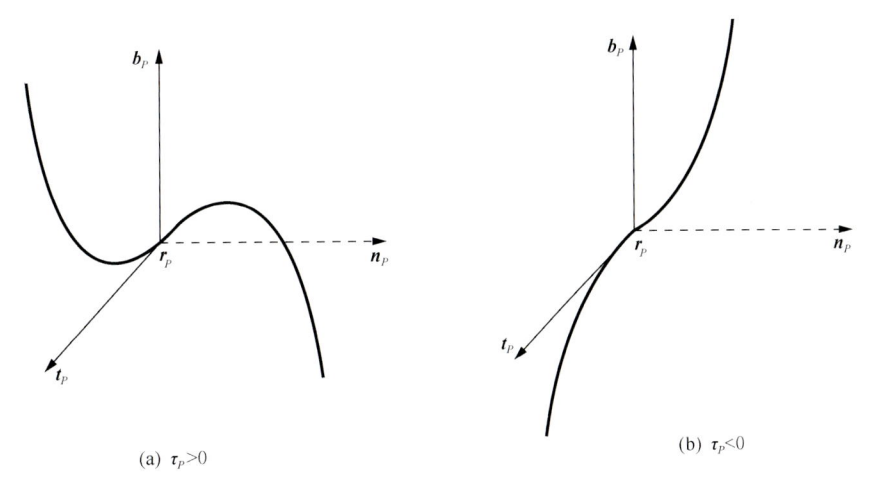

(a) $\tau_P > 0$

(b) $\tau_P < 0$

图 1-19　井眼轨道在从切面上的投影

(3) 井眼轨道在密切面上的投影：

$$\begin{cases} X = \dfrac{1}{2}\kappa_P \Delta L^2 \\ Y = 0 \\ Z = \Delta L \end{cases} \tag{1-56}$$

消去参数 ΔL 后，有

$$X = \frac{1}{2}\kappa_P Z^2, \qquad Y = 0 \tag{1-57}$$

它是抛物线，如图 1-20 所示。

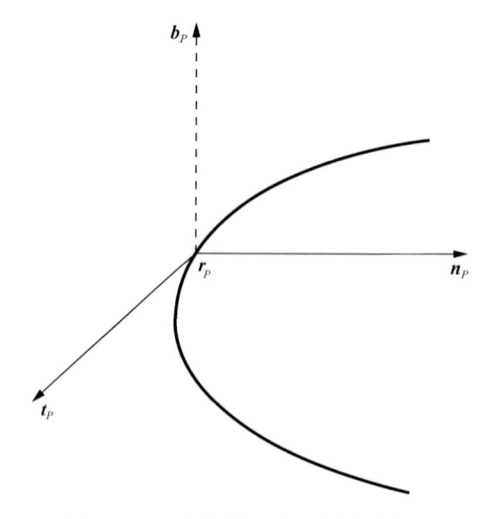

图 1-20　井眼轨道在密切面上的投影

根据上述分析，可以得出如下结论[20-23]：①井眼轨道穿过法平面和密切面，但不穿过从切面；②主法线向量 $\boldsymbol{n}_P$ 总是指向井眼轨道的凹向，这正是主法线向量的几何意义；③井眼挠率的正负号决定了井眼轨道的左右旋方向。当 $\tau_P>0$ 时，井眼轨道为右旋曲线；当 $\tau_P<0$ 时，井眼轨道为左旋曲线，如表 1-1 及图 1-21 所示。

表 1-1　井眼挠率符号对邻近坐标值的影响

τ_P	ΔL	X	Y	Z
$\tau_P>0$	−	+	−	−
	+	+	+	+
$\tau_P<0$	−	+	+	−
	+	+	−	+

(a) $\tau_P>0$ (b) $\tau_P<0$

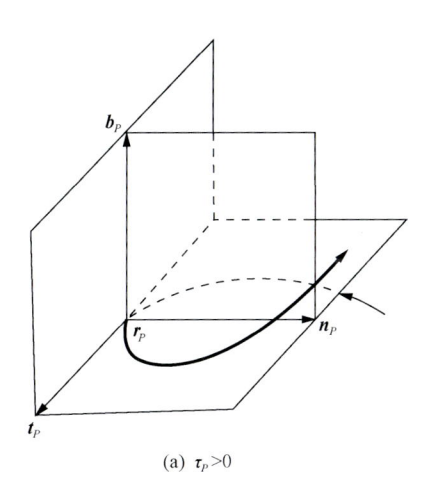

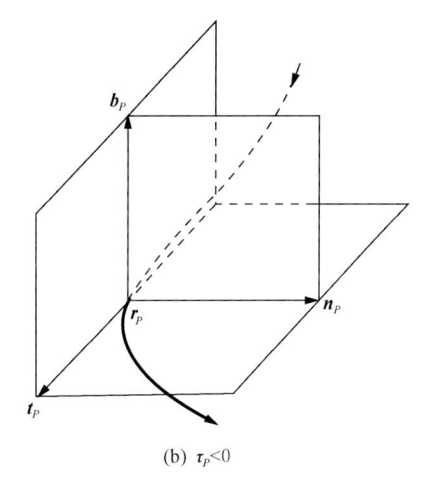

图 1-21 井眼挠率与井眼轨道旋转方向间的关系

由式(1-51)和表 1-1 可以看出：X 恒为正值，Z 与 ΔL 同号，而 Y 取决于 $\tau_P \Delta L$ 的符号。

近似坐标方程和挠曲特性方程表明，井眼曲率 κ 和井眼挠率 τ 决定了井眼轨道上任一点邻近的空间形态，而井眼曲率 κ 和井眼挠率 τ 可由井斜变化率 κ_α、方位变化率 κ_ϕ 及井斜角 α 求得，因此井斜变化率 κ_α 和方位变化率 κ_ϕ 可看作是井眼轨道的基本挠曲参数。

第三节 二维井眼轨道模型

在满足钻井目的和要求的前提下，定向井应尽量选用形状简单、易于施工的井眼轨道。因此，大多数定向井都设计成二维定向井，且多采用由直线段和圆弧段组合而成的井身剖面。对于大位移井，为减小钻柱、套管柱等井下管柱摩阻，可考虑使用悬链线、抛物线等井身剖面[24-26]。

二维井眼轨道模型的研究对象是位于铅垂平面内的井段，主要研究井眼轨道上任一点处井斜角 α、垂深增量 ΔH、水平长度增量 ΔS 和井斜变化率 κ_α 的计算方法，其他参数可用前面的普适性公式求得。因为二维井眼轨道的水平位移 V 与水平长度 S 相等，所以可用水平位移增量 ΔV 替代水平长度增量 ΔS。但是，从模型研究的角度来说，采用水平长度增量 ΔS 更合理，这样便于与三维井眼轨道模型相协调。

一、二维直线模型

二维直线模型假设井眼轨道的井斜角保持为常数 α_v，用于表征二维井眼轨道的垂直井段、水平井段和稳斜井段。如图 1-22 所示，二维直线模型也可看作是其他二维井眼轨道模型的特例。例如，对于圆弧线模型，当井斜变化率 $\kappa_\alpha = 0$ 时，应按直线模型来计算井眼轨道参数。

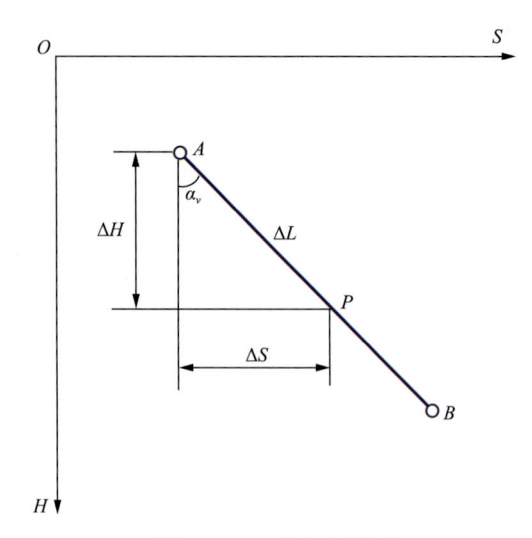

图 1-22 二维直线模型

在二维直线井段$[L_A, L_B]$上，任一点 P 处的主要井眼轨道参数为

$$\alpha = \alpha_v \tag{1-58}$$

$$\Delta H = \Delta L \cos \alpha_v \tag{1-59}$$

$$\Delta S = \Delta L \sin \alpha_v \tag{1-60}$$

$$\kappa_\alpha = 0 \tag{1-61}$$

式中

$$\Delta L = L - L_A$$

ΔL、ΔH 和 ΔS 分别为计算点 P 相对于井段始点 A 的井段长度、垂深增量和水平长度增量，m。

二、圆弧线模型

圆弧线模型假设井眼轨道为圆弧曲线（图 1-23），其特征参数是井斜变化率 κ_α，即假设井段内 κ_α 保持为常数。圆弧线模型用于表征增斜井段和降斜井段。当 $\kappa_\alpha>0$ 时，井眼轨道为增斜圆弧；当 $\kappa_\alpha<0$ 时，井眼轨道为降斜圆弧。

在圆弧线井段$[L_A, L_B]$上，任一点 P 处的主要井眼轨道参数为

$$\alpha = \alpha_A + \kappa_\alpha \Delta L = \alpha_A + \frac{180}{\pi} \cdot \frac{\Delta L}{R} \tag{1-62}$$

$$\Delta H = R(\sin \alpha - \sin \alpha_A) \tag{1-63}$$

$$\Delta S = R(\cos \alpha_A - \cos \alpha) \tag{1-64}$$

式中，R 为对应于井斜变化率 κ_α 的曲率半径，按式(1-12)确定。

(a) 增斜井段($\kappa_\alpha>0$)

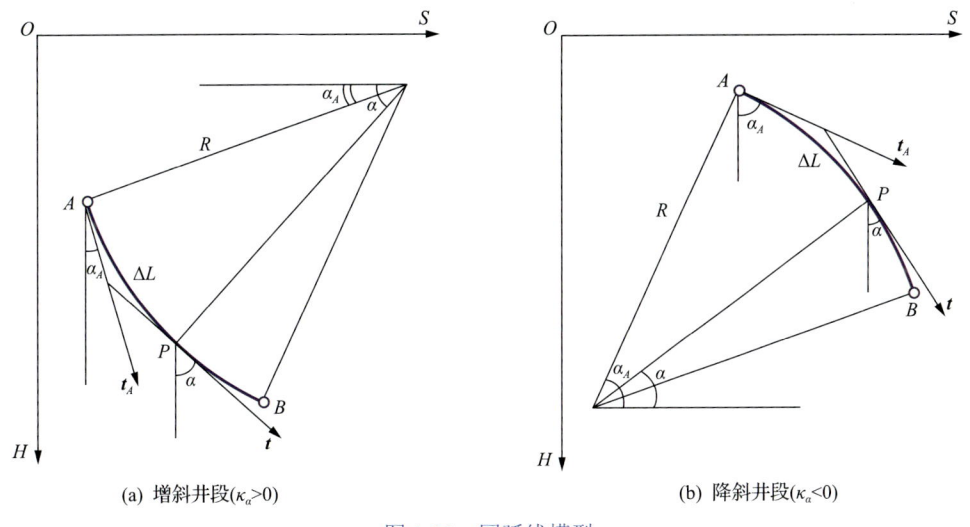

(b) 降斜井段($\kappa_\alpha<0$)

图 1-23 圆弧线模型

三、悬链线模型

将均质柔索两端悬挂后，其形状呈现为悬链线[27-34]，如图 1-24 所示。悬链线方程为

$$y = a\cosh\frac{x}{a} \tag{1-65}$$

式中

$$a = \frac{F_\mathrm{h}}{q_\mathrm{m}}$$

a 为悬链线的特征参数，m，其中，F_h 为柔索张力的水平分量，N；q_m 为单位长度柔索的自重，N/m。

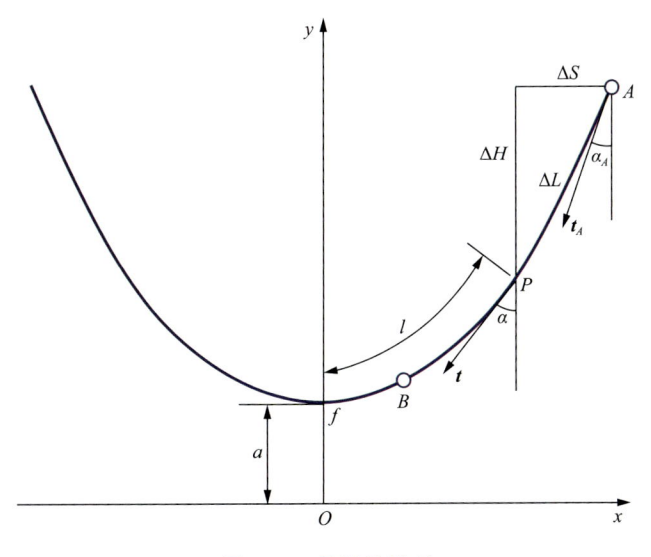

图 1-24 悬链线模型

井下管柱长达数千米，长径比很大、整体刚度很小，可近似为均质柔索。如果把井眼轨道设计成悬链线，则管柱在井眼内将呈现悬空趋势，从而可减小管柱摩阻[28-34]。

悬链线模型假设井眼轨道为悬链线，其特征参数是悬链线的特征参数 a。特征参数 a 的物理意义和几何意义见式(1-65)和图 1-24，悬链线模型主要用于大位移井和长水平段水平井。

1. 经典悬链线模型

根据式(1-65)及图 1-24 的几何关系，得

$$\frac{dy}{dx} = \sinh\frac{x}{a} = \tan(90° - \alpha) \tag{1-66}$$

所以

$$\tan\alpha = \frac{1}{\sinh\dfrac{x}{a}} \tag{1-67}$$

根据曲线弧长的计算公式[9,10]，从悬链线底点 f 到任一点 P 的弧长 l 为

$$l = \int \sqrt{1 + \left(\frac{dy}{dx}\right)^2}\, dx \tag{1-68}$$

将式(1-66)代入式(1-68)后积分，并注意到边界条件 $l|_{x=0} = 0$，则有

$$l = a\sinh\frac{x}{a} \tag{1-69}$$

因此，从悬链线井段始点 A 到任一点 P 的井段长度 ΔL 为

$$\Delta L = l_A - l = a\left(\sinh\frac{x_A}{a} - \sinh\frac{x}{a}\right) \tag{1-70}$$

将式(1-67)代入式(1-70)，得

$$\Delta L = a\left(\frac{1}{\tan\alpha_A} - \frac{1}{\tan\alpha}\right) \tag{1-71}$$

所以

$$\tan\alpha = \frac{1}{\dfrac{1}{\tan\alpha_A} - \dfrac{\Delta L}{a}} \tag{1-72}$$

对于从 A 点到 P 点的悬链线井段，水平长度增量 ΔS 和垂深增量 ΔH 分别对应横坐标增量 Δx 和纵坐标增量 Δy，因此有

$$\begin{cases} \Delta S = x_A - x \\ \Delta H = y_A - y \end{cases} \tag{1-73}$$

将式(1-67)代入式(1-73)中的第一式，经整理得

$$\Delta S = a(X_A - X) \tag{1-74}$$

式中

$$X = \operatorname{arsinh} \frac{1}{\tan \alpha}$$

再将式(1-65)代入式(1-73)中的第二式,得

$$\Delta H = a(\cosh X_A - \cosh X) \tag{1-75}$$

根据平面曲线的曲率计算公式[9,10],悬链线轨道上任一点 P 的井斜变化率为

$$\kappa_\alpha = \frac{y''}{(1+y'^2)^{\frac{3}{2}}} \tag{1-76}$$

将式(1-66)再次求导,并代入式(1-76),则井斜变化率为

$$\kappa_\alpha = \frac{1}{a \cosh^2 \frac{x}{a}} = \frac{1}{a \cosh^2 X} \tag{1-77}$$

考虑到井斜变化率 κ_α 的单位为(°)/m,则有

$$\kappa_\alpha = \frac{180}{\pi a \cosh^2 X} \tag{1-78}$$

2. 无因次悬链线模型

在经典悬链线模型中,垂深增量 ΔH、水平长度增量 ΔS 和井斜变化率 κ_α 等计算公式都涉及双曲函数运算。为简化计算,经数学变换可消除这些计算公式中的双曲函数,从而将经典的悬链线模型转换为无因次悬链线模型[32,33],如图 1-25 所示。

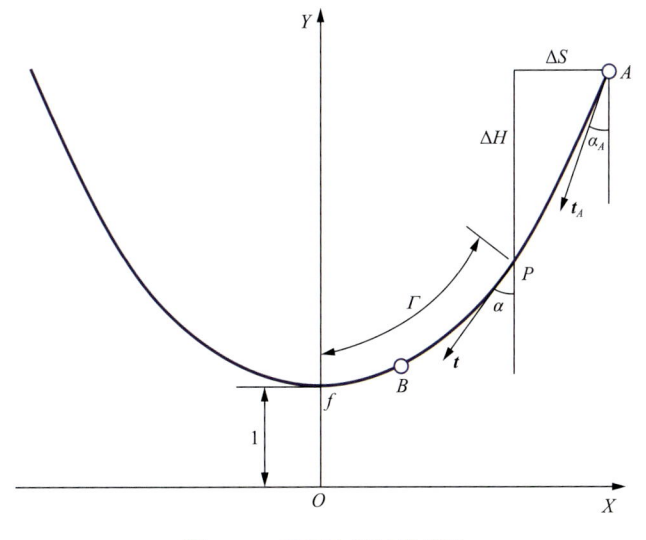

图 1-25 无因次悬链线模型

若令

$$\begin{cases} X = \dfrac{x}{a} \\ Y = \dfrac{y}{a} \\ \varGamma = \dfrac{l}{a} \end{cases} \quad (1\text{-}79)$$

则式(1-65)、式(1-67)和式(1-69)分别变为[32,33]

$$Y = \cosh X \quad (1\text{-}80)$$

$$\tan \alpha = \frac{1}{\sinh X} \quad (1\text{-}81)$$

$$\varGamma = \sinh X \quad (1\text{-}82)$$

由式(1-81)，可得

$$\frac{1 - \tan^2 \dfrac{\alpha}{2}}{2 \tan \dfrac{\alpha}{2}} = \frac{e^X - e^{-X}}{2} \quad (1\text{-}83)$$

即

$$e^X - e^{-X} = \frac{1}{\tan \dfrac{\alpha}{2}} - \tan \dfrac{\alpha}{2} \quad (1\text{-}84)$$

因为 $\tan \dfrac{\alpha}{2} > 0$、$e^X > 0$，所以（舍去 $e^X = -\tan \dfrac{\alpha}{2}$ 的解）

$$e^X = \frac{1}{\tan \dfrac{\alpha}{2}} \quad (1\text{-}85)$$

即[32,33]

$$X = -\ln\left(\tan \dfrac{\alpha}{2}\right) \quad (1\text{-}86)$$

又由式(1-81)和式(1-82)，得

$$\varGamma = \frac{1}{\tan \alpha} \quad (1\text{-}87)$$

利用关系式 $\cosh^2 x - \sinh^2 x = 1$，由式(1-80)和式(1-82)可得

$$Y^2 - \Gamma^2 = 1 \tag{1-88}$$

因为 $y \geq a$，所以 $Y \geq 1$，因此

$$Y = \sqrt{1 + \Gamma^2} \tag{1-89}$$

将式(1-87)代入式(1-89)，经整理得[32,33]

$$Y = \frac{1}{\sin \alpha} \tag{1-90}$$

再由式(1-80)和式(1-90)，得

$$\cosh X = \frac{1}{\sin \alpha} \tag{1-91}$$

将式(1-91)代入式(1-78)，得[32,33]

$$\kappa_\alpha = \frac{180}{\pi a} \sin^2 \alpha \tag{1-92}$$

这样，在已知井段始点 A 和特征参数 a 条件下，可先由式(1-72)计算井斜角 α，再由式(1-86)式(1-90)分别求得 X 和 Y，然后通过式(1-93)式(1-94)计算垂深增量 ΔH 和水平长度增量 ΔS

$$\Delta H = a(Y_A - Y) \tag{1-93}$$

$$\Delta S = a(X_A - X) \tag{1-94}$$

可见，通过参数变换方法可将经典悬链线方程转换为无因次悬链线方程，基于无因次悬链线方程的悬链线模型更为简洁实用。

四、抛物线模型

抛物线模型与悬链线模型的目的和作用类似。将柔索两端悬挂起来，自重沿长度分布保持为常数的均质柔索呈现为悬链线，而自重沿横轴 x 分布保持为常数的柔索呈现为二次抛物线[35,36]，如图 1-26 所示。二次抛物线方程为

$$y = \frac{1}{2P} x^2 \tag{1-95}$$

式中

$$P = \frac{F_h}{q_x}$$

P 为二次抛物线的特征参数，m，其中，q_x 为柔索自重在横轴 x 轴上的分量，N/m。

30 | 井眼轨道几何学

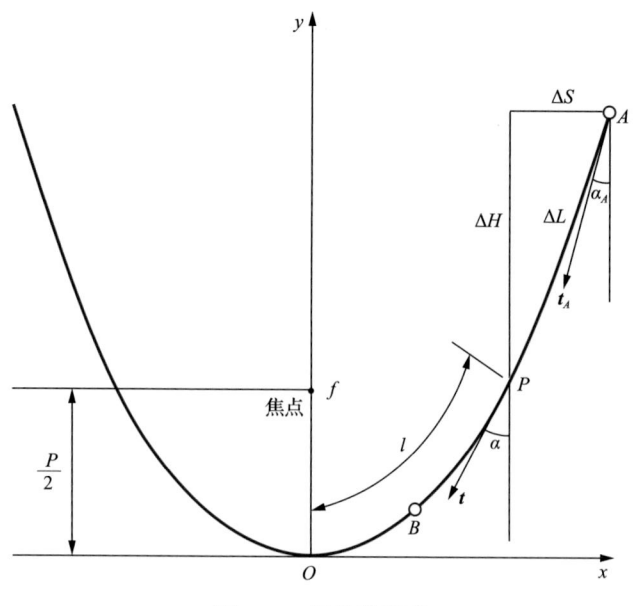

图 1-26 抛物线模型

抛物线模型假设井眼轨道为抛物线，其特征参数是抛物线的特征参数 P。特征参数 P 的物理意义和几何意义见式(1-95)和图 1-26。

根据式(1-95)及图 1-26 中的几何关系，得

$$\frac{\mathrm{d}y}{\mathrm{d}x} = \frac{x}{P} = \tan(90° - \alpha) \tag{1-96}$$

所以

$$\tan\alpha = \frac{P}{x} \tag{1-97}$$

将式(1-96)代入曲线弧长公式(1-68)后积分，并注意到边界条件 $l|_{x=0} = 0$，则从抛物线底点 O 到任一点 P 的弧长 l 为

$$l = \frac{x}{2P}\sqrt{P^2 + x^2} + \frac{P}{2}\left(\ln\left|x + \sqrt{P^2 + x^2}\right| - \ln|P|\right) \tag{1-98}$$

由式(1-97)可得

$$\sin\alpha = \frac{P}{\sqrt{P^2 + x^2}} \tag{1-99}$$

$$\tan\frac{\alpha}{2} = \frac{P}{x + \sqrt{P^2 + x^2}} \tag{1-100}$$

将式(1-99)和式(1-100)代入式(1-98)，并注意到式(1-97)及 $P>0$ 和 $\tan\frac{\alpha}{2}>0$，得[35,36]

$$l = \frac{P}{2}\left[\frac{1}{\sin\alpha\tan\alpha} - \ln\left(\tan\frac{\alpha}{2}\right)\right] \tag{1-101}$$

为简便，令

$$f(\alpha) = \frac{1}{\sin\alpha\tan\alpha} - \ln\left(\tan\frac{\alpha}{2}\right) \tag{1-102}$$

则从抛物线井段始点 A 到任一点 P 的井段长度为

$$\Delta L = l_A - l = \frac{P}{2}[f(\alpha_A) - f(\alpha)] \tag{1-103}$$

所以，井斜角 α 满足方程[35,36]

$$f(\alpha) = f(\alpha_A) - \frac{2\Delta L}{P} \tag{1-104}$$

使用迭代法求解式(1-104)，便可得到对应于井段长度 ΔL 的井斜角 α。

对于从 A 点到 P 点的抛物线井段，水平长度增量 ΔS 和垂深增量 ΔH 分别对应于横坐标增量 Δx 和纵坐标增量 Δy，因此有

$$\begin{cases} \Delta S = x_A - x \\ \Delta H = y_A - y \end{cases} \tag{1-105}$$

将式(1-97)代入式(1-105)中的第一式，经整理得[35,36]

$$\Delta S = P\left(\frac{1}{\tan\alpha_A} - \frac{1}{\tan\alpha}\right) \tag{1-106}$$

再将式(1-95)和式(1-97)代入式(1-105)中的第二式，经整理得[35,36]

$$\Delta H = \frac{P}{2}\left(\frac{1}{\tan^2\alpha_A} - \frac{1}{\tan^2\alpha}\right) \tag{1-107}$$

对式(1-96)再次求导，代入平面曲线的曲率计算公式(1-76)，并注意井斜变化率的单位为(°)/m，则有[35,36]

$$\kappa_\alpha = \frac{180}{\pi P}\sin^3\alpha \tag{1-108}$$

至此，便得到了抛物线轨道的井斜角 α、垂深增量 ΔH、水平长度增量 ΔS 和井斜变化率 κ_α 的计算公式。

除上述二维井眼轨道模型外，还有摆线模型[37]、侧位悬链线及抛物线模型[38,39]等。

第四节　三维井眼轨道模型

井眼轨道模型以井段为研究对象，主要研究井眼轨道的表征方法。首先，将井段假设为具有明确物理意义和几何意义的特定形态，并用特征参数予以表征，即用特征参数确定井眼轨道的形状和姿态。然后，在已知井段始点参数的条件下，建立井眼轨道上任一点处各参数的计算方法。

表征三维井眼轨道需要两个特征参数，通常采用一组挠曲参数，如井眼曲率和主法线角 (κ, ω)、井斜变化率和方位变化率 $(\kappa_\alpha, \kappa_\phi)$ 等。三维井眼轨道模型主要研究井斜参数 (α, ϕ)、坐标参数 $(\Delta N, \Delta E, \Delta H, \Delta S)$ 和挠曲参数 $(\kappa_\alpha, \kappa_\phi, \kappa, \tau)$ 等计算方法。

一、三维直线模型

三维直线模型假设井眼轨道的井斜角和方位角分别保持为常数 α_v 和 ϕ_v，用于表征三维井眼轨道的垂直井段、稳斜井段和水平井段，如图1-27所示。

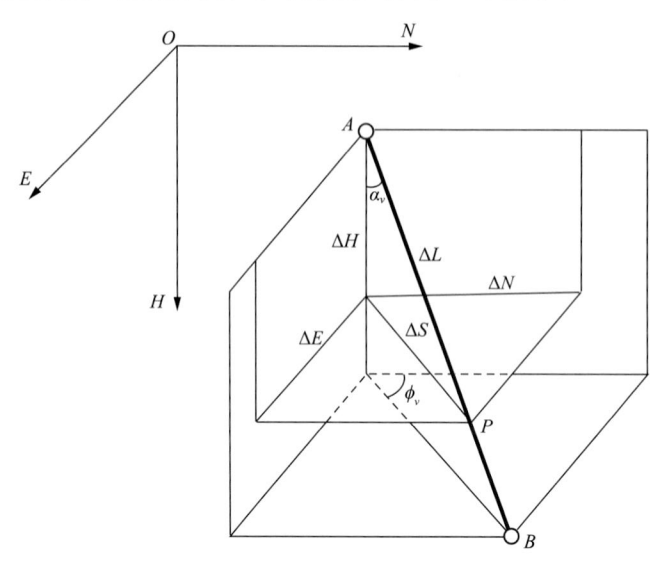

图1-27　三维直线模型

三维直线模型也可看作是其他三维井眼轨道模型的特例。例如，对于空间圆弧模型和恒主法线模型，当井眼曲率 $\kappa = 0$ 时，都应按三维直线模型来计算井眼轨道参数。

根据三维直线模型的定义，井眼轨道上任一点的挠曲参数均为零，而井斜参数和坐标参数分别为

$$\begin{cases} \alpha = \alpha_v \\ \phi = \phi_v \end{cases} \tag{1-109}$$

$$\begin{cases} \Delta N = \Delta L \sin\alpha_v \cos\phi_v \\ \Delta E = \Delta L \sin\alpha_v \sin\phi_v \\ \Delta H = \Delta L \cos\alpha_v \\ \Delta S = \Delta L \sin\alpha_v \end{cases} \quad (1\text{-}110)$$

二、空间圆弧模型

空间圆弧模型假设井眼轨道为空间斜平面内的圆弧线[40-46]，其井眼曲率 κ 保持为常数，井眼挠率 τ 恒等于零，如图 1-28 所示。空间圆弧模型的特征参数是井眼曲率 κ 和井段始点处的主法线角 ω_A，它们分别表征空间圆弧轨道的形状和姿态。

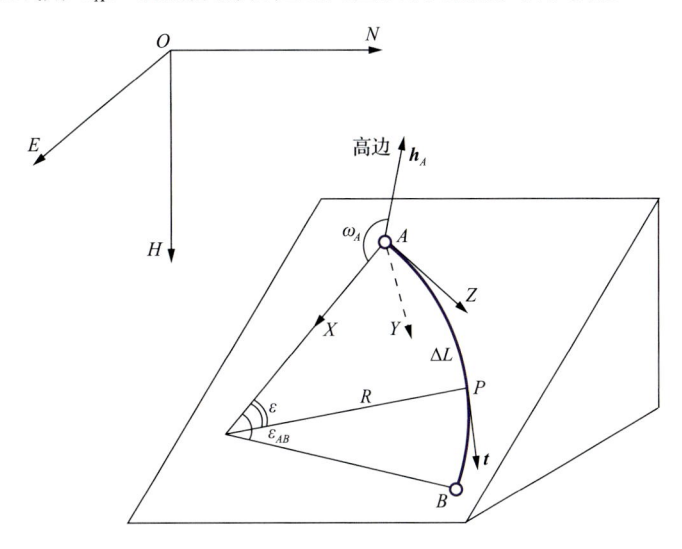

图 1-28 空间圆弧模型

1. 井斜参数

如图 1-28 所示，在井段始点 A 处，建立标架坐标系 XYZ。根据坐标变换原理[10]，标架坐标系 XYZ 与井口坐标系 NEH 之间的坐标转换关系为（详见第二章第三节）[40-46]

$$\begin{bmatrix} X \\ Y \\ Z \end{bmatrix} = \boldsymbol{T} \begin{bmatrix} N - N_A \\ E - E_A \\ H - H_A \end{bmatrix} = \begin{bmatrix} T_{11} & T_{12} & T_{13} \\ T_{21} & T_{22} & T_{23} \\ T_{31} & T_{32} & T_{33} \end{bmatrix} \begin{bmatrix} N - N_A \\ E - E_A \\ H - H_A \end{bmatrix} \quad (1\text{-}111)$$

式中

$$\begin{cases} T_{11} = \cos\alpha_A \cos\phi_A \cos\omega_A - \sin\phi_A \sin\omega_A \\ T_{12} = \cos\alpha_A \sin\phi_A \cos\omega_A + \cos\phi_A \sin\omega_A \\ T_{13} = -\sin\alpha_A \cos\omega_A \end{cases}$$

$$\begin{cases} T_{21} = -\cos\alpha_A \cos\phi_A \sin\omega_A - \sin\phi_A \cos\omega_A \\ T_{22} = -\cos\alpha_A \sin\phi_A \sin\omega_A + \cos\phi_A \cos\omega_A \\ T_{23} = \sin\alpha_A \sin\omega_A \end{cases}$$

$$\begin{cases} T_{31} = \sin\alpha_A \cos\phi_A \\ T_{32} = \sin\alpha_A \sin\phi_A \\ T_{33} = \cos\alpha_A \end{cases}$$

在标架坐标系 XYZ 与井口坐标系 NEH 之间的向量转换关系为[10]

$$\begin{cases} \boldsymbol{e}_X = \dfrac{\dfrac{\partial X}{\partial N}\boldsymbol{i} + \dfrac{\partial X}{\partial E}\boldsymbol{j} + \dfrac{\partial X}{\partial H}\boldsymbol{k}}{\sqrt{\left(\dfrac{\partial X}{\partial N}\right)^2 + \left(\dfrac{\partial X}{\partial E}\right)^2 + \left(\dfrac{\partial X}{\partial H}\right)^2}} \\ \boldsymbol{e}_Z = \dfrac{\dfrac{\partial Z}{\partial N}\boldsymbol{i} + \dfrac{\partial Z}{\partial E}\boldsymbol{j} + \dfrac{\partial Z}{\partial H}\boldsymbol{k}}{\sqrt{\left(\dfrac{\partial Z}{\partial N}\right)^2 + \left(\dfrac{\partial Z}{\partial E}\right)^2 + \left(\dfrac{\partial Z}{\partial H}\right)^2}} \end{cases} \quad (1\text{-}112)$$

式中，$\boldsymbol{e}_X$、$\boldsymbol{e}_Z$ 分别为 X 轴和 Z 轴上的单位坐标向量。

空间圆弧轨道位于标架坐标系 XYZ 的 XZ 平面内，因此任一点 P 的单位切线向量 $\boldsymbol{t}$ 可表示为[40-46]

$$\boldsymbol{t} = \sin\varepsilon\,\boldsymbol{e}_X + \cos\varepsilon\,\boldsymbol{e}_Z \quad (1\text{-}113)$$

式中

$$\varepsilon = \kappa\Delta L = \dfrac{180}{\pi}\dfrac{\Delta L}{R}$$

ε 为从井段始点 A 到计算点 P 的弯曲角，(°)，其中，R 为对应于井眼曲率 κ 的曲率半径，m。

由式(1-111)，得

$$\begin{cases} \dfrac{\partial X}{\partial N} = T_{11}, \quad \dfrac{\partial X}{\partial E} = T_{12}, \quad \dfrac{\partial X}{\partial H} = T_{13} \\ \dfrac{\partial Z}{\partial N} = T_{31}, \quad \dfrac{\partial Z}{\partial E} = T_{32}, \quad \dfrac{\partial Z}{\partial H} = T_{33} \end{cases} \quad (1\text{-}114)$$

所以，将式(1-114)代入式(1-112)，并注意到 $\boldsymbol{e}_X$、$\boldsymbol{e}_Z$ 均为单位向量，则有

$$\begin{cases} \boldsymbol{e}_X = T_{11}\boldsymbol{i} + T_{12}\boldsymbol{j} + T_{13}\boldsymbol{k} \\ \boldsymbol{e}_Z = T_{31}\boldsymbol{i} + T_{32}\boldsymbol{j} + T_{33}\boldsymbol{k} \end{cases} \quad (1\text{-}115)$$

再将式(1-115)代入式(1-113)，得

$$\boldsymbol{t} = (T_{31}\cos\varepsilon + T_{11}\sin\varepsilon)\boldsymbol{i} + (T_{32}\cos\varepsilon + T_{12}\sin\varepsilon)\boldsymbol{j} + (T_{33}\cos\varepsilon + T_{13}\sin\varepsilon)\boldsymbol{k} \quad (1\text{-}116)$$

于是，根据井斜角和方位角的定义，有

$$\cos\alpha = T_{33}\cos\varepsilon + T_{13}\sin\varepsilon \quad (1\text{-}117)$$

$$\tan\phi = \frac{T_{32}\cos\varepsilon + T_{12}\sin\varepsilon}{T_{31}\cos\varepsilon + T_{11}\sin\varepsilon} \quad (1\text{-}118)$$

将关于井段始点 A 的 $T_{ij}(i, j = 1, 2, 3)$ 代入式(1-117)和式(1-118)，得[40-46]

$$\cos\alpha = \cos\alpha_A \cos\varepsilon - \sin\alpha_A \cos\omega_A \sin\varepsilon \quad (1\text{-}119)$$

$$\tan\phi = \frac{\sin\alpha_A \sin\phi_A \cos\varepsilon + (\cos\alpha_A \sin\phi_A \cos\omega_A + \cos\phi_A \sin\omega_A)\sin\varepsilon}{\sin\alpha_A \cos\phi_A \cos\varepsilon + (\cos\alpha_A \cos\phi_A \cos\omega_A - \sin\phi_A \sin\omega_A)\sin\varepsilon} \quad (1\text{-}120)$$

应用三角函数的加法公式[10]，即

$$\tan(\phi - \phi_A) = \frac{\tan\phi - \tan\phi_A}{1 + \tan\phi \tan\phi_A} \quad (1\text{-}121)$$

式(1-120)还可写成

$$\tan(\phi - \phi_A) = \frac{\sin\omega_A \sin\varepsilon}{\sin\alpha_A \cos\varepsilon + \cos\alpha_A \cos\omega_A \sin\varepsilon} \quad (1\text{-}122)$$

2. 坐标参数

如图 1-28 所示，在标架坐标系 XYZ 中，空间圆弧轨道上任一点 P 的坐标为

$$\begin{cases} X = R(1 - \cos\varepsilon) \\ Y = 0 \\ Z = R\sin\varepsilon \end{cases} \quad (1\text{-}123)$$

将式(1-123)代入式(1-111)，便得到任一点 P 与井段始点 A 之间的坐标增量为[40-46]

$$\begin{cases} \Delta N = R[T_{11}(1 - \cos\varepsilon) + T_{31}\sin\varepsilon] \\ \Delta E = R[T_{12}(1 - \cos\varepsilon) + T_{32}\sin\varepsilon] \\ \Delta H = R[T_{13}(1 - \cos\varepsilon) + T_{33}\sin\varepsilon] \end{cases} \quad (1\text{-}124)$$

空间圆弧轨道在水平投影图上是椭圆弧，因此无法得到水平长度增量 ΔS 的解析显式，需要使用数值积分方法求得，即

$$\Delta S = \int_{L_A}^{L} \sin\alpha \, \mathrm{d}L \tag{1-125}$$

式中，井斜角 α 由式(1-119)确定。

如果将水平投影图上的椭圆弧近似为圆弧，则式(1-125)的近似解为

$$\Delta S = \lambda R(\sin\alpha_A + \sin\alpha) \tag{1-126}$$

式中

$$\lambda = \frac{\pi}{180} \frac{\dfrac{\Delta\phi}{2}}{\tan\dfrac{\Delta\phi}{2}} \tan\frac{\varepsilon}{2}$$

3. 挠曲参数

根据井斜变化率 κ_α 的定义，将式(1-117)两边对井深 L 求导，得

$$-\sin\alpha \cdot \kappa_\alpha = -T_{33}\sin\varepsilon \cdot \kappa + T_{13}\cos\varepsilon \cdot \kappa \tag{1-127}$$

即

$$\kappa_\alpha = \frac{\kappa}{\sin\alpha}(T_{33}\sin\varepsilon - T_{13}\cos\varepsilon) \tag{1-128}$$

将式(1-111)中的 T_{13} 和 T_{33} 代入式(1-128)，经整理得[40-46]

$$\kappa_\alpha = \frac{\kappa}{\sin\alpha}(\cos\alpha_A \sin\varepsilon + \sin\alpha_A \cos\omega_A \cos\varepsilon) \tag{1-129}$$

同理，根据方位变化率 κ_ϕ 的定义，对式(1-118)两边求导，经整理得[40-46]

$$\kappa_\phi = \kappa\cos^2\phi \frac{T_{12}T_{31} - T_{11}T_{32}}{(T_{31}\cos\varepsilon + T_{11}\sin\varepsilon)^2} \tag{1-130}$$

$T_{ij}(i,j=1,2,3)$ 为井眼轨道基本向量 $\boldsymbol{n}$、$\boldsymbol{b}$、$\boldsymbol{t}$ 在井口坐标系下的方向余弦，因此存在如下关系式：

$$\begin{cases} T_{11}{}^2 + T_{12}{}^2 + T_{13}{}^2 = 1 \\ T_{31}{}^2 + T_{32}{}^2 + T_{33}{}^2 = 1 \\ T_{11}T_{31} + T_{12}T_{32} + T_{13}T_{33} = 0 \end{cases} \tag{1-131}$$

根据三角函数关系，并注意到式(1-131)，则由式(1-118)得

$$\cos^2\phi = \frac{1}{1+\tan^2\phi} = \frac{(T_{31}\cos\varepsilon + T_{11}\sin\varepsilon)^2}{1-(T_{33}\cos\varepsilon + T_{13}\sin\varepsilon)^2} \tag{1-132}$$

将式(1-132)代入式(1-130)，并注意到式(1-117)，得

$$\kappa_\phi = \kappa\frac{T_{31}T_{12} - T_{32}T_{11}}{1-(T_{33}\cos\varepsilon + T_{13}\sin\varepsilon)^2} = \kappa\frac{T_{31}T_{12} - T_{32}T_{11}}{\sin^2\alpha} \tag{1-133}$$

再将关于井段始点 A 的 T_{ij} 代入式(1-133)，经整理得

$$\kappa_\phi = \kappa\frac{\sin\alpha_A \sin\omega_A}{\sin^2\alpha} \tag{1-134}$$

式(1-129)和式(1-134)就是空间圆弧轨道上任一点的井斜变化率 κ_α 和方位变化率 κ_ϕ 计算公式。

显然，式(1-129)和式(1-134)都要求 $\sin\alpha \neq 0$。对于空间圆弧轨道来说，当 $\sin\alpha = 0$ 时，说明井斜角 $\alpha = 0°$ 或 $180°$。由式(1-41)知，此时主法线角 $\omega = 0°$ 或 $180°$。事实上，只有位于铅垂平面内的圆弧轨道，才存在 $\alpha = 0°$ 或 $180°$ 的情况，且 $\alpha = 0°$ 或 $180°$ 处是铅垂平面内圆弧轨道的增降斜分界点。因此，当 $\sin\alpha = 0$ 时，井斜变化率和方位变化率分别为

$$\begin{cases} |\kappa_\alpha| = \kappa \\ \kappa_\phi = 0 \end{cases} \tag{1-135}$$

此外，根据式(1-129)和式(1-134)，有

$$\kappa_\alpha^2 + \kappa_\phi^2 \sin^2\alpha = \frac{\kappa^2}{\sin^2\alpha}[(\cos\alpha_A \sin\varepsilon + \sin\alpha_A \cos\omega_A \cos\varepsilon)^2 + \sin^2\alpha_A \sin^2\omega_A] \tag{1-136}$$

而由式(1-119)，得

$$\sin^2\alpha = 1 - (\cos\alpha_A \cos\varepsilon - \sin\alpha_A \cos\omega_A \sin\varepsilon)^2 \tag{1-137}$$

所以，联立式(1-136)和式(1-137)可以证明：井斜变化率 κ_α、方位变化率 κ_ϕ 和井眼曲率 κ 满足式(1-26)，从而验证了空间圆弧轨道井斜变化率 κ_α 和方位变化率 κ_ϕ 计算公式的正确性。

三、圆柱螺线模型

圆柱螺线模型假设井眼轨道为等变螺旋角的圆柱螺线，它在垂直剖面图和水平投影图上的曲率 κ_v 和 κ_h 分别保持为常数，即在垂直剖面图和水平投影图上井眼轨道均为圆弧[3-7,14,42-44]，如图1-29所示。圆柱螺线模型的特征参数是垂直剖面图和水平投影图上的曲率 κ_v 和 κ_h。

38 | 井眼轨道几何学

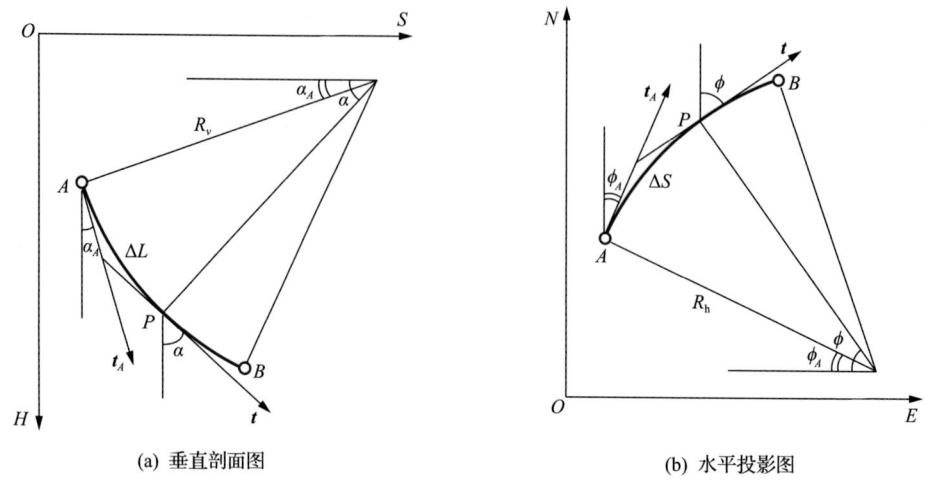

图 1-29 圆柱螺线模型

(a) 垂直剖面图　　(b) 水平投影图

1. 井斜参数

根据垂直剖面图上井眼轨道曲率 κ_v 的定义，由式(1-6)可得井眼轨道上任一点的井斜角为

$$\alpha = \alpha_A + \kappa_v \Delta L \tag{1-138}$$

由式(1-9)可知

$$\kappa_\phi = \frac{\mathrm{d}\phi}{\mathrm{d}L} = \kappa_h \sin\alpha \tag{1-139}$$

所以，将式(1-138)代入式(1-139)，经积分，并考虑到方位角的单位，得[6,7]

$$\phi = \begin{cases} \phi_A + \kappa_h \Delta L \sin\alpha_A, & \text{当 } \kappa_v = 0 \text{ 时} \\ \phi_A + \dfrac{180}{\pi}\dfrac{\kappa_h}{\kappa_v}(\cos\alpha_A - \cos\alpha), & \text{当 } \kappa_v \neq 0 \text{ 时} \end{cases} \tag{1-140}$$

可见，方位角公式涉及井斜角，所以应先计算井斜角。

2. 坐标参数

根据井眼轨道的积分方程式(1-15)，北坐标增量 ΔN 为

$$\Delta N = \int_{L_A}^{L} \sin\alpha \cos\phi \, \mathrm{d}L \tag{1-141}$$

将式(1-138)和式(1-140)的井斜角和方位角方程代入式(1-141)，经积分可求得北坐标增量 ΔN。下面分几种情况来讨论，并注意到式(1-6)和式(1-9)，有

(1) 若 $\kappa_v = 0$、$\kappa_h = 0$，则 $\alpha = \alpha_A$、$\phi = \phi_A$，所以

$$\Delta N = \Delta L \sin\alpha_A \cos\phi_A \tag{1-142}$$

(2) 若 $\kappa_v = 0$、$\kappa_h \neq 0$,则 $\alpha = \alpha_A$,所以

$$\Delta N = \sin\alpha_A \left(\frac{1}{\kappa_\phi} \sin\phi \right) \bigg|_{L_A}^{L} = \frac{1}{\kappa_h}(\sin\phi - \sin\phi_A) \tag{1-143}$$

(3) 若 $\kappa_v \neq 0$、$\kappa_h = 0$,则 $\phi = \phi_A$,所以

$$\Delta N = \left[\frac{1}{\kappa_\alpha}(-\cos\alpha)\cos\phi_A \right]_{L_A}^{L} = \frac{1}{\kappa_v}(\cos\alpha_A - \cos\alpha)\cos\phi_A \tag{1-144}$$

(4) 若 $\kappa_v \neq 0$、$\kappa_h \neq 0$,对式(1-141)进行分部积分,得

$$\Delta N = \left(\sin\alpha \frac{\sin\phi}{\kappa_\phi} \right) \bigg|_{L_A}^{L} - \int_{L_0}^{L} \left(\frac{\sin\alpha}{\kappa_\phi} \right)' \sin\phi \, \mathrm{d}L \tag{1-145}$$

将式(1-9)代入式(1-145),得

$$\Delta N = \left(\frac{\sin\phi}{\kappa_h} \right) \bigg|_{L_0}^{L} - \int_{L_0}^{L} \left(\frac{1}{\kappa_h} \right)' \sin\phi \, \mathrm{d}L = \frac{1}{\kappa_h}(\sin\phi - \sin\phi_A) \tag{1-146}$$

综合上述结果,同时给出其他的坐标增量计算公式,有[6,7]

$$\Delta N = \begin{cases} \Delta L \sin\alpha_A \cos\phi_A, & 当 \kappa_v = 0, \kappa_h = 0 时 \\ R_v(\cos\alpha_A - \cos\alpha)\cos\phi_A, & 当 \kappa_v \neq 0, \kappa_h = 0 时 \\ R_h(\sin\phi - \sin\phi_A), & 当 \kappa_h \neq 0 \end{cases} \tag{1-147}$$

$$\Delta E = \begin{cases} \Delta L \sin\alpha_A \sin\phi_A, & 当 \kappa_v = 0, \kappa_h = 0 时 \\ R_v(\cos\alpha_A - \cos\alpha)\sin\phi_A, & 当 \kappa_v \neq 0, \kappa_h = 0 时 \\ R_h(\cos\phi_A - \cos\phi), & 当 \kappa_h \neq 0 时 \end{cases} \tag{1-148}$$

$$\Delta H = \begin{cases} \Delta L \cos\alpha_A, & 当 \kappa_v = 0 时 \\ R_v(\sin\alpha - \sin\alpha_A), & 当 \kappa_v \neq 0 时 \end{cases} \tag{1-149}$$

$$\Delta S = \begin{cases} \Delta L \sin\alpha_A, & 当 \kappa_v = 0 时 \\ R_v(\cos\alpha_A - \cos\alpha), & 当 \kappa_v \neq 0 时 \end{cases} \tag{1-150}$$

式中,R_v 和 R_h 分别为对应于曲率 κ_v 和 κ_h 的曲率半径,m。

由图1-29的几何关系,不难验证这些坐标增量计算公式的正确性。

3. 挠曲参数

根据式(1-6)和式(1-9)，圆柱螺线轨道上任一点的井斜变化率和方位变化率分别为

$$\kappa_\alpha = \kappa_v \tag{1-151}$$

$$\kappa_\phi = \kappa_h \sin\alpha \tag{1-152}$$

由式(1-27)知，圆柱螺线轨道上任一点的井眼曲率为

$$\kappa = \sqrt{\kappa_v^2 + \kappa_h^2 \sin^4\alpha} \tag{1-153}$$

当井眼曲率 $\kappa \neq 0$ 时，由式(1-36)可得，圆柱螺线轨道上任一点的井眼挠率为[17-19]

$$\tau = \kappa_h \left(1 + \frac{2\kappa_v^2}{\kappa^2}\right)\sin\alpha\cos\alpha \tag{1-154}$$

四、自然曲线模型

自然曲线模型假设井眼轨道的井斜变化率 κ_α 和方位变化率 κ_ϕ 分别保持为常数[47-53]。井眼轨道在垂直剖面图上由直线($\kappa_\alpha = 0$)或圆弧($\kappa_\alpha \neq 0$)组成，而在水平投影图上仅当 $\kappa_\alpha = 0$ 时才呈现为直线($\kappa_\phi = 0$)或圆弧($\kappa_\phi \neq 0$)。自然曲线模型的特征参数是井斜变化率 κ_α 和方位变化率 κ_ϕ。

自然曲线模型基于基本挠曲参数建立了井眼轨道模型，是目前表征具有方位漂移特性井眼轨道的最佳模型[47-49]，适用于由直线和圆弧所组成的各种井身剖面，特别适合于旋转导向钻井的轨道设计[50,51]。同时，它也是一种很好的测斜计算模型[52,53]。

1. 井斜参数

根据自然曲线模型的基本假设，由式(1-4)和式(1-5)，得

$$\alpha = \alpha_A + \kappa_\alpha \Delta L \tag{1-155}$$

$$\phi = \phi_A + \kappa_\phi \Delta L \tag{1-156}$$

可见，自然曲线模型的井斜角和方位角都是井深的线性函数。

2. 坐标参数

根据井眼轨道积分方程，将式(1-155)和式(1-156)代入式(1-15)，经积分可得到井眼轨道上任一点与井段始点的坐标增量。现以北坐标增量 ΔN 为例，给出空间坐标计算公式的推导方法。

根据三角函数的积化和差公式，对于式(1-15)中的北坐标增量 ΔN，有

$$\Delta N = \int_{L_A}^{L} \sin\alpha\cos\phi \, dL = \frac{1}{2}\int_{L_A}^{L}\sin(\alpha+\phi)dL + \frac{1}{2}\int_{L_A}^{L}\sin(\alpha-\phi)dL \tag{1-157}$$

为简便，令

$$\begin{cases} A_P = \alpha_A + \phi_A \\ A_Q = \alpha_A - \phi_A \end{cases} \tag{1-158}$$

$$\begin{cases} \kappa_P = \kappa_\alpha + \kappa_\phi \\ \kappa_Q = \kappa_\alpha - \kappa_\phi \end{cases} \tag{1-159}$$

则式(1-157)变为

$$\Delta N = \frac{1}{2}\int_{L_A}^{L} \sin[A_P + \kappa_P(L-L_A)]\mathrm{d}L + \frac{1}{2}\int_{L_A}^{L} \sin[A_Q + \kappa_Q(L-L_A)]\mathrm{d}L \tag{1-160}$$

要积分式(1-160)，应按如下情况分别处理[47-53]：

(1) 当 $\kappa_P = \kappa_Q = 0$ 时，即当 $\kappa_\alpha = \kappa_\phi = 0$ 时

$$\Delta N = \Delta L \sin \alpha_A \cos \phi_A \tag{1-161}$$

(2) 当 $\kappa_P \neq 0$、$\kappa_Q = 0$ 时，即当 $\kappa_\alpha = \kappa_\phi \neq 0$ 时

$$\Delta N = \frac{1}{2}\int_{L_A}^{L} \sin[A_P + \kappa_P(L-L_A)]\mathrm{d}L + \frac{1}{2}\int_{L_A}^{L} \sin A_Q \, \mathrm{d}L \tag{1-162}$$

经积分，得

$$\Delta N = \frac{1}{2\kappa_P}[\cos A_P - \cos(A_P + \kappa_P \Delta L)] + \frac{1}{2}\Delta L \sin A_Q \tag{1-163}$$

(3) 当 $\kappa_P = 0$、$\kappa_Q \neq 0$ 时，即当 $\kappa_\alpha = -\kappa_\phi \neq 0$ 时

$$\Delta N = \frac{1}{2}\int_{L_A}^{L} \sin A_P \, \mathrm{d}L + \frac{1}{2}\int_{L_A}^{L} \sin[A_Q + \kappa_Q(L-L_A)]\mathrm{d}L \tag{1-164}$$

经积分，得

$$\Delta N = \frac{1}{2}\Delta L \sin A_P + \frac{1}{2\kappa_Q}[\cos A_Q - \cos(A_Q + \kappa_Q \Delta L)] \tag{1-165}$$

(4) 当 $\kappa_P \neq 0$、$\kappa_Q \neq 0$ 时，即当 $|\kappa_\alpha| \neq |\kappa_\phi|$ 时

$$\Delta N = \frac{1}{2\kappa_P}[\cos A_P - \cos(A_P + \kappa_P \Delta L)] + \frac{1}{2\kappa_Q}[\cos A_Q - \cos(A_Q + \kappa_Q \Delta L)] \tag{1-166}$$

综合上述结果，同时给出其他的坐标增量计算公式，有[47-53]

$$\Delta N = \begin{cases} \Delta L \sin\alpha_A \cos\phi_A, & \text{当}\kappa_P = 0, \kappa_Q = 0\text{时} \\ \dfrac{1}{2}[\Delta L \sin A_P + F_C(A_Q, \kappa_Q)], & \text{当}\kappa_P = 0, \kappa_Q \neq 0\text{时} \\ \dfrac{1}{2}[F_C(A_P, \kappa_P) + \Delta L \sin A_Q], & \text{当}\kappa_P \neq 0, \kappa_Q = 0\text{时} \\ \dfrac{1}{2}[F_C(A_P, \kappa_P) + F_C(A_Q, \kappa_Q)], & \text{当}\kappa_P \neq 0, \kappa_Q \neq 0\text{时} \end{cases} \quad (1\text{-}167)$$

$$\Delta E = \begin{cases} \Delta L \sin\alpha_A \sin\phi_A, & \text{当}\kappa_P = 0, \kappa_Q = 0\text{时} \\ \dfrac{1}{2}[F_S(A_Q, \kappa_Q) - \Delta L \cos A_P], & \text{当}\kappa_P = 0, \kappa_Q \neq 0\text{时} \\ \dfrac{1}{2}[\Delta L \cos A_Q - F_S(A_P, \kappa_P)], & \text{当}\kappa_P \neq 0, \kappa_Q = 0\text{时} \\ \dfrac{1}{2}[F_S(A_Q, \kappa_Q) - F_S(A_P, \kappa_P)], & \text{当}\kappa_P \neq 0, \kappa_Q \neq 0\text{时} \end{cases} \quad (1\text{-}168)$$

$$\Delta H = \begin{cases} \Delta L \cos\alpha_A, & \text{当}\kappa_\alpha = 0\text{时} \\ F_S(\alpha_A, \kappa_\alpha), & \text{当}\kappa_\alpha \neq 0\text{时} \end{cases} \quad (1\text{-}169)$$

$$\Delta S = \begin{cases} \Delta L \sin\alpha_A, & \text{当}\kappa_\alpha = 0\text{时} \\ F_C(\alpha_A, \kappa_\alpha), & \text{当}\kappa_\alpha \neq 0\text{时} \end{cases} \quad (1\text{-}170)$$

式中

$$\begin{cases} F_S(\beta, \chi) = \dfrac{180}{\pi\chi}[\sin(\beta + \chi\Delta L) - \sin\beta] = R[\sin(\beta + \chi\Delta L) - \sin\beta] \\ F_C(\beta, \chi) = \dfrac{180}{\pi\chi}[\cos\beta - \cos(\beta + \chi\Delta L)] = R[\cos\beta - \cos(\beta + \chi\Delta L)] \end{cases}$$

式中，R 为对应于曲率 χ 的曲率半径，m。

3. 挠曲参数

对于自然曲线模型，井眼轨道上任一点井眼曲率由式(1-26)计算。

当井眼曲率 $\kappa \neq 0$ 时，由式(1-36)可知，自然曲线轨道上任一点的井眼挠率为

$$\tau = \kappa_\phi \left(1 + \dfrac{\kappa_\alpha^2}{\kappa^2}\right)\cos\alpha \quad (1\text{-}171)$$

五、恒主法线模型

恒主法线模型以往被称为恒工具面模型[54-56]。工具面角是造斜工具的定向参数，主法线角才是井眼轨道的挠曲参数。一般情况下，工具面角与主法线角不相等，只有在不

考虑地层自然造斜对井眼轨道影响时二者才相等(见第五章第六节)。井眼轨道模型应按其挠曲参数来定义,所以称为恒主法线模型更合理。

恒主法线模型假设井眼轨道的井眼曲率 κ 和主法线角 ω 分别保持为常数[54-56],井眼轨道在垂直剖面图上为圆弧。恒主法线模型的特征参数是井眼曲率 κ 和主法线角 ω[6,7]。

1. 挠曲参数

由式(1-42)可知,恒主法线模型的基本关系式为

$$\begin{cases} \kappa_\alpha = \kappa \cos \omega \\ \kappa_\phi = \kappa \dfrac{\sin \omega}{\sin \alpha} \end{cases} \quad (1\text{-}172)$$

由式(1-172)可以得出以下结论[6,7]:

(1) 井斜变化率 κ_α 和方位变化率 κ_ϕ 都与井眼曲率 κ 呈正比,因此井眼曲率 κ 是井斜变化率 κ_α 和方位变化率 κ_ϕ 存在的先决条件。

(2) 主法线角 ω 决定了井眼曲率 κ 对于井斜变化率 κ_α 和方位变化率 κ_ϕ 的分配关系,但是 κ_α 和 κ_ϕ 的变化趋势相反。

(3) 井斜变化率 κ_α 与井斜角 α 无关,但方位变化率 κ_ϕ 与井斜角 α 有关。当 $\sin\alpha$ 增大时,方位变化率 κ_ϕ 减小,这说明在井斜角 $\alpha \leq 90°$ 情况下,井斜角越大,变方位难度越大。

(4) 井斜变化率满足 $|\kappa_\alpha| \leq \kappa$,但方位变化率 κ_ϕ 没有类似限制。

井眼曲率 κ 和主法线角 ω 分别保持为常数,因此由式(1-172)得

$$\begin{cases} \dot{\kappa}_\alpha = 0 \\ \dot{\kappa}_\phi = -\kappa \kappa_\alpha \dfrac{\sin \omega}{\sin \alpha \tan \alpha} \end{cases} \quad (1\text{-}173)$$

将式(1-172)和式(1-173)代入式(1-36)得,恒主法线轨道上任一点的井眼挠率为[6,7,18]

$$\tau = \kappa \frac{\sin \omega}{\tan \alpha} = \kappa_\phi \cos \alpha \quad (1\text{-}174)$$

2. 井斜参数

根据恒主法线模型的基本假设,由式(1-172)中的第一式,得

$$\alpha = \alpha_A + \kappa_\alpha \Delta L = \alpha_A + \kappa \Delta L \cos \omega \quad (1\text{-}175)$$

将式(1-175)代入式(1-172)中的第二式,得

$$\phi = \phi_A + \frac{\kappa \sin \omega}{\kappa_\alpha} \int_{L_A}^{L} \frac{\mathrm{d}[\alpha_A + \kappa_\alpha (L - L_A)]}{\sin[\alpha_A + \kappa_\alpha (L - L_A)]} \quad (1\text{-}176)$$

经积分,并考虑方位角单位,得[6,7,55,56]

$$\phi = \phi_A + \frac{180}{\pi} \tan\omega \ln \frac{\tan\frac{\alpha}{2}}{\tan\frac{\alpha_A}{2}} \tag{1-177}$$

3. 坐标参数

将井斜角和方位角方程代入井眼轨道的积分方程，可算出井眼轨道上任一点相对于井段始点的坐标增量。对于北坐标增量 ΔN 和东坐标增量 ΔE 的积分公式，因为难以找到被积函数的原函数，所以需要使用数值积分法，即

$$\begin{cases} \Delta N = \int_{L_A}^{L} \sin\alpha \cos\phi \, \mathrm{d}L \\ \Delta E = \int_{L_A}^{L} \sin\alpha \sin\phi \, \mathrm{d}L \end{cases} \tag{1-178}$$

式中，井斜角 α 和方位角 ϕ 分别由式(1-175)和式(1-177)确定。

恒主法线模型的井斜变化率 κ_α 为常数，因此将式(1-175)代入式(1-15)，经积分可得到垂深和水平长度增量的计算公式分别为[6,7]

$$\Delta H = \begin{cases} \Delta L \cos\alpha_A, & \text{当} \kappa\cos\omega = 0 \text{时} \\ \dfrac{R}{\cos\omega}[\sin(\alpha_A + \kappa\Delta L\cos\omega) - \sin\alpha_A], & \text{当} \kappa\cos\omega \neq 0 \text{时} \end{cases} \tag{1-179}$$

$$\Delta S = \begin{cases} \Delta L \sin\alpha_A, & \text{当} \kappa\cos\omega = 0 \text{时} \\ \dfrac{R}{\cos\omega}[\cos\alpha_A - \cos(\alpha_A + \kappa\Delta L\cos\omega)], & \text{当} \kappa\cos\omega \neq 0 \text{时} \end{cases} \tag{1-180}$$

式中，R 为对应于井眼曲率 κ 的曲率半径，m。

六、三维悬链线模型

三维悬链线模型假设井眼轨道为方位变化率 κ_ϕ 保持为常数的悬链线，井眼轨道在垂直剖面图上为悬链线[57,58]。三维悬链线模型的特征参数是悬链线特征参数 a 和方位变化率 κ_ϕ。

三维悬链线轨道上任一点的井斜角和方位角方程分别为

$$\tan\alpha = \frac{1}{\dfrac{1}{\tan\alpha_A} - \dfrac{\Delta L}{a}} \tag{1-181}$$

$$\phi = \phi_A + \kappa_\phi \Delta L \tag{1-182}$$

根据井眼轨道的积分方程，用数值积分法可算得井眼轨道上任一点相对于井段始点

的北坐标增量 ΔN 和东坐标增量 ΔE，即

$$\begin{cases} \Delta N = \int_{L_A}^{L} \sin\alpha \cos\phi \, dL \\ \Delta E = \int_{L_A}^{L} \sin\alpha \sin\phi \, dL \end{cases} \qquad (1\text{-}183)$$

式中，井斜角 α 和方位角 ϕ 分别由式(1-181)和式(1-182)确定。

对于垂深增量 ΔH 和水平长度增量 ΔS，可得到解析计算公式，即[57,58]

$$\begin{cases} \Delta H = a(Y_A - Y) \\ \Delta S = a(X_A - X) \end{cases} \qquad (1\text{-}184)$$

式中

$$X = -\ln\left(\tan\frac{\alpha}{2}\right)$$

$$Y = \frac{1}{\sin\alpha}$$

井斜变化率 κ_α 为

$$\kappa_\alpha = \frac{180}{\pi a} \sin^2\alpha \qquad (1\text{-}185)$$

而方位变化率 κ_ϕ 是三维悬链线模型的特征参数，因此由式(1-26)可确定井眼曲率 κ。

由式(1-185)及方位变化率 κ_ϕ 保持为常数的假设，得

$$\begin{cases} \dot{\kappa}_\alpha = \frac{180}{\pi} \frac{\kappa_\alpha}{a} \sin 2\alpha = \frac{2\kappa_\alpha^2}{\tan\alpha} \\ \dot{\kappa}_\phi = 0 \end{cases} \qquad (1\text{-}186)$$

将式(1-186)代入式(1-36)，经整理得井眼挠率为[57,58]

$$\tau = \kappa_\phi \left(1 - \frac{\kappa_\alpha^2}{\kappa^2}\right) \cos\alpha \qquad (1\text{-}187)$$

七、三维抛物线模型

三维抛物线模型假设井眼轨道为方位变化率 κ_ϕ 保持为常数的抛物线，井眼轨道在垂直剖面图上为抛物线。三维抛物线模型的特征参数是抛物线特征参数 P 和方位变化率 κ_ϕ。

三维抛物线轨道上任一点的井斜角和方位角方程分别为[35,36]

$$f(\alpha) = f(\alpha_A) - \frac{2\Delta L}{P} \tag{1-188}$$

$$\phi = \phi_A + \kappa_\phi \Delta L \tag{1-189}$$

式中，$f(\alpha)$ 由式(1-102)确定。

根据井眼轨道的积分方程，用数值积分法可算得井眼轨道上任一点相对于井段始点的北坐标增量 ΔN 和东坐标增量 ΔE，即

$$\begin{cases} \Delta N = \int_{L_A}^{L} \sin\alpha \cos\phi \, \mathrm{d}L \\ \Delta E = \int_{L_A}^{L} \sin\alpha \sin\phi \, \mathrm{d}L \end{cases} \tag{1-190}$$

式中，井斜角 α 和方位角 ϕ 分别由式(1-188)和式(1-189)确定。

对于垂深增量 ΔH 和水平长度增量 ΔS，可得到解析计算公式，即[35,36]

$$\begin{cases} \Delta H = \frac{P}{2}\left(\frac{1}{\tan^2\alpha_A} - \frac{1}{\tan^2\alpha}\right) \\ \Delta S = P\left(\frac{1}{\tan\alpha_A} - \frac{1}{\tan\alpha}\right) \end{cases} \tag{1-191}$$

井斜变化率 κ_α 为

$$\kappa_\alpha = \frac{180}{\pi P} \sin^3\alpha \tag{1-192}$$

而方位变化率 κ_ϕ 是三维抛物线模型的特征参数，因此由式(1-26)可确定井眼曲率 κ。

由式(1-192)及方位变化率 κ_ϕ 保持为常数的假设，得

$$\begin{cases} \dot{\kappa}_\alpha = \frac{180}{\pi} \frac{3\kappa_\alpha}{P} \sin^2\alpha \cos\alpha = \frac{3\kappa_\alpha^2}{\tan\alpha} \\ \dot{\kappa}_\phi = 0 \end{cases} \tag{1-193}$$

将式(1-193)代入式(1-36)，经整理得井眼挠率为

$$\tau = \kappa_\phi \left(1 - \frac{2\kappa_\alpha^2}{\kappa^2}\right)\cos\alpha \tag{1-194}$$

总之，井眼轨道模型提供了各种井眼轨道参数的计算方法，并且均为井深 L 的函数。据此，不仅容易计算任一点的井眼轨道参数及井段内的坐标增量，还适用于内插和外插计算[59-62]。

第五节　井眼轨道特征及通用模型

井眼轨道既连续光滑又要符合钻井工艺特征，是具有明确物理意义和几何意义的空间曲线。井眼轨道模型提供了表征井眼轨道的途径和方法，在此基础上深入研究井眼轨道模型的特征及通用模型，能为解决井眼轨道设计、监测与控制等问题奠定科学基础。

一、特征参数及求取方法

不同井眼轨道模型所表征的井眼轨道形态不同，其特征参数也不同。无论是井眼轨道正演还是反演计算，往往都需要先选定井眼轨道形态，即确定井眼轨道的特征参数。例如，在井眼轨道设计时，常将井眼轨道形态及特征参数作为已知数据；在实钻轨迹测斜计算时，需要先将测段内的实钻轨迹假设为特定形状，即选定井眼轨道模型，再计算空间坐标等参数。其中，后者就需要基于测段两端点的测斜数据，来计算井眼轨道的特征参数。

在求取井眼轨道的特征参数时，其已知数据是井段两端点的基本参数 (L_A, α_A, ϕ_A) 和 (L_B, α_B, ϕ_B)，且 $L_A \neq L_B$。为简便，在此不赘述分母为零等异常情况的处理方法。

1. 二维井眼轨道模型

二维井眼轨道模型假设井眼轨道位于铅垂平面内，只需要一个表征井眼轨道形状的特征参数。

1）二维直线模型

二维直线模型的特征参数为井斜角 α_v，其计算公式为

$$\alpha_v = \frac{\alpha_A + \alpha_B}{2} \tag{1-195}$$

2）圆弧线模型

圆弧线模型的特征参数为井斜变化率 κ_α，其计算公式为

$$\kappa_\alpha = \frac{\alpha_B - \alpha_A}{L_B - L_A} \tag{1-196}$$

3）悬链线模型

悬链线模型的特征参数为悬链线的特征参数 a，其计算公式为

$$a = \frac{L_B - L_A}{\dfrac{1}{\tan \alpha_A} - \dfrac{1}{\tan \alpha_B}} \tag{1-197}$$

4）抛物线模型

抛物线模型的特征参数为抛物线的特征参数 P，其计算公式为

$$P = \frac{2(L_B - L_A)}{f(\alpha_A) - f(\alpha_B)} \tag{1-198}$$

式中，$f(\alpha)$ 由式 (1-102) 确定。

2. 三维井眼轨道模型

三维井眼轨道模型有两个特征参数，分别用于表征井眼轨道的形状和姿态。

1) 三维直线模型

三维直线模型的特征参数为井斜角 α_v 和方位角 ϕ_v，其计算公式分别为

$$\alpha_v = \frac{\alpha_A + \alpha_B}{2} \tag{1-199}$$

$$\phi_v = \frac{\phi_A + \phi_B}{2} \tag{1-200}$$

2) 空间圆弧模型

空间圆弧模型的特征参数为井眼曲率 κ 和井段始点处的主法线角 ω_A，其计算公式分别为

$$\kappa = \frac{\varepsilon_{AB}}{L_B - L_A} \tag{1-201}$$

$$\tan \omega_A = \frac{\sin \alpha_A \sin \alpha_B \sin(\phi_B - \phi_A)}{\cos \alpha_A \cos \varepsilon_{AB} - \cos \alpha_B} \tag{1-202}$$

式中

$$\cos \varepsilon_{AB} = \cos \alpha_A \cos \alpha_B + \sin \alpha_A \sin \alpha_B \cos(\phi_B - \phi_A)$$

3) 圆柱螺线模型

圆柱螺线模型的特征参数为井眼轨道在垂直剖面图和水平投影图上的曲率 κ_v 和 κ_h，其计算公式分别为

$$\kappa_v = \frac{\alpha_B - \alpha_A}{L_B - L_A} \tag{1-203}$$

$$\kappa_h = \begin{cases} \dfrac{\phi_B - \phi_A}{(L_B - L_A) \sin \alpha_A}, & \text{当 } \kappa_v = 0 \text{ 时} \\ \dfrac{\pi}{180} \dfrac{\phi_B - \phi_A}{\cos \alpha_A - \cos \alpha_B} \kappa_v, & \text{当 } \kappa_v \neq 0 \text{ 时} \end{cases} \tag{1-204}$$

4) 自然曲线模型

自然曲线模型的特征参数为井斜变化率 κ_α 和方位变化率 κ_ϕ，其计算公式分别为

$$\kappa_\alpha = \frac{\alpha_B - \alpha_A}{L_B - L_A} \tag{1-205}$$

$$\kappa_\phi = \frac{\phi_B - \phi_A}{L_B - L_A} \tag{1-206}$$

5) 恒主法线模型

恒主法线模型的特征参数为井眼曲率 κ 和主法线角 ω，其计算公式分别为

$$\kappa = \frac{\alpha_B - \alpha_A}{(L_B - L_A)\cos\omega} \tag{1-207}$$

$$\tan\omega = \frac{\pi}{180} \frac{\phi_B - \phi_A}{\ln\left(\tan\frac{\alpha_B}{2}\right) - \ln\left(\tan\frac{\alpha_A}{2}\right)} \tag{1-208}$$

使用时，应先用式(1-208)求得主法线角 ω，再用式(1-207)求取井眼曲率 κ。

6) 三维悬链线模型

三维悬链线模型的特征参数为悬链线特征参数 a 和方位变化率 κ_ϕ，其计算公式分别为

$$a = \frac{L_B - L_A}{\dfrac{1}{\tan\alpha_A} - \dfrac{1}{\tan\alpha_B}} \tag{1-209}$$

$$\kappa_\phi = \frac{\phi_B - \phi_A}{L_B - L_A} \tag{1-210}$$

7) 三维抛物线模型

三维抛物线模型的特征参数为抛物线特征参数 P 和方位变化率 κ_ϕ，其计算公式分别为

$$P = \frac{2(L_B - L_A)}{f(\alpha_A) - f(\alpha_B)} \tag{1-211}$$

$$\kappa_\phi = \frac{\phi_B - \phi_A}{L_B - L_A} \tag{1-212}$$

式中，$f(\alpha)$ 由式(1-102)确定。

二、模型及参数间的关系

1. 二维、三维模型间的关系

通常，二维井眼轨道模型可看作是三维井眼轨道模型的特例，二维模型也可拓展为三维模型。例如，当水平投影图上的井眼曲率 κ_h 或方位变化率 κ_ϕ 分别为零时，三维圆

柱螺线模型或自然曲线模型将退化为二维圆弧线模型；在二维悬链线和抛物线模型基础上，通过增加方位变化率 κ_ϕ 的特征参数，能使其拓展为三维悬链线和抛物线模型。

空间圆弧模型和恒主法线模型的特征参数是井眼曲率 κ 和主法线角 ω，其中井眼曲率 κ 表征了井眼轨道的形状，恒为正值；主法线角 ω 表征了井眼轨道的姿态，决定了井眼曲率 κ 对于井斜变化率 κ_α 和方位变化率 κ_ϕ 的分配关系。当方位角保持不变时，空间圆弧和恒主法线的三维井眼轨道模型都退化为二维圆弧线模型，但应注意主法线角存在两个值（$\omega = 0°$ 或 $180°$），此时二维圆弧线模型的井斜变化率 κ_α 与三维井眼轨道模型的井眼曲率 κ 和主法线角 ω 之间的关系为

$$\kappa = |\kappa_\alpha| \tag{1-213}$$

$$\kappa_\alpha = \begin{cases} \kappa, & 当\omega=0°时 \\ -\kappa, & 当\omega=180°时 \end{cases} \tag{1-214}$$

这也正是二维圆弧线模型的特征参数是井斜变化率 κ_α，而不是井眼曲率 κ 的缘由。

总之，三维井眼轨道模型更具一般性，当方位角保持不变时便退化为二维井眼轨道模型，但是使用二维井眼轨道模型时，应注意以下问题。

(1) 井斜变化率 κ_α 与井眼曲率 κ 之间的区别是：κ_α 有正负值，而 κ 恒为正值。用井斜变化率 κ_α 及相应曲率半径的正负值能表征增降斜特性。

(2) 二维井眼轨道的方位角 ϕ 保持不变，方位变化率 $\kappa_\phi \equiv 0$，井眼挠率 $\tau \equiv 0$，且水平位移 V 与水平长度 S 相等。所以，存在如下关系式：

$$\begin{cases} \Delta N = \Delta S \cos\phi \\ \Delta E = \Delta S \sin\phi \end{cases} \tag{1-215}$$

(3) 二维井眼轨道只需计算井眼轨道上任一点处井斜角 α、垂深增量 ΔH、水平长度增量 ΔS 和井斜变化率 κ_α，其他参数可通过前面给出的普适性公式求得。

2. 各类参数间的供求关系

为满足井眼轨道设计、监测与控制的不同需求，油气井工程定义了各种各样的井眼轨道参数，可分为基本参数、坐标参数和挠曲参数三大类。对于钻井设计与现场施工的各个环节，都应提供各类井眼轨道参数的设计与计算结果，但是根据不同的任务目标和技术要求，各类井眼轨道参数之间具有不同的供求关系，如图 1-30 所示。

然而，各类井眼轨道参数之间并不相互独立，而是相互关联的。理论上，每类参数都能独立地确定井眼轨道的空间形态，也能求得另外两类参数。井眼轨道模型采用一组挠曲参数来表征井眼轨道，并建立了各类井眼轨道参数的计算方法。但是，在井眼轨道设计与计算过程中，有时井眼轨道的挠曲参数是未知量，只有求得了挠曲参数才能使用井眼轨道模型。

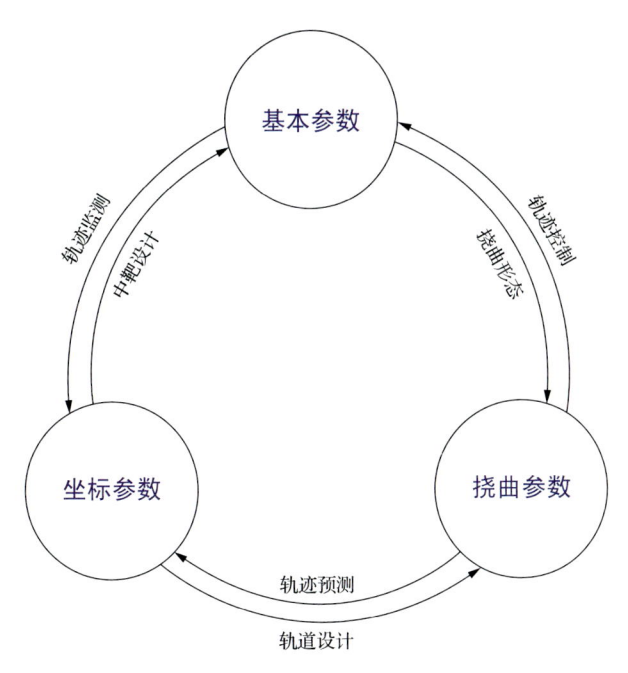

图 1-30　各类井眼轨道参数间的供求关系

三、井眼轨道通用模型

在滑动导向、旋转导向、复合导向等不同钻井方式下，往往需要选用不同的井眼轨道模型，从而产生了井眼轨道模型的多样性问题。显然，不同井眼轨道模型的特征参数和井眼轨道参数的计算公式不同，因此对井眼轨道设计、监测与控制中的同一项任务就需要分别建立适用于不同井眼轨道模型的设计与计算方法。例如，在水平井着陆控制过程中，要按不同导向钻井方式分别预测着陆点位置，就需要选用不同井眼轨道模型并分别建立预测公式。如果能找到井眼轨道模型的通用格式，就可建立普遍适用的井眼轨道计算方法，从而大大简化井眼轨道设计、监测与控制中的若干问题。

井眼轨道模型以井段为研究对象，常将井段始点的轨道参数作为已知条件。如果再给定井段的井眼轨道特征参数，则可计算井段终点的基本参数及井段的坐标增量；若给定井段终点的基本参数，则可计算井段的井眼轨道特征参数及坐标增量。在此，主要研究已知井段两端点基本参数 (L_A, α_A, ϕ_A) 和 (L_B, α_B, ϕ_B) 条件下的井段坐标增量 $(\Delta N, \Delta E, \Delta H)$ 计算方法。

尽管井眼轨道模型很多，但是广泛应用并被纳入我国行业标准的典型模型是空间圆弧模型、圆柱螺线模型和自然曲线模型[63]。对于这些典型的井眼轨道模型，通过数学变换可得到通用格式的坐标计算公式[64]。

1) 空间圆弧模型

$$\begin{bmatrix} \Delta N \\ \Delta E \\ \Delta H \end{bmatrix} = d \begin{bmatrix} c_N \\ c_E \\ c_H \end{bmatrix} \tag{1-216}$$

式中

$$d = \begin{cases} \Delta L, & \text{当}\varepsilon = 0\text{时} \\ 2R\tan\dfrac{\varepsilon}{2}, & \text{当}\varepsilon \neq 0\text{时} \end{cases}$$

$$\begin{cases} c_N = \dfrac{1}{2}(\sin\alpha_A\cos\phi_A + \sin\alpha_B\cos\phi_B) \\ c_E = \dfrac{1}{2}(\sin\alpha_A\sin\phi_A + \sin\alpha_B\sin\phi_B) \\ c_H = \dfrac{1}{2}(\cos\alpha_A + \cos\alpha_B) \end{cases}$$

$$R = \dfrac{180}{\pi}\dfrac{\Delta L}{\varepsilon}$$

$$\cos\varepsilon = \cos\alpha_A\cos\alpha_B + \sin\alpha_A\sin\alpha_B\cos(\phi_B - \phi_A)$$

其中，ΔL 为井深增量，m；R 为曲率半径，m；ε 为弯曲角，(°)；ΔN、ΔE 和 ΔH 分别为北坐标、东坐标和垂深增量，m；d 为空间圆弧模型的参考量，即井段两端点的切线长度之和，m；c_N、c_E、c_H 为参考量 d 关于北坐标、东坐标和垂深坐标的分配系数，无因次。

2）圆柱螺线模型

$$\begin{bmatrix} \Delta N \\ \Delta E \\ \Delta H \end{bmatrix} = \Delta S \begin{bmatrix} c_N \\ c_E \\ c_H \end{bmatrix} \tag{1-217}$$

式中

$$c_N = \begin{cases} \cos\phi_A, & \text{当}\phi_A = \phi_B\text{时} \\ \dfrac{180}{\pi}\dfrac{\sin\phi_B - \sin\phi_A}{\phi_B - \phi_A}, & \text{当}\phi_A \neq \phi_B\text{时} \end{cases}$$

$$c_E = \begin{cases} \sin\phi_A, & \text{当}\phi_A = \phi_B\text{时} \\ \dfrac{180}{\pi}\dfrac{\cos\phi_A - \cos\phi_B}{\phi_B - \phi_A}, & \text{当}\phi_A \neq \phi_B\text{时} \end{cases}$$

$$c_H = \begin{cases} \dfrac{1}{\tan\alpha_A}, & \text{当}\alpha_A = \alpha_B \neq 0\text{时} \\ \dfrac{\sin\alpha_B - \sin\alpha_A}{\cos\alpha_A - \cos\alpha_B}, & \text{当}\alpha_A \neq \alpha_B\text{时} \end{cases}$$

ΔS 为水平长度增量，m。

3) 自然曲线模型

$$\begin{bmatrix} \Delta N \\ \Delta E \\ \Delta H \end{bmatrix} = \Delta L \begin{bmatrix} c_N \\ c_E \\ c_H \end{bmatrix} \quad (1\text{-}218)$$

式中

$$\begin{cases} c_N = \dfrac{1}{2}[f_C(\beta_A, \beta_B) + f_C(\gamma_A, \gamma_B)] \\ c_E = \dfrac{1}{2}[f_S(\beta_A, \beta_B) - f_S(\gamma_A, \gamma_B)] \\ c_H = f_S(\alpha_A, \alpha_B) \end{cases}$$

$$f_C(x, y) = \begin{cases} \sin x, & \text{当 } y = x \text{ 时} \\ \dfrac{180}{\pi(y-x)}(\cos x - \cos y), & \text{当 } y \neq x \text{ 时} \end{cases}$$

$$f_S(x, y) = \begin{cases} \cos x, & \text{当 } y = x \text{ 时} \\ \dfrac{180}{\pi(y-x)}(\sin y - \sin x), & \text{当 } y \neq x \text{ 时} \end{cases}$$

其中

$$\begin{cases} \beta_i = \alpha_i - \phi_i \\ \gamma_i = \alpha_i + \phi_i \end{cases}, \quad i = A, B$$

β、γ 均为中间变量，(°)。

由式(1-216)～式(1-218)可知，各种典型井眼轨道模型的坐标增量计算公式，形式相似但参考量即自变量不同。综合这些公式，容易写成如下的通用格式[64]：

$$\begin{bmatrix} \Delta N \\ \Delta E \\ \Delta H \end{bmatrix} = u \begin{bmatrix} c_N \\ c_E \\ c_H \end{bmatrix} \quad (1\text{-}219)$$

式中

$$u = \begin{cases} d, & \text{空间圆弧模型} \\ \Delta S, & \text{圆柱螺线模型} \\ \Delta L, & \text{自然曲线模型} \end{cases}$$

u 为井眼轨道模型的参考量，m。

可见，在通用格式的坐标增量计算公式中，空间圆弧模型、圆柱螺线模型和自然曲线模型的参考量分别为井段两端点的切线长度之和、水平长度增量和井深增量。按惯例，

井眼轨道参数常表示为井深的函数，为此将式(1-219)写成

$$\begin{bmatrix} \Delta N \\ \Delta E \\ \Delta H \end{bmatrix} = w \begin{bmatrix} c_N \\ c_E \\ c_H \end{bmatrix} \Delta L \tag{1-220}$$

式中，w 为参考量与井深增量之间的化算系数，无因次。

这样，通过引入参考量化算系数 w，便将不同井眼轨道模型的参考量都化算为同一个参考量 ΔL。结合式(1-219)和式(1-220)，不难得到参考量化算系数 w 的计算公式。

1) 空间圆弧模型

$$w = \begin{cases} 1, & \text{当 } \varepsilon = 0 \text{ 时} \\ \dfrac{180}{\pi} \dfrac{\tan\dfrac{\varepsilon}{2}}{\dfrac{\varepsilon}{2}}, & \text{当 } \varepsilon \neq 0 \text{ 时} \end{cases} \tag{1-221}$$

2) 圆柱螺线模型

$$w = \begin{cases} \sin\alpha_A, & \text{当 } \alpha_A = \alpha_B \neq 0 \text{ 时} \\ \dfrac{180}{\pi} \dfrac{\cos\alpha_A - \cos\alpha_B}{\alpha_B - \alpha_A}, & \text{当 } \alpha_A \neq \alpha_B \text{ 时} \end{cases} \tag{1-222}$$

3) 自然曲线模型

$$w = 1 \tag{1-223}$$

根据坐标分配系数（c_N, c_E, c_H）和参考量化算系数 w 的物理意义和计算公式，可确定它们的值域，即 $|c_N| \leq 1$、$|c_E| \leq 1$、$|c_H| \leq 1$。空间圆弧模型 $w \geq 1$，圆柱螺线模型 $w \leq 1$，自然曲线模型 $w = 1$。

特别地，当 $\alpha_A = \alpha_B = 0$ 时，式(1-220)可简化为

$$\begin{bmatrix} \Delta N \\ \Delta E \\ \Delta H \end{bmatrix} = \begin{bmatrix} 0 \\ 0 \\ 1 \end{bmatrix} \Delta L \tag{1-224}$$

总之，通用格式的井眼轨道模型基于参考量化算系数和坐标分配系数，将各种典型井眼轨道模型的坐标计算公式表征为相同格式，并以井段长度为自变量，具有形式简明、易于计算机编程等特点。

参 考 文 献

[1] 苏义脑. 井下控制工程学概述及其研究进展[J]. 石油勘探与开发, 2018, 45(4): 705-712.
[2] 苏义脑. 井下控制工程学研究进展[M]. 北京: 石油工业出版社, 2001.

[3] Bourgoyne A T, Millheim K K, Chenevert M E, et al. Applied Drilling Engineering[M]. Richardson: Society of Petroleum Engineers, 1986.
[4] 韩志勇. 定向钻井设计与计算[M]. 第2版. 东营: 中国石油大学出版社, 2007.
[5] 刘修善, 王珊, 贾仲宣, 等. 井眼轨道设计理论与描述方法[M]. 哈尔滨: 黑龙江科学技术出版社, 1993.
[6] 刘修善. 井眼轨道几何学[M]. 北京: 石油工业出版社, 2006.
[7] Samuel G R, Liu X S. Advanced Drilling Engineering-Principles and Designs[M]. Houston: Gulf Publishing Company, 2009.
[8] 刘修善. 三维定向井随钻监测的曲面投影方法[J]. 石油钻采工艺, 2010, 32(3): 49-54.
[9] 梅向明, 黄敬之. 微分几何[M]. 第4版. 北京: 高等教育出版社, 2008.
[10] 《数学手册》编写组. 数学手册[M]. 北京: 人民教育出版社, 1979.
[11] 刘修善. 导向钻具定向造斜方程及井眼轨迹控制机制[J]. 石油勘探与开发, 2017, 44(5): 788-793.
[12] Lubinski A. How to determine hole curvature[J]. Petroleum Engineer, 1957: 42-47.
[13] 刘修善, 周大千, 齐林. 实际井眼轨迹空间弯曲形态的精确描述[J]. 石油钻探技术, 1992, 20(2): 18-20.
[14] Wilson G J. An improved method for computing directional surveys[J]. Journal of Petroleum Technology, 1968, 20(8): 871-876.
[15] Fitchard E E, Fitchard S A. The effect of torsion on borehole curvature[J]. Oil & Gas Journal, 1983, 81(3): 121-124.
[16] 刘修善. 井眼轨迹的平均井眼曲率计算[J]. 石油钻采工艺, 2005, 27(5): 11-15.
[17] 王珊, 刘修善, 周大千, 等. 井眼轨道的空间挠曲形态[J]. 大庆石油学院学报, 1993, 17(3): 32-36.
[18] Liu X S. New technique calculates borehole curvature, torsion[J]. Oil & Gas Journal, 2006, 104(40): 41-49.
[19] 刘修善. 井眼轨迹的弯曲与扭转问题研究[J]. 钻采工艺, 2007, 30(6): 30-34.
[20] 刘修善, 石在虹, 周大千. 计算井眼轨道的曲线结构法[J]. 石油学报, 1994, 15(3): 126-133.
[21] Liu X S, Shi Z H. Numerical approximation improves well survey calculation[J]. Oil & Gas Journal, 2001, 99(15): 50-54.
[22] 刘修善. 实钻井眼轨迹的客观描述与计算[J]. 石油学报, 2007, 28(5): 128-132, 138.
[23] Liu X S, Samuel G R. Actual 3D shape of wellbore trajectory: An objective description for complex steered wells[R]. SPE 115714, 2008.
[24] 龚伟安. 定向井中采用曲线井眼轴线的理论研究[J]. 石油钻采工艺, 1986, 8(4): 1-12, 36.
[25] 韩志勇. 对龚伟安同志一篇论文的质疑[J]. 石油钻采工艺, 1987, 9(5): 1-8.
[26] 龚伟安. 关于定向井轨迹曲线的几点讨论——兼答韩志勇同志质疑[J]. 石油钻采工艺, 1988, 10(1): 1-8, 36.
[27] Hibbeler R C. 工程力学(静力学)[M]. 仇仲翼, 黄维扬, 吴森译. 北京: 人民教育出版社, 1980.
[28] Anders E O. Method and apparatus for drilling a well bore: USA, 4440241.3[P]. 1984-04-03.
[29] McClendon R T. Directional drilling using the catenary method[R]. SPE 13478, 1985.
[30] 杜成武, 张永杰. 悬链线剖面——定向钻井新技术[J]. 石油钻采工艺, 1987, 9(1): 17-22, 37.
[31] 韩志勇. 悬链线剖面的实用设计方法[J]. 石油钻采工艺, 1987, 9(6): 11-17.
[32] 韩志勇. 定向井悬链线轨道的无因次设计方法[J]. 石油钻采工艺, 1997, 19(4): 13-16.
[33] 刘修善. 悬链线轨道设计方法研究[J]. 天然气工业, 2007, 27(7): 73-75.
[34] Bernt S A, Vincent T, Joannes D. Construction of ultralong wells using a catenary well profile[R]. SPE 98890, 2006.
[35] 刘修善, 周大千, 李世斌, 等. 抛物线型定向井剖面的设计原理及方法[J]. 大庆石油学院学报, 1989, 13(4): 29-37.
[36] 刘修善. 抛物线型井眼轨道的数学模型及其设计方法[J]. 石油钻采工艺, 2006, 28(4): 7-9, 13.
[37] 卢明辉, 管志川. 大位移井摆线轨道设计方法[J]. 石油大学学报(自然科学版), 2003, 27(6): 33-35.
[38] 张建国, 黄根炉, 韩志勇, 等. 一种新的大位移井轨道设计方法[J]. 石油钻采工艺, 1998, 20(6): 6-10.
[39] 张建国, 崔红英. 侧位抛物线大位移井轨道设计[J]. 中国海上油气(工程), 2000, 12(2): 35-38.
[40] 刘修善, 王超. 空间圆弧轨迹的解析描述技术[J]. 石油学报, 2014, 35(1): 134-140.
[41] Zaremba W A. Directional survey by the circular arc method[J]. SPE Journal, 1973, 13(1): 5-11.
[42] Taylor H L, Mason C M. A systematic approach to well surveying calculations[J]. SPE Journal, 1972, 12(6): 474-488.
[43] Blythe E J. Computing accurate directional surveys[J]. World Oil, 1975, 181(2): 25-28.

[44] Craig J T, Randall B V. Directional survey calculation[J]. Petroleum Engineer, 1976, 48(4): 38-54.

[45] 刘修善, 郭钧. 空间圆弧轨道的描述与计算[J]. 天然气工业, 2000, 20(5): 44-47.

[46] Liu X S, Shi Z H. Improved method makes a soft landing of well path[J]. Oil & Gas Journal, 2001, 99(43): 47-51.

[47] 刘修善, 曲同慈, 孙忠国, 等. 三维漂移轨道的设计方法[J]. 石油学报, 1995, 16(4): 118-124.

[48] Liu X S, Shi Z H. Technique yields exact solution for planning bit-walk paths[J]. Oil & Gas Journal, 2002, 100(5): 45-50.

[49] 刘修善, 张海山. 考虑地层方位漂移特性的定向井轨道设计方法[J]. 石油学报, 2008, 29(6): 132-134.

[50] 刘修善, 彭国生, 赵小祥. 旋转导向钻井轨道设计及监测方法[J]. 石油学报, 2003, 24(4): 81-85.

[51] Liu X S, Liu R S, Sun M X. New techniques improve well planning and survey calculation for rotary-steerable drilling[R]. IADC/SPE 87976, 2004.

[52] Liu X S, Shi Z H, Fan S. Natural parameter method accurately calculates well bore trajectory[J]. Oil & Gas Journal, 1997, 95(4): 90-92.

[53] 刘修善, 石在虹. 一种测斜计算新方法——自然参数法[J]. 石油学报, 1998, 19(4): 113-116.

[54] Guo B Y, Stefan M, Lee R L. Constant-curvature method to plan 3d directional wells[R]. SPE 23576, 1991.

[55] Schuh F J. Trajectory equations for constant tool face angle deflections[R]. SPE 23853, 1992.

[56] Guo B Y, Lee R L, Miska S. Constant-curvature equations improve design of 3D well trajectory[J]. Oil & Gas Journal, 1993, 91(16): 38-47.

[57] Liu X S, Samuel G R. Catenary well profiles for extended and ultra-extended reach wells[R]. SPE 124313, 2009.

[58] 刘修善. 三维悬链线轨道的设计方法[J]. 石油钻采工艺, 2010, 32(6): 7-10.

[59] 韩志勇. 井眼内插法[J]. 石油钻探技术, 1990, 18(4): 55-57.

[60] 韩志勇. 井眼外推法[J]. 石油钻探技术, 1991, 19(1): 16-19.

[61] 刘修善, 周大千, 王珊. 井底预测技术[J]. 石油钻采工艺, 1993, 15(3): 1-7.

[62] 刘修善, 艾池, 王新清. 井眼轨道的插值法[J]. 石油钻采工艺, 1997, 19(2): 11-14, 25.

[63] 刘汝山, 刘修善, 周跃云, 等. 定向井轨道设计与轨迹计算: SY/T 5435-2012[S]. 2012-08-23.

[64] 刘修善, 刘子恒. 井眼轨迹模型的通用格式[J]. 石油学报, 2015, 36(3): 366-371.

第二章

井眼轨道定位

定位和定向是定向钻井的基本问题，其中定位就是确定井眼轨道上任一点的空间位置。井眼轨道设计需要用到井口和靶点位置等基础数据，但这些数据往往是用大地测量学方法来表征，只有掌握了大地测量相关知识才能做好井眼轨道设计。实钻轨迹监测需要利用地磁学方法求取磁偏角，并按指北基准归算方位角，进而基于测斜数据计算各测点的空间坐标。此外，存在测量、计算等误差，因此实钻轨迹存在不确定性。这些都属于井眼轨道定位的研究内容。井眼轨道定位不仅是设计轨道和实钻轨迹的共存问题，而且涉及大地测量学、地磁学等交叉学科。

第一节　地球椭球及几何参数

地球的形状接近于一个三轴扁梨形椭球，南胀北缩、东西略扁，而且地球的自然表面起伏不平、很不规则。为便于测量和计算，通常将地球模型化为椭球，称之为地球椭球。代表地球自然表面的曲面叫作大地水准面，它是由静止海水面并向大陆延伸所形成的闭合曲面，且处处垂直于铅垂线。因此，大地水准面是重力等位面，物体在这个曲面上运动时重力不做功、水也不会流动。

具有一定几何参数、定位及定向，并用于代表某地区大地水准面的地球椭球叫作参考椭球[1]。参考椭球面是大地测量与计算的基准面，也是研究地球形状和地图投影的参考面。

一、地球椭球的几何形状

地球椭球是经过适当选取的旋转椭球，是椭圆绕其短轴旋转而成的几何体[1]，如图 2-1 所示。过旋转轴的平面称为子午面，该平面与椭球面的交线为椭圆，称为子午椭圆、子午圈或经圈。在旋转椭球面上，所有子午圈的大小都相同。垂直于旋转轴的平面与椭球面的交线为圆形，称为平行圈或纬圈。过椭球中心的平行圈叫赤道。赤道是最大的平行圈，而南极点和北极点是最小的平行圈。

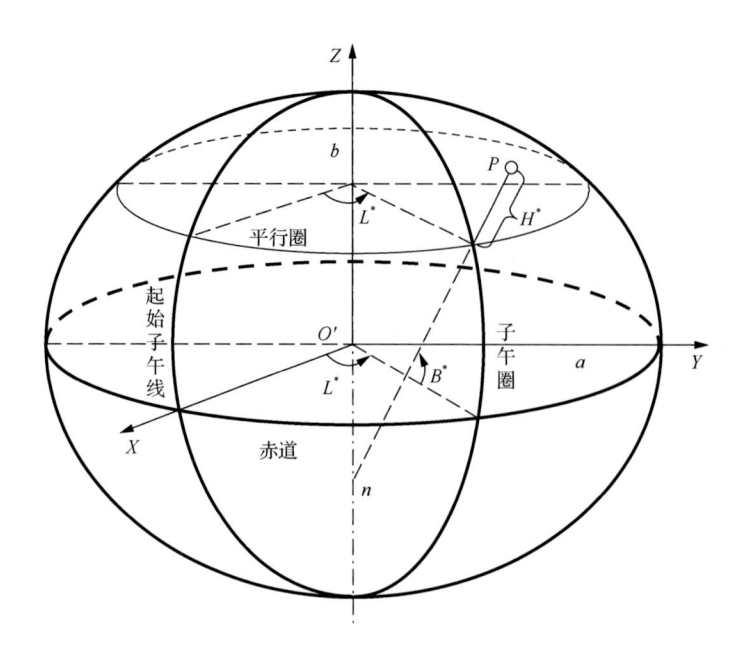

图 2-1 地球椭球及大地坐标

旋转椭球的形状和大小常用子午椭圆的 5 个基本几何参数来确定。除长半轴和短半轴外，还有扁率、第一偏心率和第二偏心率，其中后 3 个参数可表示为

$$f = \frac{a-b}{a} \tag{2-1}$$

$$e = \frac{\sqrt{a^2-b^2}}{a} \tag{2-2}$$

$$e' = \frac{\sqrt{a^2-b^2}}{b} \tag{2-3}$$

式中，a 为长半轴，m；b 为短半轴，m；f 为扁率，无因次；e 为第一偏心率，无因次；e' 为第二偏心率，无因次。

要确定旋转椭球的形状和大小，只需知道上述 5 个参数中的 2 个即可，但至少要有 1 个长度参数。习惯上，常用 (a, e^2)、(a, e'^2) 或 (a, f) 来确定。

为简便，还常引入如下符号及关系式[1]：

$$\begin{cases} c = \dfrac{a^2}{b} \\ t = \tan B^* \\ \eta^2 = e'^2 \cos^2 B^* \end{cases} \tag{2-4}$$

$$\begin{cases} W = \sqrt{1 - e^2 \sin^2 B^*} \\ V = \sqrt{1 + e'^2 \cos^2 B^*} \end{cases} \tag{2-5}$$

式中，B^* 为大地纬度，(°)；c 为极点处的子午线曲率半径，m；t、η、W 和 V 均为辅助参数，或称中间变量。

到目前为止，利用天文大地测量、重力测量和空间大地测量等方法，已经推算出多个地球椭球。其中，部分地球椭球的基本几何参数如表 2-1 所示[1-3]。

表 2-1 部分地球椭球的基本几何参数

参数	克拉索夫斯基椭球	1975 国际椭球	WGS-84 椭球	CGCS2000 椭球
a/m	6 378 245.000 000 000 0	6 378 140.000 000 000 0	6 378 137.000 000 000 0	6 378 137.0
b/m	6 356 863.018 773 047 3	6 356 755.288 157 528 7	6 356 752.314 2	6 356 752.314 1
c/m	6 399 698.901 782 711 0	6 399 596.651 988 010 5	6 399 593.625 8	6 399 593.625 9
f	1/298.3	1/298.257	1/298.257 223 563	1/298.257 222 101
e^2	0.006 693 421 622 966	0.006 694 384 999 588	0.006 694 379 990 13	0.006 694 380 022 90
e'^2	0.006 738 525 414 683	0.006 739 501 819 473	0.006 739 496 742 27	0.006 739 496 775 48

二、大地测量坐标系统

表征空间点位置的常用参数是坐标，而坐标隶属于坐标系。对于大地测量和地图投影而言，确定坐标系与地球椭球之间的关系是通过大地基准实现的，这种具有大地基准的坐标系称之为坐标参考系[3]。

1. 大地基准

大地基准定义了相对于地球中心参考椭球的位置和方向，进而可以确定坐标系的原点和方向。参考椭球的大小和形状应与研究区域的大地水准面有最佳吻合，这不仅要求椭球短轴与地球自转轴配准，还要使椭球的零度经线与起始子午线相一致[3]。起始子午线是为了确定地球经度和全球时刻而采用的参考子午线，按国际规范通常采用经过英国格林尼治的子午线作为起始子午线，但历史上也有采用经过本国天文观测台的子午线作为经度的起算基准。

显然，大地基准是利用特定椭球对具体地区地球表面的逼近，因此各国家或地区都有自己的大地基准。

2. 高程系统

大地水准面是假想海洋处于完全静止和平衡状态时的海水面，并延伸到大陆内部，包围整个地球的闭合曲面。大地水准面是重力等位面，在该曲面上水不流动。地球质量分布的不均匀性，使大地水准面的形状非常复杂，因此目前还不能精确地确定大地水准面。为此，常采用正常重力代替实际重力来确定大地水准面，由此得到的水准面称为似大地水准面。似大地水准面很接近大地水准面，二者在海洋上完全重合，在陆地上几乎重合，在山区也只有 2~4m 的差异。尽管似大地水准面不是严格意义上的水准面，但是能严密地解决关于地球自然地理形状的有关问题。

用大地水准面和似大地水准面作为基准面的高程系统，分别称为正高和正常高系统。我国的高程系统采用正常高系统，并建立了 1956 年黄海高程系统和 1985 国家高程基准[4]，其水准原点的起算高程分别为 72.289m 和 72.260m。

3. 椭球定位和定向

椭球定位是指确定椭球中心的位置，可分为局部定位和地心定位。局部定位要求在一定范围内椭球面与大地水准面最佳吻合，但对椭球的中心位置无特殊要求；地心定位要求在全球范围内椭球面与大地水准面最佳吻合，同时要求椭球中心与地球质心一致或最接近[1]。

椭球定向是指确定椭球旋转轴的方向，局部定位和地心定位都应满足两个平行条件[1]：①椭球短轴平行于地球自转轴；②大地起始子午面平行于天文起始子午面。这两个平行条件是人为规定的，主要目的是为了简化大地坐标、大地方位角与天文坐标、天文方位角之间的换算。

具有长半轴 a 和扁率 f 等确定参数，经过局部定位和定向，并与某地区大地水准面有最佳拟合的地球椭球，叫作参考椭球。除满足地心定位和双平行条件外，能在全球范围内与大地体最密合的地球椭球，叫作总地球椭球[1]。

4. 地固坐标系

地固坐标系固定在地球上，并随地球一起旋转。它是以旋转椭球为参照体建立的坐标系，用于研究地球上物体的定位和运动。如果忽略地球的潮汐和板块运动，地面上点的坐标值在地固坐标系中将保持不变，因此便于描述地球表面点的空间位置。

根据坐标系原点位置的不同，地固坐标系分为参心坐标系和地心坐标系。参心坐标系以参考椭球面为参考面，原点位于参考椭球中心；地心坐标系以总地球椭球面为参考面，原点位于地球质心[1,3]。参心坐标系和地心坐标系都有大地坐标系和空间直角坐标系两种形式。

5. 空间直角坐标系

空间直角坐标系用三维直角坐标来确定空间点的位置，如图 2-1 所示。Z 轴为地球椭球的旋转轴，指向地球北极；X 轴为起始子午面与赤道面的交线，指向椭球面；Y 轴在赤道面内并与 X 轴正交，指向地理东方向。因此，X 轴、Y 轴和 Z 轴构成右手坐标系，用 (X, Y, Z) 表示空间点的位置。参心空间直角坐标系的原点与参考椭球中心重合，地心空间直角坐标系的原点与地球质心重合，地心空间直角坐标系的起始子午面为格林尼治平均子午面。

6. 大地坐标系

大地坐标系是以地球椭球的赤道面和起始子午面为起算面，以地球椭球面为参考面而建立的地球椭球面坐标系。它是大地测量的基本坐标，主要参数为大地经度 L^*、大地纬度 B^* 和大地高 H^*。

如图 2-1 所示，坐标系的原点 O' 位于椭球中心。过 P 点的子午面与起始子午面之间的夹角，叫作 P 点的大地经度 L^*，其值域为 $-180°\sim180°$。由起始子午面起算，向东为正并称为东经，向西为负并称为西经。过 P 点作椭球面的法线 Pn，该法线与赤道面之间的夹角，叫作 P 点的大地纬度 B^*，其值域为 $-90°\sim90°$。由赤道面起算，向北为正并称为北纬，向南为负并称为南纬。空间点相对于高程基准面的高度称为绝对高程(简称高程)，相对于地球椭球面的高度称为大地高 H^*。

目前，我国的国家大地坐标系有[3,4]：

(1) 1954 年北京坐标系。采用克拉索夫斯基椭球，通过分区分期局部平差方法，由苏联的 1942 年坐标系延伸而来，其坐标原点位于普尔科沃。

(2) 1980 西安坐标系。采用 1975 国际椭球，以 JYD1968.0 系统为椭球定向基准，以陕西省泾阳县永乐镇为大地原点，通过多点定位建立的大地坐标系。

(3) 新 1954(年)北京坐标系。在 1980 西安坐标系基础上，以克拉索夫斯基椭球面为参考面，通过坐标系平移方法转换到 1954 年北京坐标系的大地坐标系。

(4) 2000 国家大地坐标系。原点位于地心的右手地固直角坐标系。Z 轴为国际地球自转局(IERS)定义的参考极方向，X 轴为国际地球自转局定义的参考子午面与垂直于 Z 轴赤道面的交线，Y 轴与 Z 轴和 X 轴构成右手正交坐标系。地球正常椭球的长半径为 6 378 137.0m，扁率为 1/298.257 222 101 (表 2-1)，地心引力常数为 3.986 004 418×10^{14}m³/s²，地球自转角速度为 7.292 115×10^{-5}rad/s。

7. 子午面直角坐标系

如图 2-2 所示，设 P 点的大地经度为 L^*，在过 P 点的子午面上，以子午圈椭圆中心为原点，建立平面直角坐标系 xy。在该坐标系中，P 点的位置用 (L^*, x, y) 表示。因为子午面直角坐标系与大地坐标系的经度 L^* 相同，所以只要建立 (x, y) 与大地纬度 B^* 的关系即可实现二者之间的转换。

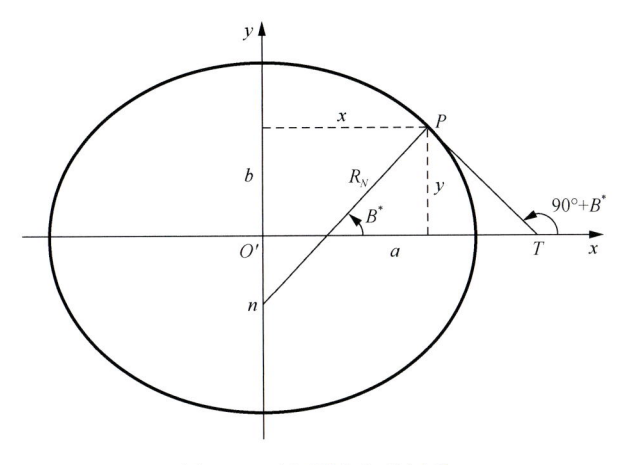

图 2-2 子午面直角坐标系

过 P 点作子午圈椭圆的法线 Pn，它与 x 轴的夹角为大地纬度 B^*。过 P 点作子午圈椭圆的切线 PT，它与 x 轴的夹角为 $90°+B^*$。于是，P 点处切线的斜率为

$$\frac{\mathrm{d}y}{\mathrm{d}x} = \tan(90° + B^*) \tag{2-6}$$

又因 P 点在子午椭圆上，所以满足方程

$$\frac{x^2}{a^2}+\frac{y^2}{b^2}=1 \tag{2-7}$$

将式(2-7)对 x 求导，得

$$\frac{\mathrm{d}y}{\mathrm{d}x}=-\frac{b^2}{a^2}\cdot\frac{x}{y} \tag{2-8}$$

联立式(2-6)和式(2-8)，得

$$y=\frac{b^2}{a^2}x\tan B^*=x(1-e^2)\tan B^* \tag{2-9}$$

将式(2-9)代入式(2-7)，然后公式两边乘以 $a^2\cos^2 B^*$，经整理得

$$x=\frac{a\cos B^*}{\sqrt{1-e^2\sin^2 B^*}}=\frac{a\cos B^*}{W} \tag{2-10}$$

将式(2-10)代入式(2-9)，得

$$y=\frac{a(1-e^2)\sin B^*}{\sqrt{1-e^2\sin^2 B^*}}=\frac{a}{W}(1-e^2)\sin B^* \tag{2-11}$$

式(2-10)和式(2-11)就是子午面直角坐标 (x,y) 与大地纬度 B^* 的关系式。

此外，若设 $R_N=|Pn|$，由图示的几何关系得

$$x=R_N\cos B^* \tag{2-12}$$

比较式(2-12)与式(2-10)，得

$$R_N=\frac{a}{W} \tag{2-13}$$

于是，式(2-11)变为

$$y=R_N(1-e^2)\sin B^* \tag{2-14}$$

式中，R_N 为卯酉圈的曲率半径，其计算方法在后续内容中介绍。

8. 空间直角坐标系与大地坐标系的关系

根据空间直角坐标系和子午面直角坐标系的定义，容易得到二者间关系为

$$\begin{cases} X=x\cos L^* \\ Y=x\sin L^* \\ Z=y \end{cases} \tag{2-15}$$

将式(2-12)和式(2-14)代入式(2-15)，可以得到空间直角坐标系与大地坐标系之间的关系为

$$\begin{cases} X = R_N \cos B^* \cos L^* \\ Y = R_N \cos B^* \sin L^* \\ Z = R_N \left(1 - e^2\right) \sin B^* \end{cases} \tag{2-16}$$

显然，式(2-16)只适用于计算点位于椭球面上的情况。当计算点不在椭球面上时，可先用式(2-16)得到该点在椭球面上的投影坐标，然后再沿椭球面法线求得大地高 H^* 在空间直角坐标系下的分量，二者叠加得[1]

$$\begin{cases} X = \left(R_N + H^*\right) \cos B^* \cos L^* \\ Y = \left(R_N + H^*\right) \cos B^* \sin L^* \\ Z = \left[R_N \left(1 - e^2\right) + H^*\right] \sin B^* \end{cases} \tag{2-17}$$

当已知空间直角坐标来计算大地坐标时，其变换关系为

$$\begin{cases} \tan L^* = \dfrac{Y}{X} \\ \tan B^* = \dfrac{Z + R_N e^2 \sin B^*}{\sqrt{X^2 + Y^2}} \\ H^* = \dfrac{\sqrt{X^2 + Y^2}}{\cos B^*} - R_N \end{cases} \tag{2-18}$$

显然，用式(2-18)求取纬度 B^* 时需要迭代计算。为此，可用如下方法建立更为简洁的迭代公式。

根据卯酉圈曲率半径的计算公式[1,2]，并注意到式(2-5)，得

$$R_N = \frac{c}{V} = \frac{c}{\sqrt{1 + e'^2 \cos^2 B^*}} \tag{2-19}$$

将式(2-19)代入式(2-18)中的第二式，经整理得

$$\tan B^* = \frac{Z}{\sqrt{X^2 + Y^2}} + \frac{c e^2 \tan B^*}{\sqrt{X^2 + Y^2} \sqrt{1 + e'^2 + \tan^2 B^*}} \tag{2-20}$$

于是，有

$$t_{i+1} = t_0 + p \frac{t_i}{\sqrt{k + t_i^2}} \tag{2-21}$$

式中

$$\begin{cases} t_0 = \dfrac{Z}{\sqrt{X^2+Y^2}} \\ p = \dfrac{ce^2}{\sqrt{X^2+Y^2}} \\ k = 1 + e'^2 \end{cases}$$

这样，首次迭代时取 $t_i = t_0$，直到相邻两次 B^* 值之差满足精度要求为止。求得参数 t 后，由式(2-4)即可确定大地纬度 B^*。

三、椭球面上的曲率半径

大地测量和地图投影等工作都需要了解椭球面上有关曲线的性质。过椭球面上任一点可作一条垂直于椭球面的法线，包含这条法线的平面叫作法截面，法截面与椭球面的交线叫法截线。椭球面上任一点的法截面有无数多个，对应的法截线也有无数多个，而且不同方向法截弧的曲率半径都不相同。其中，子午圈和卯酉圈的曲率半径是研究任意法截弧曲率半径和平均曲率半径的基础[1, 2]。

1. 子午圈曲率半径

如图 2-3 所示，在子午椭圆上，取弧长为 dS^* 的微元，所对应的圆心角为 dB^*、横坐标增量为 dx。按微分几何学定义，该微元的曲率半径为

$$R_M = \frac{dS^*}{dB^*} \tag{2-22}$$

式中，R_M 为子午圈曲率半径，m。

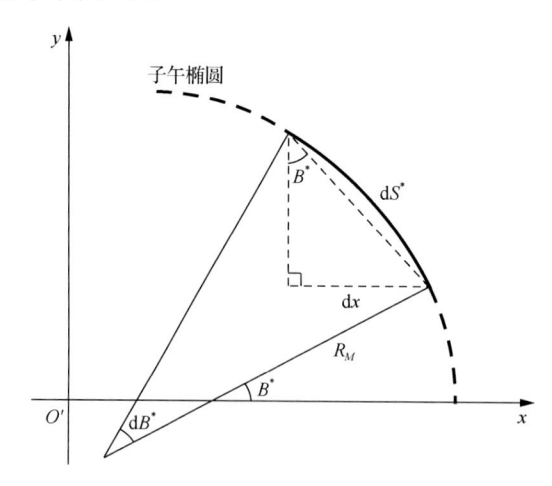

图 2-3 子午椭圆及微元分析

根据几何关系，知

$$dS^* = \frac{-dx}{\sin B^*} \tag{2-23}$$

式中，dx 取负号是因为随着纬度 B^* 增加，横坐标 x 减小。

将式(2-23)代入式(2-22)，得

$$R_M = -\frac{1}{\sin B^*} \frac{dx}{dB^*} \tag{2-24}$$

子午面直角坐标系与大地坐标系的转换关系为

$$\begin{cases} x = \dfrac{a\cos B^*}{\sqrt{1-e^2\sin^2 B^*}} = \dfrac{a\cos B^*}{W} \\ y = \dfrac{a(1-e^2)\sin B^*}{\sqrt{1-e^2\sin^2 B^*}} = \dfrac{b\sin B^*}{V} \end{cases} \tag{2-25}$$

因此有

$$\frac{dx}{dB^*} = a\frac{-W\sin B^* - \dfrac{dW}{dB^*}\cos B^*}{W^2} \tag{2-26}$$

又因

$$\frac{dW}{dB^*} = \frac{d\sqrt{1-e^2\sin^2 B^*}}{dB^*} = \frac{-e^2\sin B^*\cos B^*}{W} \tag{2-27}$$

并注意到式(2-5)，所以式(2-26)变为

$$\frac{dx}{dB^*} = -(1-e^2)\frac{a\sin B^*}{W^3} \tag{2-28}$$

将式(2-28)代入式(2-24)，得

$$R_M = \frac{a(1-e^2)}{W^3} \tag{2-29}$$

经变换，式(2-29)还可写成

$$\begin{cases} R_M = \dfrac{c}{V^3} \\ R_M = \dfrac{R_N}{V^2} \end{cases} \tag{2-30}$$

式(2-29)和式(2-30)就是子午圈曲率半径的计算公式[1,2]。不难看出，子午圈曲率

半径 R_M 随着纬度 B^* 的增加而增加。当 $B^* = 90°$ 时，$R_M = c$，所以 c 是椭球体在两极的曲率半径。

2. 卯酉圈曲率半径

在过椭球面上某点的无数个法截面中，有一个法截面与该点的子午面垂直，并与椭球面相截构成一个闭合圈 PEE'，称为卯酉圈，如图 2-4 所示。

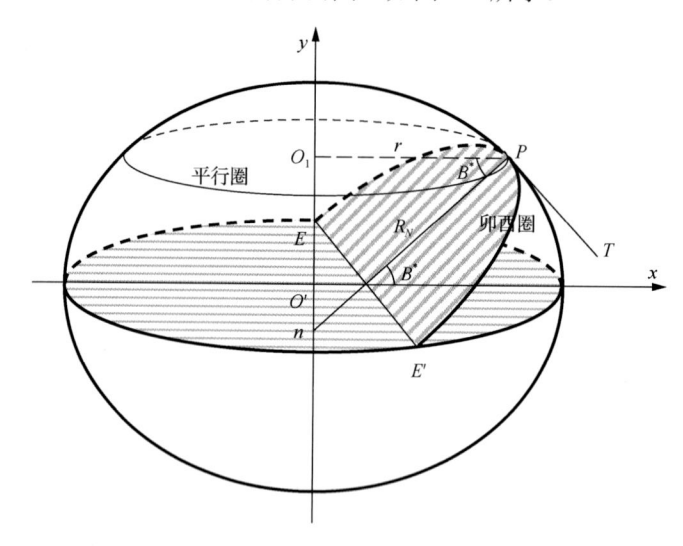

图 2-4 卯酉圈及曲率半径

为求得卯酉圈的曲率半径 R_N，过椭球面上某点 P 作其平行圈的切线 PT，该切线位于平行圈平面内且垂直于子午面。因为卯酉圈也垂直于子午面，所以 PT 也是卯酉圈在 P 点的切线。因此，PT 是 P 点处平行圈和卯酉圈的公切线，它垂直于 P 点的法线 Pn。

由麦尼尔定理知，如果曲面上某点的法截弧和斜截弧具有公切线，则该点处斜截弧的曲率半径等于法截弧曲率半径乘以两截弧平面夹角的余弦。平行圈与卯酉圈两平面间的夹角为大地纬度 B^*，因此平行圈的曲率半径为

$$r = R_N \cos B^* \tag{2-31}$$

因平行圈的曲率半径等于子午平面内的横坐标 x，并注意到式(2-25)，有

$$r = x = \frac{a \cos B^*}{W} \tag{2-32}$$

因此，卯酉圈的曲率半径为

$$R_N = \frac{a}{W} \tag{2-33}$$

经变换，式(2-33)还可写成

$$R_N = \frac{c}{V} \tag{2-34}$$

式(2-33)和式(2-34)就是卯酉圈曲率半径的计算公式[1,2]。不难看出，卯酉圈曲率半径 R_N 随着纬度 B^* 的增加而增加；当 $B^* = 90°$ 时，$R_N = c$，此时 R_N 等于极点处的曲率半径。

由图 2-4 还可看出

$$R_N = |Pn| = \frac{r}{\cos B^*} \tag{2-35}$$

式(2-35)表明，卯酉圈曲率半径等于法线介于椭球面和短轴之间的长度，即卯酉圈的曲率中心位于椭球的旋转轴上。

3. 主曲率半径

子午圈曲率半径 R_M 和卯酉圈曲率半径 R_N 是两个相互垂直法截弧的曲率半径，在微分几何中统称为主曲率半径。

注意到式(2-5)，则式(2-29)和式(2-33)可写成

$$R_M = a(1-e^2)(1-e^2 \sin^2 B^*)^{-\frac{3}{2}} \tag{2-36}$$

$$R_N = a(1-e^2 \sin^2 B^*)^{-\frac{1}{2}} \tag{2-37}$$

根据牛顿二项式定理，将它们展开为级数形式，并取至 8 次项，有

$$R_M = m_0 + m_2 \sin^2 B^* + m_4 \sin^4 B^* + m_6 \sin^6 B^* + m_8 \sin^8 B^* \tag{2-38}$$

$$R_N = n_0 + n_2 \sin^2 B^* + n_4 \sin^4 B^* + n_6 \sin^6 B^* + n_8 \sin^8 B^* \tag{2-39}$$

式中

$$\begin{cases} m_0 = a(1-e^2) \\ m_2 = \frac{3}{2}e^2 m_0 \\ m_4 = \frac{5}{4}e^2 m_2 \\ m_6 = \frac{7}{6}e^2 m_4 \\ m_8 = \frac{9}{8}e^2 m_6 \end{cases}, \quad \begin{cases} n_0 = a \\ n_2 = \frac{1}{2}e^2 n_0 \\ n_4 = \frac{3}{4}e^2 n_2 \\ n_6 = \frac{5}{6}e^2 n_4 \\ n_8 = \frac{7}{8}e^2 n_6 \end{cases}$$

这样，通过式(2-36)、式(2-37)或式(2-38)、式(2-39)便可求得主曲率半径。

4. 平均曲率半径

如图 2-4 所示，子午法截弧与卯酉法截弧正交于 P 点，因此可用主曲率半径来确定该点处任意方向法截弧的曲率半径[1,2]。

$$R_A = \frac{R_N}{1+\eta^2 \cos^2 A} = \frac{R_N}{1+e'^2 \cos^2 B^* \cos^2 A} \tag{2-40}$$

然而，任意法截弧的曲率半径 R_A 随方位角 A 变化，为方便应用，工程上可采用平均曲率半径 R。所谓平均曲率半径是指椭球面上某点所有方向的法截线曲率半径 R_A 的算术平均值，即

$$R = \frac{1}{2\pi}\int_0^{2\pi} R_A \mathrm{d}A \tag{2-41}$$

所有方向曲率半径 R_A 的分布对称于子午线和卯酉线，因此每个象限内的积分结果均相等。于是，注意到式(2-40)，式(2-41)可表示为

$$R = \frac{2R_N}{\pi}\int_0^{\frac{\pi}{2}} \frac{\mathrm{d}A}{1+\eta^2 \cos^2 A} \tag{2-42}$$

将被积函数变化为

$$\frac{\frac{\mathrm{d}A}{\cos^2 A}}{1+\eta^2+\tan^2 A} = \frac{\mathrm{d}(\tan A)}{\eta^2+\tan^2 A} = \frac{\mathrm{d}\left(\frac{\tan A}{V}\right)}{V\left[1+\left(\frac{\tan A}{V}\right)^2\right]} \tag{2-43}$$

这样，积分式(2-42)，得

$$R = \frac{2R_N}{\pi V}\left[\arctan\left(\frac{\tan A}{V}\right)\right]_0^{\frac{\pi}{2}} \tag{2-44}$$

所以

$$R = \frac{R_N}{V} = \frac{c}{V^2} = \sqrt{R_M R_N} \tag{2-45}$$

这就是平均曲率半径的计算公式。它是子午圈曲率半径 R_M 和卯酉圈曲率半径 R_N 的几何平均值。

不难看出，椭球面上任一点的 R_M、R_N 和 R 存在如下关系：

$$R_N \geqslant R \geqslant R_M \tag{2-46}$$

只有在极点上它们才相等，且都等于极点处的曲率半径 c。

四、椭球面上的弧长

椭球面上的弧长是椭球体几何参数计算的重要内容，在大地测量、地图投影、地理信息处理等方面都会用到，其基本内容是计算子午线弧长和平行圈弧长。

1. 子午线弧长

子午椭圆对称于椭球体的旋转轴，而赤道又把子午线分成对称的两部分，因此只需推导从赤道到给定纬度 B^* 的子午线弧长计算公式。

由式(2-22)和式(2-36)可知，从赤道开始到任意纬度 B^* 的子午线弧长为

$$S^* = \int_0^{B^*} R_M \mathrm{d}B^* = a(1-e^2)\int_0^{B^*} (1-e^2\sin^2 B^*)^{-\frac{3}{2}} \mathrm{d}B^* \tag{2-47}$$

式(2-47)为椭圆积分，无法得到原函数的解析式，目前有两种求解方法：一是采用数值积分法求得数值解(如复化 Simpson 积分法、Romberg 积分法等)，计算原理简单、稳定性好，便于计算机编程实现，可以满足任意计算精度的需要[5]；二是采用子午圈曲率半径的级数展开式，用逐项积分的方法求出其显式解。显然，截取的级数展开项越多，计算精度就越高，但计算公式越复杂，所以通常取至 8 次项。

当采用第二种方法时，为便于积分，常将子午圈曲率半径 R_M 的正弦幂级数形式转换为余弦倍角函数形式。因为

$$\begin{cases} \sin^2 B^* = \dfrac{1}{2} - \dfrac{1}{2}\cos 2B^* \\ \sin^4 B^* = \dfrac{3}{8} - \dfrac{1}{2}\cos 2B^* + \dfrac{1}{8}\cos 4B^* \\ \sin^6 B^* = \dfrac{5}{16} - \dfrac{15}{32}\cos 2B^* + \dfrac{3}{16}\cos 4B^* - \dfrac{1}{32}\cos 6B^* \\ \sin^8 B^* = \dfrac{35}{128} - \dfrac{7}{16}\cos 2B^* + \dfrac{7}{32}\cos 4B^* - \dfrac{1}{16}\cos 6B^* + \dfrac{1}{128}\cos 8B^* \end{cases} \tag{2-48}$$

所以，将式(2-48)代入式(2-38)，并整理得

$$R_M = a_0 - a_2\cos 2B^* + a_4\cos 4B^* - a_6\cos 6B^* + a_8\cos 8B^* \tag{2-49}$$

式中

$$\begin{cases} a_0 = m_0 + \dfrac{1}{2}m_2 + \dfrac{3}{8}m_4 + \dfrac{5}{16}m_6 + \dfrac{35}{128}m_8 \\ a_2 = \dfrac{1}{2}m_2 + \dfrac{1}{2}m_4 + \dfrac{15}{32}m_6 + \dfrac{7}{16}m_8 \\ a_4 = \dfrac{1}{8}m_4 + \dfrac{3}{16}m_6 + \dfrac{7}{32}m_8 \\ a_6 = \dfrac{1}{32}m_6 + \dfrac{1}{16}m_8 \\ a_8 = \dfrac{1}{128}m_8 \end{cases}$$

将式(2-49)代入式(2-47)，经积分得[1]

$$S^* = a_0 B^* - \frac{a_2}{2}\sin 2B^* + \frac{a_4}{4}\sin 4B^* - \frac{a_6}{6}\sin 6B^* + \frac{a_8}{8}\sin 8B^* \tag{2-50}$$

式(2-50)中的最后一项总是小于0.00003m，一般可忽略不计。

当需要计算子午线上两个纬度 B_1^* 和 B_2^* 之间的弧长时，只需按式(2-47)或式(2-50)分别计算出 S_1^* 和 S_2^*，然后取其差值 $S^* = S_2^* - S_1^*$ 即可。

2. 由子午线弧长求大地纬度

在地图投影坐标反算中，要用到根据子午线弧长求取大地纬度的计算方法，可分为迭代解法和直接解法。迭代解法是根据子午线弧长公式，用牛顿迭代法求出给定弧长所对应的大地纬度。直接解法既可利用三角级数回代求出其显式解，也可以利用插值法建立多项式形式的逼近公式。在此，主要介绍迭代解法。

对于给定的子午线弧长 S^*，令[5]

$$f(B^*) = a(1-e^2)\int_0^{B^*}(1-e^2\sin^2 B^*)^{-\frac{3}{2}}\mathrm{d}B^* - S^* \tag{2-51}$$

则其导数为

$$f'(B^*) = a(1-e^2)(1-e^2\sin^2 B^*)^{-\frac{3}{2}} \tag{2-52}$$

首先，选取大地纬度 B^* 的迭代初值为

$$B_0^* = \frac{S^*}{a(1-e^2)} \tag{2-53}$$

然后，采用如下迭代计算公式：

$$B_{i+1}^* = B_i^* - \frac{f(B_i^*)}{f'(B_i^*)} \tag{2-54}$$

直到相邻两次 B^* 值之差满足精度要求，便可确定大地纬度 B^* 的数值。

需要说明的是，在上述迭代计算过程中隐含着数值积分计算。为保证迭代计算的收敛性，其数值积分精度应高于迭代计算精度[5]。

如果采用式(2-50)的子午线弧长公式，将不涉及数值积分计算。此时，迭代计算方法不变，只需将式(2-51)和式(2-52)分别改为

$$f(B^*) = a_0 B^* - \frac{a_2}{2}\sin 2B^* + \frac{a_4}{4}\sin 4B^* - \frac{a_6}{6}\sin 6B^* + \frac{a_8}{8}\sin 8B^* - S^* \tag{2-55}$$

$$f'(B^*) = a_0 - a_2\cos 2B^* + a_4\cos 4B^* - a_6\cos 6B^* + a_8\cos 8B^* \tag{2-56}$$

研究表明，对于子午线弧长的正算和反算，数值积分法可达到任意给定的计算精度，而采用子午线弧长的 8 次项级数展开公式也能满足工程上的精度要求，正算时子午线弧长的计算精度为 10^{-3}m，反算时大地纬度的计算精度为 $10^{-5}{''}$。

3. 平行圈弧长

旋转椭球体的平行圈为圆形，其半径 r 就是子午面的直角坐标 x，即

$$r = x = R_N \cos B^* = \frac{a \cos B^*}{\sqrt{1 - e^2 \sin^2 B^*}} \tag{2-57}$$

所以，经差（大地经度之差）为 l 的平行圈弧长为

$$S^* = \frac{\pi R_N}{180} \cos B^* l = \frac{\pi a}{180} \frac{\cos B^*}{\sqrt{1 - e^2 \sin^2 B^*}} l \tag{2-58}$$

显然，在不同大地纬度下，相同经差 l 的平行圈弧长是不相同的。

第二节 地图投影及投影变换

地图投影是地图生产和使用必不可少的基础，其主要内容是建立原面与投影面之间的对应关系。地图投影的原面是地球椭球面，而投影面必须是平面或可展曲面。地图投影涉及原面与投影面之间点、线、面的一一对应关系，其中基本内容是点的投影及投影变换。这是因为点的连续移动可形成线，而线的连续移动可形成面。

一、地图投影方法

地球椭球面是不可展曲面，而地图通常绘制在平面图纸上。点在地球椭球面上的位置常用经纬度 (L^*, B^*) 表示，而在投影面上用平面直角坐标 (x, y) 表示。因此，将某点从地球椭球面投影到投影面上，其数学关系可表述为[1-3]

$$\begin{cases} x = F_1(L^*, B^*) \\ y = F_2(L^*, B^*) \end{cases} \tag{2-59}$$

式中，F_1 和 F_2 均为单值的连续函数。对于不同的地图投影种类和方法，其投影公式的具体形式不同。

地图投影将椭球面上的元素投影到平面上，虽然可以保持图形的完整性和连续性，但是投影面与椭球面上的经纬线网形状并不完全相似，这说明投影后的经纬线网发生了变形。为了按不同需求尽量减小变形，人们提出了各种投影方法。

按投影变形的性质，地图投影一般分为等角投影、等积投影和任意投影；按经纬网的投影形状，可分为方位投影、圆柱投影、圆锥投影等；按投影面与椭球面的关系，可分为切投影和割投影；按投影轴与地球自转轴的关系，可分为正轴投影、斜轴投影和横

轴投影。地图投影的分类如图 2-5 所示。我国主要采用横轴椭圆柱面等角投影,即高斯-克吕格投影(Gauss-Kruger projection)。

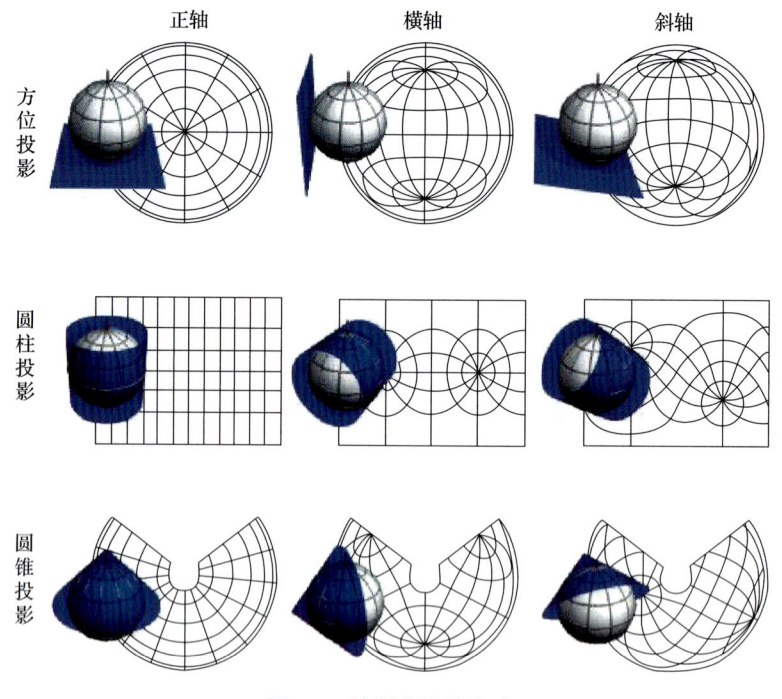

图 2-5　地图投影的分类

二、高斯-克吕格投影

18 世纪 20 年代,德国科学家高斯在处理德国汉诺威三角测量数据时,采用了一种正形投影新方法,但是没有公开发表。1866 年,史赖伯在《汉诺威大地测量投影方法的理论》著作中,对高斯投影理论进行了加工整理,并公布于世。1912 年,德国大地测量学家克吕格在《地球椭球向平面的投影》著作中,对高斯投影进行了补充和完善,详细地阐述了高斯投影理论,并给出了实用计算公式。为此,这种投影方法被称之为高斯-克吕格投影[1],简称高斯投影。

随后,许多大地测量学家对高斯投影进行了广泛而深入的研究,在理论和实践上不断地丰富和发展高斯投影理论。现在,许多国家都采用高斯投影方法进行大地测量,我国也于 1952 年开始把高斯投影作为国家大地测量和地形图的基本投影方法,并据此建立了国家大地坐标系统。

1. 高斯投影原理

高斯投影是一种等角横切椭圆柱投影。假想将一个平面卷成椭圆筒状套在地球椭球体外面,使椭圆筒的轴线通过椭球体中心且位于赤道面内,并使椭圆筒与某一条子午线相切。然后,将中央子午线两侧一定范围内的区域(称为投影带)投影到椭圆柱面上,再将椭圆柱面沿母线剪开并展开成平面,就将椭圆柱面上的这个区域投影到了平面上,如

图 2-6 所示。

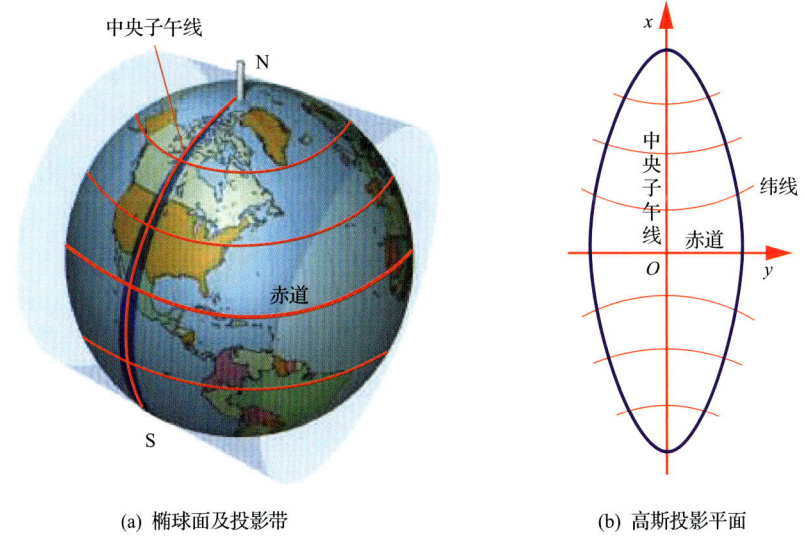

(a) 椭球面及投影带　　　(b) 高斯投影平面

图 2-6　高斯投影原理

显然，与椭圆筒相切的子午线位于投影带的中央，所以被称为中央子午线。在高斯投影平面内，中央子午线和赤道都是直线且互相垂直，其他子午线都以赤道为对称轴凹向中央子午线，并以中央子午线为对称轴向两极弯曲，经纬线呈直角相交。以中央子午线的投影作为纵轴 x，以赤道的投影作为横轴 y，以两轴的交点作为坐标原点，在投影面上就构成了一个直角坐标系，称为高斯平面直角坐标系。各投影带都有自己的坐标轴和坐标原点，形成相对独立的坐标系统。

高斯投影没有角度变形。中央子午线的长度比等于 1，即没有长度变形；其余经线的长度比均大于 1，且距中央子午线愈远变形愈大，最大变形发生在投影带边缘经线与赤道的交点上。面积变形也是距中央子午线愈远变形愈大。在同一条子午线上，长度变形随纬度的降低而增大，在赤道处达到最大；在同一条纬线上，长度变形随经差的增加而增大，且增大速度较快。

为了保证投影的精度，使变形不超过一定的限度，要按一定的经差将地球椭球面划分成若干个投影带。一般按 6°经差进行分带，大比例尺测图和工程测量采用 3°带，工程测量控制网也可采用 1.5°带或任意带。将这些经差相等的瓜瓣形投影带拼接起来，就构成了地球椭球的高斯投影图(如地图)。

6°带高斯投影，从 0°子午线自西向东每隔 6°经差进行分带，投影带的编号依次为 1、2、3、……，全球共分为 60 个投影带。我国的 6°带高斯投影，中央子午线的经度从 69°到 135°，共计 12 带，如图 2-7 所示。高斯投影 3°带是在 6°带的基础上形成的，其单数带的中央子午线与 6°带的中央子午线重合，偶数带的中央子午线与 6°带的分界子午线重合。

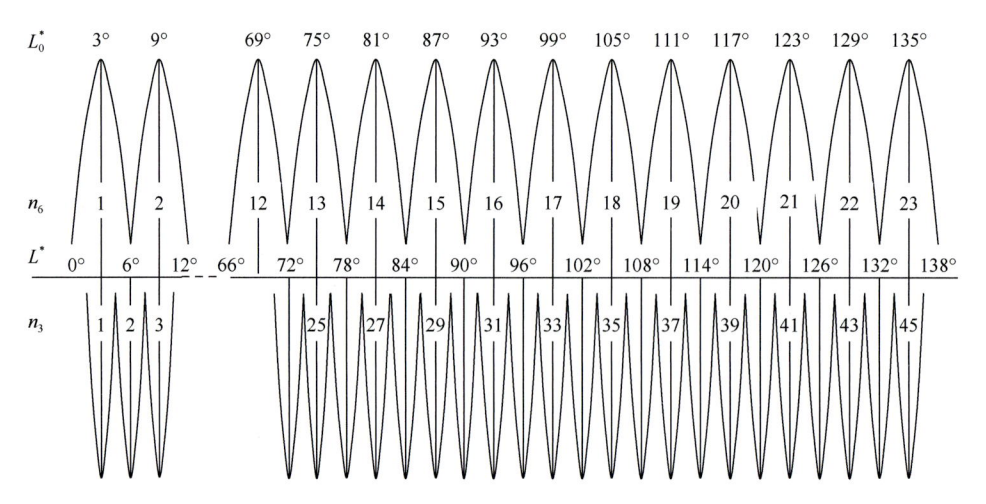

图 2-7 高斯投影的分带

如果 6°带和 3°带的投影带号分别用 n_6 和 n_3 表示，则中央子午线经度 L_0^* 分别为

$$\begin{cases} L_0^* = 6n_6 - 3 \\ L_0^* = 3n_3 \end{cases} \quad (2\text{-}60)$$

在高斯投影平面上，投影带内的横坐标 y 既有正值也有负值，为使横坐标 y 总保持为正值，通常规定将纵坐标轴西移 500 000m。同理，为使南半球的纵坐标 x 总保持为正值，一般也将横坐标轴南移 10 000 000m。这两个坐标轴的偏移参数分别称为东伪偏移 (false easting) 和北伪偏移 (false northing)。

我国位于北半球，所以北伪偏移值为零，将横坐标 y 加上东伪偏移值并在前面冠以带号，用于标识所在的投影带，就得到了国家统一坐标。例如，某点的横坐标 $y = 19\ 123\ 456.79$m，则说明该点位于第 19 投影带内，去掉投影带号后再减去 500 000m，便可得到相对于投影带中央子午线的横坐标 $y = -376\ 543.21$m。

分带投影可以限制变形的程度，同时也带来了投影带不连续的问题。因为相邻投影带的边缘子午线，在投影平面上的弯曲方向相反，使得相邻投影带的投影图不能拼接。为了解决这个问题，规定相邻投影带之间要有一定的重叠部分。对于 6°带，向东加宽 30′，向西加宽 7.5′，因此每个带的实际宽度是中央子午线以东 3°30′、以西 3°7′30″。对于重叠部分，每个大地点要求计算出相邻带的两组坐标值，同时也要求绘制出两套坐标格网。这样，就使邻带边缘区域内的点可以互相应用，保证了地图的拼接和使用。

2. 高斯投影的坐标正算

要把椭球面上的元素投影到平面上，涉及坐标、方向和长度三类问题。其中，坐标关系式是问题的核心，确定了椭球面与投影平面的坐标关系，方向和长度的投影关系便可迎刃而解。

高斯投影的坐标正算是指：根据椭球面上的大地坐标 (L^*, B^*)，计算高斯投影的平面坐标 (x, y)。其投影关系可表示为

$$\begin{cases} x = x(l, B^*) \\ y = y(l, B^*) \end{cases} \tag{2-61}$$

其中

$$l = L^* - L_0^*$$

式中，L_0^* 为中央子午线的经度，(°)；l 为经差，即某点与中央子午线的经度差，(°)。

高斯投影是一种正形投影，应满足正形投影的特征方程，即柯西-黎曼条件[1]

$$\begin{cases} \dfrac{\partial x}{\partial l} = -\dfrac{r}{R_M} \dfrac{\partial y}{\partial B^*} \\ \dfrac{\partial y}{\partial l} = \dfrac{r}{R_M} \dfrac{\partial x}{\partial B^*} \end{cases} \tag{2-62}$$

在高斯投影中，中央子午线的投影为直线，因此中央子午线东西两侧的对称点，投影后仍对称于中央子午线。对于大地坐标分别为 (l, B^*) 和 $(-l, B^*)$ 的两点，投影后的平面坐标将是 (x, y) 和 $(x, -y)$，即 x 坐标的投影函数是关于 l 的偶函数，而 y 坐标的投影函数是关于 l 的奇函数。

又因为高斯投影是按分带投影的，每带内的经差 l 不大，所以可将式(2-61)展开为经差 l 的幂级数形式

$$\begin{cases} x = a_0 + a_2 l^2 + a_4 l^4 + \cdots \\ y = a_1 l + a_3 l^3 + a_5 l^5 + \cdots \end{cases} \tag{2-63}$$

式中，$a_i (i = 0, 1, 2, 3, \cdots)$ 均为与大地纬度 B^* 有关的待定系数。

将式(2-63)分别对 l 和 B^* 求偏导数，并代入到式(2-62)，得

$$\begin{cases} a_1 + 3a_3 l^2 + 5a_5 l^4 + \cdots = \dfrac{r}{R_M} \left(\dfrac{da_0}{dB^*} + \dfrac{da_2}{dB^*} l^2 + \dfrac{da_4}{dB^*} l^4 + \cdots \right) \\ 2a_2 l + 4a_4 l^3 + \cdots = -\dfrac{r}{R_M} \left(\dfrac{da_1}{dB^*} l + \dfrac{da_3}{dB^*} l^3 + \cdots \right) \end{cases} \tag{2-64}$$

要使式(2-64)两边相等，其充分必要条件是：l 的同次幂的系数相等，即

$$\begin{cases} a_1 = \dfrac{r}{R_M} \dfrac{da_0}{dB^*} \\ a_2 = -\dfrac{1}{2} \dfrac{r}{R_M} \dfrac{da_1}{dB^*} \\ a_3 = \dfrac{1}{3} \dfrac{r}{R_M} \dfrac{da_2}{dB^*} \\ a_4 = -\dfrac{1}{4} \dfrac{r}{R_M} \dfrac{da_3}{dB^*} \\ \vdots \end{cases} \tag{2-65}$$

其通式为

$$a_k = (-1)^{k-1} \frac{1}{k} \frac{r}{R_M} \frac{\mathrm{d}a_{k-1}}{\mathrm{d}B^*}, \quad k = 1, 2, 3, \cdots \qquad (2\text{-}66)$$

显然，只要确定了 a_0 的表达式，就可以递推出其他系数。

高斯投影的中央子午线没有长度变形，因此中央子午线上的纵坐标 x 等于椭球面上该点到赤道的子午线弧长 S^*。由式(2-63)知，当 $l = 0$ 时，有

$$x = a_0 = S^* \qquad (2\text{-}67)$$

因为中央子午弧长的微分公式为[1,2]

$$\frac{\mathrm{d}S^*}{\mathrm{d}B^*} = R_M \qquad (2\text{-}68)$$

所以，由式(2-65)~式(2-68)可得

$$a_1 = r = R_N \cos B^* \qquad (2\text{-}69)$$

将式(2-69)两端微分，得

$$\frac{\mathrm{d}a_1}{\mathrm{d}B^*} = -R_N \sin B^* + \frac{\mathrm{d}R_N}{\mathrm{d}B^*} \cos B^* \qquad (2\text{-}70)$$

而

$$\frac{\mathrm{d}R_N}{\mathrm{d}B^*} = \frac{\mathrm{d}}{\mathrm{d}B^*}\left[a(1-e^2 \sin^2 B^*)^{-\frac{1}{2}}\right] = \frac{R_N e^2 \sin B^* \cos B^*}{1 - e^2 \sin^2 B^*} \qquad (2\text{-}71)$$

将式(2-71)代入到式(2-70)，得

$$\frac{\mathrm{d}a_1}{\mathrm{d}B^*} = -R_N \sin B^* \frac{1-e^2}{1-e^2 \sin^2 B^*} = -R_N \sin B^* \frac{R_M}{R_N} = -R_M \sin B^* \qquad (2\text{-}72)$$

于是，由式(2-65)，得

$$a_2 = \frac{1}{2} R_N \sin B^* \cos B^* \qquad (2\text{-}73)$$

同理，根据式(2-66)，可依次求出其他系数

$$\begin{cases} a_3 = \dfrac{1}{6} R_N \cos^3 B^* (1 - t^2 + \eta^2) \\ a_4 = \dfrac{1}{24} R_N \sin B^* \cos^3 B^* (5 - t^2 + 9\eta^2 + 4\eta^4) \\ a_5 = \dfrac{1}{120} R_N \cos^5 B^* (5 - 18t^2 + t^4 + 14\eta^2 - 58t^2\eta^2) \\ a_6 = \dfrac{1}{720} R_N \sin B^* \cos^5 B^* (61 - 58t^2 + t^4 + 270\eta^2 - 330t^2\eta^2) \end{cases} \qquad (2\text{-}74)$$

式中

$$t = \tan B^*, \quad \eta^2 = e'^2 \cos^2 B^*$$

将上述各系数代入式(2-63),并取至 a_6 项,便得到高斯投影的正算公式[1]

$$\begin{cases} x = S^* + \dfrac{R_N}{2}\sin B^* \cos B^* l^2 + \dfrac{R_N}{24}\sin B^* \cos^3 B^* (5 - t^2 + 9\eta^2 + 4\eta^4)l^4 \\ \quad + \dfrac{R_N}{720}\sin B^* \cos^5 B^* (61 - 58t^2 + t^4 + 270\eta^2 - 330t^2\eta^2)l^6 \\ y = R_N \cos B^* l + \dfrac{R_N}{6}\cos^3 B^* (1 - t^2 + \eta^2)l^3 \\ \quad + \dfrac{R_N}{120}\cos^5 B^* (5 - 18t^2 + t^4 + 14\eta^2 - 58t^2\eta^2)l^5 \end{cases} \quad (2\text{-}75)$$

需要注意的是,在使用式(2-75)时,经差 l 的单位为弧度,S^* 是从赤道开始的子午线弧长。

高斯投影的坐标正算具有如下特点[1]。

(1) 当经差 l 保持不变时,随着纬度 B^* 的增加,x 值增大,y 值减小;因为 $\cos(-B^*) = \cos B^*$,所以无论 B^* 值为正还是为负,都不影响 y 值的正负号。这说明:除中央子午线外,其他子午线投影后都向中央子午线弯曲,并收敛于两极,且对称于中央子午线和赤道。

(2) 当纬度 B^* 保持不变时,随着经差 l 的增加,x 值和 y 值都增大;椭球面上对称于赤道的纬圈,投影后仍是对称曲线,它们与子午线的投影曲线相互垂直,并凹向两极。

(3) 距中央子午线越远的子午线,投影后弯曲得越严重,长度变形也越大。

3. 高斯投影的坐标反算

高斯投影的坐标反算是指:根据高斯投影的平面坐标(x, y),计算椭球面上的大地坐标(L^*, B^*),其投影关系可表示为

$$\begin{cases} L^* = L^*(x, y) \\ B^* = B^*(x, y) \end{cases} \quad (2\text{-}76)$$

高斯投影坐标反算的柯西-黎曼条件为[1]

$$\begin{cases} \dfrac{\partial l}{\partial y} = \dfrac{R_M}{r}\dfrac{\partial B^*}{\partial x} \\ \dfrac{\partial B^*}{\partial y} = -\dfrac{r}{R_M}\dfrac{\partial l}{\partial x} \end{cases} \quad (2\text{-}77)$$

y 值与椭球半径相比是一个相对较小的数值,因此可将纬度 B^* 和经差 l 展开成 y 的幂级数;又因为是对称投影,所以纬度 B^* 是 y 的偶函数,经差 l 是 y 的奇函数。因此,投影关系式可表示为

$$\begin{cases} B^* = b_0 + b_2 y^2 + b_4 y^4 + \cdots \\ l = b_1 y + b_3 y^3 + b_5 y^5 + \cdots \end{cases} \qquad (2\text{-}78)$$

式中，$b_i(i = 0, 1, 2, 3, \cdots)$ 为与纵坐标 x 有关的待定系数。

将式(2-78)分别对 x 和 y 求偏导数，并代入式(2-77)。通过比较 y 的同次幂的系数，得

$$\begin{cases} b_1 = \dfrac{R_M}{r} \dfrac{\mathrm{d} b_0}{\mathrm{d} x} \\ b_2 = -\dfrac{1}{2} \dfrac{r}{R_M} \dfrac{\mathrm{d} b_1}{\mathrm{d} x} \\ b_3 = \dfrac{1}{3} \dfrac{R_M}{r} \dfrac{\mathrm{d} b_2}{\mathrm{d} x} \\ b_4 = -\dfrac{1}{4} \dfrac{r}{R_M} \dfrac{\mathrm{d} b_3}{\mathrm{d} x} \\ \vdots \end{cases} \qquad (2\text{-}79)$$

其通式为

$$b_k = (-1)^{k+1} \dfrac{1}{k} \left(\dfrac{r}{R_M} \right)^{(-1)^{k+1}} \dfrac{\mathrm{d} b_{k-1}}{\mathrm{d} x}, \qquad k = 1, 2, 3, \cdots \qquad (2\text{-}80)$$

显然，要求得各系数 b_k，必须先确定 b_0。

由式(2-78)可知，当 $y = 0$ 时，$B^* = b_0$，$l = 0$。此时，大地坐标 $(B^*, l) = (b_0, 0)$ 确定了一个点的位置，这个点称之为底点[1]，如图 2-8 所示。已知 P 点的平面坐标为 (x, y)，若令 $y = 0$，而 x 保持不变，则在高斯平面内的坐标变为 $(x, 0)$，这个点就是底点 f。换句话说，底点的平面坐标为 $(x, 0)$，大地坐标为 $(b_0, 0)$。

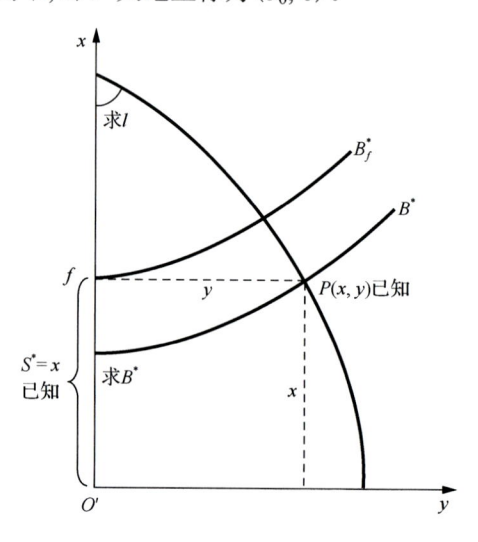

图 2-8　高斯投影的坐标反算原理

显然，底点位于中央子午线上。高斯投影后中央子午线的长度保持不变，且已知 $S^* =$

x，因此由式(2-51)～式(2-56)可计算出底点 f 所对应的大地纬度 B_f^*（称为底点纬度），于是有

$$b_0 = B_f^* \tag{2-81}$$

由式(2-80)可知，其他系数都可由 b_0 推导出，因此所有系数都可以看成是底点纬度 B_f^* 的函数。仿照高斯投影坐标正算公式的推导过程，并将各参数都冠以下标 f，以表明是用底点纬度 B_f^* 计算出的数值，则有

$$\begin{cases} b_1 = \dfrac{1}{R_{N,f} \cos B_f^*} \\ b_2 = -\dfrac{t_f}{2R_{M,f} R_{N,f}} \\ b_3 = -\dfrac{1}{6R_{N,f}^3 \cos B_f^*}(1 + 2t_f^2 + \eta_f^2) \\ b_4 = \dfrac{t_f}{24 R_{M,f} R_{N,f}^3}(5 + 3t_f^2 + \eta_f^2 - 9t_f^2\eta_f^2) \\ b_5 = \dfrac{1}{120 R_{N,f}^5 \cos B_f^*}(5 + 28t_f^2 + 24t_f^4 + 6\eta_f^2 + 8t_f^2\eta_f^2) \\ b_6 = -\dfrac{t_f}{720 R_{M,f} R_{N,f}^5}(61 + 90t_f^2 + 45t_f^4) \end{cases} \tag{2-82}$$

式中

$$t_f = \tan B_f^*, \quad \eta_f^2 = e'^2 \cos^2 B_f^*$$

将上述各系数代入式(2-78)，并取至 b_6 项，便得到高斯投影的坐标反算公式[1,2]：

$$\begin{cases} B^* = B_f^* - \dfrac{t_f}{2R_{M,f} R_{N,f}} y^2 + \dfrac{t_f}{24 R_{M,f} R_{N,f}^3}(5 + 3t_f^2 + \eta_f^2 - 9t_f^2\eta_f^2)y^4 \\ \qquad - \dfrac{t_f}{720 R_{M,f} R_{N,f}^5}(61 + 90t_f^2 + 45t_f^4)y^6 \\ l = \dfrac{1}{R_{N,f} \cos B_f^*} y - \dfrac{1}{6R_{N,f}^3 \cos B_f^*}(1 + 2t_f^2 + \eta_f^2)y^3 \\ \qquad + \dfrac{1}{120 R_{N,f}^5 \cos B_f^*}(5 + 28t_f^2 + 24t_f^4 + 6\eta_f^2 + 8t_f^2\eta_f^2)y^5 \end{cases} \tag{2-83}$$

三、通用横轴墨卡托投影

通用横轴墨卡托投影(universal transverse Mercator，UTM)投影是一种横轴等角割椭

圆柱投影，椭圆柱割地球椭球面于两条等高线，在这两条割线上投影后没有变形，如图 2-9 所示。这种投影方法由美国军事测绘局于 1938 年提出，并于 1945 年开始使用。

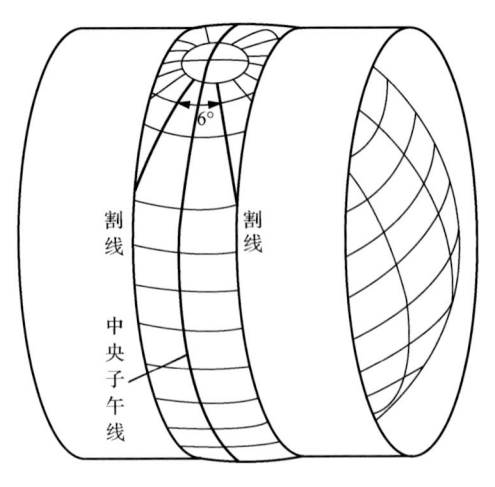

图 2-9　UTM 投影原理

UTM 投影的显著特点是：中央子午线的投影长度比不等于 1，而是等于 0.9996。选择该长度比是为了使中央子午线和边缘子午线的长度变形大致相等，且在投影带内有两条不失真的标准经线。这两条标准经线就是图 2-9 中的割线，在赤道上它们距离中央子午线约±180km，相当于经差 1°40″。离开这两条割线越远，投影变形越大；在两条割线以内，长度变形为负值；在两条割线以外，长度变形为正值。

UTM 投影的坐标变换公式既可由高斯-克吕格投影族的通用公式导出，也可由高斯投影与 UTM 投影之间的关系直接给出：

$$\begin{cases} x_{\text{UTM}} = 0.9996 x_{\text{高斯}} \\ y_{\text{UTM}} = 0.9996 y_{\text{高斯}} \end{cases} \tag{2-84}$$

UTM 投影的适用范围为 N84°~S80°，地球两极地区采用通用极球面投影 (universal polar stereographic projection, UPS)。

UTM 投影按 6°分带，但是它的起始子午线及投影带编号与高斯-克吕格投影不同。高斯-克吕格投影的起始子午线为 0°子午线，而 UTM 投影的起始子午线为 180°子午线，投影带的编号都是自西向东顺序编号。因此，UTM 投影的第 1 带为 W180°~W174°，是 6°带高斯-克吕格投影的第 31 带。为解决投影图的拼接问题，规定两个相邻投影带的坐标要重叠约 40km，相当于赤道上经差 22′，即将每个投影带分别向左右延伸 11′。

在投影带的基础上，再按纬差 8°从南向北划分纬度区，并用字母 C~X(不含 I 和 O)表示[6]，如图 2-10 所示。这样，就将地球表面划分为若干个 6°×8°区(经度×纬度)，每个区都可用带号和纬度区字母来标识。共有 20 个纬度区。为便于应用，UTM 投影规定了一些非标准区带：①X 区。X 区的纬差为 12°，这样就包含了 N72°~N84°全部陆地。②31V 和 32V 区。31V 区被缩小，32V 区被扩大。这样，32V 区就覆盖了挪威南部，而 31V 区只覆盖了一片海洋。③31X~37X 区。调整了这些区的带宽，并消除了偶数带号。

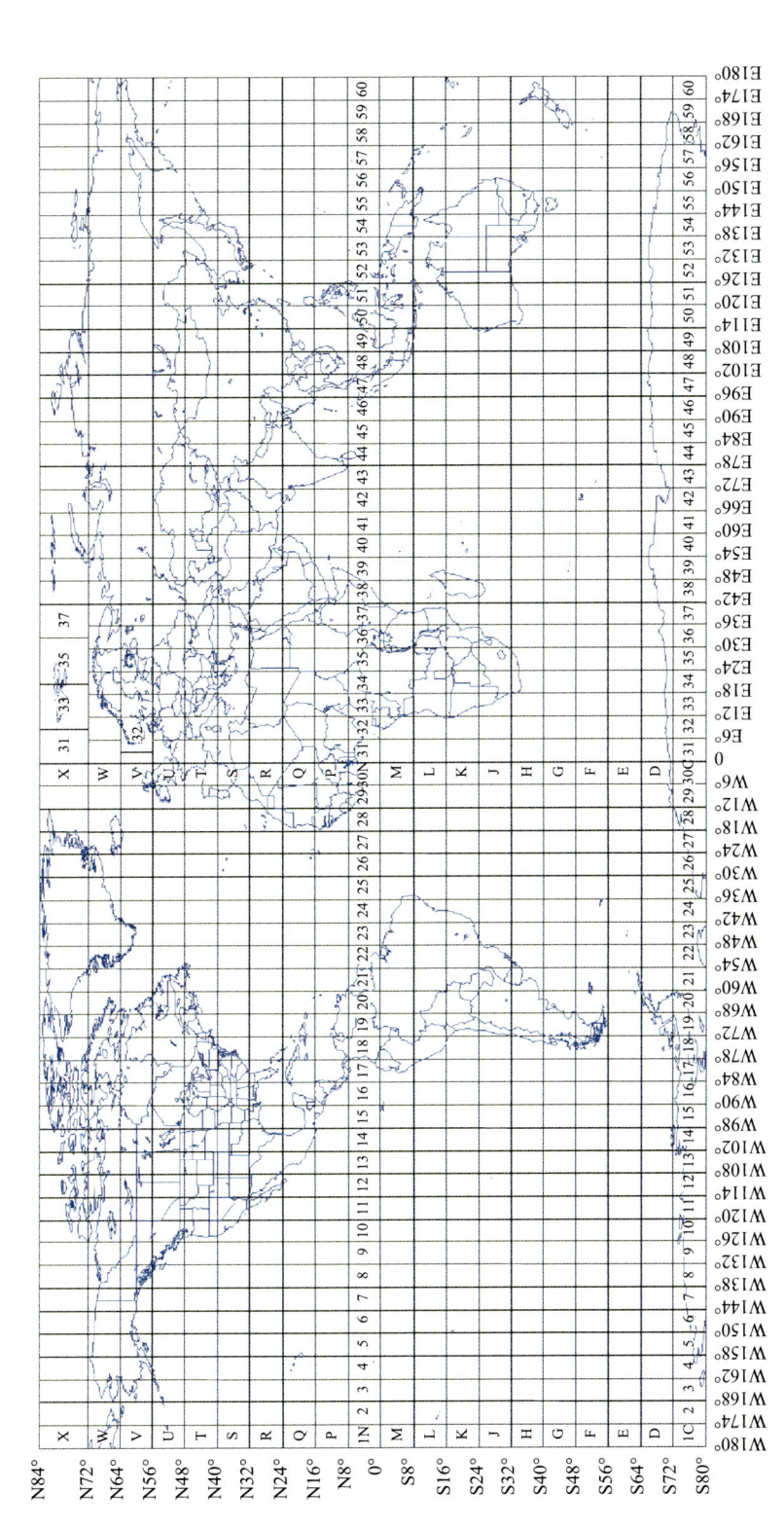

图2-10 UTM投影带及纬度区

为避免纵坐标 x 和横坐标 y 出现负值，UTM 投影也用东伪偏移和北伪偏移来确定实用的投影坐标系。通常，北半球的坐标原点为(500km, 0)，南半球的坐标原点为(500km, 10000km)。常用地图投影及投影变换参数如表 2-2 所示[3]。

表 2-2 常用的地图投影及投影变换参数

投影方法	应用范围	带宽	中央子午线的比例因子	自然原点纬度	自然原点经度	东伪偏移	北伪偏移
横轴墨卡托	世界范围	通常小于 6°	不同	不同	不同	不同	不同
高斯-克吕格	苏联、南斯拉夫、德国、南美洲、中国	通常为 6°或 3°，有时小于 3°	通常为 1.000 000	通常为 0°	不同，根据覆盖区域确定	不同，通常为 500 000m 并冠以带号	不同
高斯-博阿加	意大利	6°	0.9996	不同	不同	不同	0m
坐标轴指南的横轴墨卡托	南非	2°	1.000 000	0°	间隔 2°，E11°以东	0 m	0m
北半球 UTM	世界范围，赤道到 N84°	6°	0.9996	0°	间隔 6°，W177°以东	500 000m	0m
南半球 UTM	世界范围，S80°到赤道	6°	0.9996	0°	间隔 6°，W177°以东	500 000m	10 000 000m

注：自然原点为坐标轴平移前的投影坐标系原点。

第三节 井眼轨道定位方法

在设计井眼轨道时，井口和靶点位置常以大地坐标、地图投影坐标等形式给出，只有建立了井口坐标系与大地坐标系间的换算关系，才能求得靶点相对于井口的垂深、水平位移等数据，进而实现井眼轨道设计。在监测实钻轨迹时，需要基于大地测量学、地磁学等方法先求得子午线收敛角和磁偏角，然后按指北基准归算方位角，进而基于测斜数据计算各测点的空间坐标。

一、井眼轨道坐标系统

理论上，使用任何一个空间坐标系都能实现井眼轨道定位。然而，为表征各类井眼轨道参数的物理意义、特征及规律，更好地满足井眼轨道设计、监测与控制的各种需求，往往需要建立多个坐标系。显然，这些坐标系之间并不孤立，而是相互联系且能相互转换。

1. 大地坐标系

大地坐标系是以地球椭球的赤道面和起始子午面为起算面，以地球椭球面为参考面而建立的地球椭球面坐标系。它是大地测量的基本坐标系，其定位参数是大地经度 L^*、大地纬度 B^* 和大地高 H^*，如图 2-1 所示。

2. 地图投影坐标系

地图投影坐标系是将地球椭球面投影到平面上，基于投影带建立的坐标系。其中，高斯投影、UTM 投影等地图投影是在投影面上建立二维直角坐标系，它以中央子午线的投影作为纵轴 x，以赤道的投影作为横轴 y，以两轴的交点作为坐标系原点。每个投影带都有自己的坐标轴和坐标原点，因此各投影带的坐标系相互独立。按惯例，为使纵坐标 x 和横坐标 y 保持为正值，常通过附加北伪偏移和东伪偏移来平移坐标轴；为表征某坐标 (x, y) 属于哪个投影带，常冠以投影带号。

地图投影坐标系的定位参数是投影平面上的纵坐标 x、横坐标 y 和大地高 H^*。地图投影坐标与大地坐标之间的转换关系只涉及大地经纬度 (L^*, B^*) 和地图投影纵横坐标 (x, y)，不涉及大地高 H^*。

3. 井口坐标系

要设计、监测和控制井眼轨道，使用大地坐标系和地图投影坐标系显然不方便，应使用井口坐标系。井口坐标系 NEH 是空间直角坐标系，它以井口 O 为原点，坐标轴 N、E 和 H 分别指向正北、正东和铅垂方向，如图 2-11 所示。

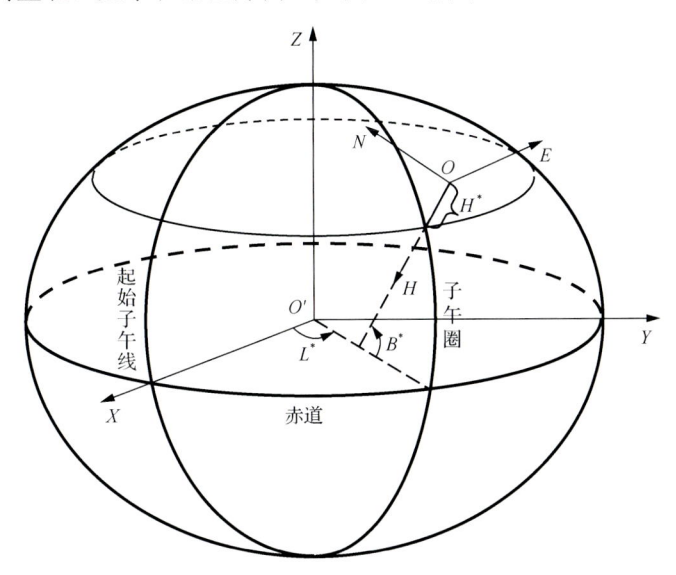

图 2-11 井口坐标系

在研究井口坐标系与大地坐标系和地图投影坐标系之间的转换关系时，按大地坐标系和地图投影坐标系的定义，井口坐标系 NEH 应分别采用不同的指北基准。在井口坐标系与大地坐标系之间转换时，井口坐标系 NEH 应采用真北方向作为指北基准。此时，H 轴沿铅垂方向指向椭球中心，N 轴沿子午线方向指向地理北，E 轴垂直于 N 轴和 H 轴指向地理东。在井口坐标系与地图投影坐标系之间转换时，井口坐标系 NEH 应采用网格北作为指北基准。此时，H 轴仍沿铅垂方向指向椭球中心，N 轴和 E 轴分别指向高斯投影、UTM 投影等地图投影平面上的纵坐标轴正向和横坐标轴正向。后者只涉及简单的坐标系平移变换，因此在此只讨论井口坐标系与大地坐标系之间的转换关系。

假设井口点的大地坐标为 (L_0^*, B_0^*, H_0^*)，某空间点的大地坐标为 (L^*, B^*, H^*)，由式 (2-17) 可算得它们在地固空间直角坐标下的坐标分别为 (X_0, Y_0, Z_0) 和 (X, Y, Z)。于是，在井口坐标系 NEH 下，井口点的坐标为 $(0, 0, 0)$，该空间点的坐标为

$$\begin{bmatrix} N \\ E \\ H \end{bmatrix} = \begin{bmatrix} -\sin B_0^* \cos L_0^* & -\sin B_0^* \sin L_0^* & \cos B_0^* \\ -\sin L_0^* & \cos L_0^* & 0 \\ -\cos B_0^* \cos L_0^* & -\cos B_0^* \sin L_0^* & -\sin B_0^* \end{bmatrix} \begin{bmatrix} X - X_0 \\ Y - Y_0 \\ Z - Z_0 \end{bmatrix} \tag{2-85}$$

当已知某空间点在井口坐标系下的坐标 (N, E, H) 时，应首先计算该点在地固空间直角坐标系下的坐标：

$$\begin{bmatrix} X \\ Y \\ Z \end{bmatrix} = \begin{bmatrix} X_0 \\ Y_0 \\ Z_0 \end{bmatrix} + \begin{bmatrix} -\sin B_0^* \cos L_0^* & -\sin L_0^* & -\cos B_0^* \cos L_0^* \\ -\sin B_0^* \sin L_0^* & \cos L_0^* & -\cos B_0^* \sin L_0^* \\ \cos B_0^* & 0 & -\sin B_0^* \end{bmatrix} \begin{bmatrix} N \\ E \\ H \end{bmatrix} \tag{2-86}$$

然后再按式 (2-18) 计算大地坐标 (L^*, B^*, H^*)。

式 (2-85) 和式 (2-86) 还可写成

$$\begin{bmatrix} N \\ E \\ H \end{bmatrix} = \boldsymbol{M} \begin{bmatrix} X - X_0 \\ Y - Y_0 \\ Z - Z_0 \end{bmatrix} \tag{2-87}$$

$$\begin{bmatrix} X \\ Y \\ Z \end{bmatrix} = \begin{bmatrix} X_0 \\ Y_0 \\ Z_0 \end{bmatrix} + \boldsymbol{M}^{\mathrm{T}} \begin{bmatrix} N \\ E \\ H \end{bmatrix} \tag{2-88}$$

式中

$$\boldsymbol{M} = \begin{bmatrix} -\sin B_0^* \cos L_0^* & -\sin B_0^* \sin L_0^* & \cos B_0^* \\ -\sin L_0^* & \cos L_0^* & 0 \\ -\cos B_0^* \cos L_0^* & -\cos B_0^* \sin L_0^* & -\sin B_0^* \end{bmatrix}$$

4. 井眼坐标系

井眼坐标系 xyz 以井眼轨道上某点 P 为原点，以井眼高边为 x 轴，以井眼方向线即井眼轨道切线为 z 轴，y 轴垂直于 x 轴和 z 轴，则 x 轴、y 轴和 z 轴构成右手系，如图 2-12 所示。于是，x 轴指向增井斜方向，y 轴指向增方位方向，z 轴指向井眼轨道的前进方向。使用井眼坐标系，便于研究井斜角、方位角及其变化规律。因为 x 轴和 y 轴位于井眼轨道的法平面内，所以还常用于表征井眼轨道间的法面扫描关系。

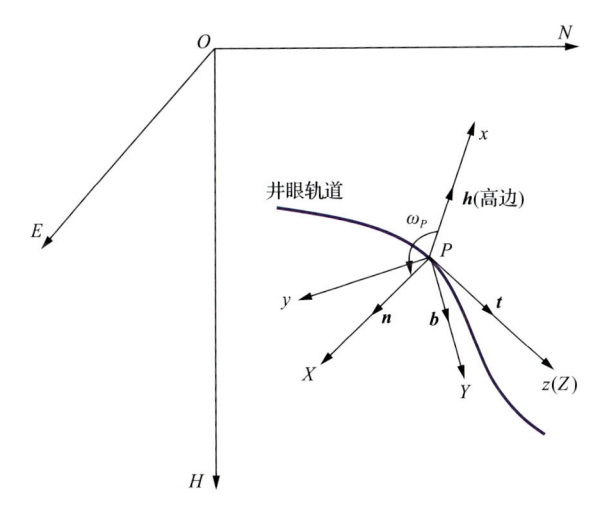

图 2-12 井眼坐标系及标架坐标系

根据微分几何原理，基于 P 点的井斜角 α_P 和方位角 ϕ_P 可以得到 x 轴、y 轴和 z 轴在井口坐标系 NEH 下的方向余弦。于是，井眼坐标系与井口坐标系之间的转换关系为[7]

$$\begin{bmatrix} x \\ y \\ z \end{bmatrix} = A \begin{bmatrix} N - N_P \\ E - E_P \\ H - H_P \end{bmatrix} \tag{2-89}$$

式中

$$A = \begin{bmatrix} \cos\alpha_P \cos\phi_P & \cos\alpha_P \sin\phi_P & -\sin\alpha_P \\ -\sin\phi_P & \cos\phi_P & 0 \\ \sin\alpha_P \cos\phi_P & \sin\alpha_P \sin\phi_P & \cos\alpha_P \end{bmatrix}$$

5. 标架及工具坐标系

井眼轨道上任一点的主法线方向 n、副法线方向 b 和切线方向 t 相互垂直，构成了可沿井眼轨道移动的活动标架。利用活动标架便于研究井眼轨道的弯曲和扭转形态。

若将井眼坐标系 xyz 绕 z 轴顺时针旋转主法线角 ω_P，便得到标架坐标系 XYZ，如图 2-12 所示。此时，X 轴、Y 轴和 Z 轴分别指向井眼轨道的主法线方向 n、副法线方向 b 和切线方向 t，从而可表征井眼轨道的活动标架。若将井眼坐标系 xyz 绕 z 轴顺时针旋转工具面角 ω_t（其定义见第五章第六节）[8]，便得到工具坐标系 XYZ。此时，X 轴指向造斜工具的定向方向，从而可表征造斜工具的姿态。

根据解析几何的坐标变换原理，标架坐标系 XYZ 与井眼坐标系 xyz 之间的转换关系为

$$\begin{bmatrix} X \\ Y \\ Z \end{bmatrix} = \boldsymbol{B} \begin{bmatrix} x \\ y \\ z \end{bmatrix} \tag{2-90}$$

式中

$$\boldsymbol{B} = \begin{bmatrix} \cos\omega_P & \sin\omega_P & 0 \\ -\sin\omega_P & \cos\omega_P & 0 \\ 0 & 0 & 1 \end{bmatrix}$$

将式(2-89)代入式(2-90)，可以得到标架坐标系 XYZ 与井口坐标系 NEH 之间的转换关系为[7]

$$\begin{bmatrix} X \\ Y \\ Z \end{bmatrix} = \boldsymbol{T} \begin{bmatrix} N - N_P \\ E - E_P \\ H - H_P \end{bmatrix} \tag{2-91}$$

式中

$$\boldsymbol{T} = \boldsymbol{B}\boldsymbol{A}$$

$$\begin{cases} T_{11} = \cos\alpha_P \cos\phi_P \cos\omega_P - \sin\phi_P \sin\omega_P \\ T_{12} = \cos\alpha_P \sin\phi_P \cos\omega_P + \cos\phi_P \sin\omega_P \\ T_{13} = -\sin\alpha_P \cos\omega_P \end{cases}$$

$$\begin{cases} T_{21} = -\cos\alpha_P \cos\phi_P \sin\omega_P - \sin\phi_P \cos\omega_P \\ T_{22} = -\cos\alpha_P \sin\phi_P \sin\omega_P + \cos\phi_P \cos\omega_P \\ T_{23} = \sin\alpha_P \sin\omega_P \end{cases}$$

$$\begin{cases} T_{31} = \sin\alpha_P \cos\phi_P \\ T_{32} = \sin\alpha_P \sin\phi_P \\ T_{33} = \cos\alpha_P \end{cases}$$

工具坐标系与井眼坐标系和井口坐标系之间的转换关系，只需将式(2-90)和式(2-91)中的主法线角 ω_P 替换为工具面角 ω_t。

根据微分几何原理，对于井眼轨道上任一点 P，其活动标架的基本向量可表示为

$$\begin{cases} \boldsymbol{n} = T_{11}\boldsymbol{i} + T_{12}\boldsymbol{j} + T_{13}\boldsymbol{k} \\ \boldsymbol{b} = T_{21}\boldsymbol{i} + T_{22}\boldsymbol{j} + T_{23}\boldsymbol{k} \\ \boldsymbol{t} = T_{31}\boldsymbol{i} + T_{32}\boldsymbol{j} + T_{33}\boldsymbol{k} \end{cases} \tag{2-92}$$

式中，$\boldsymbol{i}$、$\boldsymbol{j}$、$\boldsymbol{k}$ 分别为井口坐标系 N 轴、E 轴、H 轴上的单位坐标向量。

在空间斜平面内设计和计算井眼轨道时，井眼轨道位于标架坐标系 XYZ 的 XZ 平面

内，此时能将井眼轨道的三维设计转化为二维设计。

6. 仪器坐标系

在随钻测量（measurement while drilling，MWD）等仪器中，为表征三个相互正交加速计和磁力计的布置方向，便于利用加速计和磁力计读数来计算加速度场和地磁场分量，习惯将三个坐标轴分别指向三个加速计和磁力计的布置方向。为方便，将这个坐标系称为仪器坐标系，如图 2-13 所示。

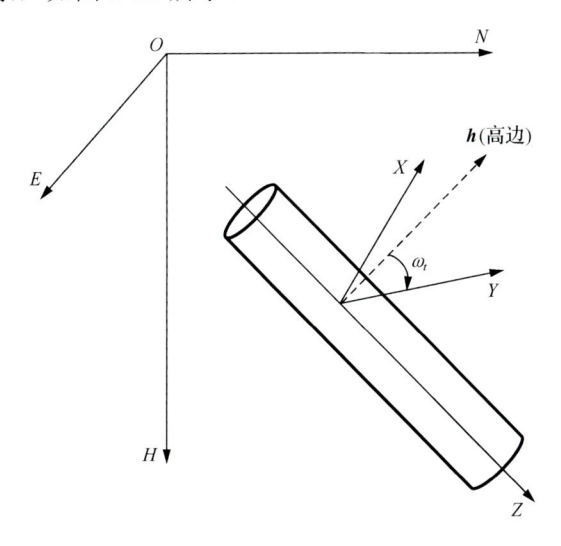

图 2-13 仪器坐标系

仪器坐标系与标架坐标系和工具坐标系有以下不同点：①井口坐标系 NEH 的 N 轴通常指向真北方向，但因用磁力计测得的方位角为磁方位角，所以此时 N 轴应指向磁北方向；②仪器坐标系与井口坐标系之间一般需要进行平移和旋转耦合变换，但因计算井斜角、方位角和工具面角只涉及方向参数，不涉及空间坐标，所以仪器坐标系 XYZ 与井口坐标系 NEH 之间不必考虑平移变换。此外，为简洁，忽略标识当前点的下标，则仪器坐标系 XYZ 与井口坐标系 NEH 之间的旋转变换关系为

$$\begin{bmatrix} G_X \\ G_Y \\ G_Z \end{bmatrix} = \boldsymbol{D} \begin{bmatrix} G_N \\ G_E \\ G_H \end{bmatrix} = \begin{bmatrix} D_{11} & D_{12} & D_{13} \\ D_{21} & D_{22} & D_{23} \\ D_{31} & D_{32} & D_{33} \end{bmatrix} \begin{bmatrix} G_N \\ G_E \\ G_H \end{bmatrix} \tag{2-93}$$

$$\begin{bmatrix} B_X \\ B_Y \\ B_Z \end{bmatrix} = \boldsymbol{D} \begin{bmatrix} B_N \\ B_E \\ B_H \end{bmatrix} = \begin{bmatrix} D_{11} & D_{12} & D_{13} \\ D_{21} & D_{22} & D_{23} \\ D_{31} & D_{32} & D_{33} \end{bmatrix} \begin{bmatrix} B_N \\ B_E \\ B_H \end{bmatrix} \tag{2-94}$$

式中

$$\begin{cases} D_{11} = \cos\alpha\cos\phi_M\sin\omega_t + \sin\phi_M\cos\omega_t \\ D_{12} = \cos\alpha\sin\phi_M\sin\omega_t - \cos\phi_M\cos\omega_t \\ D_{13} = -\sin\alpha\sin\omega_t \end{cases}$$

$$\begin{cases} D_{21} = \cos\alpha\cos\phi_M\cos\omega_t - \sin\phi_M\sin\omega_t \\ D_{22} = \cos\alpha\sin\phi_M\cos\omega_t + \cos\phi_M\sin\omega_t \\ D_{23} = -\sin\alpha\cos\omega_t \end{cases}$$

$$\begin{cases} D_{31} = \sin\alpha\cos\phi_M \\ D_{32} = \sin\alpha\sin\phi_M \\ D_{33} = \cos\alpha \end{cases}$$

式中，G_X、G_Y 和 G_Z 分别为 3 个加速计读数，g；G_N、G_E 和 G_H 分别为井口坐标系 NEH 下的加速度分量，g；B_X、B_Y 和 B_Z 分别为 3 个磁力计读数，nT；B_N、B_E 和 B_H 分别为井口坐标系 NEH 下的磁场强度分量，nT；ϕ_M 为磁方位角，(°)。

这样，基于 MWD 的加速计读数 (G_X, G_Y, G_Z) 和磁力计读数 (B_X, B_Y, B_Z)，便可算得它们在井口坐标系 NEH 下的分量 (G_N, G_E, G_H) 和 (B_N, B_E, B_H)，进而可计算出井斜角、方位角和工具面角。

7. 靶点坐标系

为满足油气勘探开发要求，在靶点处设置了靶平面，当钻达靶平面时实钻轨迹应控制在规定范围内。通常，靶平面为水平面或铅垂面，用圆形或矩形来限定允许的入靶范围，靶点常位于规定范围的几何中心，并要求设计轨道经过靶点。

如图 2-14 所示，靶平面的空间姿态可用其法线方向来表征。若用单位向量 **m** 表示靶平面的法线方向，分别用 α_m 和 ϕ_m 表示靶平面法线的井斜角和方位角，则 α_m 和 ϕ_m 就确定了靶平面的空间姿态。因此，靶点坐标系定义为：以靶点 t 为原点，以靶平面法线方

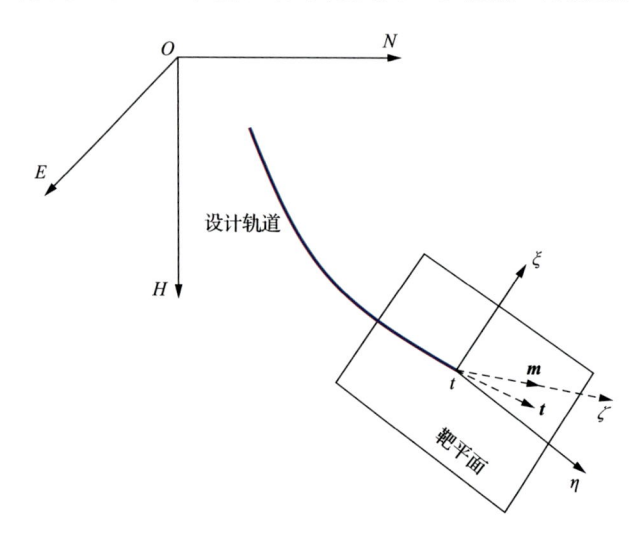

图 2-14 靶点坐标系

向为 ζ 轴，ξ 轴为靶平面与过 ζ 轴铅垂面的交线且指向高边方向，η 轴水平指向右侧。显然，ξ 轴和 η 轴位于靶平面内且与 ζ 轴构成右手系。需要说明的是，靶平面的空间姿态与定向井、水平井等井型有关，而与设计轨道的入靶方向无关，即靶平面的法线向量 $\boldsymbol{m}$ 一般不指向设计轨道在靶点处的切线方向。

仿照井眼坐标系，容易得到靶点坐标系与井口坐标系之间的转换关系为[9]

$$\begin{bmatrix} \xi \\ \eta \\ \zeta \end{bmatrix} = \begin{bmatrix} \cos\alpha_m \cos\phi_m & \cos\alpha_m \sin\phi_m & -\sin\alpha_m \\ -\sin\phi_m & \cos\phi_m & 0 \\ \sin\alpha_m \cos\phi_m & \sin\alpha_m \sin\phi_m & \cos\alpha_m \end{bmatrix} \begin{bmatrix} N - N_t \\ E - E_t \\ H - H_t \end{bmatrix} \tag{2-95}$$

通常，定向井的靶平面为水平面，水平井的靶平面为铅垂面。对于水平靶平面，$\alpha_m = 0°$，而 ϕ_m 不存在。此时，将 ϕ_m 选定为不同值，可得到不同的实用效果[9]。例如，若取 $\phi_m = 0$，则 ξ 轴和 η 轴分别指向正北和正东方向；对于二维定向井，若将 ϕ_m 取为设计方位 $\phi_设$，则 ξ 轴和 η 轴分别指向设计方位和右侧方向，如图 2-15 所示。对于铅垂靶平面，$\alpha_m = 90°$，此时 ξ 轴铅垂向上，η 轴和 ζ 轴均位于水平方向上。

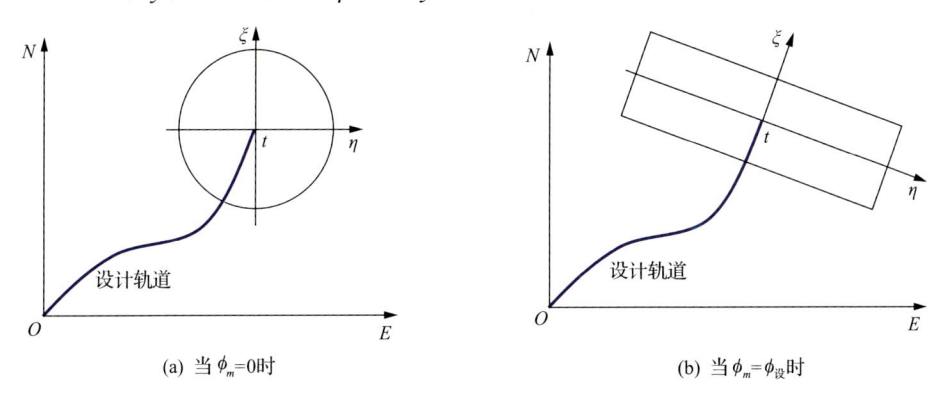

(a) 当 $\phi_m = 0$ 时

(b) 当 $\phi_m = \phi_设$ 时

图 2-15 水平靶平面的姿态表征

显然，这样的靶点坐标系及坐标转换关系可表征任意姿态的靶平面，在分析及预测入靶形势、设计入靶轨道、计算靶心距等方面，为建立具有普适性的设计与计算方法奠定了基础。

二、子午线收敛角和磁偏角

因为存在真北、网格北和磁北三个指北方向，致使井眼轨道的方位角及北坐标、东坐标等参数的起算基准不同，所以应首先确定指北基准，才能将设计轨道和实钻轨迹归算到同一个坐标系[10, 11]，为此需要了解子午线收敛角、磁偏角等概念及计算方法。

1. 子午线收敛角

地球椭球上的子午线即经线都收敛于南北两极。在地图投影平面上，除中央子午线外，其他子午线的切线方向与纵坐标北方向并不重合，二者之间的夹角称为子午线收敛角 γ，如图 2-16 所示。子午线收敛角正负号的规定为：在地图投影平面上，从子午线投影曲线的切线方向转到坐标北方向，顺时针为正，逆时针为负。因此，对于北半球，中央子午线以东的子午线收敛角为正，以西的子午线收敛角为负；对于南半球，中央子午线以西的子午线收敛角为正，以东的子午线收敛角为负。

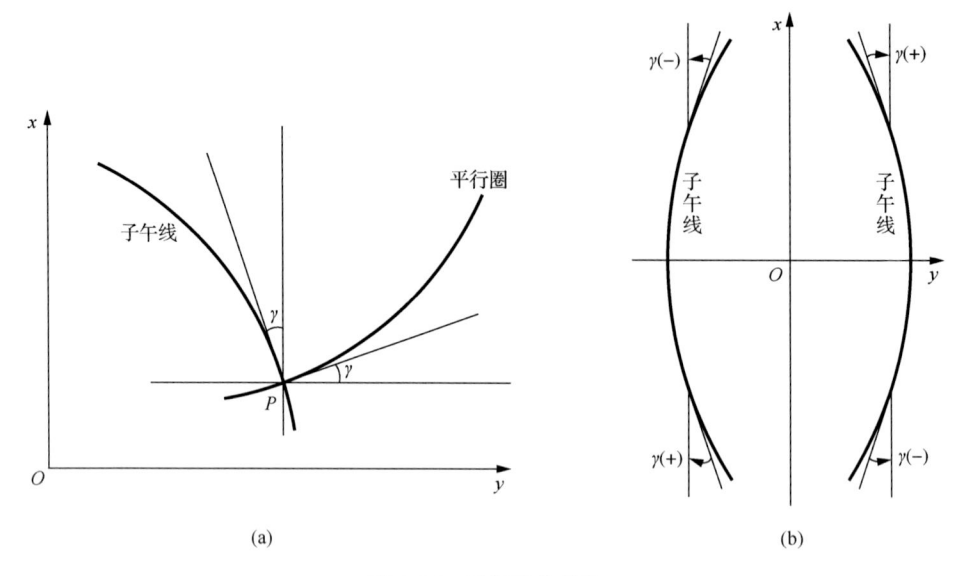

图 2-16 子午线收敛角

在椭球面上，子午线与平行圈正交。高斯投影具有正形投影性质，因此它们在高斯平面上的投影也正交。根据图 2-16 所示的几何关系，有

$$\tan\gamma = \frac{\mathrm{d}x}{\mathrm{d}y} \tag{2-96}$$

在平行圈上，因为大地纬度 B^* 保持不变，即 $\mathrm{d}B^* = 0$，所以

$$\begin{cases} \mathrm{d}x = \dfrac{\partial x}{\partial B^*}\mathrm{d}B^* + \dfrac{\partial x}{\partial l}\mathrm{d}l = \dfrac{\partial x}{\partial l}\mathrm{d}l \\ \mathrm{d}y = \dfrac{\partial y}{\partial B^*}\mathrm{d}B^* + \dfrac{\partial y}{\partial l}\mathrm{d}l = \dfrac{\partial y}{\partial l}\mathrm{d}l \end{cases} \tag{2-97}$$

于是，将式(2-97)代入式(2-96)，得

$$\tan\gamma = \frac{\dfrac{\partial x}{\partial l}}{\dfrac{\partial y}{\partial l}} \tag{2-98}$$

由高斯投影正算公式(2-75)，并略去高阶小量 η^2 和 $t^2\eta^2$，得

$$\begin{cases} \dfrac{\partial x}{\partial l} = R_N \sin B^* \cos B^* l + \dfrac{1}{6} R_N \sin B^* \cos^3 B^* (5 - t^2 + 9\eta^2 + 4\eta^4) l^3 \\ \qquad + \dfrac{1}{120} R_N \sin B^* \cos^5 B^* (61 - 58t^2 + t^4) l^5 \\ \dfrac{\partial y}{\partial l} = R_N \cos B^* \left[1 + \dfrac{1}{2} \cos^2 B^* (1 - t^2 + \eta^2) l^2 + \dfrac{1}{24} \cos^4 B^* (5 - 18t^2 + t^4) l^4 \right] \end{cases} \quad (2\text{-}99)$$

再由级数展开公式

$$\frac{1}{1+x} = 1 - x + x^2 - x^3 + \cdots, \quad |x| < 1 \qquad (2\text{-}100)$$

得

$$\frac{1}{\dfrac{\partial y}{\partial l}} = \frac{1}{R_N \cos B^*} \left[1 - \frac{1}{2} \cos^2 B^* (1 - t^2 + \eta^2) l^2 + \frac{1}{24} \cos^4 B^* (1 + 6t^2 + 5t^4) l^4 \right] \quad (2\text{-}101)$$

将式(2-99)中第一式和式(2-101)代入式(2-98)，得

$$\tan \gamma = \sin B^* l \left[1 + \frac{1}{3}(1 + t^2 + 3\eta^2 + 2\eta^4) \cos^2 B^* l^2 + \frac{1}{15}(2 + 4t^2 + 2t^4) \cos^4 B^* l^4 \right] \quad (2\text{-}102)$$

由于 γ 很小，可作如下变换：

$$\gamma = \tan \gamma - \frac{1}{3} \tan^3 \gamma + \frac{1}{5} \tan^5 \gamma - \cdots \qquad (2\text{-}103)$$

将式(2-102)代入式(2-103)，经整理得[1]

$$\gamma = \sin B^* l \left[1 + \frac{1}{3}(1 + 3\eta^2 + 2\eta^4) \cos^2 B^* l^2 + \frac{1}{15}(2 - t^2) \cos^4 B^* l^4 \right] \qquad (2\text{-}104)$$

这就是根据大地坐标 (L^*, B^*) 计算子午线收敛角的公式。

子午线收敛角 γ 具有如下特性：①γ 为经差 l 的奇函数，且 l 越大，γ 也越大；②当经差 l 不变时，γ 随纬度 B^* 绝对值的增加而增大；③γ 有正负值。

当然，还可以推导出根据地图投影坐标 (x, y) 计算子午线收敛角的公式[1,12]。

2. 磁偏角

地球具有磁场，且具有复杂的时空特性及演化规律。地磁场是一个重要的地球物理场，其中磁偏角是井眼轨道监测与控制的基础数据。

1) 地磁场构成

地磁场近似于置于地心的偶极子磁场，但地磁轴与地球自转轴并不重合。地心磁偶极子轴线与地球表面的两个交点称为地磁极，地理北极附近的地磁极称为地磁北极，地

理南极附近的地磁极称为地磁南极。地磁北极和地磁南极是指地理位置。按磁性来说，地磁两极和磁针两极的极性恰好相反。地磁偶极子的磁矩方向，如图2-17所示。

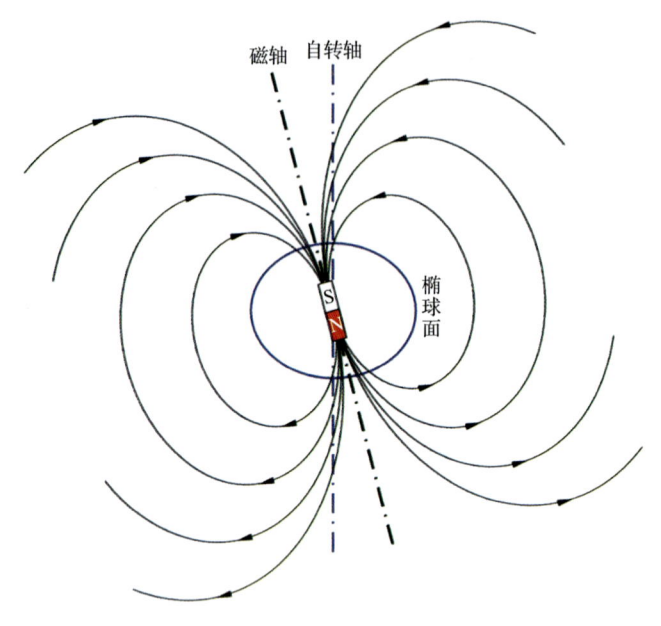

图 2-17 地心偶极子磁场

地磁场是由地球内部的磁性岩石及分布在地球内部和外部的电流体系所产生的各种磁场叠加而成。按场源位置，地磁场可分为内源场和外源场[13]。内源场起源于地表以下的磁性物质和电流，可分为地核场和地壳场。地核场又称主磁场，它是由地核磁流体发电机过程产生的。地壳场又称局部异常磁场，它是由地壳磁性岩石产生的。主磁场和局部异常磁场变化缓慢，所以又合称为稳定磁场。外源场起源于地表以上的空间电流体系，它们主要分布在电离层、磁层和行星际空间。这些电流体系随时间变化较快，因此外源磁场通常又称变化磁场。

从全球来看，地核主磁场占总磁场95%以上，局部异常磁场约占4%，外源变化磁场只占总磁场1%。由此可见，稳定磁场是地磁场的主要组成部分，占总磁场99%以上，也称为基本磁场。

2) 地磁场要素

地磁场是向量场，它是空间位置和时间的函数。为描述地磁场的空间分布，建立空间直角坐标系 NEH，其中 N 轴指向地理北，E 轴指向地理东，H 轴铅垂向下。

如图2-18所示，常用的地磁场要素有：总磁场强度 B 及其在3个坐标轴上的分量 B_N、B_E 和 B_H；水平强度 B_U，即地磁场向量的水平分量，指向磁北极方向；磁偏角 δ 是水平分量 B_U 偏离地理北向的角度，也是磁子午线与真子午线之间的夹角，从真子午线起算，磁偏角东偏时为正，西偏时为负；磁倾角 β 是地磁场向量与水平面之间的夹角，磁倾角下倾时为正，上倾时为负[13]。

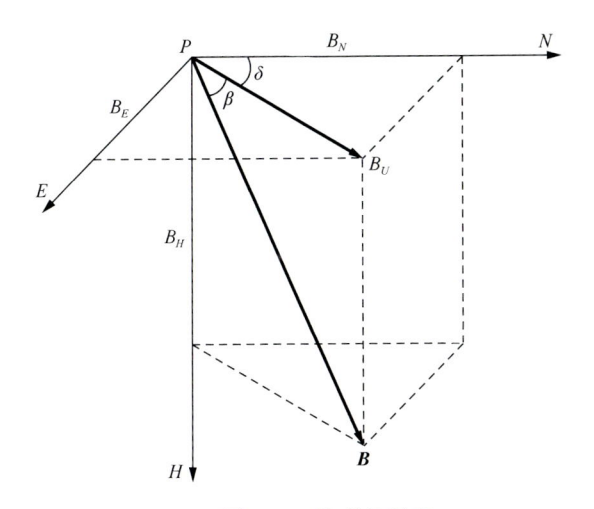

图 2-18 地磁场要素

各地磁场要素间存在如下关系：

$$\begin{cases} B_U = \sqrt{B_N^2 + B_E^2} \\ B = \sqrt{B_U^2 + B_H^2} \end{cases} \tag{2-105}$$

$$\begin{cases} \tan\delta = \dfrac{B_E}{B_N} \\ \tan\beta = \dfrac{B_H}{B_U} \end{cases} \tag{2-106}$$

$$\begin{cases} B_N = B_U \cos\delta \\ B_E = B_U \sin\delta \\ B_H = B_U \tan\beta \end{cases} \tag{2-107}$$

在这七个地磁场要素中，有三个要素是相互独立的(但不是任意三个)，其他要素可由这三个要素求得。习惯上，地磁台的磁照图记录常用 B_U、δ、B_H 要素，地磁场绝对观测多用 B_U、δ、β 或 B、δ、β 要素，理论研究和国际参考地磁场模型常用 B_N、B_E、B_H 分量。

3) 地磁场模型

全球地磁场模型基于参考圆球和球心坐标系，采用球谐分析方法来表征地磁场，它描述了地球主磁场及其长期变化。在地面附近的无源区空间内，标量磁位函数 $V(r,\theta,\lambda,t)$ 表示为

$$V(r,\theta,\lambda,t) = a \sum_{n=1}^{N} \sum_{m=0}^{n} \left\{ \left(\dfrac{R}{r}\right)^{n+1} \left[g_n^m(t)\cos(m\lambda) + h_n^m(t)\sin(m\lambda) \right] P_n^m(\cos\theta) \right\} \tag{2-108}$$

式中，R 为地磁参考圆球的半径，它接近于地球的平均半径，取 $R = 6371.2$ km；r 为离开

地心的径向距离，km；θ 为地心余纬度，即 90°减地心纬度，(°)；λ 为东经度，(°)；$g_n^m(t)$ 和 $h_n^m(t)$ 均为随时间 t 变化的高斯球谐系数，nT；$P_n^m(\cos\theta)$ 为 n 阶 m 次施密特型缔合勒让德函数，其中 n、m 分别为阶数和次数；N 为最高阶数。

因为地心坐标系的地磁场分量与磁位存在如下关系：

$$\begin{cases} B_X = \dfrac{1}{r}\dfrac{\partial V}{\partial \theta} \\ B_Y = -\dfrac{1}{r\sin\theta}\dfrac{\partial V}{\partial \lambda} \\ B_Z = \dfrac{\partial V}{\partial r} \end{cases} \quad (2\text{-}109)$$

所以，地磁场分量为

$$\begin{cases} B_X = \sum\limits_{n=1}^{N}\sum\limits_{m=0}^{n}\left\{\left(\dfrac{R}{r}\right)^{n+2}\left[g_n^m(t)\cos(m\lambda)+h_n^m(t)\sin(m\lambda)\right]\dfrac{d}{d\theta}P_n^m(\cos\theta)\right\} \\ B_Y = \sum\limits_{n=1}^{N}\sum\limits_{m=0}^{n}\left\{\dfrac{m}{\sin\theta}\left(\dfrac{R}{r}\right)^{n+2}\left[g_n^m(t)\sin(m\lambda)-h_n^m(t)\cos(m\lambda)\right]P_n^m(\cos\theta)\right\} \\ B_Z = -\sum\limits_{n=1}^{N}\sum\limits_{m=0}^{n}\left\{(n+1)\left(\dfrac{R}{r}\right)^{n+2}\left[g_n^m(t)\cos(m\lambda)+h_n^m(t)\sin(m\lambda)\right]P_n^m(\cos\theta)\right\} \end{cases} \quad (2\text{-}110)$$

式中，B_X、B_Y、B_Z 分别为地心坐标系 XYZ 中 3 个坐标轴方向的地磁分量，nT。

目前，常用的地磁场模型是世界地磁模型(world magnetic model, WMM)和国际地磁参考场(international geomagnetic reference field，IGRF)模型[14-18]。WMM 模型是美国国家地理空间情报局(NGA)和英国国防地理中心(DGC)联合推出的地磁场模型，由美国国家气象局地球物理数据中心(NGDC)和英国地质调查局(BGS)共同制作，是美国国防部、英国国防部、北大西洋公约组织、国际航道测量组织采用的标准地磁场模型[16]。IGRF 模型由国际地磁和高空物理协会(IAGA)的 V-MOD 工作组研制[18]，其球谐系数有 DGRF 和 IGRF 两种方式：DGRF 是确定型数据，当更新数据时不再修改；而 IGRF 及 SV(长期变化)是非确定型数据，当再次更新数据时会被修改。WMM 模型和 IGRF 模型都是每五年更新一次，目前 WMM 模型的球谐系数高达 12 阶，而 IGRF 模型的球谐系数高达 13 阶。国际地磁参考场的误差大约为 100nT，个别地方达到 200nT。2014 年，IAGA 发布了第 12 代 IGRF 模型(IGRF-12)，其高斯球谐系数见附表 2-1。

利用 WMM 模型和 IGRF 模型求取地磁场要素的基本方法是：首先用式(2-110)计算地心坐标系下的地磁场分量(B_X, B_Y, B_Z)，然后将其转换为坐标系 NEH 下的地磁场分量(B_N, B_E, B_H)，便可用式(2-105)和式(2-106)计算出其他地磁场要素[19-22]，具体方法如下：

(1) 给定空间位置和计算时刻。

空间位置数据包括东经度 L^*、纬度 B^* 和大地高 H^*。计算时刻 t 以年为单位，且应考虑闰年等情况。

(2)将大地坐标(L^*, B^*, H^*)转换为地心坐标(r, θ, λ)。

地磁场模型是根据参考圆球推导出的,因此要将大地坐标转换为地心坐标才能使用地磁场模型来计算地磁场分量,如图 2-19 所示。地心坐标系的经度 λ 与大地坐标系的经度 L^* 相等,径向距离 r 的计算方法为

$$\begin{cases} \theta' = 90 - B^* \\ \rho = \sqrt{a^2 \sin^2 \theta' + b^2 \cos^2 \theta'} \end{cases} \tag{2-111}$$

$$r = \sqrt{H^*(H^* + 2\rho) + \frac{a^4 \sin^2 \theta' + b^4 \cos^2 \theta'}{\rho^2}} \tag{2-112}$$

式中,θ'为大地余纬度,(°);a 为地球椭球的长半径,m;b 为地球椭球的短半径,m。通常地球椭球采用 WGS-84 椭球,即取 $a^2 = 40\,680\,631.59\text{km}^2$,$b^2 = 40\,408\,299.98\text{km}^2$。

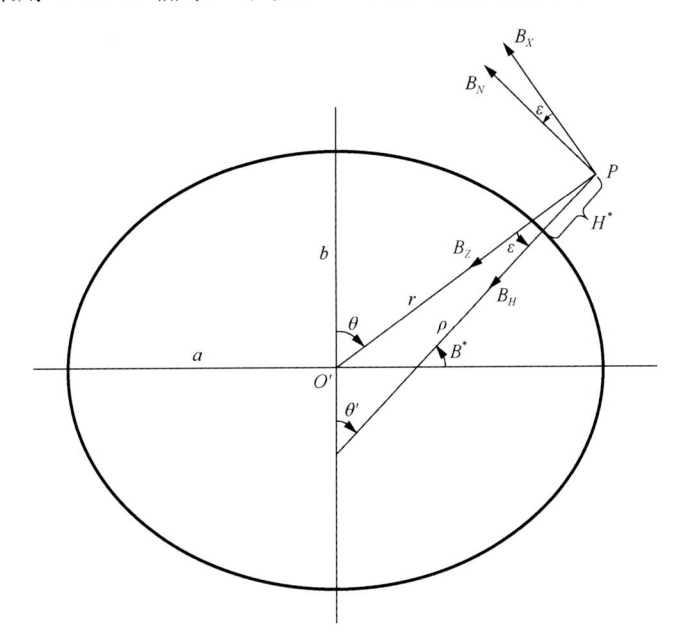

图 2-19 地心坐标系的地磁场分量

地心余纬度 θ 的计算公式为

$$\theta = \theta' + \varepsilon \tag{2-113}$$

式中

$$\begin{cases} \sin \varepsilon = \dfrac{a^2 - b^2}{\rho r} \sin \theta' \cos \theta' \\ \cos \varepsilon = \dfrac{H^* + \rho}{r} \end{cases}$$

(3)计算即时球谐系数，其计算公式如下：

$$\begin{cases} g_n^m(t) = g_n^m(t_0) + \dot{g}_n^m(t - t_0) \\ h_n^m(t) = h_n^m(t_0) + \dot{h}_n^m(t - t_0) \end{cases} \tag{2-114}$$

式中，$\dot{g}_n^m(t)$ 和 $\dot{h}_n^m(t)$ 为球谐系数的变化率，nT/a；t_0 为球谐系数表中给出的年份。地磁场模型每五年更新一次，因此应按 $t_0 \leqslant t < t_0 + 5$ 来确定 t_0。

(4)缔合勒让德函数。

为便于计算，常用递推公式来求取缔合勒让德函数及其导数。根据缔合勒让德函数的定义，可得到如下递推关系：

$$P_n^m(\cos\theta) = \begin{cases} \sqrt{1 - \dfrac{1}{2n}} \sin\theta P_{n-1}^{m-1}(\cos\theta), & \text{当} m = n \text{时} \\ \dfrac{(2n-1)\cos\theta}{\sqrt{n^2 - m^2}} P_{n-1}^m(\cos\theta) - \dfrac{\sqrt{(n-1)^2 - m^2}}{\sqrt{n^2 - m^2}} P_{n-2}^m(\cos\theta), & \text{当} m \neq n \text{时} \end{cases} \tag{2-115}$$

$$\frac{d}{d\theta} P_n^m(\cos\theta) = \frac{n\cos\theta}{\sin\theta} P_n^m(\cos\theta) - \frac{\sqrt{n^2 - m^2}}{\sin\theta} P_{n-1}^m(\cos\theta) \tag{2-116}$$

式中

$$\begin{cases} P_0^0(\cos\theta) = 1 \\ P_0^1(\cos\theta) = 0 \\ P_1^0(\cos\theta) = \cos\theta \\ P_1^1(\cos\theta) = \sin\theta \end{cases}$$

$$\begin{cases} \dfrac{d}{d\theta} P_0^0(\cos\theta) = 0 \\ \dfrac{d}{d\theta} P_1^1(\cos\theta) = \cos\theta \end{cases}$$

式(2-115)和式(2-116)适用于 $n > 1$ 的情况。

(5)计算地磁场要素。

首先通过式(2-110)计算地心坐标系下的地磁场分量 (B_X, B_Y, B_Z)，然后将它们转换为坐标系 NEH 下的地磁场分量 (B_N, B_E, B_H)，即

$$\begin{cases} B_N = B_X \cos\varepsilon + B_Z \sin\varepsilon \\ B_E = B_Y \\ B_H = -B_X \sin\varepsilon + B_Z \cos\varepsilon \end{cases} \tag{2-117}$$

最后，通过式(2-105)和式(2-106)计算其他的地磁要素。

地磁场随地点和时间变化，因此在石油物探、定向钻井等领域应考虑地磁场的时空演化特性，不应简单地用同一个地磁数据来覆盖整个油田或地区，也不应在某个空间位置上长期使用同一个地磁数据，应随时随地更新地磁数据。

三、传统定位方法

目前，石油行业普遍依据地图投影的纵横坐标及高程差来确定靶点与井口间的相对位置[10-12]，并据此进行井眼轨道设计，其指北基准默认为网格北，即地图投影纵坐标北。在定向钻井过程中，利用 MWD 等仪器所获得的实测方位角多为磁方位角，所以需要考虑子午线收敛角和磁偏角将其归算为网格方位角，从而保证实钻轨迹与设计轨道处于同一个坐标系。此外，传统定位方法使用井口处的子午线收敛角和磁偏角来归算所有测点的方位角，不考虑它们随空间和时间的变化[10-12]。

1. 设计轨道定位

在设计井眼轨道时，应先确定靶点与井口之间的相对位置。传统定位方法分别采用水平面定位和铅垂方向定位来确定靶点在井口坐标系下的空间坐标。铅垂方向定位用于确定靶点垂深，靶点垂深为井口与靶点间的高程差。水平面定位用于确定靶点的北坐标、东坐标等参数，其定位原理及步骤如下：

(1) 沿井口点和靶点的椭球面法线，将它们分别投影到地球椭球面上，得到大地坐标 (L^*, B^*)。

(2) 按地图投影原理及方法，将井口点和靶点分别投影到地图投影平面上，得到投影面上的纵横坐标 (x, y)。

(3) 在地图投影平面上，计算靶点与井口的纵坐标 x 和横坐标 y 之差，并认为它们就是靶点在井口坐标系下的北坐标和东坐标。

(4) 根据靶点的北坐标和东坐标，计算靶点的水平位移、平移方位角等参数。

这样，确定了靶点在井口坐标系下的空间坐标，进而可进行井眼轨道设计。

2. 实钻轨迹定位

设计轨道采用以网格北为指北基准的井口坐标系，而磁性测斜仪和陀螺测斜仪的实测方位角分别为磁方位角和真方位角，因此需要将实测方位角归算为网格方位角，归算方法为

$$\begin{cases} \phi_G = \phi_T - \gamma \\ \phi_G = \phi_M + \delta - \gamma \end{cases} \tag{2-118}$$

式中，ϕ_G 为网格方位角，(°)；ϕ_T 为真方位角，(°)；ϕ_M 为磁方位角，(°)。

然后，按测斜计算方法先计算测点在井口坐标系下的坐标 (N, E, H) 等参数，再计算水平位移、平移方位角等参数。

若采用真北作为指北基准，在设计井眼轨道之前，应先将靶点的平移方位角由网格方位归算为真方位，然后再结合靶点的水平位移计算靶点相对于井口点的北坐标和东坐标；在监测实钻轨迹时，只需将实测方位角归算为真方位角，其他步骤不变。

3. 存在问题

尽管井眼轨道设计与监测已经考虑了子午线收敛角和磁偏角的影响，但是传统定位方法仍存在一些不足，主要表现在以下几个方面[23]。

(1) 水平面及垂向定位问题。

传统定位方法将大地水准面或似大地水准面看作水平面，采用水平面定位和垂向定位相结合进行空间定位，并且二者互不相关。但事实上，大地水准面接近于椭球面，并非平面。在很小的区域内，大地水准面可近似为水平面，但并不存在严格意义上的水平面。

如图 2-20 所示，假设 A 和 B 两点的大地高均为零，即位于椭球面上。如果在 A 点和 B 点分别打两口直井，按传统定位方法这两口井将平行向下钻进，但实际情况应是这两口井越来越靠近并相交于地心。特别地，如果 A 和 B 两点分别位于赤道和北极上，则这两口井应相互垂直而非平行。显然，对于丛式井而言，传统定位方法不能准确地定位各井间的相互位置关系。

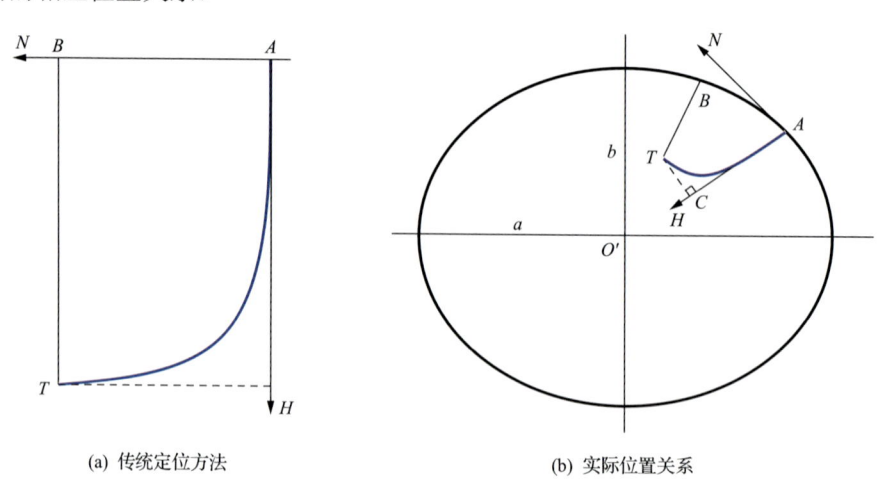

(a) 传统定位方法

(b) 实际位置关系

图 2-20　子午面上的井间位置关系

对于单口井而言，传统定位方法同样存在误差。假设 A 和 B 两点位于同一个子午面上，T 点位于 B 点的铅垂线上，从 A 点到 T 点打一口水平井。传统定位方法根据地图投影坐标计算靶点的水平位移，当靶点 T 沿 B 点铅垂线从地面向地心移动时，因靶点 T 与 B 点的投影坐标保持不变，所以靶点 T 的水平位移也保持不变，即恒等于子午椭圆上 A 与 B 两点间的弧长。但实际上，随着靶点 T 向下移动，它偏离 H 轴的距离将越来越小，即靶点 T 的水平位移将减小，所以按传统定位方法计算出的水平位移明显偏大。因为传统定位方法采用 B 点与 T 点间的高程差来确定 T 点的垂深，而实际上 B 点却不在北坐标轴和东坐标轴所确定的平面上，所以传统定位方法计算出的垂深偏小。因此，按传统定位方法，基于井口点 A 和靶点 T 的相对坐标来设计井眼轨道，其设计结果必然存在误差。

(2) 地图投影变形问题。

投影变形是地图投影的固有缺陷，任何地图投影方法都不可避免地存在长度、方向、角度和面积变形，甚至多种变形共存[1, 2]。采用变比例因子来计算地图投影坐标，尽管可以减小因投影变形而产生的误差[24]，但是却无法消除这种误差。因此，基于地图投影坐标进行定位，必然存在误差，从而影响井眼轨道设计与监测的精度。而且，投影带内不同位置的投影变形程度不同，因此不同位置定向井的设计精度不同。例如，位于某子午面内的定向井显然是二维定向井，但在地图投影平面上因子午线弯曲所以井眼轨道实为曲线，尽管基于传统定位方法仍能设计出二维定向井，但是其设计结果明显存在误差。这是因为在地图投影平面上，靶点与井口间的水平位移应是两点间子午线的曲线长度，而不是它们的直线距离。更重要的是，基于传统定位方法所设计的二维定向井，实际上都应是三维定向井。这是因为基于网格北和地图投影坐标所设计的二维定向井，在地图投影平面上井眼轨道为直线，即井眼轨道位于该直线所在的铅垂平面内。但是，若将井眼轨道上各点还原到地球椭球上，显然这些点将不在同一个铅垂平面内。

(3) 大地坐标系及其解算问题。

不同国家和地区所采用的地图投影方法不同，且都有各自的大地坐标系。同一个国家或地区也可能存在多个大地坐标系。例如，我国先后建立了 4 个国家大地坐标系。为此，要开发相关的石油工程应用软件，必须涵盖所有的地图投影解算方法及大地坐标系；而国际化石油公司因涉及国外业务，也需要了解不同国家和地区的地图投影方法及大地坐标系，因此用传统定位方法增加了不少烦琐的工作量。

此外，一口定向井从设计到完钻往往涉及多个部门甚至多家公司，在实际工作中存在忽视数据协调甚至误用数据问题。通常，勘探开发部门提供井口和靶点的地图投影坐标，石油公司负责钻井工程设计，定向井服务公司提供井眼轨迹监测与控制等技术服务。因数据审查及监管机制尚不完善，各工作环节所使用的大地坐标系及参考基准有可能不一致。例如，当前设计或正在钻进的新井采用 2000 国家大地坐标系，而几十年前已完钻的邻井采用 1954 年北京坐标系。因为这两个大地坐标系采用的参考椭球不同，所以应进行包括大地坐标系转换在内的数据归算。然而，在实际工作中时常会忽视这种坐标系转换问题而直接进行邻井防碰等计算，致使计算结果不准确。

(4) 磁偏角等参数的沿程变化问题。

传统定位方法以网格北为指北基准建立井口坐标系，并进行井眼轨道设计与监测。在将实钻轨迹归算到井口坐标系时，必然用到子午线收敛角和磁偏角，但是子午线收敛角和磁偏角都与地理位置有关，其中磁偏角还与测量时刻有关，它们都沿井眼轨迹变化，而传统定位方法采用井口处的子午线收敛角和磁偏角来归算全井的井眼轨迹，显然存在误差。

四、精准定位方法

要从根本上解决传统定位方法存在的问题，首先应规避地图投影及其投影变换问题，其次要考虑磁偏角的时空变化。为此，应采用真北方向作为指北基准。

1. 设计轨道定位

设计轨道定位的总体思路是：借助于地固空间直角坐标系，建立井口坐标系与大地坐标系之间的转换关系，从而得到靶点相对于井口的真三维空间坐标，并据此设计井眼轨道，具体方法和步骤如下[23]：

(1)给出井口和靶点的大地坐标。

地质设计应提供井口及靶点的大地坐标(L^*, B^*, H^*)。如果只有地图投影坐标，可使用地图投影的坐标反算公式，还原出大地坐标。

(2)确定指北基准及井口坐标系。

采用真北方向作为指北基准，并建立井口坐标系 NEH。该坐标系以井口点 O 为原点，H 轴沿铅垂方向指向地球质心，N 轴沿子午线方向指向地理北，E 轴垂直于 N 轴和 H 轴并指向地理东。

(3)求取井口和靶点的地固空间直角坐标。

根据井口点 O 和靶点 T 的大地坐标(L_0^*, B_0^*, H_0^*)和(L_t^*, B_t^*, H_t^*)，按式(2-17)分别算得它们在地固空间直角坐标系下的坐标(X_0, Y_0, Z_0)和(X_t, Y_t, Z_t)。

(4)计算井口坐标系下的靶点坐标。

在井口坐标系下，井口点的坐标为(0, 0, 0)，按式(2-85)计算靶点坐标(N_t, E_t, H_t)。

(5)设计井眼轨道。

根据井口坐标系下的靶点坐标(N_t, E_t, H_t)，可计算出靶点的水平位移、平移方位角等参数，其中靶点垂深为 H_t。据此设计井眼轨道，便可得到以真北方向为基准的井眼轨道设计结果。

2. 实钻轨迹定位

实钻轨迹定位与设计轨道定位的总体思路相似，但存在两个明显的区别：一是设计轨道用靶点与井口的相对坐标来计算平移方位角等参数，而实钻轨迹应先归算方位角再计算坐标参数，二者恰好相反；二是设计轨道定位不涉及磁偏角问题，而实钻轨迹定位必须考虑磁偏角及其时空变化。

实钻轨迹上相邻两测点间的井段称为测段。对于第 1 个测点来说，可认为它与井口点构成了第 1 个测段。井口点的大地坐标、磁偏角等参数均为已知数据，因此只需归算第 1 个测点的方位角便可算得该测点的空间坐标。对于第 2 个测段来说，上测点的参数已由第 1 个测段求得，因此只需归算下测点的方位角并计算其空间坐标。据此逐测段类推，便可计算出全井的实钻轨迹。因此，实钻轨迹的精准定位方法可归结为如下命题：假设实钻轨迹上相邻两测点 A 和 B 的井深、井斜角和方位角分别为(L_A, α_A, ϕ_A)和(L_B, α_B, ϕ_B)，其中 ϕ_A 已归算为真方位角、ϕ_B 为实测方位角，在已知 A 点在井口坐标系下的坐标(N_A, E_A, H_A)等参数条件下，如何计算下测点 B 在井口坐标系下的坐标(N_B, E_B, H_B)。于是，实钻轨迹精准定位的方法和步骤如下[25]：

(1)计算井口点的地固空间直角坐标。

根据井口点的大地坐标(L_0^*, B_0^*, H_0^*)，按式(2-17)计算地固直角坐标系下的井口点坐标(X_0, Y_0, Z_0)。

(2)归算下测点的方位角。

若实测方位角为磁方位角，则应归算为真方位角，即

$$\phi_B = \phi_\mathrm{T} = \phi_\mathrm{M} + \delta \tag{2-119}$$

然而，每个测点的空间位置不同，在钻井过程中的测量时刻也不同，所以每个测点的磁偏角 δ 各不相同。磁偏角与测点的空间位置有关，但此时还不知道下测点 B 的位置，因此需要使用迭代法来求取下测点的磁偏角，其迭代初值 δ^0 可取为上测点 A 的磁偏角。

(3) 计算下测点的井口坐标。

按所选定的测斜计算方法计算出测段内的坐标增量(ΔN_{AB}, ΔE_{AB}, ΔH_{AB})（详见第四章第一节），则下测点 B 在井口坐标系下的坐标为

$$\begin{cases} N_B = N_A + \Delta N_{AB} \\ E_B = E_A + \Delta E_{AB} \\ H_B = H_A + \Delta H_{AB} \end{cases} \tag{2-120}$$

(4) 计算下测点的大地坐标。

首先，根据井口点的大地坐标(L_0^*, B_0^*)和地固空间直角坐标(X_0, Y_0, Z_0)及 B 点的井口坐标(N_B, E_B, H_B)，按式(2-86)计算下测点 B 点在地固直角坐标系下的坐标(X_B, Y_B, Z_B)；然后，按式(2-18)计算 B 点的大地坐标(L_B^*, B_B^*, H_B^*)。

(5) 求取下测点的磁偏角。

根据 B 点的大地坐标(L_B^*, B_B^*, H_B^*)和测斜时刻，按地磁场模型或地磁场实测数据，求取下测点 B 点的磁偏角 δ。

若磁偏角 δ 与迭代初值 δ^0 之差不满足精度要求，则取 $\delta^0 = \delta$，并返回到步骤(2)重复上述计算，直到满足精度要求后，便可确定下测点 B 的磁偏角 δ、井口坐标系下的坐标(N_B, E_B, H_B)和大地坐标(L_B^*, B_B^*, H_B^*)。

(6) 计算其他轨道参数。

根据下测点 B 的真方位角及其在井口坐标系下的空间坐标(N_B, E_B, H_B)，计算水平位移、平移方位角及挠曲形态等井眼轨道参数。

精准定位方法基于地球椭球及坐标变换来定位井眼轨道，不涉及地图投影及投影变换问题，不仅消除了因地图投影变形而产生的误差，而且规避了因忽视或遗漏不同大地坐标系之间换算而带来的误差风险，同时还考虑了磁偏角时空变化对井眼轨道的影响规律，从而能提高井眼轨道设计、监测和控制的精度及可靠性。

第四节　井眼轨迹不确定性

因为存在测量、计算等误差，所以实钻轨迹定位不可能绝对准确。尽管通过误差校正等途径能提高定位精度，但是却无法消除这些误差，因此实钻轨迹存在不确定性问题。

密集井网、薄油层等油气田开发和海上平台、救援井等钻井作业，不仅需要尽量提高井眼轨迹的监测与控制精度，还需要定量表征井眼轨迹的不确定性，从而降低钻

井作业风险和提高油气田开发效果。定量表征井眼轨迹不确定性是通过建立误差模型来实现的，它在井眼轨迹上的各测点处分别给出空间位置误差椭球。目前，主要的井眼轨迹误差模型有：Wolff and de Wardt 模型、SESTEM（shell extended systematic tool error model）模型和 ISCWSA（industry steering committee for wellbore survey accuracy）模型[26-38]，其中 ISCWSA 模型被公认为国际通行标准。

MWD 测斜仪和 Gyro（陀螺）测斜仪的测量原理和误差源等有明显差异，因此常按这两类测斜仪分别研究井眼轨迹不确定性问题。

一、测斜仪工作原理

1. MWD 测斜仪

MWD 的井下探测仪器主要由无磁钻铤、电源总成、探管总成、信号发生器和定向总成等组成。在探管总成中，安装了 3 个相互正交的加速计和磁力计（也称三轴加速计和三轴磁力计），用于测量地球重力场和地磁场[26,39,40]，如图 2-21 所示。因为能测得 3 个正交方向上的加速度和地磁场分量，所以可确定铅垂方向和磁北方向。

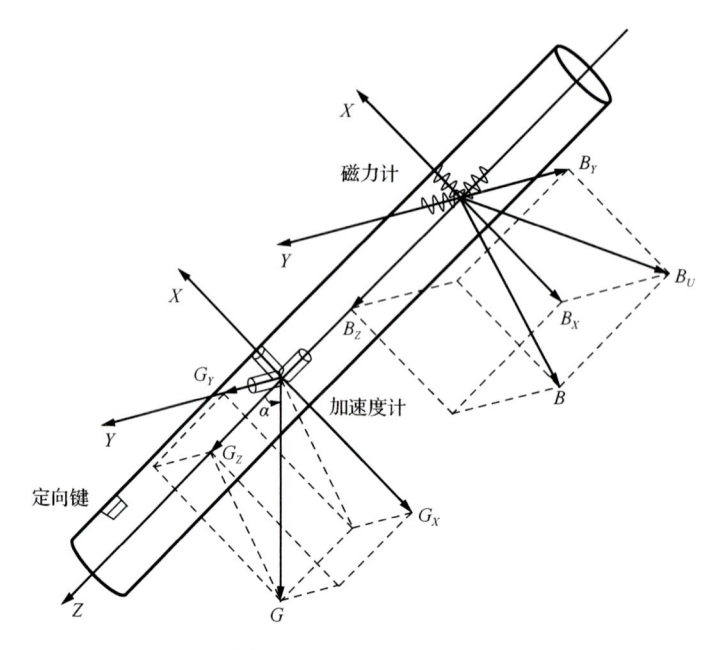

图 2-21　MWD 测斜原理

工具面角有磁力工具面角和高边工具面角两种表征方法，如图 2-22 所示。在通常情况下，应使用高边工具面角，即以井眼高边作为参考基准。当井斜角较小时，应使用磁力工具面角，即以磁北方向作为参考基准。这是因为当井斜角为零时，不存在井眼高边，无法测得高边工具面角。实际上，当井斜角较小时，井眼高边方向的稳定性差，因此高边工具面角的测量精度低。

(a) 磁力工具面角　　　　(b) 高边工具面角

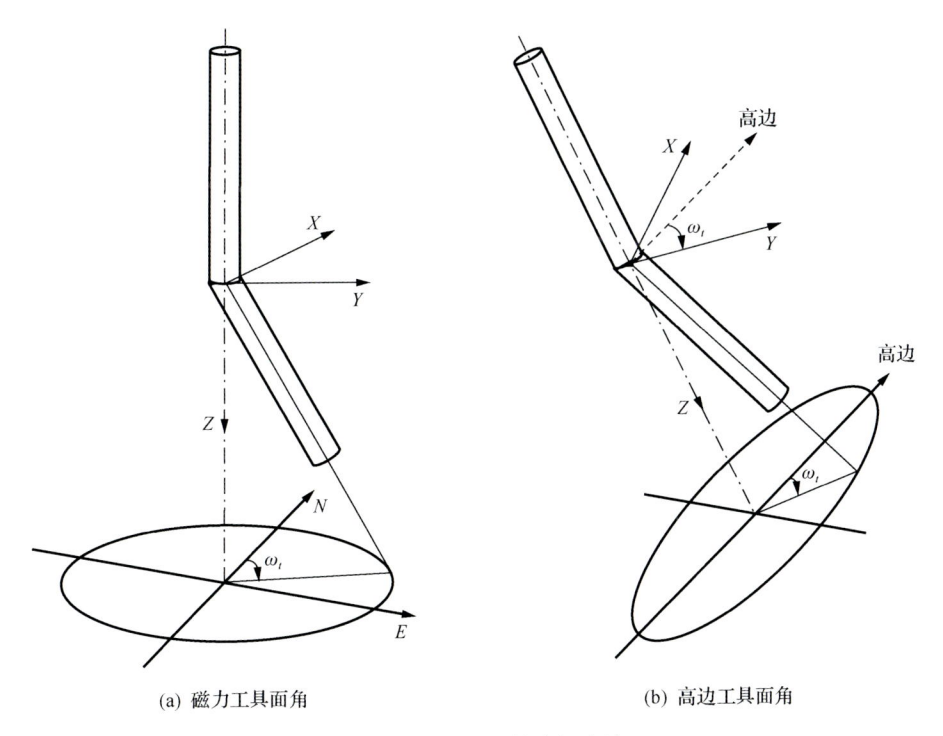

图 2-22　工具面角的表征方法

理论上，加速度分量 G_N 和 G_E 为零，G_H 为总重力加速度 G。这样，将 $G_N = G_E = 0$ 和 $G_H = G$ 代入式(2-93)，得

$$\begin{cases} G_X = -G\sin\alpha\sin\omega_t \\ G_Y = -G\sin\alpha\cos\omega_t \\ G_Z = G\cos\alpha \end{cases} \quad (2\text{-}121)$$

式中

$$G = \sqrt{G_X^2 + G_Y^2 + G_Z^2}$$

于是，井斜角 α 的计算公式为

$$\begin{cases} \cos\alpha = \dfrac{G_Z}{G} \\ \sin\alpha = \dfrac{\sqrt{G_X^2 + G_Y^2}}{G} \\ \tan\alpha = \dfrac{\sqrt{G_X^2 + G_Y^2}}{G_Z} \end{cases} \quad (2\text{-}122)$$

井斜角 α 的值域为 0°～180°，因此用式(2-122)中的第一式计算井斜角较方便；但当井斜角较小时，第二式和第三式具有更高的计算精度。

同理，由式(2-121)还可得到工具面角 ω_t 的计算公式为

$$\begin{cases} \sin\omega_t = \dfrac{G_X}{-G\sin\alpha} \\ \cos\omega_t = \dfrac{G_Y}{-G\sin\alpha} \\ \tan\omega_t = \dfrac{-G_X}{-G_Y} \end{cases} \quad (2\text{-}123)$$

然后，由式(2-94)得到地磁场的东向分量 B_E，计算公式为

$$B_E = [(B_X\sin\omega_t + B_Y\cos\omega_t)\cos\alpha + B_Z\sin\alpha]\sin\phi_M + (B_Y\sin\omega_t - B_X\cos\omega_t)\cos\phi_M \quad (2\text{-}124)$$

因 MWD 探管总成安装在无磁钻铤内，若不考虑磁干扰影响，地磁场的东向分量 B_E 应为零。于是，有

$$\tan\phi_M = \dfrac{B_X\cos\omega_t - B_Y\sin\omega_t}{(B_X\sin\omega_t + B_Y\cos\omega_t)\cos\alpha + B_Z\sin\alpha} \quad (2\text{-}125)$$

将式(2-123)代入式(2-125)，得

$$\tan\phi_M = \dfrac{G_X B_Y - G_Y B_X}{GB_Z\sin^2\alpha - (G_X B_X + G_Y B_Y)\cos\alpha} \quad (2\text{-}126)$$

再将式(2-122)代入式(2-126)，并注意到 G 的表达式，得

$$\tan\phi_M = \dfrac{(G_X B_Y - G_Y B_X)\sqrt{G_X^2 + G_Y^2 + G_Z^2}}{B_Z(G_X^2 + G_Y^2) - G_Z(G_X B_X + G_Y B_Y)} \quad (2\text{-}127)$$

这样，基于加速计和磁力计读数，便可算得井斜角、方位角和工具面角。可见，井斜角和高边工具面角只与加速度计读数有关，而方位角与加速度计和磁力计读数均相关。显然，基于磁力计读数所测得的方位角为磁方位角。

2. Gyro 测斜仪

在开窗侧钻、绕障井定向作业时，因套管磁化会产生磁干扰。因为磁力计只有在无磁干扰条件下才能正常工作，所以当钻遇套管、磁铁矿石等附近时不能使用 MWD 等磁力测斜仪，而应使用 Gyro(陀螺)测斜仪。

Gyro 测斜仪的主要井下探测元件是加速计和陀螺。陀螺是一种惯性测量元件，测量角速度的灵敏度很高，可以检测出地球自转角速度及其分量。地球自转轴指向地理北极，且地球自转角速度非常稳定，所以基于地球自转角速度及其在各方向上的分量可确定出井眼方向[26,41,42]。陀螺分为框架式、动力调谐式、光纤式等多种类型，新式 Gyro 测斜仪一般都有自寻北功能。双轴 Gyro 测斜仪的工作原理如图 2-23 所示。

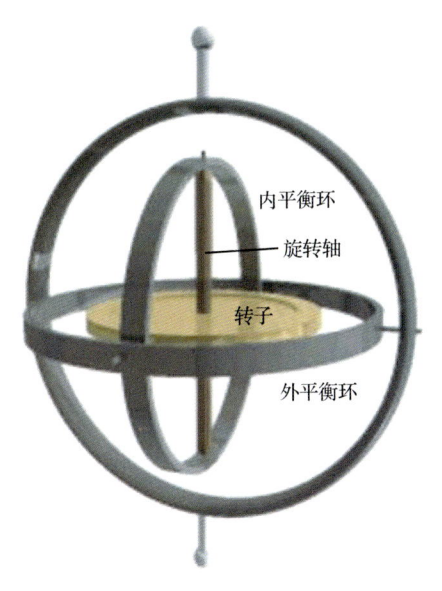

图 2-23 双轴 Gyro 测斜仪示意图

如前所述，基于加速计读数，用式(2-122)中的第三式可算得井斜角 α，用式(2-123)中的第三式可算得工具面角 ω_t。因此，下面主要研究如何基于 Gyro 测斜仪读数来解算方位角。

仿照式(2-93)，有

$$\begin{bmatrix} \Omega_X \\ \Omega_Y \\ \Omega_Z \end{bmatrix} = \begin{bmatrix} D_{11}^* & D_{12}^* & D_{13}^* \\ D_{21}^* & D_{22}^* & D_{23}^* \\ D_{31}^* & D_{32}^* & D_{33}^* \end{bmatrix} \begin{bmatrix} \Omega_N \\ \Omega_E \\ \Omega_H \end{bmatrix} \qquad (2\text{-}128)$$

式中

$$\begin{cases} D_{11}^* = \cos\alpha\cos\phi_T\sin\omega_t + \sin\phi_T\cos\omega_t \\ D_{12}^* = \cos\alpha\sin\phi_T\sin\omega_t - \cos\phi_T\cos\omega_t \\ D_{13}^* = -\sin\alpha\sin\omega_t \end{cases}$$

$$\begin{cases} D_{21}^* = \cos\alpha\cos\phi_T\cos\omega_t - \sin\phi_T\sin\omega_t \\ D_{22}^* = \cos\alpha\sin\phi_T\cos\omega_t + \cos\phi_T\sin\omega_t \\ D_{23}^* = -\sin\alpha\cos\omega_t \end{cases}$$

$$\begin{cases} D_{31}^* = \sin\alpha\cos\phi_T \\ D_{32}^* = \sin\alpha\sin\phi_T \\ D_{33}^* = \cos\alpha \end{cases}$$

式中，Ω_X、Ω_Y 和 Ω_Z 分别为地球自转角速度 Ω 在坐标系 XYZ 下的分量；Ω_N、Ω_E 和 Ω_H

分别为地球自转角速度 Ω 在坐标系 NEH 下的分量。

地球自转周期为 23h56min4.1s，自转角速度为 $\Omega = 15.041067°/h$[26]，如图 2-24(a) 所示。地球表面上任一点的自转角速度可分解为水平分量和垂直分量

$$\begin{cases} \Omega_h = \Omega \cos B^* \\ \Omega_v = \Omega \sin B^* \end{cases} \quad (2\text{-}129)$$

式中，Ω_h 为地球自转角速度 Ω 的水平分量，即地球表面的切向分量；Ω_v 为地球自转角速度 Ω 的垂直分量，即垂直于地球表面的分量。

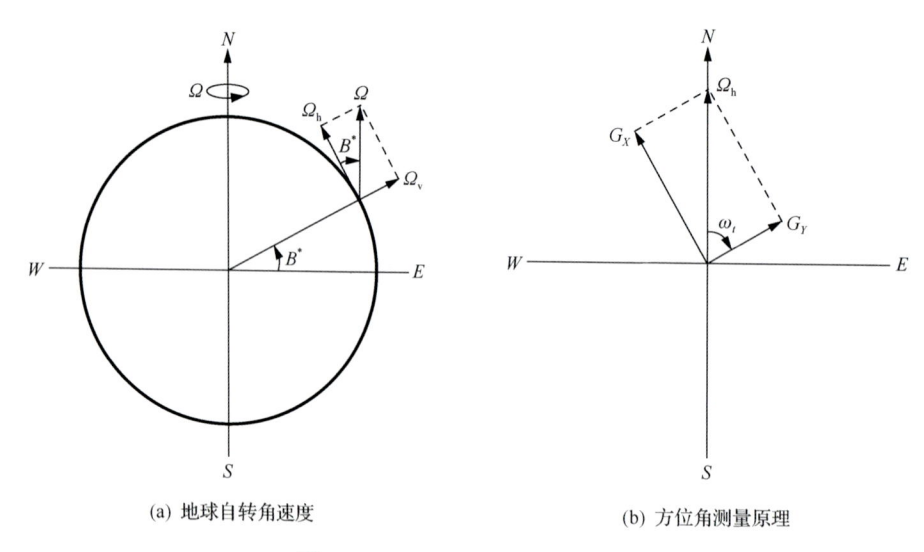

(a) 地球自转角速度　　　　　(b) 方位角测量原理

图 2-24　Gyro 测斜仪的测量原理

地球自转角速度的水平分量 Ω_h 总是指向地理北极，在坐标系 XYZ 下可分解为[26]

$$\begin{cases} \Omega_X = \Omega_h \sin \omega_t \\ \Omega_Y = \Omega_h \cos \omega_t \end{cases} \quad (2\text{-}130)$$

此外，垂直分量 Ω_v 总是指向地球表面的外法线方向，所以 $\Omega_N = \Omega_h$，$\Omega_E = 0$，$\Omega_H = -\Omega_v$。将它们及式 (2-130) 代入式 (2-128)，得

$$\begin{cases} \Omega_X = \Omega_X \cos \alpha \cos \phi_T + \Omega_Y \sin \phi_T + \Omega_v \sin \alpha \sin \omega_t \\ \Omega_Y = \Omega_Y \cos \alpha \cos \phi_T - \Omega_X \sin \phi_T + \Omega_v \sin \alpha \cos \omega_t \end{cases} \quad (2\text{-}131)$$

经整理，得

$$\begin{cases} \Omega_X \cos \omega_t - \Omega_Y \sin \omega_t = \Omega_h \sin \phi_T \\ \Omega_X \sin \omega_t + \Omega_Y \cos \omega_t - \Omega_v \sin \alpha = \Omega_h \cos \alpha \cos \phi_T \end{cases} \quad (2\text{-}132)$$

所以，有

$$\tan\phi_{\mathrm{T}} = \frac{(\Omega_X \cos\omega_t - \Omega_Y \sin\omega_t)\cos\alpha}{\Omega_X \sin\omega_t + \Omega_Y \cos\omega_t - \Omega_\mathrm{v} \sin\alpha} \tag{2-133}$$

可见，当已知当地纬度 B^* 时，只需要一个双自由度陀螺就可测得方位角[26,41,42]。需要注意的是，地球自转角速度的水平分量总是指向真北方向，因此 Gyro 测斜仪测得的方位角为真方位角。

二、井眼轨迹误差模型

1. 适用条件及假设

建立井眼轨迹误差模型的初衷是：适用于一系列测斜仪，可在全球范围内使用，给出具有代表性的测量不确定性因素，并提供易于软件实现、便于油井设计人员和钻井工程师使用的实用方法[26]。因此，使用井眼轨迹误差模型的前提是必须执行正常的行业规程，包括[26-30]：①严格、定期的仪器校验；②测斜间距不超过 30m；③做好重力场、地磁场及磁倾角、陀螺漂移等现场检验；④按行业规范确定 MWD 的无磁间距；⑤使用 MWD 时要求远离套管和邻井。

误差模型及数学运算假设[26-30]：①只考虑测点处的测量误差引起的井眼轨迹位置误差；②每个测点可用井深、井斜角和方位角来表征；③不同误差源的误差在统计学上相互独立；④每个测量误差的大小与相应井眼轨迹位置变化之间为线性关系；⑤一系列测点的各种测量误差对井眼轨迹位置的综合影响等于它们各自影响的向量和。需要注意的是，井眼轨迹误差模型不涵盖偶然事件，它是一种统计结果，并且不具体假设测量误差的统计学分布，也不涵盖测斜仪存在缺陷、录入测斜数据有误等过失误差。

2. 误差表征方法

为量化各种测量误差对井眼轨迹定位的影响程度，采用如下表征方法[26-30]：

(1) 误差源。误差模型需要包含多种测量误差对井眼轨迹定位误差的影响，这些测量误差称为误差源。常见误差源有传感器误差、BHA 轴向及周向磁干扰、BHA 下坠及工具组件径向不对称引起的不对中误差、地磁场不确定性、井深误差等。当然，对于每套测斜仪，并非都需要用到所有的误差源。

(2) 误差大小。每个误差源都存在误差大小问题，误差大小用基于测试数据的误差标准差 σ 来表征。标准差是表示数据离散程度的量化指标，它与测试数据的统计样本有关。

(3) 权函数。每个误差源都有一组权函数，用于描述误差源对井深、井斜角和方位角等参数的影响。例如，当用 MWD 测得磁方位角后，需要考虑磁偏角将其归算为真方位角，此时磁偏角误差就是一个误差源。因为磁偏角误差不影响井深和井斜角，只影响方位角，所以磁偏角误差源的权函数为[0, 0, 1]。一般情况下，每个误差源的权函数都是一组方程，而不是简单的常数。

(4) 传播模式。为表征不同测点、不同测量、不同井之间的误差相关性及误差累积效果，将误差传播模式分为随机误差、系统误差、单井误差和全局误差，并定义 3 个相关系数 (ρ_1, ρ_2, ρ_3)。其中，ρ_1 是在同一趟测量中各测点间的误差相关系数，ρ_2 是在同一口井不同趟测量中各测点间的误差相关系数，ρ_3 是在同一个油田不同井中各测点间的误差相关系数。ISCWSA 模型规定了误差传播模式与相关系数的具体组合，如表 2-3 所示。

表 2-3　误差传播模式及相关系数

传播模式	误差相关性	相关系数 ρ_1	ρ_2	ρ_3
随机误差(R)	相互独立	0	0	0
系统误差(S)	各测点间相关	1	0	0
单井误差(W)	各趟测量间相关	1	1	0
全局误差(G)	各井间相关	1	1	1

(5) 助记码。为简便，常使用助记码来标识误差源及其对井眼轨迹的影响。例如，在测斜仪坐标系中，用 ABZ(accelerometer bias Z-axis) 表示加速度计零偏对井眼轨迹 Z 坐标的影响，用 MSZ(magnetometer scale factor Z-axis) 表示磁力计比例因子对井眼轨迹 Z 坐标的影响等。

3. 误差传播方程

测量误差将引起井眼轨迹位置产生误差。为表征测量误差对井眼轨迹位置误差的影响规律，Brooks 和 Wilson 建立了向量形式的误差传播方程[26-30]：

$$\boldsymbol{e}_i = \sigma_i \frac{\mathrm{d}\boldsymbol{r}}{\mathrm{d}\boldsymbol{p}} \frac{\partial \boldsymbol{p}}{\partial \varepsilon_i} \tag{2-134}$$

式中

$$\frac{\partial \boldsymbol{p}}{\partial \varepsilon_i} = \begin{bmatrix} \dfrac{\partial L}{\partial \varepsilon_i} & \dfrac{\partial \alpha}{\partial \varepsilon_i} & \dfrac{\partial \phi}{\partial \varepsilon_i} \end{bmatrix}^\mathrm{T}$$

$$\frac{\mathrm{d}\boldsymbol{r}}{\mathrm{d}\boldsymbol{p}} = \begin{bmatrix} \dfrac{\mathrm{d}N}{\mathrm{d}L} & \dfrac{\mathrm{d}N}{\mathrm{d}\alpha} & \dfrac{\mathrm{d}N}{\mathrm{d}\phi} \\ \dfrac{\mathrm{d}E}{\mathrm{d}L} & \dfrac{\mathrm{d}E}{\mathrm{d}\alpha} & \dfrac{\mathrm{d}E}{\mathrm{d}\phi} \\ \dfrac{\mathrm{d}H}{\mathrm{d}L} & \dfrac{\mathrm{d}H}{\mathrm{d}\alpha} & \dfrac{\mathrm{d}H}{\mathrm{d}\phi} \end{bmatrix}$$

$\boldsymbol{e}_i$ 为当前测点处由误差源 i 引起的 N 坐标、E 坐标和 H 坐标误差(3×1 向量)；ε_i 为第 i 个误差源；σ_i 为误差源 i 的误差大小(标量)；$\dfrac{\partial \boldsymbol{p}}{\partial \varepsilon_i}$ 为权函数，表示误差源 i 对井深、井斜角和方位角的影响(3×1 向量)；$\dfrac{\mathrm{d}\boldsymbol{r}}{\mathrm{d}\boldsymbol{p}}$ 为井深、井斜角和方位角测量误差对 N 坐标、E 坐标和 H 坐标的影响(3×3 矩阵)。

要使用误差传播方程式(2-134)，首先需要建立矩阵 $\dfrac{\mathrm{d}\boldsymbol{r}}{\mathrm{d}\boldsymbol{p}}$ 的解算方法。为此，基于相邻两测段的测斜数据，可建立任一测点 k 处误差传播方程的差分格式。对于任一测点 k，若用 $\Delta\boldsymbol{r}_k$ 表示测点 $k-1$ 和测点 k 间的位移向量，用 $\Delta\boldsymbol{r}_{k+1}$ 表示测点 k 和测点 $k+1$ 间的位移向量，则式(2-134)可写成

$$\boldsymbol{e}_{i,j,k} = \sigma_{i,j}\left(\dfrac{\mathrm{d}\Delta\boldsymbol{r}_k}{\mathrm{d}\boldsymbol{p}_k} + \dfrac{\mathrm{d}\Delta\boldsymbol{r}_{k+1}}{\mathrm{d}\boldsymbol{p}_k}\right)\dfrac{\partial \boldsymbol{p}_k}{\partial \varepsilon_i} \tag{2-135}$$

式中，$\boldsymbol{e}_{i,j,k}$ 为误差源 i 在第 j 趟测量中引起测点 k 处的位置误差；$\sigma_{i,j}$ 为误差源 i 在第 j 趟测量中的误差值；$\dfrac{\mathrm{d}\Delta\boldsymbol{r}_k}{\mathrm{d}\boldsymbol{p}_k}$ 为测点 k 处的测量误差对从测点 $k-1$ 到测点 k 位移向量的影响；$\dfrac{\mathrm{d}\Delta\boldsymbol{r}_{k+1}}{\mathrm{d}\boldsymbol{p}_k}$ 为测点 k 处的测量误差对从测点 k 到测点 $k+1$ 位移向量的影响。

为简便，用平衡正切法计算从测点 $k-1$ 到测点 k 的位移向量 $\Delta\boldsymbol{r}_k$，即

$$\Delta\boldsymbol{r}_k = \begin{bmatrix}\Delta N \\ \Delta E \\ \Delta H\end{bmatrix} = \dfrac{L_k - L_{k-1}}{2}\begin{bmatrix}\sin\alpha_{k-1}\cos\phi_{k-1} + \sin\alpha_k\cos\phi_k \\ \sin\alpha_{k-1}\sin\phi_{k-1} + \sin\alpha_k\sin\phi_k \\ \cos\alpha_{k-1} + \cos\alpha_k\end{bmatrix} \tag{2-136}$$

于是，有

$$\dfrac{\mathrm{d}\Delta\boldsymbol{r}_k}{\mathrm{d}L_k} = \dfrac{1}{2}\begin{bmatrix}\sin\alpha_{k-1}\cos\phi_{k-1} + \sin\alpha_k\cos\phi_k \\ \sin\alpha_{k-1}\sin\phi_{k-1} + \sin\alpha_k\sin\phi_k \\ \cos\alpha_{k-1} + \cos\alpha_k\end{bmatrix} \tag{2-137}$$

$$\dfrac{\mathrm{d}\Delta\boldsymbol{r}_k}{\mathrm{d}\alpha_k} = \dfrac{1}{2}\begin{bmatrix}(L_k - L_{k-1})\cos\alpha_k\cos\phi_k \\ (L_k - L_{k-1})\cos\alpha_k\sin\phi_k \\ -(L_k - L_{k-1})\sin\alpha_k\end{bmatrix} \tag{2-138}$$

$$\dfrac{\mathrm{d}\Delta\boldsymbol{r}_k}{\mathrm{d}\phi_k} = \dfrac{1}{2}\begin{bmatrix}-(L_k - L_{k-1})\sin\alpha_k\sin\phi_k \\ (L_k - L_{k-1})\sin\alpha_k\cos\phi_k \\ 0\end{bmatrix} \tag{2-139}$$

进而，得

$$\dfrac{\mathrm{d}\Delta\boldsymbol{r}_k}{\mathrm{d}\boldsymbol{p}_k} = \begin{bmatrix}\dfrac{\mathrm{d}\Delta\boldsymbol{r}_k}{\mathrm{d}L_k} & \dfrac{\mathrm{d}\Delta\boldsymbol{r}_k}{\mathrm{d}\alpha_k} & \dfrac{\mathrm{d}\Delta\boldsymbol{r}_k}{\mathrm{d}\phi_k}\end{bmatrix}$$

$$= \dfrac{1}{2}\begin{bmatrix}\sin\alpha_{k-1}\cos\phi_{k-1} + \sin\alpha_k\cos\phi_k & (L_k - L_{k-1})\cos\alpha_k\cos\phi_k & -(L_k - L_{k-1})\sin\alpha_k\sin\phi_k \\ \sin\alpha_{k-1}\sin\phi_{k-1} + \sin\alpha_k\sin\phi_k & (L_k - L_{k-1})\cos\alpha_k\sin\phi_k & (L_k - L_{k-1})\sin\alpha_k\cos\phi_k \\ \cos\alpha_{k-1} + \cos\alpha_k & -(L_k - L_{k-1})\sin\alpha_k & 0\end{bmatrix}$$

$$\tag{2-140}$$

同理，有

$$\frac{\mathrm{d}\Delta r_{k+1}}{\mathrm{d}p_k} = \begin{bmatrix} \dfrac{\mathrm{d}\Delta r_{k+1}}{\mathrm{d}L_k} & \dfrac{\mathrm{d}\Delta r_{k+1}}{\mathrm{d}\alpha_k} & \dfrac{\mathrm{d}\Delta r_{k+1}}{\mathrm{d}\phi_k} \end{bmatrix}$$
$$= \frac{1}{2}\begin{bmatrix} -\sin\alpha_k\cos\phi_k - \sin\alpha_{k+1}\cos\phi_{k+1} & (L_{k+1}-L_k)\cos\alpha_k\cos\phi_k & -(L_{k+1}-L_k)\sin\alpha_k\sin\phi_k \\ -\sin\alpha_k\sin\phi_k - \sin\alpha_{k+1}\sin\phi_{k+1} & (L_{k+1}-L_k)\cos\alpha_k\sin\phi_k & (L_{k+1}-L_k)\sin\alpha_k\cos\phi_k \\ -\cos\alpha_k - \cos\alpha_{k+1} & -(L_{k+1}-L_k)\sin\alpha_k & 0 \end{bmatrix} \quad (2\text{-}141)$$

对于当前计算点，假设它是第 J 趟测量中的第 K 个测点，该测点的空间位置误差仅来自于上个测点，不涉及下个测点，因此此时式(2-135)应为

$$e_{i,J,K}^* = \sigma_{i,J}\frac{\mathrm{d}\Delta r_K}{\mathrm{d}p_K}\frac{\partial p_K}{\partial \varepsilon_i} \tag{2-142}$$

式中，e^* 为仅包含上测段的坐标误差向量 e。

4. 权函数

ISCWSA 模型的误差源及权函数不断更新，现已识别出八十多个误差源[26-34]。每个误差源都有 1 组 3 分量的权函数集，用于确定误差源如何影响井深、井斜角和方位角的测量。

如前所述，基于原始的传感器测量数据，借助相应公式可获得井斜角和方位角的测量值。例如，MWD 测斜仪记录 3 个加速计读数 (G_X, G_Y, G_Z) 和 3 个磁力计读数 (B_X, B_Y, B_Z)，据此可按式(2-143)确定井斜角和方位角

$$\begin{cases} \alpha = \arccos\left(\dfrac{G_Z}{\sqrt{G_X^2+G_Y^2+G_Z^2}}\right) \\ \phi_\mathrm{T} = \arctan\left[\dfrac{(G_X B_Y - G_Y B_X)\sqrt{G_X^2+G_Y^2+G_Z^2}}{B_Z(G_X^2+G_Y^2)-G_Z(G_X B_X - G_Y B_Y)}\right]+\delta \end{cases} \tag{2-143}$$

式中，ϕ_T 为真方位角，(°)；δ 为磁偏角，(°)。

权函数可从测量方程中导出，它是测量方程对误差源的偏导数。现以 Z 轴加速度计零偏为例，简述权函数的求取方法。Z 轴加速度计的传感器读数可表示为

$$G_Z = \left(1+\varepsilon_{G_Z}^{\mathrm{scalefactor}}\right)G_Z^{\mathrm{true}} + \varepsilon_{G_Z}^{\mathrm{bias}} \tag{2-144}$$

式中，G_Z 为 Z 轴加速度计的传感器读数；G_Z^{true} 为对应于 Z 轴加速度计传感器读数的真值；$\varepsilon_{G_Z}^{\mathrm{bias}}$ 为测斜仪校准后的残余零偏；$\varepsilon_{G_Z}^{\mathrm{scalefactor}}$ 为测斜仪校准后的残余比例因子误差。

若用助记码 ABZ 表示 Z 轴加速度计的零偏 $\varepsilon_{G_Z}^{\mathrm{bias}}$ 对井深、井斜角和方位角测量的影响，则权函数为

$$\mathrm{ABZ}=\begin{bmatrix} \dfrac{\partial L}{\partial G_Z} & \dfrac{\partial \alpha}{\partial G_Z} & \dfrac{\partial \phi_\mathrm{T}}{\partial G_Z} \end{bmatrix}^\mathrm{T} \cdot \dfrac{\partial G_Z}{\partial \varepsilon_{G_Z}^{\mathrm{bias}}} \tag{2-145}$$

由式(2-144)得，$\dfrac{\partial G_Z}{\partial \varepsilon_{G_Z}^{\text{bias}}}=1$。加速度计读数不影响井深，因此 $\dfrac{\partial L}{\partial G_Z}=0$。$Z$ 轴加速度计读数 G_Z 对井斜角和方位角测量都有影响，因此将式(2-143)对 G_Z 求偏导数可算得 $\dfrac{\partial \alpha}{\partial G_Z}$ 和 $\dfrac{\partial \phi_\text{T}}{\partial G_Z}$。将这些结果代入式(2-145)，得

$$\text{ABZ}=\begin{bmatrix} 0 & \dfrac{\sin\alpha}{G} & \dfrac{\tan\beta\sin\alpha\sin\phi_\text{M}}{G} \end{bmatrix}^\text{T} \tag{2-146}$$

式中，β 为磁倾角，(°)。

Gyro 测斜仪略有不同：有些 Gyro 测斜仪也有 3 个加速计，井斜角的权函数与 MWD 相同；有些 Gyro 测斜仪只有 X 轴和 Y 轴加速度计，并使用假定的总重力加速度值，因此没有 Z 轴加速度计的偏移误差项。

误差源多、权函数公式繁杂，且不断更新，因此在此不详述各种误差源权函数的推演过程，结果见附录二。需要说明的是，有些权函数存在奇点，此时按如下方法计算 $e_{i,j,k}$ 和 $e_{i,J,K}^*$：

$$e_{i,j,k}=\sigma_{i,j}\dfrac{L_{k+1}-L_{k-1}}{2}\begin{bmatrix} N_\text{SF} \\ E_\text{SF} \\ H_\text{SF} \end{bmatrix} \tag{2-147}$$

$$e_{i,J,K}^*=\sigma_{i,J}\dfrac{L_K-L_{K-1}}{2}\begin{bmatrix} N_\text{SF} \\ E_\text{SF} \\ H_\text{SF} \end{bmatrix} \tag{2-148}$$

式中，N_SF、E_SF 和 H_SF 分别为北坐标、东坐标和垂深坐标的奇点权函数。具体公式见附表 2-5。

三、井眼轨迹误差椭球

1. 误差矩阵

每个具体测量仪器的误差模型都包含许多误差源，必须考虑井内的所有趟测量及每趟测量的所有测点。在计算井眼轨迹误差椭球时，需要集成每个误差源在每趟测量、每个测点对位置误差的贡献。因此，测点处各种误差的累积方程可表示为

$$C_{k\,NEH}=\sum_{i}\sum_{k_1\leqslant K}\sum_{k_2\leqslant K}\rho\left(\varepsilon_{i,j_1,k_1},\varepsilon_{i,j_2,k_2}\right)e_{i,j_1,k_1}\cdot e_{i,j_2,k_2}^\text{T} \tag{2-149}$$

式中，$\rho\left(\varepsilon_{i,j_1,k_1},\varepsilon_{i,j_2,k_2}\right)$ 为误差源 i 在第 j_1 趟测量中第 k_1 测点与第 j_2 趟测量中第 k_2 测点之间的相关系数。

式(2-149)的计算结果是在坐标系 NEH 下的 3×3 协方差矩阵，它描述了在每个坐标

轴上沿主对角线的位置不确定性及在非对角线上的相互关系。原则上，相关系数可以是 $-1\sim 1$ 的任何值，包括零和非整数。但是，在井眼轨迹测量中，大多数误差要么不相关（$\rho=0$），要么在不同的测点间完全相关（$\rho=1$）。因此，主要有两种情况。

（1）如果测点间误差直接串联，且从一个测点到另一个测点有相同的误差值，那么它们就是相关的。例如，对于 Z 轴加速度计零偏，在整趟测量中使用同一套测斜仪，从一个测点到另一个测点的零偏值相同，因此误差效应会沿井眼轨迹延续。此时，由两个误差源 e_1 和 e_2 所引起的 N 坐标、E 坐标、H 坐标误差应集成为

$$\boldsymbol{e}_{\text{total}} = \boldsymbol{e}_1 + \boldsymbol{e}_2 \tag{2-150}$$

式中，e_{total} 为累积或集成坐标误差。

（2）如果从一个测点到另一个测点误差不串联，那么它们就不相关或相互独立。例如，有两个独立误差源，当它们都产生正井斜角误差时，相加即可。但是，也有可能一个误差源产生正井斜角误差，而另一个误差源产生负井斜角误差。此时，二者所产生的坐标误差应集成为

$$\boldsymbol{e}_{\text{total}} = \sqrt{\boldsymbol{e}_1^2 + \boldsymbol{e}_2^2} \tag{2-151}$$

此外，不同测量之间也可能存在相关性，这取决于仪器配置和测量模式。例如，对于具体的测量仪，Z 轴磁力计零偏可能持续存在，因此在整趟测量中应给出相关读数，但是如果使用不同测量仪进行另外一趟测量，那么这两趟测量之间的零偏效应就不应该相关。同理，在同一口井中各趟测量之间的误差源可能相关，但在不同井中各趟测量之间的误差源相互独立。当两个测量相互独立时，相关性就最小，此时误差被称为随机误差。

将式（2-150）和式（2-151）两边平方，得

$$\boldsymbol{e}_{\text{total}}^2 = (\boldsymbol{e}_1 + \boldsymbol{e}_2)^2 \tag{2-152}$$

$$\boldsymbol{e}_{\text{total}}^2 = \boldsymbol{e}_1^2 + \boldsymbol{e}_2^2 \tag{2-153}$$

注意到坐标误差 e_i 是 3×1 向量，所以 $\boldsymbol{e}_i^2 = \boldsymbol{e}_i \cdot \boldsymbol{e}_i^{\text{T}}$。因此，式（2-152）和式（2-153）可分别写成

$$\boldsymbol{E}_{\text{total}} = \left(\sum \boldsymbol{e}_i\right) \cdot \left(\sum \boldsymbol{e}_i\right)^{\text{T}} \tag{2-154}$$

$$\boldsymbol{E}_{\text{total}} = \sum \left(\boldsymbol{e}_i \cdot \boldsymbol{e}_i^{\text{T}}\right) \tag{2-155}$$

式中，$\boldsymbol{E}_{\text{total}}$ 为 3×3 协方差矩阵，其主对角线上的元素为 $\boldsymbol{e}_{\text{total}}^2$。

为表征各误差之间相关性的类型，误差模型定义了 4 种误差传播模式，如表 2-3 所示。实际上，多数误差源在同一趟测量中都是系统误差。基于误差传播模式，一般形式的误差累积方程（2-149）可分解为

$$C_K = \sum_{i \in R} C_{i,K}^{\text{rand}} + \sum_{i \in S} C_{i,K}^{\text{syst}} + \sum_{i \in \{W,G\}} C_{i,K}^{\text{well}} \qquad (2\text{-}156)$$

式中，C_K 为测点 K 处的协方差矩阵；$C_{i,K}^{\text{rand}}$、$C_{i,K}^{\text{syst}}$ 和 $C_{i,K}^{\text{well}}$ 分别为误差源 i 在测点 K 处由随机误差、系统误差和单井及全局误差所产生的协方差矩阵；R、S、W 和 G 分别表示随机误差、系统误差、单井误差和全局误差(表 2-3)。

考虑到各误差之间的相关系数，并注意到式(2-154)和式(2-155)，可用如下方法计算由随机误差、系统误差和单井及全局误差所产生的协方差矩阵。

(1) 随机误差的协方差矩阵：

$$C_{i,K}^{\text{rand}} = \sum_{j=1}^{J-1} C_{i,j}^{\text{rand}} + \sum_{k=1}^{K-1} \left(e_{i,J,k} \cdot e_{i,J,k}^{\text{T}} \right) + \left(e_{i,J,K}^{*} \right) \cdot \left(e_{i,J,K}^{*} \right)^{\text{T}} \qquad (2\text{-}157)$$

式中

$$C_{i,j}^{\text{rand}} = \sum_{k=1}^{K_j} \left(e_{i,j,k} \cdot e_{i,j,k}^{\text{T}} \right)$$

(2) 系统误差的协方差矩阵：

$$C_{i,K}^{\text{syst}} = \sum_{j=1}^{J-1} C_{i,j}^{\text{syst}} + \left(\sum_{k=1}^{K-1} e_{i,J,k} + e_{i,J,K}^{*} \right) \cdot \left(\sum_{k=1}^{K-1} e_{i,J,k} + e_{i,J,K}^{*} \right)^{\text{T}} \qquad (2\text{-}158)$$

式中

$$C_{i,j}^{\text{syst}} = \left(\sum_{k=1}^{K_j} e_{i,j,k} \right) \cdot \left(\sum_{k=1}^{K_j} e_{i,j,k} \right)^{\text{T}}$$

(3) 单井及全局误差的协方差矩阵：

$$C_{i,K}^{\text{well}} = \left(E_{i,K}^{\text{well}} \right) \cdot \left(E_{i,K}^{\text{well}} \right)^{\text{T}} \qquad (2\text{-}159)$$

式中

$$E_{i,K}^{\text{well}} = \sum_{j=1}^{J-1} \left(\sum_{k=1}^{K_j} e_{i,j,k} \right) + \sum_{k=1}^{K-1} e_{i,J,k} + e_{i,J,K}^{*}$$

K_j 为第 j 趟测量的最末测点序号。

总之，误差累积的最终结果是一个 3×3 协方差矩阵，可表征测点处的空间位置误差椭球。在井口坐标系 NEH 下，该协方差矩阵的形式为

$$\boldsymbol{C}_{NEH} = \begin{bmatrix} \sigma_N^2 & \sigma_{NE} & \sigma_{NH} \\ \sigma_{NE} & \sigma_E^2 & \sigma_{EH} \\ \sigma_{NH} & \sigma_{EH} & \sigma_H^2 \end{bmatrix} \tag{2-160}$$

式中，σ_N^2、σ_E^2、σ_H^2 分别为北坐标、东坐标和垂深坐标方向的方差；σ_{NE}、σ_{NH}、σ_{EH} 分别为相应坐标轴之间的协方差。

根据式(2-89)的坐标旋转变换关系，还可将井口坐标系 NEH 下的协方差矩阵转换到井眼坐标系 xyz，即将式(2-160)转换为

$$\boldsymbol{C}_{xyz} = \boldsymbol{A}\boldsymbol{C}_{NEH}\boldsymbol{A}^{\mathrm{T}} \tag{2-161}$$

式中

$$\boldsymbol{A} = \begin{bmatrix} \cos\alpha\cos\phi & \cos\alpha\sin\phi & -\sin\alpha \\ -\sin\phi & \cos\phi & 0 \\ \sin\alpha\cos\phi & \sin\alpha\sin\phi & \cos\alpha \end{bmatrix}$$

2. 误差椭球

通常，假设井眼轨迹位置误差服从正态分布。根据数理统计学原理，若用 r 表示测点处的位置向量，则井眼轨迹位置误差的概率密度分布为[28]

$$f(\delta\boldsymbol{r}) = \frac{\exp\left(-\frac{1}{2}(\delta\boldsymbol{r})^{\mathrm{T}}\boldsymbol{C}_{NEH}^{-1}(\delta\boldsymbol{r})\right)}{(2\pi)^{1.5}\sqrt{|\boldsymbol{C}_{NEH}|}} \tag{2-162}$$

式中，$\delta\boldsymbol{r}$ 为井眼轨迹位置误差向量；$|\boldsymbol{C}_{NEH}|$ 为井眼轨迹位置误差矩阵的行列式。

在三维空间内，井眼轨迹位置误差分布的等概率密度面为[28]

$$(\delta\boldsymbol{r})^{\mathrm{T}}\boldsymbol{C}_{NEH}^{-1}(\delta\boldsymbol{r}) = k^2 \tag{2-163}$$

式中，k 为放大系数，它决定等概率密度面所包含的井眼轨迹位置误差概率。

式(2-163)是一个基于放大系数 k 的相似椭球族，给定一个 k 值就得到一个确定的椭球。若将井眼轨迹位置误差向量 $\delta\boldsymbol{r}$ 表示为

$$\delta\boldsymbol{r} = \begin{bmatrix} \delta N & \delta E & \delta H \end{bmatrix}^{\mathrm{T}} \tag{2-164}$$

则有

$$\begin{bmatrix} \delta N \\ \delta E \\ \delta H \end{bmatrix}^{\mathrm{T}} \boldsymbol{C}_{NEH}^{-1} \begin{bmatrix} \delta N \\ \delta E \\ \delta H \end{bmatrix} = k^2 \tag{2-165}$$

式(2-165)是在井口坐标系 NEH 下的井眼轨迹位置误差椭球族。根据线性代数理论，C_{NEH} 为实对称矩阵，因此必存在正交矩阵 H 能使其对角化，即

$$H^{\mathrm{T}} C_{NEH} H = \begin{bmatrix} \lambda_1 & & \\ & \lambda_2 & \\ & & \lambda_3 \end{bmatrix} \quad (2\text{-}166)$$

式中，λ_1、λ_2、λ_3 为矩阵 C_{NEH} 的特征值；H 为正交变换矩阵，由特征值 λ_1、λ_2、λ_3 所对应的特征向量组成。

如图 2-25 所示，假设井眼轨迹误差椭球的主轴为 U 轴、V 轴、W 轴，那么椭球主轴坐标系 UVW 与井口坐标系 NEH 之间的转换关系为

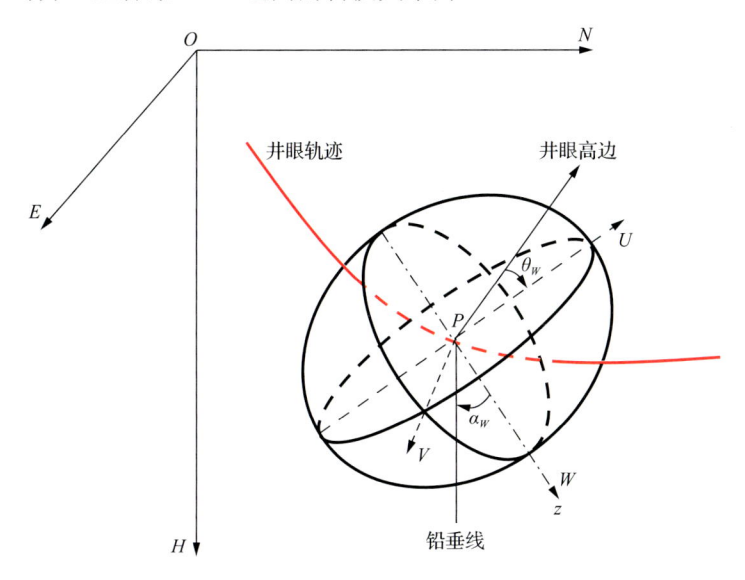

图 2-25　误差椭球及姿态表征

$$\begin{bmatrix} N \\ E \\ H \end{bmatrix} = H \begin{bmatrix} U \\ V \\ W \end{bmatrix} \quad (2\text{-}167)$$

将式(2-167)代入式(2-165)，得

$$\begin{bmatrix} U \\ V \\ W \end{bmatrix}^{\mathrm{T}} H^{\mathrm{T}} C_{NEH}^{-1} H \begin{bmatrix} U \\ V \\ W \end{bmatrix} = k^2 \quad (2\text{-}168)$$

再将式(2-166)代入式(2-168)，得

$$\begin{bmatrix} U \\ V \\ W \end{bmatrix}^{\mathrm{T}} \begin{bmatrix} 1/\lambda_1 & & \\ & 1/\lambda_2 & \\ & & 1/\lambda_3 \end{bmatrix} \begin{bmatrix} U \\ V \\ W \end{bmatrix} = k^2 \tag{2-169}$$

即

$$\frac{U^2}{\lambda_1} + \frac{V^2}{\lambda_2} + \frac{W^2}{\lambda_3} = k^2 \tag{2-170}$$

因此，井眼轨迹位置误差椭球的 3 个半轴长度分别为 $\sigma_1 = k\sqrt{\lambda_1}$、$\sigma_2 = k\sqrt{\lambda_2}$ 和 $\sigma_3 = k\sqrt{\lambda_3}$，误差椭球的 3 个主轴方向可用矩阵 $\boldsymbol{C}_{NEH}$ 的 3 个特征值 λ_1、λ_2、λ_3 所对应的特征向量来表征[26-38]。这样，只要求得矩阵 $\boldsymbol{C}_{NEH}$ 的特征值及特征向量，便可确定井眼轨迹位置误差椭球的尺寸及姿态。

为表征误差椭球的姿态，仿照井斜角和方位角的定义，假设椭球主轴 U 轴、V 轴、W 轴的井斜角和方位角分别为 (α_U, ϕ_U)、(α_V, ϕ_V) 和 (α_W, ϕ_W)，则对应于特征值 λ_1、λ_2、λ_3 的单位特征向量 $\boldsymbol{p}_1$、$\boldsymbol{p}_2$、$\boldsymbol{p}_3$ 可表示为

$$\begin{cases} \boldsymbol{p}_1 = \sin\alpha_U \cos\phi_U \boldsymbol{i} + \sin\alpha_U \sin\phi_U \boldsymbol{j} + \cos\alpha_U \boldsymbol{k} \\ \boldsymbol{p}_2 = \sin\alpha_V \cos\phi_V \boldsymbol{i} + \sin\alpha_V \sin\phi_V \boldsymbol{j} + \cos\alpha_V \boldsymbol{k} \\ \boldsymbol{p}_3 = \sin\alpha_W \cos\phi_W \boldsymbol{i} + \sin\alpha_W \sin\phi_W \boldsymbol{j} + \cos\alpha_W \boldsymbol{k} \end{cases} \tag{2-171}$$

式中，$\boldsymbol{i}$、$\boldsymbol{j}$、$\boldsymbol{k}$ 分别为 N 轴、E 轴、H 轴上的单位坐标向量。

当求得矩阵 $\boldsymbol{C}_{NEH}$ 的单位特征向量 $\boldsymbol{p}_1$、$\boldsymbol{p}_2$、$\boldsymbol{p}_3$ 后，便确定了正交变换矩阵 $\boldsymbol{H}$，即矩阵 $\boldsymbol{H}$ 的各元素 H_{ij} 为已知。注意到 $\boldsymbol{H}$ 是从椭球主轴坐标系 UVW 到井口坐标系 NEH 的变换矩阵，所以有

$$\boldsymbol{H} = \begin{bmatrix} \sin\alpha_U \cos\phi_U & \sin\alpha_V \cos\phi_V & \sin\alpha_W \cos\phi_W \\ \sin\alpha_U \sin\phi_U & \sin\alpha_V \sin\phi_V & \sin\alpha_W \sin\phi_W \\ \cos\alpha_U & \cos\alpha_V & \cos\alpha_W \end{bmatrix} \tag{2-172}$$

因此，椭球主轴的井斜角和方位角分别为

$$\begin{cases} \cos\alpha_U = H_{31} \\ \tan\phi_U = \dfrac{H_{21}}{H_{11}} \end{cases}, \quad \begin{cases} \cos\alpha_V = H_{32} \\ \tan\phi_V = \dfrac{H_{22}}{H_{12}} \end{cases}, \quad \begin{cases} \cos\alpha_W = H_{33} \\ \tan\phi_W = \dfrac{H_{23}}{H_{13}} \end{cases} \tag{2-173}$$

根据椭球主轴的几何意义和正交矩阵的性质，在椭球主轴井斜角和方位角 (α_U, ϕ_U)、(α_V, ϕ_V) 和 (α_W, ϕ_W) 中只有 3 个参数相互独立，即用 3 个参数便可表征误差椭球的姿态。仿照井眼轨道标架坐标系的定义，若选用椭球 W 轴的井斜角 α_W、方位角 ϕ_W 及椭球绕 W 轴自井眼高边顺时针转至 U 轴的偏转角 θ_W，则正交变换矩阵 $\boldsymbol{H}$ 为

$$H = \begin{bmatrix} \cos\alpha_W \cos\phi_W \cos\theta_W - \sin\phi_W \sin\theta_W & -\cos\alpha_W \cos\phi_W \sin\theta_W - \sin\phi_W \cos\theta_W & \sin\alpha_W \cos\phi_W \\ \cos\alpha_W \sin\phi_W \cos\theta_W + \cos\phi_W \sin\theta_W & -\cos\alpha_W \sin\phi_W \sin\theta_W + \cos\phi_W \cos\theta_W & \sin\alpha_W \sin\phi_W \\ -\sin\alpha_W \cos\theta_W & \sin\alpha_W \sin\theta_W & \cos\alpha_W \end{bmatrix}$$
(2-174)

所以，椭球姿态参数为

$$\begin{cases} \cos\alpha_W = H_{33} \\ \tan\phi_W = \dfrac{H_{23}}{H_{13}} \\ \tan\theta_W = \dfrac{H_{32}}{-H_{31}} \end{cases} \tag{2-175}$$

在实际应用中，往往需要确定和验证特征值及特征向量与椭球主轴之间的对应关系。习惯上，常将靠近井眼高边方向的椭球主轴作为 U 轴，将靠近铅垂方向的椭球主轴作为 W 轴，并按右手法则确定 V 轴，使 U 轴、V 轴和 W 轴构成右手坐标系。误差椭球具有对称性，因此需要考虑基于协方差矩阵 3 个特征向量正反方向的共 6 个向量来确定椭球姿态参数 (α_W, ϕ_W, θ_W)。关于椭球姿态参数的值域，α_W 和 ϕ_W 分别类似于井斜角和方位角，偏转角 θ_W 的理论值域为 [0°, 360°)，但因误差椭球具有对称性，所以可将偏转角 θ_W 归算到 ±90° 甚至 ±45° 范围内。

3. 误差概率

井眼轨迹位置误差椭球确定后，井眼轨迹位置不确定性概率就随之确定了，因此可计算出井眼轨迹位于误差椭球内的概率。

由式 (2-162) 和式 (2-170) 可知，井眼轨迹位于误差椭球内的概率为[26-30]

$$P = \iiint_{B_k} \frac{\exp\left(-\dfrac{1}{2}\left(\dfrac{U^2}{\sigma_1^2} + \dfrac{V^2}{\sigma_2^2} + \dfrac{W^2}{\sigma_3^2}\right)\right)}{(2\pi)^{1.5} \sigma_1 \sigma_2 \sigma_3} \mathrm{d}U \mathrm{d}V \mathrm{d}W \tag{2-176}$$

式中，B_k 为误差椭球区域，与放大系数 k 有关。

令

$$\begin{cases} u = \dfrac{U}{\sqrt{2}\sigma_1} \\ v = \dfrac{V}{\sqrt{2}\sigma_2} \\ w = \dfrac{W}{\sqrt{2}\sigma_3} \end{cases} \tag{2-177}$$

则式 (2-176) 变为

$$P = \frac{1}{\pi^{1.5}} \iiint_{C_k} \exp\left(-u^2 - v^2 - w^2\right) \mathrm{d}u \mathrm{d}v \mathrm{d}w \tag{2-178}$$

式中，C_k 为半径等于 $\dfrac{k}{\sqrt{2}}$ 的圆球。

再令

$$\begin{cases} u = r\cos\varphi \\ v = r\sin\varphi\cos\theta \\ w = r\sin\varphi\sin\theta \end{cases} \tag{2-179}$$

则将直角坐标表达式转换为球坐标表达式，得

$$P = \frac{1}{\pi^{1.5}} \int_0^{2\pi} \int_0^{\pi} \int_0^{\frac{k}{\sqrt{2}}} \exp\left(-r^2\right) r^2 \sin\varphi \mathrm{d}r \mathrm{d}\varphi \mathrm{d}\theta = \frac{4}{\sqrt{\pi}} \int_0^{\frac{k}{\sqrt{2}}} \exp\left(-r^2\right) r^2 \mathrm{d}r \tag{2-180}$$

用数值积分法可解算式(2-180)，从而得到井眼轨迹位于误差椭球内的概率 P。当放大系数 $k = 1.0 \sim 4.0$、步长取为 0.5 时，对应的概率 P 分别为 19.87%、47.78%、73.85%、89.99%、97.07%、99.34%、99.89%。对于邻井防碰的 HSE 风险管理，国际石油工程师协会(SPE)推荐使用放大系数 $k = 3.5$[35, 36]。

4. 截面误差椭圆

定向井的靶区位于水平面上，且多为圆形。水平井的靶区多为斜长方体，靶平面为铅垂平面，在靶平面上靶区一般为矩形。为表征靶平面上井眼轨迹的位置误差情况，可用过球心的平面截取误差椭球，得到截面误差椭圆。

为使表征方法具有一般性，采用过球心的任意姿态平面来截取误差椭球，如图 2-26 所示。若用单位向量 **m** 表示该平面的法线方向，用 α_m 和 ϕ_m 表示平面法线的井斜角和方位角，则 α_m 和 ϕ_m 就确定了平面的空间姿态。以误差椭球的球心为原点，建立坐标系 XYZ，其中 Z 轴指向平面法线方向，X 轴为该平面与过 Z 轴铅垂面的交线且指向高边方向，Y 轴水平指向右侧。这样，仿照式(2-161)可求得坐标系 XYZ 下的协方差矩阵 $\boldsymbol{C}_{XYZ}$。将矩阵 $\boldsymbol{C}_{XYZ}$ 分块，并保留参数 X 和 Y 相关项，则误差椭球截面的椭圆方程为

$$\begin{bmatrix} \delta X \\ \delta Y \end{bmatrix}^{\mathrm{T}} \begin{bmatrix} \sigma_X^2 & \sigma_{XY} \\ \sigma_{XY} & \sigma_Y^2 \end{bmatrix}^{-1} \begin{bmatrix} \delta X \\ \delta Y \end{bmatrix} = k^2 \tag{2-181}$$

假设截面误差椭圆的主轴为 ξ 轴和 η 轴，它们位于 X 轴和 Y 轴绕 Z 轴顺时针旋转 θ 角处，于是坐标系 $\xi\eta$ 与坐标系 XY 之间的旋转变换关系为

$$\begin{bmatrix} X \\ Y \end{bmatrix} = \begin{bmatrix} \cos\theta & -\sin\theta \\ \sin\theta & \cos\theta \end{bmatrix} \begin{bmatrix} \xi \\ \eta \end{bmatrix} \tag{2-182}$$

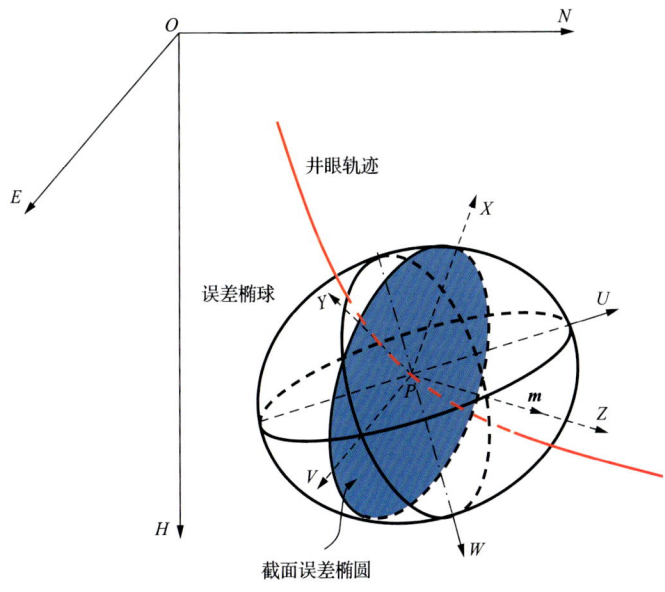

图 2-26 截面误差椭圆

通过坐标系旋转变换，便可得到截面误差椭圆在其主轴坐标系 $\xi\eta$ 下的椭圆方程。ξ 轴和 η 轴为椭圆的主轴，因此将式(2-181)变换到坐标系 $\xi\eta$ 下得到对角矩阵

$$\begin{bmatrix} \cos\theta & \sin\theta \\ -\sin\theta & \cos\theta \end{bmatrix} \begin{bmatrix} \sigma_X^2 & \sigma_{XY} \\ \sigma_{XY} & \sigma_Y^2 \end{bmatrix}^{-1} \begin{bmatrix} \cos\theta & -\sin\theta \\ \sin\theta & \cos\theta \end{bmatrix} = \begin{bmatrix} \lambda_1 & 0 \\ 0 & \lambda_2 \end{bmatrix} \tag{2-183}$$

因此，截面误差椭圆方程为

$$\begin{bmatrix} \xi \\ \eta \end{bmatrix}^{\mathrm{T}} \begin{bmatrix} \lambda_1 & 0 \\ 0 & \lambda_2 \end{bmatrix}^{-1} \begin{bmatrix} \xi \\ \eta \end{bmatrix} = k^2 \tag{2-184}$$

即

$$\frac{\xi^2}{\lambda_1} + \frac{\eta^2}{\lambda_2} = k^2 \tag{2-185}$$

式中

$$\lambda_1^2 = \sigma_X^2 \cos^2\theta + \sigma_{XY} \sin 2\theta + \sigma_Y^2 \sin^2\theta$$
$$\lambda_2^2 = \sigma_X^2 \sin^2\theta - \sigma_{XY} \sin 2\theta + \sigma_Y^2 \cos^2\theta$$
$$\tan 2\theta = \frac{2\sigma_{XY}}{\sigma_X^2 - \sigma_Y^2}$$

截面误差椭圆的半轴长度为 $\sigma_1 = k\sqrt{\lambda_1}$ 和 $\sigma_2 = k\sqrt{\lambda_2}$，因此井眼轨迹位于截面误差椭圆内的概率为

$$P = \iint_{B_k} \frac{\exp\left(-\frac{1}{2}\left(\frac{\xi^2}{\sigma_1^2} + \frac{\eta^2}{\sigma_2^2}\right)\right)}{2\pi\sigma_1\sigma_2} \mathrm{d}\xi \mathrm{d}\eta \tag{2-186}$$

式中，B_k 为与放大系数 k 有关的误差椭圆区域。

令

$$\begin{cases} u = \dfrac{\xi}{\sqrt{2}\sigma_1} \\ v = \dfrac{\eta}{\sqrt{2}\sigma_2} \end{cases} \tag{2-187}$$

则式(2-186)变为

$$P = \frac{1}{\pi} \iint_{C_k} \exp(-u^2 - v^2) \mathrm{d}u \mathrm{d}v \tag{2-188}$$

式中，C_k 为半径等于 $\dfrac{k}{\sqrt{2}}$ 的圆。

再令

$$\begin{cases} u = r\cos\varphi \\ v = r\sin\varphi \end{cases} \tag{2-189}$$

则将直角坐标表达式转换为极坐标表达式，得

$$P = \frac{1}{\pi} \int_0^{2\pi} \int_0^{\frac{k}{\sqrt{2}}} \exp(-r^2) r \mathrm{d}r \mathrm{d}\varphi = 1 - \exp\left(-\frac{k^2}{2}\right) \tag{2-190}$$

显然，截面误差椭圆与误差椭球所包含的概率不同。当放大系数 $k = 1.0 \sim 4.0$、步长取为 1.0 时，对应截面误差椭圆的概率 P 分别为 39.35%、86.47%、98.89%、99.97%。

常用的平面姿态主要是水平面、铅垂平面和法平面，它们过球心截取误差椭球分别得到水平截面、垂直截面和法截面误差椭圆。这三种情况都是上述一般性方法的特例，只需适当选取 α_m 和 ϕ_m 值便可得到相应结果。

(1) 水平截面误差椭圆。取 $\alpha_m = \phi_m = 0$，则式(2-161)中的变换矩阵 $\boldsymbol{A}$ 为单位矩阵。这说明不需要使用式(2-161)进行协方差矩阵变换，将井口坐标系下的协方差矩阵 $\boldsymbol{C}_{NEH}$ 直接分块，并保留参数 N 和 E 相关项，便可得到水平截面误差椭圆。此时偏转角 θ 的起算基准是正北方向。

(2) 垂直截面误差椭圆。取 $\alpha_m = 90°$，ϕ_m 为铅垂平面的法向方位角。根据实际需要，可将 ϕ_m 取为铅垂靶平面的法向方位角或井眼轨迹的方位角，前者将得到铅垂靶平面上的误差椭圆，后者将得到垂直于井眼方位平面上的误差椭圆。此时偏转角 θ 的起算基准是铅垂向上。

(3) 法截面误差椭圆。将 α_m 和 ϕ_m 分别取为井眼轨迹的井斜角 α 和方位角 ϕ。此时偏转角 θ 的起算基准是井眼高边方向。

5. 误差椭圆柱

井眼轨迹的误差椭球依次串联于井眼轨迹上，误差椭球中心位于测点处。若用一个曲面来包络这些误差椭球，将得到一个误差椭圆柱面，由此构成的椭圆柱体可表征井眼

轨迹沿井深的误差及其变化情况，如图 2-27 所示。

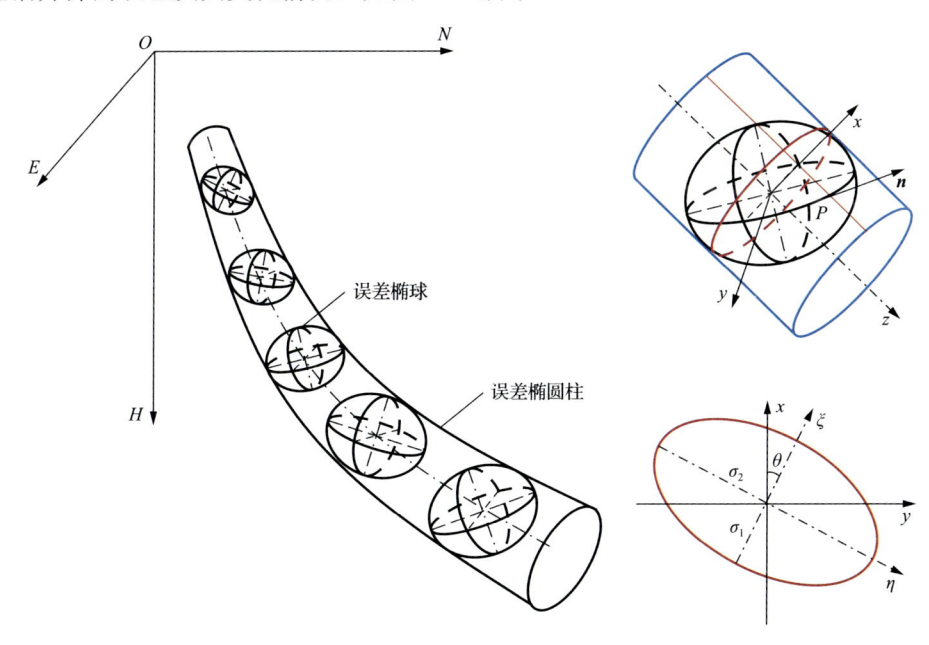

图 2-27 误差椭圆柱及构建原理

然而，误差椭圆柱的形态十分复杂。首先，井眼轨迹即椭圆柱轴线是三维挠曲线，而不是直线、圆弧等形状简单的曲线；其次，椭圆柱的横截面为椭圆形，因为各测点处的误差椭球尺寸不同，所以横截面椭圆的长短半轴随井深变化；再者，各误差椭球的姿态不同，因此椭圆柱面沿井眼轨迹是扭曲面。事实上，误差椭圆柱面是不可展曲面，并不是严格意义上的包络面。

误差椭圆柱的形成原理可以这样来理解：假想地层为冰、误差椭球具有高温，当误差椭球沿井眼轨迹移动时，将消融所触及的冰体。这样，在地层中形成的"井筒"就是误差椭圆柱，而"井壁"就是误差椭圆柱面。

如图 2-27 所示，误差椭圆柱面与误差椭球相切，其切点构成一条闭合曲线。在井眼坐标系 xyz 下，将这条闭合曲线投影到 xy 平面上，得到一条闭合的投影曲线。这条投影曲线就是误差椭球在 xy 平面上投影区域的边界曲线，也是误差椭圆柱在该测点处的横截面边界曲线。显然，误差椭圆柱的横截面边界曲线为椭圆，若能得到各测点处误差椭圆柱的横截面椭圆，就可确定整个误差椭圆柱。

在误差椭球的主轴坐标系 UVW 下，误差椭球方程为

$$\frac{U^2}{\sigma_1^2}+\frac{V^2}{\sigma_2^2}+\frac{W^2}{\sigma_3^2}=1 \tag{2-191}$$

式中

$$\sigma_i^2 = k^2 \lambda_i, \quad i=1,2,3$$

椭球主轴坐标系 UVW 和井眼坐标系 xyz 与井口坐标系 NEH 之间的旋转变换关系分

别为

$$\begin{bmatrix} N \\ E \\ H \end{bmatrix} = \boldsymbol{H} \begin{bmatrix} U \\ V \\ W \end{bmatrix} \qquad (2\text{-}192)$$

$$\begin{bmatrix} x \\ y \\ z \end{bmatrix} = \boldsymbol{A} \begin{bmatrix} N \\ E \\ H \end{bmatrix} \qquad (2\text{-}193)$$

注意到 $\boldsymbol{H}$ 和 $\boldsymbol{A}$ 均为正交矩阵，因此椭球主轴坐标系 UVW 与井眼坐标系 xyz 的转换关系为

$$\begin{bmatrix} U \\ V \\ W \end{bmatrix} = \boldsymbol{B} \begin{bmatrix} x \\ y \\ z \end{bmatrix} \qquad (2\text{-}194)$$

式中

$$\boldsymbol{B} = (\boldsymbol{AH})^{\mathrm{T}} = \boldsymbol{H}^{\mathrm{T}} \boldsymbol{A}^{\mathrm{T}}$$

因此，将式(2-194)代入式(2-191)，可得到井眼坐标系 xyz 下的误差椭球方程为

$$\frac{(B_{11}x + B_{12}y + B_{13}z)^2}{\sigma_1^2} + \frac{(B_{21}x + B_{22}y + B_{23}z)^2}{\sigma_2^2} + \frac{(B_{31}x + B_{32}y + B_{33}z)^2}{\sigma_3^2} = 1 \quad (2\text{-}195)$$

为简便，用 3 个向量 $\boldsymbol{B}_i(i=1,2,3)$ 表示 3×3 矩阵 $\boldsymbol{B}$，用向量 $\boldsymbol{r}$ 表示井眼轨迹位置误差在井眼坐标系 xyz 下的坐标 (x, y, z)，即

$$\begin{cases} \boldsymbol{B}_i = \begin{bmatrix} B_{i1} & B_{i2} & B_{i3} \end{bmatrix} \\ \boldsymbol{r} = \begin{bmatrix} x & y & z \end{bmatrix} \end{cases} \qquad (2\text{-}196)$$

则式(2-195)变为

$$\sum_{i=1}^{3} \left(\frac{\boldsymbol{B}_i \cdot \boldsymbol{r}}{\sigma_i} \right)^2 = 1 \qquad (2\text{-}197)$$

若令

$$F(x, y, z) = \sum_{i=1}^{3} \left(\frac{\boldsymbol{B}_i \cdot \boldsymbol{r}}{\sigma_i} \right)^2 - 1 \qquad (2\text{-}198)$$

则偏导数分别为

$$\begin{cases}\dfrac{\partial F}{\partial x} = 2\left(B_{11}\dfrac{\boldsymbol{B}_1\cdot\boldsymbol{r}}{\sigma_1^2} + B_{21}\dfrac{\boldsymbol{B}_2\cdot\boldsymbol{r}}{\sigma_2^2} + B_{31}\dfrac{\boldsymbol{B}_3\cdot\boldsymbol{r}}{\sigma_3^2}\right)\\[2pt]\dfrac{\partial F}{\partial y} = 2\left(B_{12}\dfrac{\boldsymbol{B}_1\cdot\boldsymbol{r}}{\sigma_1^2} + B_{22}\dfrac{\boldsymbol{B}_2\cdot\boldsymbol{r}}{\sigma_2^2} + B_{32}\dfrac{\boldsymbol{B}_3\cdot\boldsymbol{r}}{\sigma_3^2}\right)\\[2pt]\dfrac{\partial F}{\partial z} = 2\left(B_{13}\dfrac{\boldsymbol{B}_1\cdot\boldsymbol{r}}{\sigma_1^2} + B_{23}\dfrac{\boldsymbol{B}_2\cdot\boldsymbol{r}}{\sigma_2^2} + B_{33}\dfrac{\boldsymbol{B}_3\cdot\boldsymbol{r}}{\sigma_3^2}\right)\end{cases} \qquad (2\text{-}199)$$

在椭圆柱面与椭球面的切点 $P(x,y,z)$ 处，椭圆柱面和椭球面具有相同的法向向量 $\boldsymbol{n}$，即

$$\boldsymbol{n} = \begin{bmatrix}\dfrac{\partial F}{\partial x} & \dfrac{\partial F}{\partial y} & \dfrac{\partial F}{\partial z}\end{bmatrix} \qquad (2\text{-}200)$$

设 z 轴的单位坐标向量为 $\boldsymbol{e}_z$，则在井眼坐标系 xyz 下 $\boldsymbol{e}_z=[0,0,1]$。因为 $\boldsymbol{n}\perp\boldsymbol{e}_z$，所以 $\boldsymbol{n}\cdot\boldsymbol{e}_z=0$，即

$$\sum_{i=1}^{3}\dfrac{B_{i3}}{\sigma_i^2}(\boldsymbol{B}_i\cdot\boldsymbol{r}) = 0 \qquad (2\text{-}201)$$

因此，椭圆柱面与椭球面的相切曲线满足

$$\begin{cases}\displaystyle\sum_{i=1}^{3}\left(\dfrac{\boldsymbol{B}_i\cdot\boldsymbol{r}}{\sigma_i}\right)^2 = 1\\[6pt]\displaystyle\sum_{i=1}^{3}\dfrac{B_{i3}}{\sigma_i^2}(\boldsymbol{B}_i\cdot\boldsymbol{r}) = 0\end{cases} \qquad (2\text{-}202)$$

这样，消去向量 $\boldsymbol{r}$ 中的参数 z，便可得到相切曲线在 xy 平面上的投影曲线。

首先，由式(2-202)的第二式，解析出参数 z，即

$$z = -C_1 x - C_2 y \qquad (2\text{-}203)$$

式中

$$C_1 = \dfrac{\displaystyle\sum_{i=1}^{3}\dfrac{B_{i1}B_{i3}}{\sigma_i^2}}{\displaystyle\sum_{i=1}^{3}\left(\dfrac{B_{i3}}{\sigma_i}\right)^2}$$

$$C_2 = \dfrac{\displaystyle\sum_{i=1}^{3}\dfrac{B_{i2}B_{i3}}{\sigma_i^2}}{\displaystyle\sum_{i=1}^{3}\left(\dfrac{B_{i3}}{\sigma_i}\right)^2}$$

然后，将式(2-203)代入式(2-202)的第一式，得

$$\frac{(D_{11}x+D_{12}y)^2}{\sigma_1^2}+\frac{(D_{21}x+D_{22}y)^2}{\sigma_2^2}+\frac{(D_{31}x+D_{32}y)^2}{\sigma_3^2}=1 \tag{2-204}$$

式中

$$D_{ij}=B_{ij}-B_{i3}C_j, \qquad i=1,2,3;j=1,2$$

展开式(2-204)，得

$$F_{11}x^2+(F_{12}+F_{21})xy+F_{22}y^2=1 \tag{2-205}$$

式中

$$F_{11}=\sum_{i=1}^{3}\left(\frac{D_{i1}}{\sigma_i}\right)^2$$

$$F_{12}=F_{21}=\sum_{i=1}^{3}\left(\frac{D_{i1}D_{i2}}{\sigma_i^2}\right)$$

$$F_{22}=\sum_{i=1}^{3}\left(\frac{D_{i2}}{\sigma_i}\right)^2$$

其矩阵形式为

$$\begin{bmatrix}x\\y\end{bmatrix}^{\mathrm{T}}\begin{bmatrix}F_{11}&F_{12}\\F_{21}&F_{22}\end{bmatrix}\begin{bmatrix}x\\y\end{bmatrix}=1 \tag{2-206}$$

因为 F 为实对称矩阵，所以必存在正交矩阵能使其对角化。假设横截面误差椭圆的主轴为 ξ 轴和 η 轴，自井眼高边起算的偏转角为 θ，则坐标系的旋转变换关系为

$$\begin{bmatrix}x\\y\end{bmatrix}=\begin{bmatrix}\cos\theta&-\sin\theta\\\sin\theta&\cos\theta\end{bmatrix}\begin{bmatrix}\xi\\\eta\end{bmatrix} \tag{2-207}$$

将式(2-207)代入式(2-206)，得

$$\begin{bmatrix}\xi\\\eta\end{bmatrix}^{\mathrm{T}}\begin{bmatrix}\cos\theta&-\sin\theta\\\sin\theta&\cos\theta\end{bmatrix}^{\mathrm{T}}\begin{bmatrix}F_{11}&F_{12}\\F_{21}&F_{22}\end{bmatrix}\begin{bmatrix}\cos\theta&-\sin\theta\\\sin\theta&\cos\theta\end{bmatrix}\begin{bmatrix}\xi\\\eta\end{bmatrix}=1 \tag{2-208}$$

仿照误差椭球及截面误差椭圆的主轴参数求取方法，若矩阵 F 的逆矩阵为 G，则误差椭圆柱的横截面椭圆主轴半径及姿态角为

$$\begin{cases}\sigma_1^2=G_{11}\cos^2\theta+G_{12}\sin2\theta+G_{22}\sin^2\theta\\\sigma_2^2=G_{11}\sin^2\theta-G_{12}\sin2\theta+G_{22}\cos^2\theta\\\tan2\theta=\dfrac{2G_{12}}{G_{11}-G_{22}}\end{cases} \tag{2-209}$$

这样，将各测点处的横截面椭圆沿井眼轨迹串联起来就构成了误差椭圆柱。

研究表明：各种截面误差椭圆的最大主轴半径都小于等于误差椭球的最大主轴半径；误差椭圆柱横截面椭圆的最大主轴半径大于等于各种截面误差椭圆的最大主轴半径，甚至有可能大于误差椭球的最大主轴半径。

附录一 国际地磁参考场的高斯球谐系数

附表2-1 IGRF-12高斯球谐系数表[18]

cos/sin g/h	degree n	order m	IGRF 1900	IGRF 1905	IGRF 1910	IGRF 1915	IGRF 1920	IGRF 1925	IGRF 1930	IGRF 1935	IGRF 1940	DGRF 1945	DGRF 1950	DGRF 1955	DGRF 1960	DGRF 1965	DGRF 1970	DGRF 1975	DGRF 1980	DGRF 1985	DGRF 1990	DGRF 1995	DGRF 2000	DGRF 2005	DGRF 2010	IGRF 2015	SV 2015-20
g	1	0	-31543	-31464	-31354	-31212	-31060	-30926	-30805	-30715	-30654	-30594	-30554	-30500	-30421	-30334	-30220	-30100	-29992	-29873	-29775	-29692	-29619.4	-29554.63	-29496.57	-29442.0	10.3
g	1	1	-2298	-2298	-2297	-2306	-2317	-2318	-2316	-2306	-2292	-2285	-2250	-2215	-2169	-2119	-2068	-2013	-1956	-1905	-1848	-1784	-1728.2	-1669.05	-1586.42	-1501.0	18.1
h	1	1	5922	5909	5898	5875	5845	5817	5808	5812	5821	5810	5815	5820	5791	5776	5737	5675	5604	5500	5406	5306	5186.1	5077.99	4944.26	4797.1	-26.6
g	2	0	-677	-728	-769	-802	-839	-893	-951	-1018	-1106	-1244	-1341	-1440	-1555	-1662	-1781	-1902	-1997	-2072	-2131	-2200	-2267.7	-2337.24	-2396.06	-2445.1	-8.7
g	2	1	2905	2928	2948	2956	2959	2969	2980	2984	2981	2990	2998	3003	3002	2997	3000	3010	3027	3044	3059	3070	3068.4	3047.69	3026.34	3012.9	-3.3
h	2	1	-1061	-1086	-1128	-1191	-1259	-1334	-1424	-1520	-1614	-1702	-1810	-1898	-1967	-2016	-2047	-2067	-2129	-2197	-2279	-2366	-2481.6	-2594.50	-2708.54	-2845.6	-27.4
g	2	2	924	1041	1176	1309	1407	1471	1517	1550	1566	1578	1576	1581	1590	1594	1611	1632	1663	1687	1686	1681	1670.9	1657.76	1668.17	1676.7	2.1
h	2	2	1121	1065	1000	917	823	728	644	586	528	477	381	291	206	114	25	-68	-200	-306	-373	-413	-458.0	-515.43	-575.73	-641.9	-14.1
g	3	0	1022	1037	1058	1084	1111	1140	1172	1206	1240	1282	1297	1302	1302	1297	1287	1276	1281	1296	1314	1335	1339.6	1336.30	1339.85	1350.7	3.4
g	3	1	-1469	-1494	-1524	-1559	-1600	-1645	-1692	-1740	-1790	-1834	-1889	-1944	-1992	-2038	-2091	-2144	-2180	-2208	-2239	-2267	-2288.0	-2305.83	-2326.54	-2352.3	-5.5
h	3	1	-330	-357	-389	-421	-445	-462	-480	-494	-499	-499	-476	-462	-414	-404	-366	-333	-336	-310	-284	-262	-227.6	-198.86	-160.40	-115.3	8.2
g	3	2	1256	1239	1223	1212	1205	1202	1205	1215	1232	1255	1274	1288	1289	1292	1278	1260	1251	1247	1248	1249	1252.1	1246.39	1232.10	1225.6	-0.7
h	3	2	3	34	62	84	103	119	133	146	163	186	206	216	224	240	251	262	262	284	293	302	293.4	269.72	251.75	244.9	-0.4
g	3	3	572	635	705	778	839	881	907	918	916	913	896	882	878	856	838	830	833	829	802	759	714.5	672.51	633.73	582.0	-10.1
h	3	3	523	480	425	360	293	229	166	101	43	-11	-46	-83	-130	-165	-196	-223	-252	-297	-352	-427	-491.1	-524.72	-537.03	-538.4	1.8
g	4	0	876	880	884	887	889	891	896	903	914	944	954	958	957	957	952	946	938	936	939	940	932.3	920.55	912.66	907.6	-0.7
g	4	1	628	643	660	678	695	711	727	744	762	776	792	796	800	804	800	791	782	780	780	780	786.8	797.96	808.97	813.7	0.2
h	4	1	195	203	211	218	220	216	205	188	169	144	136	133	135	148	167	191	212	232	247	262	272.6	282.07	286.48	283.3	-1.3
g	4	2	660	653	644	631	616	601	584	565	550	544	528	510	504	479	461	438	398	361	325	290	250.0	210.65	166.58	120.4	-9.1
h	4	2	-69	-77	-90	-109	-134	-163	-195	-226	-252	-276	-274	-278	-278	-269	-266	-265	-257	-249	-240	-236	-231.9	-225.23	-211.03	-188.7	5.3
g	4	3	-361	-380	-400	-416	-424	-426	-422	-415	-405	-421	-408	-397	-394	-390	-395	-405	-419	-424	-423	-418	-403.0	-379.86	-356.83	-334.9	4.1
h	4	3	-210	-201	-189	-173	-153	-130	-109	-90	-72	-55	-37	-23	3	13	26	39	53	69	84	97	119.8	145.15	164.46	180.9	2.9
g	4	4	134	146	160	178	199	217	234	249	265	304	303	290	269	252	234	216	199	170	141	122	111.3	100.00	89.40	70.4	-4.3
h	4	4	-75	-65	-55	-51	-57	-70	-90	-114	-141	-178	-210	-230	-255	-269	-279	-288	-297	-297	-299	-306	-303.8	-305.36	-309.72	-329.5	-5.2
g	5	0	-184	-192	-201	-211	-221	-230	-237	-241	-241	-253	-240	-229	-222	-219	-216	-218	-218	-214	-214	-214	-218.8	-227.00	-230.87	-232.6	-0.2
g	5	1	328	328	327	327	326	326	327	329	334	346	349	360	362	358	359	356	357	355	353	352	351.4	354.41	357.29	360.1	0.5
h	5	1	-210	-193	-172	-148	-122	-96	-72	-51	-33	-12	3	15	16	19	26	31	46	47	46	46	43.8	42.72	44.58	47.3	0.6
g	5	2	264	259	253	245	236	226	218	211	208	194	211	230	242	254	262	264	261	253	245	235	222.3	208.95	200.26	192.4	-1.3
h	5	2	53	56	57	58	58	58	60	64	71	95	103	110	125	128	139	148	150	150	154	165	171.9	180.25	189.01	197.0	1.7
g	5	3	5	-1	-9	-16	-23	-28	-32	-33	-33	-20	-20	-23	-26	-31	-42	-59	-74	-93	-109	-118	-130.4	-136.54	-141.05	-140.9	-0.1
h	5	3	-33	-32	-33	-34	-38	-44	-53	-64	-75	-67	-87	-98	-117	-126	-139	-152	-151	-154	-153	-143	-133.1	-123.45	-118.06	-119.3	-1.2
g	5	4	-86	-93	-102	-111	-125	-131	-136	-141	-141	-142	-147	-152	-156	-157	-160	-159	-162	-164	-165	-166	-168.6	-168.05	-163.17	-157.5	1.4
h	5	4	-124	-125	-126	-126	-125	-122	-118	-115	-113	-119	-122	-121	-114	-97	-91	-83	-78	-75	-69	-55	-39.3	-19.57	-0.01	16.0	3.4
g	5	5	-16	-26	-38	-51	-62	-69	-74	-76	-76	-82	-76	-69	-63	-62	-56	-49	-48	-46	-36	-17	-12.9	-13.55	-8.03	4.1	3.9
h	5	5	3	11	21	32	43	51	58	64	69	82	80	78	81	81	83	88	92	95	97	107	106.3	103.85	101.04	100.2	0.0
g	6	0	63	62	62	61	61	61	60	59	57	59	54	47	46	45	43	45	48	53	61	68	72.3	73.60	72.78	70.0	-0.3
g	6	1	61	60	58	57	55	54	53	53	54	57	57	57	58	61	64	66	66	65	65	67	68.2	69.56	68.69	67.7	-0.1
h	6	1	-9	-7	-5	-2	0	3	4	4	4	6	-1	-9	-10	-11	-12	-13	-15	-16	-16	-17	-17.4	-20.33	-20.90	-20.8	0.0

第二章 井眼轨道定位 | 125

续表

cos/sin	degree n	order m	IGRF 1900	IGRF 1905	IGRF 1910	IGRF 1915	IGRF 1920	IGRF 1925	IGRF 1930	IGRF 1935	IGRF 1940	DGRF 1945	DGRF 1950	DGRF 1955	DGRF 1960	DGRF 1965	DGRF 1970	DGRF 1975	DGRF 1980	DGRF 1985	DGRF 1990	DGRF 1995	DGRF 2000	DGRF 2005	DGRF 2010	IGRF 2015	SV 2015–20
g	6	2	−11	−11	−11	−10	−10	−9	−9	−8	−7	6	4	3	1	8	15	28	42	51	59	68	74.2	76.74	75.92	72.7	−0.7
h	6	2	83	86	89	93	96	99	102	104	105	100	99	96	99	100	100	99	93	88	82	72	63.7	54.75	44.18	33.2	−2.1
g	6	3	−217	−221	−224	−228	−233	−238	−242	−246	−249	−246	−247	−247	−237	−228	−212	−198	−192	−185	−178	−170	−160.9	−151.34	−141.40	−129.9	2.1
h	6	3	2	4	5	8	11	14	19	25	33	16	33	48	60	68	72	75	71	69	69	67	65.1	63.63	61.54	58.9	−0.7
g	6	4	−58	−57	−54	−51	−46	−40	−32	−25	−18	−25	−16	−8	−1	4	2	1	4	−48	3	−1	−5.9	−14.58	−22.83	−28.9	−1.2
h	6	4	−35	−32	−29	−26	−22	−18	−16	−15	−9	−9	−12	−16	−20	−32	−37	−41	−43	−48	−52	−58	−61.2	−63.53	−66.26	−66.7	0.3
g	6	5	59	57	54	49	44	39	32	25	18	21	−12	−16	−11	−4	−6	6	14	16	18	19	16.9	14.58	13.10	13.2	0.9
h	6	5	36	32	28	23	18	13	8	4	0	−16	−12	−7	−2	1	−4	−4	−22	−1	1	1	0.7	0.24	3.02	7.3	1.6
g	6	6	−90	−92	−95	−98	−101	−103	−104	−106	−107	−104	−105	−107	−113	−111	−112	−111	−108	−102	−96	−93	−90.4	−86.36	−78.09	−70.9	1.0
h	6	6	−69	−67	−65	−62	−57	−52	−46	−40	−33	−39	−30	−24	−17	−12	0	−6	−2	36	24	36	43.8	50.94	55.40	62.6	1.0
g	7	0	70	70	71	72	73	73	74	74	74	70	65	65	67	75	72	71	77	74	77	77	79.0	79.88	80.44	81.6	0.3
g	7	1	−55	−54	−54	−54	−54	−54	−54	−53	−53	−40	−55	−56	−56	−57	−57	−56	−59	−62	−64	−72	−74.0	−74.46	−75.00	−76.1	−0.2
h	7	1	−45	−46	−47	−48	−49	−50	−51	−52	−52	−45	−35	−50	−55	−61	−70	−77	−82	−83	−80	−69	−64.6	−61.14	−57.80	−54.1	0.8
g	7	2	0	0	1	2	2	3	4	4	4	0	2	2	5	4	1	1	−2	−2	2	1	0.0	−1.65	−4.55	−6.8	−0.5
h	7	2	−13	−14	−14	−14	−14	−14	−15	−17	−18	−18	−17	−24	−28	−27	−27	−26	−27	−27	−26	−25	−24.2	−22.57	−21.20	−19.5	0.4
g	7	3	34	33	32	31	29	27	25	23	20	0	1	10	15	13	14	16	21	24	26	28	33.3	38.73	45.24	51.8	1.3
h	7	3	−10	−11	−12	−12	−13	−14	−14	−14	−14	2	0	−4	−6	−2	−4	−5	−5	−2	0	4	6.2	6.54	6.54	5.7	−0.2
g	7	4	−41	−41	−40	−38	−37	−35	−34	−33	−31	−29	−32	−32	−32	−26	−22	−14	−12	−6	−1	5	9.1	12.30	14.00	15.0	0.2
h	7	4	−1	0	1	2	3	4	5	6	7	6	8	7	7	6	8	10	16	20	21	24	24.0	25.35	24.96	24.4	−0.3
g	7	5	−21	−20	−19	−18	−16	−14	−12	−11	−9	−10	−11	−11	−7	−6	−2	0	1	4	5	4	6.9	10.93	10.46	9.4	−0.6
h	7	5	28	28	28	28	28	29	29	29	29	28	23	23	23	26	23	22	18	17	17	17	14.8	10.93	7.03	3.4	−0.6
g	7	6	18	18	18	19	19	19	19	18	18	15	15	15	17	13	13	12	11	10	9	8	7.3	5.42	1.64	−2.8	−0.8
h	7	6	−12	−12	−13	−15	−16	−17	−18	−19	−20	−17	−18	−18	−18	−23	−23	−23	−23	−23	−23	−24	−25.4	−26.32	−27.61	−27.4	0.1
g	7	7	6	6	6	6	6	6	6	5	5	−22	−16	−16	−8	1	−2	−5	−2	−7	−4	−6	−1.2	1.94	4.92	6.8	0.2
h	7	7	−22	−22	−22	−22	−22	−21	−20	−19	−19	−22	−18	−18	−11	−12	−11	−12	−10	−7	−9	−6	−5.8	−4.64	−3.28	−2.2	−0.2
g	8	0	11	11	11	11	11	11	11	11	11	13	14	14	15	14	14	14	18	21	23	25	24.4	24.80	24.41	24.2	0.2
g	8	1	8	8	8	8	8	8	8	8	8	8	8	6	6	6	6	6	6	6	6	6	6.6	7.62	8.21	8.8	0.0
h	8	1	8	8	8	8	8	8	8	8	8	12	10	10	11	11	7	6	7	8	10	10	11.9	11.20	10.84	10.1	−0.6
g	8	2	−4	−4	−4	−4	−3	−3	−3	−3	−3	−8	−6	−6	−4	−4	−2	−4	0	0	−1	−1	−9.2	−11.73	−14.50	−16.9	0.3
h	8	2	−14	−15	−15	−15	−15	−15	−15	−15	−15	−21	−16	−15	−14	−12	−15	−17	−18	−19	−19	−19	−21.5	−20.88	−20.03	−18.3	0.3
g	8	3	−9	−8	−8	−8	−7	−7	−7	−7	−7	−5	−6	−5	−4	−5	−7	−5	−7	−7	−7	−9	−7.9	−6.88	−5.59	−3.2	0.5
h	8	3	7	7	6	6	6	6	6	6	6	5	5	6	5	5	6	5	5	5	5	8	8.5	9.83	11.83	13.3	0.5
g	8	4	1	1	1	1	2	2	2	3	4	−2	−7	−9	−16	−17	−17	−19	−22	−23	−23	−23	−21.5	−19.71	−18.11	−17.3	−0.1
h	8	4	−13	−13	−13	−13	−14	−14	−14	−15	−15	−10	−13	−13	−13	−16	−17	−15	−17	−19	−21	−23	−16.6	−17.41	−19.71	−19.4	−0.2
g	8	5	2	2	2	2	3	3	3	3	3	5	3	3	4	3	3	3	0	2	2	3	9.1	10.17	11.61	13.4	0.4
h	8	5	5	5	5	5	5	5	5	5	5	−2	−10	−8	−13	−15	−15	−15	−15	−14	−14	−15	15.5	16.22	16.71	16.2	−0.2
g	8	6	−9	−8	−8	−8	−8	−8	−8	−8	−8	9	19	18	24	23	17	17	17	14	14	15	7.0	7.61	9.36	11.7	0.1
h	8	6	16	16	16	16	16	16	16	16	16	9	11	11	11	11	11	11	11	11	11	11	8.9	10.85	10.85	5.7	−0.3
g	8	7	5	5	5	5	5	5	5	5	5	9	6	6	6	6	6	6	10	14	12	4	−7.9	−11.25	−14.05	−15.9	−0.4
h	8	7	−5	−5	−5	−5	−5	−5	−5	−5	−5	−13	−16	−16	−17	−17	−17	−17	−13	−11	−14	−16	−14.9	−12.76	−10.74	−9.1	0.3
g	8	8	8	8	8	8	8	8	8	8	8	−1	0	−1	−3	−3	−4	−4	−1	−1	−1	−4	−7.0	−4.87	−3.54	−2.0	0.3
h	8	8	−18	−18	−18	−18	−19	−19	−19	−19	−19	−17	−17	−16	−16	−16	−15	−16	−15	−16	−16	−16	−2.1	−0.06	1.64	2.1	−0.4
g	9	0	10	10	10	10	10	10	10	10	10	3	3	4	4	4	4	4	4	5	5	4	5.0	5.58	5.50	5.4	0.0
g	9	1	11	10	10	10	10	10	10	10	10	6	9	9	9	9	9	9	9	9	9	9	9.4	9.76	9.45	8.8	0.0
h	9	1	−20	−20	−20	−20	−20	−20	−20	−20	−21	−18	−22	−21	−18	−22	−21	−21	−21	−21	−20	−20	−19.7	−20.11	−20.54	−21.6	0.0
g	9	2	1	1	1	1	1	1	1	1	1	1	1	2	2	2	2	2	2	2	3	3	3.0	3.58	3.45	3.1	0.0

续表

cos/sin g/h	degree n	order m	IGRF 1900	IGRF 1905	IGRF 1910	IGRF 1915	IGRF 1920	IGRF 1925	IGRF 1930	IGRF 1935	IGRF 1940	DGRF 1945	DGRF 1950	DGRF 1955	DGRF 1960	DGRF 1965	DGRF 1970	DGRF 1975	DGRF 1980	DGRF 1985	DGRF 1990	DGRF 1995	DGRF 2000	DGRF 2005	DGRF 2010	IGRF 2015	SV 2015-20
h	9	2	14	14	14	14	14	14	14	15	15	17	19	12	12	15	16	16	16	15	15	15	13.4	12.69	11.51	10.8	0.0
g	9	3	-11	-11	-11	-11	-11	-11	-12	-12	-12	-11	-25	-5	-9	-13	-12	-12	-12	-12	-12	-10	-8.4	-6.94	-5.27	-3.3	0.0
h	9	3	5	5	5	5	5	5	5	5	5	29	12	7	2	7	6	7	9	9	11	12	12.5	12.67	12.75	11.8	0.0
g	9	4	12	12	12	12	12	12	12	11	11	3	10	7	2	10	10	10	9	9	11	8	6.3	5.01	3.13	0.7	0.0
h	9	4	-3	-3	-3	-3	-3	-3	-3	-3	-3	-9	3	6	1	-4	-4	-4	-6	-6	-7	-6	-6.2	-6.72	-7.14	-6.8	0.0
g	9	5	-1	-1	-1	-2	-2	-2	-2	-3	-3	16	3	4	4	-1	-1	-5	-5	-3	-4	-8	-8.9	-10.76	-12.38	-13.3	0.0
h	9	5	-2	-2	-2	-2	-2	-2	-2	-2	-2	4	-5	-2	-3	-1	-5	-1	-1	-1	-2	-8	-8.4	-8.16	-7.42	-6.9	0.0
g	9	6	-2	-2	-2	-2	-2	-2	-2	-2	-2	-3	2	5	-1	5	9	10	9	9	9	-1	-1.5	-1.25	-0.76	-0.1	0.0
h	9	6	8	8	8	8	8	9	9	9	9	9	10	-2	9	10	10	10	7	7	8	8	8.4	8.10	7.97	7.8	0.0
g	9	7	2	2	2	2	2	2	2	3	3	-4	8	7	-2	-1	-1	1	1	1	1	5	9.3	8.76	8.43	8.7	0.0
h	9	7	10	10	10	10	10	10	10	11	11	6	7	8	8	10	11	10	10	9	8	-2	3.8	2.92	2.14	1.0	0.0
g	9	8	-1	-1	-1	0	0	0	0	0	1	-3	-8	3	3	-2	-2	-2	2	2	-2	-8	-4.3	-6.66	-8.42	-9.1	0.0
h	9	8	-2	-2	-2	-2	-2	-2	-2	-2	-2	-1	-11	-1	-1	2	-2	-2	-5	-6	-7	-8	-8.2	-7.73	-6.08	-4.0	0.0
g	9	9	2	2	2	2	2	2	2	2	2	1	8	6	0	2	3	2	5	5	8	5	8.7	-9.22	-10.08	-10.5	0.0
h	9	9	-1	-1	-1	-1	-1	-1	-1	-1	-1	5	-7	5	-1	2	2	4	4	3	4	3	4.8	6.01	7.01	8.4	0.0
g	10	0	-2	-2	-2	-2	-2	-2	-2	-3	-3	-3	-8	-5	5	-1	-1	-1	-3	-4	-4	-6	-2.6	-2.17	-1.94	-1.9	0.0
g	10	1	-4	-4	-4	-4	-4	-4	-4	-4	-4	-4	-4	-4	-3	-2	-1	-3	-4	-4	-4	-4	-6.0	-6.12	-6.24	-6.3	0.0
h	10	1	2	2	2	2	2	2	2	2	2	-1	-1	-6	0	1	1	1	2	3	2	1	1.7	2.19	2.73	3.2	0.0
g	10	2	2	2	2	2	2	2	2	2	2	2	2	5	-3	-1	1	2	2	2	2	2	1.7	1.42	0.89	0.1	0.0
h	10	2	0	0	0	0	0	0	0	1	1	-2	13	-4	4	2	2	3	1	0	1	0	0.0	0.10	-0.10	-0.4	0.0
g	10	3	-5	-5	-5	-5	-5	-5	-5	-5	-5	-5	-2	0.1	4	-5	-5	-3	-5	-5	-5	-4	-3.1	-2.35	-1.07	0.5	0.0
h	10	3	2	2	2	2	2	2	2	2	2	2	-2	-8	0	2	5	4	3	4	3	4	4.0	4.46	4.71	4.6	0.0
g	10	4	-2	-2	-2	-2	-2	-2	-2	-2	-2	-2	13	-3	-1	-2	-2	-1	-1	-1	-1	-1	-0.5	-0.15	-0.16	-0.5	0.0
h	10	4	6	6	6	6	6	6	6	6	6	6	-10	4	2	6	6	5	6	6	6	5	4.9	4.76	4.44	4.4	0.0
g	10	5	6	6	6	6	6	6	6	6	6	6	4	4	-5	4	4	4	5	4	4	4	3.7	3.06	2.45	1.8	0.0
h	10	5	-4	-4	-4	-4	-4	-4	-4	-4	-4	-4	-6	-3	6	-4	-4	-4	-4	-4	-5	-5	-5.9	-6.58	-7.22	-7.9	0.0
g	10	6	4	4	4	4	4	4	4	4	4	4	8	12	-1	0	0	0	0	0	0	2	1.0	0.29	-0.33	-0.7	0.0
h	10	6	0	0	0	0	0	0	0	0	0	-1	-1	6	2	-2	-2	-1	-1	-2	-1	-1	-1.2	-1.01	-0.96	-0.6	0.0
g	10	7	0	0	0	0	0	0	0	0	0	-1	-4	3	1	2	2	2	2	2	2	2	2.0	2.06	2.13	2.1	0.0
h	10	7	-2	-2	-2	-2	-2	-2	-2	-2	-2	-3	-3	2	6	-5	-5	-5	-5	-5	-2	-2	-2.9	-3.47	-3.95	-4.2	0.0
g	10	8	2	2	2	2	2	2	2	2	2	2	5	6	6	3	3	3	3	3	4	5	4.2	3.77	3.09	2.4	0.0
h	10	8	4	4	4	4	4	4	4	4	4	5	0	10	-2	2	2	1	2	1	1	3	0.2	-0.86	-1.99	-2.8	0.0
g	10	9	3	3	3	3	3	3	3	3	3	3	-2	3	6	-2	-2	-2	-2	-2	-2	1	0.3	-0.21	-1.03	-1.8	0.0
h	10	9	-1	-1	-1	-1	-1	-1	-1	-1	-1	-2	-3	-8	-7	-2	-2	-2	-2	-2	-2	-2	-2.2	-2.31	-1.97	-1.2	0.0
g	10	10	0	0	0	0	0	0	0	0	0	0	8	0	7	-6	-6	-5	-6	-6	-6	-6	-1.1	-2.09	-2.80	-3.6	0.0
h	10	10	-6	-6	-6	-6	-6	-6	-6	-6	-6	-6	-8	-9	-3	-6	-6	-6	-6	-6	-6	-7	-7.4	-7.93	-8.31	-8.7	0.0
g	11	0	0	0	0	0	0	0	0	0	0	0	0	0	0	0	0	0	0	0	0	0	2.7	2.95	3.05	3.1	0.0
g	11	1	0	0	0	0	0	0	0	0	0	0	0	0	0	0	0	0	0	0	0	0	-1.7	-1.60	-1.48	-1.5	0.0
h	11	1	0	0	0	0	0	0	0	0	0	0	0	0	0	0	0	0	0	0	0	0	0.1	0.26	0.13	-0.1	0.0
g	11	2	0	0	0	0	0	0	0	0	0	0	0	0	0	0	0	0	0	0	0	0	-1.9	-1.88	-2.03	-2.3	0.0
h	11	2	0	0	0	0	0	0	0	0	0	0	0	0	0	0	0	0	0	0	0	0	1.3	1.44	1.65	2.0	0.0
g	11	3	0	0	0	0	0	0	0	0	0	0	0	0	0	0	0	0	0	0	0	0	1.5	1.44	1.67	2.0	0.0
h	11	3	0	0	0	0	0	0	0	0	0	0	0	0	0	0	0	0	0	0	0	0	-0.9	-0.77	-0.66	-0.7	0.0
g	11	4	0	0	0	0	0	0	0	0	0	0	0	0	0	0	0	0	0	0	0	0	-0.1	-0.31	-0.51	-0.8	0.0
h	11	4	0	0	0	0	0	0	0	0	0	0	0	0	0	0	0	0	0	0	0	0	-2.6	-2.27	-1.76	-1.1	0.0
g	11	5	0	0	0	0	0	0	0	0	0	0	0	0	0	0	0	0	0	0	0	0	0.1	0.29	0.54	0.6	0.0

续表

cos/sin g/h	degree n	order m	IGRF 1900	IGRF 1905	IGRF 1910	IGRF 1915	IGRF 1920	IGRF 1925	IGRF 1930	IGRF 1935	IGRF 1940	DGRF 1945	DGRF 1950	DGRF 1955	DGRF 1960	DGRF 1965	DGRF 1970	DGRF 1975	DGRF 1980	DGRF 1985	DGRF 1990	DGRF 1995	DGRF 2000	DGRF 2005	DGRF 2010	IGRF 2015	SV 2015–20
h	11	5	0	0	0	0	0	0	0	0	0	0	0	0	0	0	0	0	0	0	0	0	0.9	0.90	0.85	0.8	0.0
g	11	6	0	0	0	0	0	0	0	0	0	0	0	0	0	0	0	0	0	0	0	0	–0.7	–0.79	–0.79	–0.7	0.0
h	11	6	0	0	0	0	0	0	0	0	0	0	0	0	0	0	0	0	0	0	0	0	–0.7	–0.58	–0.39	–0.2	0.0
g	11	7	0	0	0	0	0	0	0	0	0	0	0	0	0	0	0	0	0	0	0	0	0.7	0.53	0.37	0.2	0.0
h	11	7	0	0	0	0	0	0	0	0	0	0	0	0	0	0	0	0	0	0	0	0	–2.8	–2.69	–2.51	–2.2	0.0
g	11	8	0	0	0	0	0	0	0	0	0	0	0	0	0	0	0	0	0	0	0	0	1.7	1.80	1.79	1.7	0.0
h	11	8	0	0	0	0	0	0	0	0	0	0	0	0	0	0	0	0	0	0	0	0	–0.9	–1.08	–1.27	–1.4	0.0
g	11	9	0	0	0	0	0	0	0	0	0	0	0	0	0	0	0	0	0	0	0	0	0.1	0.16	0.12	–0.2	0.0
h	11	9	0	0	0	0	0	0	0	0	0	0	0	0	0	0	0	0	0	0	0	0	–1.2	–1.58	–2.11	–2.5	0.0
g	11	10	0	0	0	0	0	0	0	0	0	0	0	0	0	0	0	0	0	0	0	0	1.2	0.96	0.75	0.4	0.0
h	11	10	0	0	0	0	0	0	0	0	0	0	0	0	0	0	0	0	0	0	0	0	–1.9	–1.90	–1.94	–2.0	0.0
g	11	11	0	0	0	0	0	0	0	0	0	0	0	0	0	0	0	0	0	0	0	0	4.0	3.99	3.75	3.5	0.0
h	11	11	0	0	0	0	0	0	0	0	0	0	0	0	0	0	0	0	0	0	0	0	–0.9	–1.39	–1.86	–2.4	0.0
g	12	0	0	0	0	0	0	0	0	0	0	0	0	0	0	0	0	0	0	0	0	0	–2.2	–2.15	–2.12	–1.9	0.0
g	12	1	0	0	0	0	0	0	0	0	0	0	0	0	0	0	0	0	0	0	0	0	–0.3	–0.29	–0.21	–0.2	0.0
h	12	1	0	0	0	0	0	0	0	0	0	0	0	0	0	0	0	0	0	0	0	0	–0.4	–0.55	–0.87	–1.1	0.0
g	12	2	0	0	0	0	0	0	0	0	0	0	0	0	0	0	0	0	0	0	0	0	0.2	0.21	0.30	0.4	0.0
h	12	2	0	0	0	0	0	0	0	0	0	0	0	0	0	0	0	0	0	0	0	0	0.3	0.23	0.27	0.4	0.0
g	12	3	0	0	0	0	0	0	0	0	0	0	0	0	0	0	0	0	0	0	0	0	0.9	0.89	1.04	1.2	0.0
h	12	3	0	0	0	0	0	0	0	0	0	0	0	0	0	0	0	0	0	0	0	0	2.5	2.38	2.13	1.9	0.0
g	12	4	0	0	0	0	0	0	0	0	0	0	0	0	0	0	0	0	0	0	0	0	–0.2	–0.38	–0.63	–0.8	0.0
h	12	4	0	0	0	0	0	0	0	0	0	0	0	0	0	0	0	0	0	0	0	0	–2.6	–2.63	–2.49	–2.2	0.0
g	12	5	0	0	0	0	0	0	0	0	0	0	0	0	0	0	0	0	0	0	0	0	0.9	0.96	0.95	0.9	0.0
h	12	5	0	0	0	0	0	0	0	0	0	0	0	0	0	0	0	0	0	0	0	0	0.7	0.61	0.49	0.3	0.0
g	12	6	0	0	0	0	0	0	0	0	0	0	0	0	0	0	0	0	0	0	0	0	–0.5	–0.30	–0.11	0.1	0.0
h	12	6	0	0	0	0	0	0	0	0	0	0	0	0	0	0	0	0	0	0	0	0	0.3	0.40	0.59	0.7	0.0
g	12	7	0	0	0	0	0	0	0	0	0	0	0	0	0	0	0	0	0	0	0	0	0.3	0.46	0.52	0.5	0.0
h	12	7	0	0	0	0	0	0	0	0	0	0	0	0	0	0	0	0	0	0	0	0	0.0	0.01	0.00	–0.1	0.0
g	12	8	0	0	0	0	0	0	0	0	0	0	0	0	0	0	0	0	0	0	0	0	–0.3	–0.35	–0.39	–0.3	0.0
h	12	8	0	0	0	0	0	0	0	0	0	0	0	0	0	0	0	0	0	0	0	0	0.0	0.02	0.13	0.3	0.0
g	12	9	0	0	0	0	0	0	0	0	0	0	0	0	0	0	0	0	0	0	0	0	–0.4	–0.36	–0.37	–0.4	0.0
h	12	9	0	0	0	0	0	0	0	0	0	0	0	0	0	0	0	0	0	0	0	0	0.3	0.28	0.27	0.2	0.0
g	12	10	0	0	0	0	0	0	0	0	0	0	0	0	0	0	0	0	0	0	0	0	–0.1	0.08	0.21	0.2	0.0
h	12	10	0	0	0	0	0	0	0	0	0	0	0	0	0	0	0	0	0	0	0	0	–0.9	–0.87	–0.86	–0.9	0.0
g	12	11	0	0	0	0	0	0	0	0	0	0	0	0	0	0	0	0	0	0	0	0	–0.2	–0.49	–0.77	–0.9	0.0
h	12	11	0	0	0	0	0	0	0	0	0	0	0	0	0	0	0	0	0	0	0	0	–0.4	–0.34	–0.23	–0.1	0.0
g	12	12	0	0	0	0	0	0	0	0	0	0	0	0	0	0	0	0	0	0	0	0	–0.4	–0.08	0.04	0.0	0.0
h	12	12	0	0	0	0	0	0	0	0	0	0	0	0	0	0	0	0	0	0	0	0	0.8	0.88	0.87	0.7	0.0
g	13	0	0	0	0	0	0	0	0	0	0	0	0	0	0	0	0	0	0	0	0	0	–0.2	–0.16	–0.09	0.0	0.0
g	13	1	0	0	0	0	0	0	0	0	0	0	0	0	0	0	0	0	0	0	0	0	–0.9	–0.88	–0.89	–0.9	0.0
h	13	1	0	0	0	0	0	0	0	0	0	0	0	0	0	0	0	0	0	0	0	0	–0.9	–0.76	–0.87	–0.9	0.0
g	13	2	0	0	0	0	0	0	0	0	0	0	0	0	0	0	0	0	0	0	0	0	0.3	0.30	0.31	0.4	0.0
h	13	2	0	0	0	0	0	0	0	0	0	0	0	0	0	0	0	0	0	0	0	0	0.2	0.33	0.30	0.4	0.0
g	13	3	0	0	0	0	0	0	0	0	0	0	0	0	0	0	0	0	0	0	0	0	0.1	0.28	0.42	0.5	0.0
h	13	3	0	0	0	0	0	0	0	0	0	0	0	0	0	0	0	0	0	0	0	0	1.8	1.72	1.66	1.6	0.0
g	13	4	0	0	0	0	0	0	0	0	0	0	0	0	0	0	0	0	0	0	0	0	–0.4	–0.43	–0.45	–0.5	0.0

续表

cos/sin g/h	degree n	order m	IGRF 1900	IGRF 1905	IGRF 1910	IGRF 1915	IGRF 1920	IGRF 1925	IGRF 1930	IGRF 1935	IGRF 1940	DGRF 1945	DGRF 1950	DGRF 1955	DGRF 1960	DGRF 1965	DGRF 1970	DGRF 1975	DGRF 1980	DGRF 1985	DGRF 1990	DGRF 1995	DGRF 2000	DGRF 2005	DGRF 2010	IGRF 2015	SV 2015–20
h	13	4	0	0	0	0	0	0	0	0	0	0	0	0	0	0	0	0	0	0	0	0	−0.4	−0.54	−0.59	−0.5	0.0
g	13	5	0	0	0	0	0	0	0	0	0	0	0	0	0	0	0	0	0	0	0	0	1.3	1.18	1.08	1.0	0.0
h	13	5	0	0	0	0	0	0	0	0	0	0	0	0	0	0	0	0	0	0	0	0	−1.0	−1.07	−1.14	−1.2	0.0
g	13	6	0	0	0	0	0	0	0	0	0	0	0	0	0	0	0	0	0	0	0	0	−0.4	−0.37	−0.31	−0.2	0.0
h	13	6	0	0	0	0	0	0	0	0	0	0	0	0	0	0	0	0	0	0	0	0	−0.1	−0.04	−0.07	−0.1	0.0
g	13	7	0	0	0	0	0	0	0	0	0	0	0	0	0	0	0	0	0	0	0	0	0.7	0.75	0.78	0.8	0.0
h	13	7	0	0	0	0	0	0	0	0	0	0	0	0	0	0	0	0	0	0	0	0	0.7	0.63	0.54	0.4	0.0
g	13	8	0	0	0	0	0	0	0	0	0	0	0	0	0	0	0	0	0	0	0	0	−0.4	−0.26	−0.18	−0.1	0.0
h	13	8	0	0	0	0	0	0	0	0	0	0	0	0	0	0	0	0	0	0	0	0	0.3	0.21	0.10	−0.1	0.0
g	13	9	0	0	0	0	0	0	0	0	0	0	0	0	0	0	0	0	0	0	0	0	0.3	0.35	0.38	0.3	0.0
h	13	9	0	0	0	0	0	0	0	0	0	0	0	0	0	0	0	0	0	0	0	0	0.6	0.53	0.49	0.4	0.0
g	13	10	0	0	0	0	0	0	0	0	0	0	0	0	0	0	0	0	0	0	0	0	−0.1	−0.05	0.02	0.1	0.0
h	13	10	0	0	0	0	0	0	0	0	0	0	0	0	0	0	0	0	0	0	0	0	0.3	0.38	0.44	0.5	0.0
g	13	11	0	0	0	0	0	0	0	0	0	0	0	0	0	0	0	0	0	0	0	0	0.4	0.41	0.42	0.5	0.0
h	13	11	0	0	0	0	0	0	0	0	0	0	0	0	0	0	0	0	0	0	0	0	−0.2	−0.22	−0.25	−0.3	0.0
g	13	12	0	0	0	0	0	0	0	0	0	0	0	0	0	0	0	0	0	0	0	0	0.0	−0.10	−0.26	−0.4	0.0
h	13	12	0	0	0	0	0	0	0	0	0	0	0	0	0	0	0	0	0	0	0	0	−0.5	−0.57	−0.53	−0.4	0.0
g	13	13	0	0	0	0	0	0	0	0	0	0	0	0	0	0	0	0	0	0	0	0	0.1	−0.18	−0.26	−0.3	0.0
h	13	13	0	0	0	0	0	0	0	0	0	0	0	0	0	0	0	0	0	0	0	0	−0.9	−0.82	−0.79	−0.8	0.0

注：IGRF和DGRF单位为nT，SV单位为nT/a。

附录二　井眼轨迹的误差源及权函数

附表 2-2　MWD 和 Gyro 共用误差源[26,43]

序号	助记码	描述*	传播模式	权函数 井深	权函数 井斜角	权函数 方位角
1	XYM1	XY 不对中 1 (XY misalignment 1)	S/R	0	$\|\sin\alpha\|$	0
2	XYM2	XY 不对中 2 (XY misalignment 2)	S/R	0	0	-1
3	XYM3	XY 不对中 3 (垂直时奇异) [XY misalignment 3 (singular when vertical)]	S/R	0	$\|\cos\alpha\|\cos\phi_T$	$-\dfrac{\|\cos\alpha\|\sin\phi_T}{\sin\alpha}$
4	XYM4	XY 不对中 4 (垂直时奇异) [XY misalignment 4 (singular when vertical)]	S/R	0	$\|\cos\alpha\|\sin\phi_T$	$\dfrac{\|\cos\alpha\|\cos\phi_T}{\sin\alpha}$
5	SAG/VSAG	垂直下坠(MWD 模型中的下坠) [vertical sag (SAG in MWD model)]	S	0	$\sin\alpha$	0
6	DRF-R	井深随机误差 (depth random error)	R	1	0	0
7	DRF-S	井深参考的系统误差 (depth systematic reference)	S	—	0	0
8	DSF-W	井深比例因子 (depth scale)	S/W	ΔL	0	0
9	DST-G	井深伸长类型 (depth stretch type)	G	$(H+L\cos\alpha)\Delta L$	0	0

*为便于理解助记码，保留原文描述。

附表 2-3　MWD 误差源[26,43]

序号	助记码	描述	传播模式	权函数 井深	权函数 井斜角	权函数 方位角
1	ABXY-TI1	加速度计零偏-项 1 (accelerometer bias-term1)	S/R	0	$-\dfrac{\cos\alpha}{G}$	$\dfrac{\tan\beta\cos\alpha\sin\phi_M}{G}$
2	ABXY-TI2	加速度计零偏-项 2 (垂直时奇异) [accelerometer bias-term 2 (singular when vertical)]	S/R	0	0	$\dfrac{\tan(90°-\alpha)-\tan\beta\cos\phi_M}{G}$
3	ABZ	加速度计 Z 轴零偏 (accelerometer bias Z-axis)	S	0	$-\dfrac{\sin\alpha}{G}$	$\dfrac{\tan\beta\sin\alpha\sin\phi_M}{G}$
4	ASXY-TI1	加速度计比例因子-项 1 (accelerometer scale factor-term 1)	S	0	$\dfrac{\sin\alpha\cos\alpha}{\sqrt{2}}$	$-\dfrac{\tan\beta\sin\alpha\cos\alpha\sin\phi_M}{\sqrt{2}}$
5	ASXY-TI2	加速度计比例因子-项 2 (accelerometer scale factor-term 2)	S/R	0	$\dfrac{\sin\alpha\cos\alpha}{2}$	$-\dfrac{\tan\beta\sin\alpha\cos\alpha\sin\phi_M}{2}$

续表

序号	助记码	描述	传播模式	权函数 井深	权函数 井斜角	权函数 方位角
6	ASXY-TI3	加速度计比例因子-项3 (accelerometer scale factor-term 3)	S/R	0	0	$\dfrac{\tan\beta\sin\alpha\cos\phi_M - \cos\alpha}{2}$
7	ASZ	加速度计Z轴比例因子 (accelerometer scalefactor Z-axis)	S	0	$-\sin\alpha\cos\alpha$	$\tan\beta\sin\alpha\cos\alpha\sin\phi_M$
8	MBXY-TI1	磁力计零偏-项1 (magnetometer bias-term 1)	S/R	0	0	$-\dfrac{\cos\alpha\sin\phi_M}{B\cos\beta}$
9	MBXY-TI2	磁力计零偏-项2 (magnetometer bias-term 2)	S/R	0	0	$\dfrac{\cos\phi_M}{B\cos\beta}$
10	MBZ	磁力计Z轴零偏 (magnetometer bias Z-axis)	S	0	0	$-\dfrac{\sin\alpha\sin\phi_M}{B\cos\beta}$
11	MSXY-TI1	磁力计比例因子-项1 (magnetometer scale factor-term 1)	S	0	0	$\dfrac{\sin\alpha\sin\phi_M(\tan\beta\cos\alpha + \sin\alpha\cos\phi_M)}{\sqrt{2}}$
12	MSXY-TI2	磁力计比例因子-项2 (magnetometer scale factor-term 2)	S/R	0	0	$\dfrac{\sin\phi_M(\tan\beta\sin\alpha\cos\alpha - \cos^2\alpha\cos\phi_M - \cos\phi_M)}{2}$
13	MSXY-TI3	磁力计比例因子-项3 (magnetometer scale factor-term 3)	S/R	0	0	$\dfrac{\cos\alpha\cos^2\phi_M - \cos\alpha\sin^2\phi_M - \tan\beta\sin\alpha\cos\phi_M}{2}$
14	MSZ	磁力计Z轴比例因子 (magnetometer scalefactor Z-axis)	S	0	0	$-(\sin\alpha\cos\phi_M + \tan\beta\cos\alpha)\sin\alpha\sin\phi_M$
15	AMIL	轴向磁干扰 (axial magnetic interference)	S	0	0	$\dfrac{\sin\alpha\sin\phi_M}{B\cos\beta}$
16	ABIXY-TI1	加速度计零偏-轴向干扰校正-项1 (accelerometer bias-axial interference correction-term 1)	S/R	0	$-\dfrac{\cos\alpha}{G}$	$\dfrac{\cos^2\alpha\sin\phi_M(\tan\beta\cos\alpha + \sin\alpha\cos\phi_M)}{G(1-\sin^2\alpha\sin^2\phi_M)}$
17	ABIXY-TI2	加速度计零偏-轴向干扰校正-项2(垂直时奇异) [accelerometer bias-axial interference correction-term 2 (singular when vertical)]	S/R	0	0	$\dfrac{\tan(90°-\alpha) - \tan\beta\cos\phi_M}{G(1-\sin^2\alpha\sin^2\phi_M)}$
18	ABIZ	采用轴向干扰校正时，加速度计Z轴零偏 (accelerometer bias Z-axis when axial interference correction applied)	S	0	$-\dfrac{\sin\alpha}{G}$	$\dfrac{\sin\alpha\cos\alpha\sin\phi_M(\tan\beta\cos\alpha + \sin\alpha\cos\phi_M)}{G(1-\sin^2\alpha\sin^2\phi_M)}$
19	ASIXY-TI1	加速度计比例因子-轴向干扰校正-项1 (accelerometer scale factor-axial interference correction-term 1)	S	0	$\dfrac{\sin\alpha\cos\alpha}{\sqrt{2}}$	$-\dfrac{\sin\alpha\cos^2\alpha\sin\phi_M(\tan\beta\cos\alpha + \sin\alpha\cos\phi_M)}{\sqrt{2}(1-\sin^2\alpha\sin^2\phi_M)}$

续表

序号	助记码	描述	传播模式	权函数 井深	权函数 井斜角	权函数 方位角
20	ASIXY-TI2	加速度计比例因子-轴向干扰校正-项 2 (accelerometer scale factor-axial interference correction-term 2)	S/R	0	$\dfrac{\sin\alpha\cos\alpha}{2}$	$-\dfrac{\sin\alpha\cos^2\alpha\sin\phi_M(\tan\beta\cos\alpha+\sin\alpha\cos\phi_M)}{2(1-\sin^2\alpha\sin^2\phi_M)}$
21	ASIXY-TI3	加速度计比例因子-轴向干扰校正-项 3 (accelerometer scale factor-axial interference correction-term 3)	S/R	0	0	$\dfrac{\tan\beta\sin\alpha\cos\phi_M-\cos\alpha}{2(1-\sin^2\alpha\sin^2\phi_M)}$
22	ASIZ	采用轴向干扰校正时，加速度计 Z 轴比例因子 (accelerometer scalefactor Z-axis when axial interference correction applied)	S	0	$-\sin\alpha\cos\alpha$	$\dfrac{\sin\alpha\cos^2\alpha\sin\phi_M(\tan\beta\cos\alpha+\sin\alpha\cos\phi_M)}{1-\sin^2\alpha\sin^2\phi_M}$
23	MBIXY-TI1	磁力计零偏-轴向干扰校正-项 1 (magnetometer bias-axial interference correction-term 1)	S/R	0	0	$-\dfrac{\cos\alpha\sin\phi_M}{B\cos\beta(1-\sin^2\alpha\sin^2\phi_M)}$
24	MBIXY-TI2	磁力计零偏-轴向干扰校正-项 2 (magnetometer bias-axial interference correction-term 2)	S/R	0	0	$\dfrac{\cos\phi_M}{B\cos\beta(1-\sin^2\alpha\sin^2\phi_M)}$
25	MSIXY-TI1	磁力计比例因子-轴向干扰校正-项 1 (magnetometer scale factor-axial interference correction-term 1)	S	0	0	$\dfrac{\sin\alpha\sin\phi_M(\tan\beta\cos\alpha+\sin\alpha\cos\phi_M)}{\sqrt{2}(1-\sin^2\alpha\sin^2\phi_M)}$
26	MSIXY-TI2	磁力计比例因子-轴向干扰校正-项 2 (magnetometer scale factor-axial interference correction-term 2)	S/R	0	0	$\dfrac{\sin\phi_M(\tan\beta\sin\alpha\cos\alpha-\cos^2\alpha\cos\phi_M-\cos\phi_M)}{2(1-\sin^2\alpha\sin^2\phi_M)}$
27	MSIXY-TI3	磁力计比例因子-轴向干扰校正-项 3 (magnetometer scale factor-axial interference correction-term 3)	S/R	0	0	$\dfrac{\cos\alpha\cos^2\phi_M-\cos\alpha\sin^2\phi_M-\tan\beta\sin\alpha\cos\phi_M}{2(1-\sin^2\alpha\sin^2\phi_M)}$
28	DEC	恒磁偏角误差 (constant declination error)	G/R	0	0	1
29	DBH	依赖于地磁场水平分量的磁偏角误差 (declination error dependant on the horizontal component of earth's field)	G/R	0	0	$\dfrac{1}{B\cos\beta}$

续表

序号	助记码	描述	传播模式	权函数		
				井深	井斜角	方位角
30	MFI	采用轴向干扰校正时，总地磁场误差(earth's total magnetic field when axial interference correction applied)	G/R	0	0	$-\dfrac{\sin\alpha\sin\phi_{M}(\tan\beta\cos\alpha+\sin\alpha\cos\phi_{M})}{B(1-\sin^2\alpha\sin^2\phi_{M})}$
31	MDI	采用轴向干扰校正时，磁倾角误差(dip angle when axial interference correction applied)	G/R	0	0	$-\dfrac{\sin\alpha\sin\phi_{M}(\cos\alpha-\tan\beta\sin\alpha\cos\phi_{M})}{1-\sin^2\alpha\sin^2\phi_{M}}$

附表 2-4 Gyro 误差源[26,43]

序号	助记码	描述	测量模式	传播模式	权函数		
					井深	井斜角	方位角
1	AXYZ-XYB	*XY* 加速度计零偏(三轴)[*XY* accelerometer bias(3-axis)]	C/S	S/R	0	$\dfrac{\cos\alpha}{G}$	0
2	AXYZ-ZB	*Z* 轴加速度计零偏(三轴)[*Z* accelerometer bias(3-axis)]	C/S	S	0	$\dfrac{\sin\alpha}{G}$	0
3	AXYZ-SF	加速度计比例因子误差(三轴)[accelerometer scale factor error(3-axis)]	C/S	S	0	$13\sin\alpha\cos\alpha$	0
4	AXYZ-MIS	加速度计不对中(三轴)[accelerometer misalignment(3-axis)]	C/S	S	0	1	0
5	AXY-B	*XY* 加速度计零偏(二轴)[*XY* accelerometer bias(2-axis)]	C/S	S/R	0	$\dfrac{1}{G\cos(\alpha-k\gamma)}$	0
6	AXY-SF	*XY* 加速度计比例因子误差(二轴)[accelerometer scale factor error(2-axis)]	C/S	S	0	$\tan(\alpha-k\gamma)$	0
7	AXY-MS	加速度计不对中(二轴)[accelerometer misalignment(2-axis)]	C/S	S	0	1	0
8	AXY-GB	重力零偏(二轴)[gravity bias(2-axis)]	C/S	S	0	$\dfrac{\tan(\alpha-k\gamma)}{G}$	0
9	GXYZ-XYB1	*XY* 陀螺零偏 1(三轴，静态)[*XY* gyro bias 1(3-axis, stationary)]	S	S/R	0	0	$\dfrac{\cos\alpha\sin\phi_{T}}{\Omega\cos B^{*}}$
10	GXYZ-XYB2	*XY* 陀螺零偏 2(三轴，静态)[*XY* gyro bias 2(3-axis, stationary)]	S	S/R	0	0	$\dfrac{\cos\phi_{T}}{\Omega\cos B^{*}}$
11	GXYZ-XYRN	*XY* 陀螺随机噪声(三轴，静态)[*XY* gyro random noise(3-axis, stationary)]	S	R	0	0	$f\dfrac{\sqrt{1-\sin^2\alpha\sin^2\phi_{T}}}{\Omega\cos B^{*}}$

续表

序号	助记码	描述	测量模式	传播模式	权函数 井深	权函数 井斜角	权函数 方位角
12	GXYZ-XYG1	XY 陀螺依赖于 g 的误差 1（三轴，静态）[XY gyro g-dependent error 1 (3-axis, stationary)]	S	S	0	0	$\dfrac{\sin\alpha\cos\phi_T}{\Omega\cos B^*}$
13	GXYZ-XYG2	XY 陀螺依赖于 g 的误差 2（三轴，静态）[XY gyro g-dependent error 2 (3-axis, stationary)]	S	S/R	0	0	$\dfrac{\cos\alpha\cos\phi_T}{\Omega\cos B^*}$
14	GXYZ-XYG3	XY 陀螺依赖于 g 的误差 3（三轴，静态）[XY gyro g-dependent error 3 (3-axis, stationary)]	S	S/R	0	0	$\dfrac{\cos^2\alpha\sin\phi_T}{\Omega\cos B^*}$
15	GXYZ-XYG4	XY 陀螺依赖于 g 的误差 4（三轴，静态）[XY gyro g-dependent error 4 (3-axis, stationary)]	S	S	0	0	$\dfrac{\sin\alpha\cos\alpha\sin\phi_T}{\Omega\cos B^*}$
16	GXYZ-ZB	Z 陀螺零偏（三轴，静态）[Z gyro bias (3-axis, stationary)]	S	S	0	0	$\dfrac{\sin\alpha\sin\phi_T}{\Omega\cos B^*}$
17	GXYZ-ZRN	Z 陀螺随机噪声（三轴，静态）[Z gyro random noise (3-axis, stationary)]	S	R	0	0	$\dfrac{\sin\alpha\sin\phi_T}{\Omega\cos B^*}$
18	GXYZ-ZG1	Z 陀螺依赖于 g 的误差 1（三轴，静态）[Z gyro g-dependent error 1 (3-axis, stationary)]	S	S/R	0	0	$\dfrac{\sin^2\alpha\sin\phi_T}{\Omega\cos B^*}$
19	GXYZ-ZG2	Z 陀螺依赖于 g 的误差 2（三轴，静态）[Z gyro g-dependent error 2 (3-axis, stationary)]	S	S	0	0	$\dfrac{\sin\alpha\cos\alpha\sin\phi_T}{\Omega\cos B^*}$
20	GXYZ-SF	陀螺比例因子（三轴，静态）[gyro scalefactor (3-axis, stationary)]	S	S	0	0	$\tan B^*\sin\alpha\cos\alpha\sin\phi_T$
21	GXYZ-MIS	陀螺不对中（三轴，静态）[gyro misalignment (3-axis, stationary)]	S	S	0	0	$\dfrac{1}{\cos B^*}$
22	GXY-B1	XY 陀螺零偏 1（二轴，静态）[XY gyro bias 1 (2-axis, stationary)]	S	S/R	0	0	$\dfrac{\sin\phi_T}{\Omega\cos B^*\cos\alpha}$
23	GXY-B2	XY 陀螺零偏 2（二轴，静态）[XY gyro bias 2 (2-axis, stationary)]	S	S/R	0	0	$\dfrac{\cos\phi_T}{\Omega\cos B^*}$
24	GXY-RN	XY 陀螺随机噪声（二轴，静态）[XY gyro random noise (2-axis, stationary)]	S	R	0	0	$f\dfrac{\sqrt{1-\sin^2\alpha\cos^2\phi_T}}{\Omega\cos B^*\cos\alpha}$

续表

序号	助记码	描述	测量模式	传播模式	权函数 井深	权函数 井斜角	权函数 方位角
25	GXY-G1	XY 陀螺依赖于 g 的误差 1（二轴，静态） [XY gyro g-dependent error 1 (2-axis, stationary)]	S	S	0	0	$\dfrac{\sin\alpha\cos\phi_T}{\Omega\cos B^*}$
26	GXY-G2	XY 陀螺依赖于 g 的误差 2（二轴，静态） [XY gyro g-dependent error 2 (2-axis, stationary)]	S	S/R	0	0	$\dfrac{\cos\alpha\cos\phi_T}{\Omega\cos B^*}$
27	GXY-G3	XY 陀螺依赖于 g 的误差 3（二轴，静态） [XY gyro g-dependent error 3 (2-axis, stationary)]	S	S/R	0	0	$\dfrac{\sin\phi_T}{\Omega\cos B^*}$
28	GXY-G4	XY 陀螺依赖于 g 的误差 4（二轴，静态） [XY gyro g-dependent error 4 (2-axis, stationary)]	S	S	0	0	$\dfrac{\tan\alpha\sin\phi_T}{\Omega\cos B^*}$
29	GXY-SF	陀螺比例因子（二轴，静态） [gyro scalefactor (2-axis, stationary)]	S	S	0	0	$\tan B^*\tan\alpha\sin\phi_T$
30	GXY-MIS	陀螺不对中（二轴，静态） [gyro misalignment (2-axis, stationary)]	S	S	0	0	$\dfrac{1}{\cos B^*\cos\alpha}$
31	EXT-REF	外部参考误差 (external reference error)	S	S	0	0	1
32	EXT-TIE	使用分支工具时，未建模的随机方位角误差 (un-modelled random azimuth error in tie-on tool)	S	S	0	0	1
33	EXT-MIS	分支点的偏差影响 (misalignment effect at tie-on)	S	S	0	0	$\dfrac{1}{\sin\alpha}$
34	GXYZ-GD	XYZ 陀螺漂移（三轴，连续） [XYZ gyro drift (3-axis, continuous)]	C	S	0	0	$h_i = h_{i-1} + \dfrac{\Delta L_i}{c}$
35	GXYZ-RW	XYZ 陀螺随机游动（三轴，连续） [XYZ gyro random walk (3-axis, continuous)]	C	S	0	0	$h_i = \sqrt{h_{i-1}^2 + \dfrac{\Delta L_i}{c}}$
36	GXY-GD	XY 陀螺漂移（二轴，连续） [XY gyro drift (2-axis, continuous)]	C	S	0	0	$h_i = h_{i-1} + \dfrac{1}{\sin\dfrac{\alpha_{i-1}+\alpha_i}{2}}\dfrac{\Delta L_i}{c}$
37	GXY-RW	XY 陀螺随机游动（二轴，连续） [XY gyro random walk (2-axis, continuous)]	C	S	0	0	$h_i = \sqrt{h_{i-1}^2 + \dfrac{1}{\sin^2\dfrac{\alpha_{i-1}+\alpha_i}{2}}\dfrac{\Delta L_i}{c}}$

续表

序号	助记码	描述	测量模式	传播模式	权函数 井深	权函数 井斜角	权函数 方位角
38	GZ-GD	Z 陀螺漂移（Z 轴，连续）[Z gyro drift (Z-axis, continuous)]	C	S	0	0	$h_i = h_{i-1} + \dfrac{1}{\cos\dfrac{\alpha_{i-1}+\alpha_i}{2}}\dfrac{\Delta L_i}{c}$
39	GZ-RW	Z 陀螺随机游动（Z 轴，连续）[Z gyro random walk (Z-axis, continuous)]	C	S	0	0	$h_i = \sqrt{h_{i-1}^2 + \dfrac{1}{\cos^2\dfrac{\alpha_{i-1}+\alpha_i}{2}}\dfrac{\Delta L_i}{c}}$

注：当传感器旋转时，权函数可能降至零。主要有以下情况：①当 XY 传感器绕 Z 轴旋转时，误差源 1 的井斜角函数和误差源 9、10、18、22、23 的方位角函数；②当 XY 传感器绕 Z 轴旋转且 γ=0 时，误差源 5 的井斜角函数；③当 Z 传感器绕 X(Y) 轴旋转时，误差源 2 的井斜角函数。Ω 为地球自转速度，Ω = 15.041067°/h；c 为测量速度，m/h；k 为加计开关的逻辑运算符；γ 为 XY 加速计的倾斜角，(°)；f 为连续测量初始化的降噪系数；h 为权函数值（用于递归方程）。

附表 2-5 奇点公式[26,43]

序号	助记码	描述	N_{SF}	E_{SF}	H_{SF}
3v	XYM3	XY 不对中 3（垂直时奇异）[XY misalignment 3 (singular when vertical)]	1	0	0
4v	XYM4	XY 不对中 4（垂直时奇异）[XY misalignment 4 (singular when vertical)]	0	1	0
11v	ABXY-TI2	加速度计零偏-项 2（垂直时奇异）[accelerometer bias-term 2 (singular when vertical)]	$-\dfrac{\sin\phi_M}{G}$	$\dfrac{\cos\phi_M}{G}$	0
20v	ABIXY-TI2	加速度计零偏-轴向干扰校正-项 2（垂直时奇异）[accelerometer bias-axial interference correction-term 2 (singular when vertical)]	$-\dfrac{\sin\phi_M}{G}$	$\dfrac{\cos\phi_M}{G}$	0

参 考 文 献

[1] 孔祥元, 郭际明, 刘宗泉. 大地测量学基础[M]. 第 2 版. 武汉: 武汉大学出版社, 2010.

[2] 孙达, 蒲英霞. 地图投影[M]. 南京: 南京大学出版社, 2012.

[3] 王美玲, 付梦印. 地图投影与坐标变换[M]. 北京: 电子工业出版社, 2014.

[4] 中华人民共和国国家质量监督检验检疫总局, 中国国家标准化管理委员会. 大地测量术语: GB/T 17159–2009[S]. 北京: 中国标准出版社, 2009.

[5] 刘修善. 计算子午线弧长的数值积分方法[J]. 测绘通报, 2006, 350(5): 4-6.

[6] 廉保旺, 张怡, 李勇, 等. UTM 坐标转换成大地坐标系的算法研究[J]. 弹箭与制导学报, 1999, 19(3): 15-19.

[7] 刘修善. 井眼轨道几何学[M]. 北京: 石油工业出版社, 2006.

[8] 刘修善. 导向钻具定向造斜方程及井眼轨迹控制机制[J]. 石油勘探与开发, 2017, 44(5): 788-793.

[9] 刘修善. 计算靶心距的通用方法[J]. 石油钻采工艺, 2008, 30(1): 7-11.

[10] 国家能源局. 定向井轨道设计与轨迹计算: SY/T 5435–2012[S]. 北京: 石油工业出版社, 2012.

[11] 刘修善. 定向钻井中方位角及其坐标的归化问题[J]. 石油钻采工艺, 2007, 29(4): 1-5.
[12] 刘修善, 王继平. 基于大地测量理论的井眼轨迹监测方法[J]. 石油钻探技术, 2007, 35(4): 1-5.
[13] 徐文耀. 地磁学[M]. 北京: 地震出版社, 2003.
[14] 王亶文. 地磁场模型研究[J]. 国际地震动态, 2001, (4): 1-4.
[15] 李忠亮, 边少锋. 世界地磁场模型 WMM2010 及其应用[J]. 舰船电子工程, 2011, 31(2): 58-61.
[16] NGA, DGC. The world magnetic model[OL]. [2016-05-10]. http://www.ngdc.noaa.gov/geomag/WMM/index.html.
[17] 刘元元, 王仕成, 张金生, 等. 最新国际地磁参考场模型 IGRF11 研究[J]. 地震学报, 2013, 35(1): 125-134.
[18] IAGA, Working Group V-MOD. International geomagnetic reference field[OL/J]. [2014-12-22]. http://www.ngdc.noaa.gov/IAGA/vmod/igrf.html.
[19] 毛玉仙. 国际地磁参考场的计算[J]. 铀矿地质, 1992, 8(1): 48-52.
[20] 高德章. 国际地磁参考场及其计算[J]. 海洋石油, 1999, 19(3): 34-42.
[21] 柴松均, 陈曙东, 张爽. 国际地磁参考场的计算与软件实现[J]. 吉林大学学报(信息科学版), 2015, 33(3): 280-285.
[22] 石在虹, 滕少臣, 刘子恒. 国际地磁参考场解算方法及石油工程应用[J]. 石油钻采工艺, 2016, 38(4): 409-414.
[23] 刘修善. 基于地球椭球的真三维井眼定位方法[J]. 石油勘探与开发, 2017, 44(2): 275-280.
[24] Williamson H S, Wilson H F. Directional drilling and earth curvature[J]. SPE Drilling & Completion, 2000, 15(1): 37-43.
[25] 刘修善. 考虑磁偏角时空变化的实钻轨迹精准定位[J]. 石油学报, 2017, 38(6): 705-709.
[26] Jamieson A. Introduction to wellbore positioning[D]. Scotland: University of the Highlands & Islands, 2017.
[27] Wolff C J M, de Wardt J P. Borehole position uncertainty-analysis of measuring methods and derivation of systematic error model[J]. Journal of Petroleum Technology, 1981, 33(12): 2339-2350.
[28] Brooks A G, Wilson H. An improved method for computing wellbore position uncertainty and its application to collision and target intersection probability analysis[R]. SPE 36863, 1996.
[29] Williamson H S. Accuracy prediction for directional MWD[R]. SPE 56702, 1999.
[30] Williamson H S. Accuracy prediction for directional measurement while drilling[J]. SPE Drilling & Completion, 2000, 15(4): 221-233.
[31] Torkildsen T, Havarstein S T, Weston J L, et al. Prediction of wellbore position accuracy when surveyed with gyroscopic tools[R]. SPE 90408, 2004.
[32] Brooks A G, Wilson H, Jamieson A L, et al. Quantification of depth accuracy[R]. SPE 95611, 2005.
[33] Ekseth R, Torkildsen T, Brooks A G, et al. The reliability problem related to directional survey data[R]. IADC/SPE 103734, 2006.
[34] Ekseth R, Torkildsen T, Brooks A G, et al. High integrity wellbore surveys: Methods for eliminating gross errors[R]. SPE/IADC 105558, 2007.
[35] Williamson H S. Towards risk-based well separation rules[J]. SPE Drilling & Completion, 1998, 13(1), 47-51.
[36] Sawaryn S J, Wilson H, Bang J, et al. Well collision avoidance-separation rule[R]. SPE 187073, 2017.
[37] 柳贡慧, 董本京, 高德利. 误差椭球(圆)及井眼交碰概率分析[J]. 钻采工艺, 2000, 23(3): 5-12.
[38] 唐宁, 熊祖根, 王贵刚. 定向随钻测量误差分析及应用[J]. 钻采工艺, 2016, 39(5): 22-25.
[39] 刘向东, 吴芝路, 关柏利. 油井有线测斜仪的设计[J]. 哈尔滨理工大学学报, 1999, 4(3): 92-94.
[40] 谢子殿, 朱秀. 基于磁通门与重力加速度传感器的钻井测斜仪[J]. 传感器技术, 2004, 23(7): 30-33.
[41] 乐识非. 陀螺罗盘定向测量中工具面角计算方法探讨[J]. 西安石油学院学报(自然科学版), 2001, 16(4): 68-71.
[42] 姚凯. 陀螺罗经系统用于井下姿态测量的数学模型建立[J]. 佳木斯工学院学报, 1998, 16(1): 46-50.
[43] ISCWSA. Definition of the ISCWSA error model(revision 4.3)[EB/OL]. [2017-8-9]. http://www.iscwsa.net/sub-committees.

第三章

井眼轨道设计

井眼轨道设计是实现定向钻井的首要环节，一般采用二维设计，只在特殊环境及要求条件下才使用三维设计。所谓二维定向井和三维定向井是按设计轨道的维数划分的，所有实钻轨迹都是三维的。井眼轨道设计首先要处理好两个问题：一是应满足钻井目的和设计要求，如避开地下障碍物的绕障井，按规定井眼方向入靶的水平井等；二是选取合理的井眼轨道模型，不同井眼轨道模型的适用条件不同，井眼轨道的设计方法也不尽相同。

本章主要基于井眼轨道模型来研究井眼轨道设计方法，但是每种井眼轨道模型并非仅局限于某种设计条件和要求。例如，自然曲线模型不仅适用于方位漂移轨道设计，还适用于侧钻水平井设计、随钻修正轨道设计，甚至绕障井设计等。本章第二节和第三节介绍二维井眼轨道设计方法，第四节和第五节介绍三维井眼轨道设计方法，基于空间圆弧模型的井眼轨道设计方法和随钻轨迹控制方案设计等内容将在第五章中介绍。

第一节 设计原则及步骤

在满足勘探开发要求和钻井技术条件的前提下，应尽可能设计成形状简单、易于施工的井眼轨道，以减少井眼轨道控制的难度和工作量，有利于实现安全、优质、高效钻井。因此，在没有特殊要求的情况下，井眼轨道一般都采用二维设计，即设计轨道位于铅垂平面内，且井身剖面应力求简单；三维设计主要用于侧钻井、绕障井及方位漂移轨道设计等情况，且三维设计既可用于全井也可用于部分井段。

一、设计原则

井眼轨道设计应遵循以下基本原则[1-4]。

（1）满足勘探开发要求，实现定向钻井目的。首先，应满足利于油气发现、提高油气产量和采收率、钻穿多套含油气层系、复活枯竭停产油井等勘探开发要求；其次，要考虑因地面条件限制而移动井位或钻绕障井、为治理邻井井喷失火而钻救援井、因地质目标调整及井下落物或井塌埋钻具而侧钻等定向钻井目的及技术要求。

（2）满足完井及采油工艺要求。应考虑能顺利下入完井管柱和生产管柱、改善油管和抽油杆的受力及磨损状况等要求，尽量使电潜泵、封隔器等位于直井段或井斜角较小的井段。

(3)有利于安全优质高效钻井。在考虑现有钻井技术条件的基础上,应尽量选用形状简单、易于施工的井眼轨道。对于因地质构造高陡、地层各向异性强等而导致井眼轨迹漂移较大的区块,应考虑地层自然造斜规律来设计井眼轨道。

然而,这些基本原则往往相互制约,有时甚至相互矛盾。例如,较小的井斜角有利于完井及采油作业,但是会增大钻井施工中方位控制的难度。较小的井眼曲率有利于改善钻井及采油管柱摩阻、减少键槽卡钻及抽油杆磨损等复杂情况,但是将导致造斜点位置高、造斜井段长、稳斜井段短等问题,会增大钻井难度及成本。因此,在井眼轨道设计时,应优先解决突出问题,权衡利弊,综合考虑各种因素,设计出最优的井眼轨道。

二、设计步骤及要求

井眼轨道设计的主要内容及步骤如下[3-5]:

(1)计算井口坐标系下的靶点坐标。首先,以井口 O 为原点,以真北或网格北方向为指北基准,建立井口坐标系 NEH(图 1-1、图 2-11)。然后,根据井口和靶点的大地坐标或地图投影坐标,按第二章第三节中的井眼轨道定位方法,计算靶点在井口坐标系下的空间坐标及水平位移、平移方位角等参数。

(2)划分及组装靶段剖面。通常设计轨道从井口开始依次经由每个靶点。如果有两个及两个以上靶点,通常无法一次性地设计出全井的井眼轨道,需要分别设计从井口到第 1 个靶点及后续相邻靶点间的井眼轨道,然后再组装起来。为叙述方便,将从井口到第 1 个靶点及后续相邻靶点间的设计轨道称为靶段剖面。这样,全井的设计轨道就由若干个靶段剖面组成,每个靶段剖面的端点为井口点或靶点,且靶段剖面与靶点的数量相等,如图 3-1 所示。水平井一般有 2 个靶点,其设计轨道由 2 个靶段剖面组成。第 1 个靶段剖面采用双增剖面设计,由 4 个井段和 5 个节点组成。第 2 个靶段剖面采用阶梯形剖面设计,由 5 个井段和 6 个节点组成。

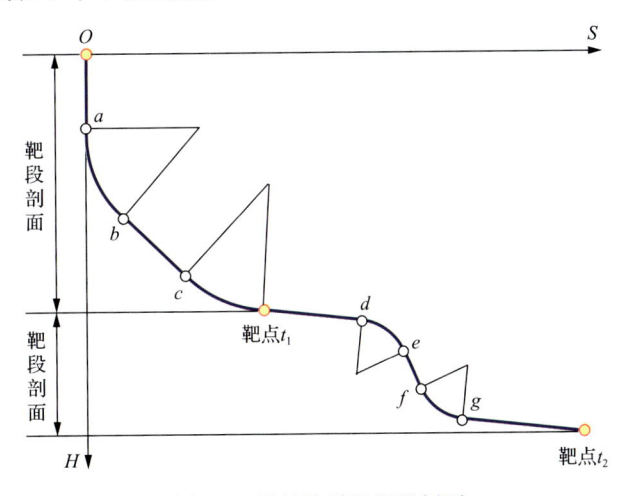

图 3-1 设计轨道及靶段剖面

显然,分别设计完各靶段剖面后,必须按一定的规则进行组装。组装原则是在各靶点处(末靶除外),相邻靶段剖面的井斜角和方位角应相等,以保证全井的设计轨道连续光滑。

需要说明：①对于侧钻井和分支井，第 1 个靶段剖面的始点分别为侧钻点和分支点。对于随钻修正轨道，第 1 个靶段剖面的始点为井底点，而终点可以是入靶点或设计轨道上某点；②靶段剖面设计的基础数据是靶段剖面两端点的坐标。若靶段剖面始点不是井口点，则应先确定靶段剖面始点的坐标，再算得终点相对于始点的水平位移、平移方位角等参数，才能进行靶段剖面设计；③基于靶段剖面划分及组装方法，只需研究单个靶段剖面的设计方法，就能得到全井的设计轨道。显然，单靶井只有一个靶段剖面。

(3) 明确靶段剖面的设计要求。首先，应确定靶段剖面的设计维数，即确定采用二维设计还是三维设计。在没有特殊要求的情况下，应尽量选用二维设计。三维设计主要用于以下情况：①对于侧钻井、分支井及随钻修正轨道，若靶点不在侧钻点、分支点及井底点井眼方向线的铅垂面内，则需要进行三维设计；②在靶段剖面两端点的铅垂面内，若存在不允许通过或难以穿越的障碍物，如已钻井眼、盐丘、断层等，则需要进行绕障设计；③若地层自然造斜能力强、井眼轨道漂移显著，则有必要采用方位漂移轨道设计。然后，应明确入靶要求，主要应明晰对入靶井斜角和方位角有无要求。若有明确要求，则应作为已知数据给出。

(4) 选择靶段剖面的形状。首先，应按设计原则及设计要求，选择井眼轨道模型。二维设计时，应优先选用圆弧线模型；三维设计时，应按步骤(3)的设计要求合理选用相应模型。例如，若要进行方位漂移轨道设计，则应优先选用自然曲线模型。然后，应选择井段数量及组合形式。例如，二维定向井多选用三段式或五段式剖面，二维水平井常选用双增式剖面。

(5) 解算靶段剖面的特征参数。首先，应厘清靶段剖面的特征参数，即决定靶段剖面的相互独立参数。例如，二维三段式圆弧线剖面的特征参数有 5 个，即 2 个直线段的段长和井斜角及 1 个圆弧段的增/降斜率。然后，应选择已知和待定的特征参数。二维井眼轨道设计的待定参数为 2 个，三维井眼轨道设计的待定参数一般为 3 个，其他特征参数都应作为已知数据给出。通常造斜点位置、增/降斜率等参数宜作为已知数据。最后，根据二维或三维设计的约束条件确定待定参数。二维和三维井眼轨道设计的约束方程分别为[6, 7]

$$\begin{cases} \sum_{i=1}^{n} \Delta H_i = H_t - H_0 \\ \sum_{i=1}^{n} \Delta S_i = S_t - S_0 \end{cases} \tag{3-1}$$

$$\begin{cases} \sum_{i=1}^{n} \Delta H_i = H_t - H_0 \\ \sum_{i=1}^{n} \Delta N_i = N_t - N_0 \\ \sum_{i=1}^{n} \Delta E_i = E_t - E_0 \end{cases} \tag{3-2}$$

式中，n 为靶段剖面的井段数；ΔN、ΔE、ΔH 和 ΔS 分别为各井段的北坐标、东坐标、垂深和水平长度增量，m；下标 0 和 t 分别表示靶段剖面的始点和终点。其中，各井段的坐标增量应基于井眼轨道模型及特征参数求得。

显然，待定特征参数与约束方程的数量应相等。若有附加设计条件，则会增加待定参数和约束方程的数量。通常，靶段剖面设计宜通过求解约束方程来确定待定参数，当然也可使用其他方法来设计靶段剖面，但设计结果必须满足相应的约束方程。

(6) 提交设计结果。设计完各靶段剖面后，便可组装成全井的设计轨道。为保证设计结果的正确性，首先应根据各井段的井眼轨道模型及特征参数，从井口开始依次计算出各靶点在井口坐标系下的坐标，并验证是否与步骤(1)中的空间坐标相符。验证无误后，便得到了全井设计轨道的节点参数。所谓节点就是各井段的端点(图 3-1)。节点往往很稀疏，难以满足井眼轨迹监测和控制需求，因此还应计算分点参数。所谓分点就是细分各井段的计算点，一般要求井深步长不超过 30m。通常，井眼轨道的设计结果至少应提交设计轨道的节点和分点数据表，并以井深为自变量增序排列，以及设计轨道的垂直剖面图和水平投影图，甚至三维坐标图。

就井眼轨道设计方法而言，选定靶段剖面的形状后，其技术关键是厘清和解算靶段剖面的特征参数。

第二节　定向井及水平井轨道设计

按设计轨道可将井型分为直井和定向井两大类。设计轨道是一条铅垂线的井称为直井，其余统称为定向井。有些定向井在设计要求和工艺技术等方面具有明显的特殊性，已发展为特定的井型。其中，最大井斜角保持在 90°左右，并在目的层中延伸一定长度的定向井称为水平井。

一、传统设计方法

二维定向井和水平井通常设计成圆弧形剖面，即增/降斜段为圆弧曲线。定向井常采用三段式或五段式剖面，且多采用三段式剖面，如图 3-2 所示。水平井常采用单弧或双弧剖面，其中短半径水平井一般采用单弧剖面，中半径、长半径水平井一般采用双弧剖面，如图 3-3 所示。斜井钻机能从井口稳斜钻进至造斜点，且直井段可看作是井斜角为零的稳斜段，因此将第一个井段假设为稳斜段。值得注意的是，虽然二维设计轨道的水平位移与水平长度数值相等，但二者意义不同，所以井眼轨道设计应使用垂直剖面图而不是垂直投影图。

长期以来，二维井眼轨道设计普遍将稳斜段的段长和井斜角作为待定的特征参数，而将其他参数作为已知数据。定向井轨道存在降斜段，而水平井轨道一般不含降斜段，因此早期的设计方法需要分别研究定向井和水平井待定特征参数的计算公式。通过定义增斜段的曲率和曲率半径为正值，降斜段的曲率和曲率半径为负值，现在已将这两种公式统一为相同的形式[3-12]。

(a) 三段式剖面

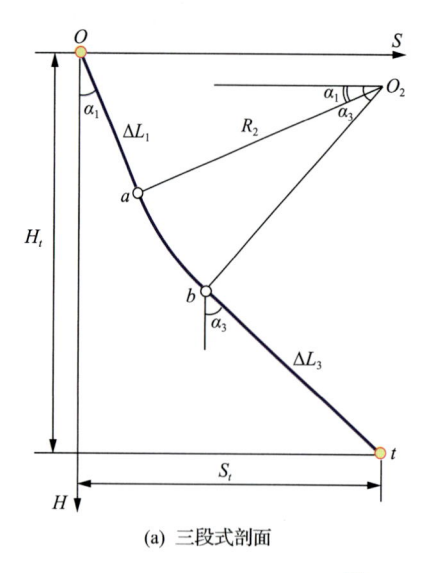

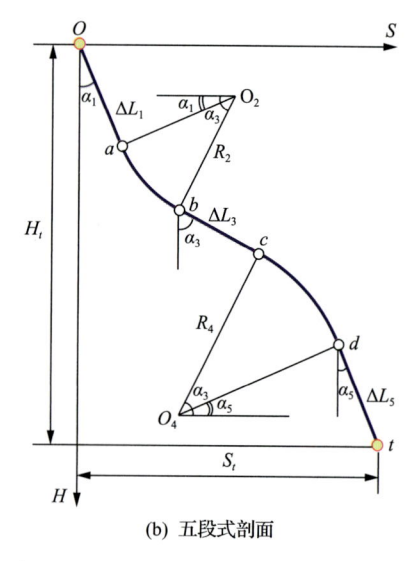

(b) 五段式剖面

图 3-2 典型的定向井轨道

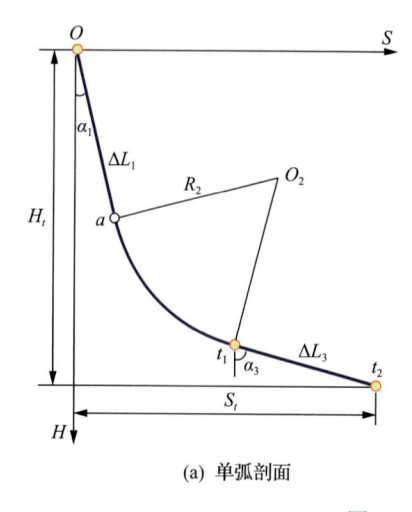

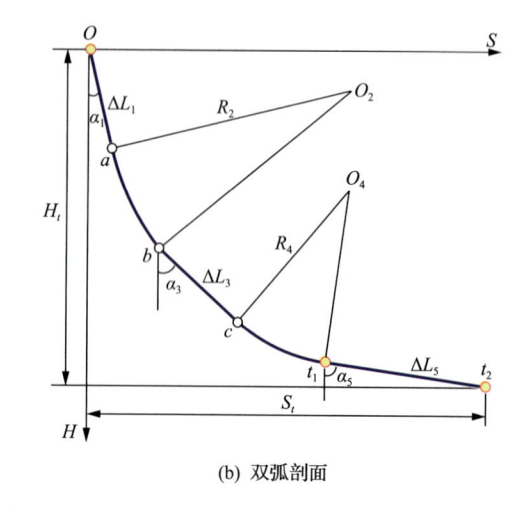

(a) 单弧剖面

(b) 双弧剖面

图 3-3 典型的水平井轨道

由图 3-2 和图 3-3 可以看出：就研究二维定向井和水平井的设计方法而言，其普适性剖面为"直线段—圆弧段—直线段—圆弧段—直线段"剖面。当第二个圆弧段的曲率半径为负值时，即为五段式剖面。若靶点垂深为 H_t、水平长度即水平位移为 S_t，则约束方程式(3-1)的具体形式为

$$\begin{cases} \Delta L_1 \cos\alpha_1 + R_2(\sin\alpha_3 - \sin\alpha_1) + \Delta L_3 \cos\alpha_3 + R_4(\sin\alpha_5 - \sin\alpha_3) + \Delta L_5 \cos\alpha_5 = H_t \\ \Delta L_1 \sin\alpha_1 + R_2(\cos\alpha_1 - \cos\alpha_3) + \Delta L_3 \sin\alpha_3 + R_4(\cos\alpha_3 - \cos\alpha_5) + \Delta L_5 \sin\alpha_5 = S_t \end{cases} \quad (3\text{-}3)$$

为简便，令

$$\begin{cases} H_e = H_t - \Delta L_1 \cos\alpha_1 - \Delta L_5 \cos\alpha_5 + R_2 \sin\alpha_1 - R_4 \sin\alpha_5 \\ S_e = S_t - \Delta L_1 \sin\alpha_1 - \Delta L_5 \sin\alpha_5 - R_2 \cos\alpha_1 + R_4 \cos\alpha_5 \\ R_e = R_2 - R_4 \end{cases} \quad (3\text{-}4)$$

则式(3-3)变为

$$\begin{cases} \Delta L_3 \cos\alpha_3 + R_e \sin\alpha_3 = H_e \\ \Delta L_3 \sin\alpha_3 - R_e \cos\alpha_3 = S_e \end{cases} \quad (3\text{-}5)$$

将式(3-5)中的两式分别平方,再相加,得

$$\Delta L_3 = \sqrt{H_e^2 + S_e^2 - R_e^2} \quad (3\text{-}6)$$

将式(3-5)中的第一式和第二式分别乘以 $\sin\alpha_3$ 和 $\cos\alpha_3$,再相减消去 ΔL_3,得

$$H_e \sin\alpha_3 - S_e \cos\alpha_3 = R_e \quad (3\text{-}7)$$

根据三角函数的倍角公式,经整理得

$$(R_e - S_e)\tan^2\frac{\alpha_3}{2} - 2H_e \tan\frac{\alpha_3}{2} + (R_e + S_e) = 0 \quad (3\text{-}8)$$

所以

$$\tan\frac{\alpha_3}{2} = \begin{cases} \dfrac{S_e}{H_e} = \dfrac{R_e}{H_e}, & \text{当}R_e = S_e\text{时} \\ \dfrac{H_e - \sqrt{H_e^2 + S_e^2 - R_e^2}}{R_e - S_e}, & \text{当}R_e \neq S_e\text{时} \end{cases} \quad (3\text{-}9)$$

理论上,式(3-8)一般存在两个解,即式(3-9)的根式前应为"±"。实际上,第二个圆弧段用曲率半径的正负值来表征增降斜,中间直线段应是两个圆弧段曲率圆的外公切线,因此根式前只取负号。

显然,式(3-6)和式(3-9)均要求 $H_e^2 + S_e^2 - R_e^2 \geqslant 0$,否则无解,需调整已知数据并重新设计。

需要说明的是:①定向井的三段式剖面和水平井的单弧剖面不存在第二个圆弧段和末尾直线段,当用式(3-4)计算 H_e、S_e 和 R_e 时应舍去相应的参数项。在编写计算机程序时,取 $R_4 = \Delta L_5 = 0$ 即可实现;②水平井一般有两个靶点和两个靶段剖面,应分别设计这两个靶段剖面,且通常应先设计水平井段。第一个靶段剖面一般没有最后的稳斜段,此时可按①处理;③对于更复杂的定向井和水平井剖面,可使用后面的通用交互式设计方法。

按定义,当井斜角为零时,不存在方位角;当水平位移为零时,不存在平移方位角。但在有些情况下,即使井斜角或水平位移为零,方位角或平移方位角也可用于表征特定

的含义。例如，当造斜点处的井斜角为零时，方位角可用于表征定向方位；在二维井眼轨道设计中，当水平位移为零时，平移方位角可用于表征设计方位，即设计轨道所在铅垂平面的方位角。

二、通用交互式设计方法

传统设计方法具有公式简明、方法实用等特点，基本能满足二维井眼轨道设计的需求，但是还存在一些缺陷：①待定参数只能是某个稳斜段的段长和井斜角，不能直接设计造斜点、增降斜率等参数；②不能涵盖所有的圆弧形剖面，若两个甚至多个圆弧段直接相连而没有中间稳斜段，则需要另行建立设计公式；③不便于各特征参数之间的相互验证和优选，往往需要多次试算才能得到最优的设计结果。为解决这些问题，作者研究提出了通用圆弧形剖面及其可任选待定特征参数的设计方法[10-12]。

通用圆弧形剖面定义为：直线段与圆弧段相间排列，且首尾井段均为直线段，如图 3-4 所示。该井身剖面的通用性体现在：①用直线段井斜角的不同数值表征直井段、水平段和稳斜段；②用圆弧段曲率或曲率半径的正负值表征增斜段和降斜段；③通过剔除直线段可得到圆弧段直接相连等特殊剖面；④考虑到剖面始点 b 可能不是井口点，其垂深和水平长度分别为 H_b 和 S_b，且第一个井段假设为稳斜段。因此，通用圆弧形剖面适用于由直线段和圆弧段所组成的各种井身剖面。

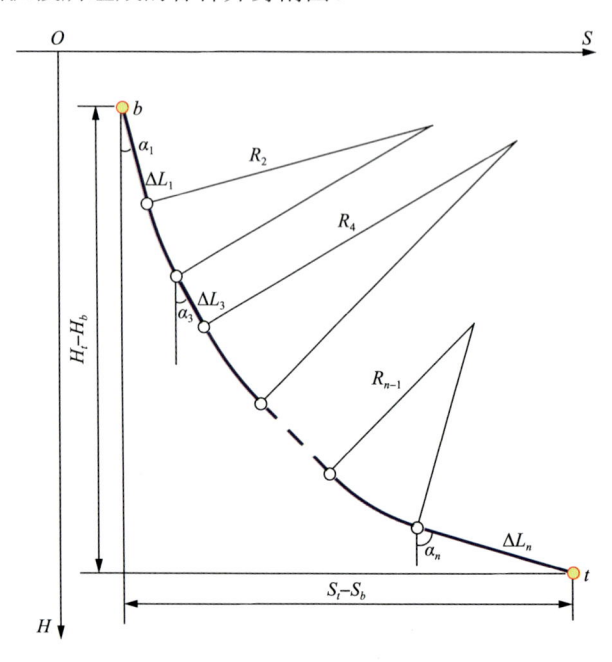

图 3-4 通用圆弧形剖面

要建立通用设计方法，首先应根据圆弧段数量确定相应的通用井身剖面。通用井身剖面的井段数 n 为

$$n = 2M + 1 \tag{3-10}$$

式中，M 为井身剖面的圆弧段数量。

井身剖面的特征参数决定其形状和井段数。直线段的特征参数是段长和井斜角，圆弧段的特征参数是起始井斜角、终止井斜角和曲率半径(或曲率)。因为井身剖面连续光滑且直线段与圆弧段相间排列，所以圆弧段的起止井斜角应分别等于相邻直线段的井斜角。据此，通用井身剖面的特征参数数量 m_c 为

$$m_c = \frac{3n+1}{2} \tag{3-11}$$

通常，在设计井身剖面时，有些特征参数保持不变且为已知数据。例如，若造斜点以上为直井段，则井斜角为零；圆弧段直接相连的剖面可视为中间直线段的段长为零，且剔除几个直线段就有几个直线段的段长为零。因此，除已知的特征参数外，剖面设计可选的特征参数数量 m 为

$$m = m_c - m_e \tag{3-12}$$

式中，m_e 为已知特征参数的数量。

二维井身剖面设计有两个约束方程，所以可求解出两个特征参数。如果每次选取两个不同的特征参数来设计井身剖面，就可以进行特征参数之间的相互验证和优选，避免盲目试算，从而能协调和优化特征参数。在 m 个可选特征参数中，任选两个待定参数的求解组合数 k 为

$$k = \frac{m(m-1)}{2} \tag{3-13}$$

通用井身剖面的井段数 n 为奇数，因此由式(3-11)算得的特征参数数量 m_c 必为整数；而 m 和 $m-1$ 必有一个为偶数，则由式(3-13)算得的求解组合数 k 亦必为整数。

然而，根据井身剖面的约束方程，无法得到任选两个待定特征参数的解析通解。为解决这个问题，首先将井身剖面的特征参数分为 3 类：直线段的段长 ΔL 和井斜角 α、圆弧段的曲率半径 R。然后，任选两类特征参数进行组合，共有 6 种求解组合：①ΔL-ΔL 组合；②R-R 组合；③ΔL-R 组合；④ΔL-α 组合；⑤R-α 组合；⑥α-α 组合。

这样，根据二维井眼轨道设计的约束方程，通过数学推演可得到各种求解组合的解析解[10-12]。为简便，用 ΔL、R 和 α 标识待定特征参数的类型，用 p 和 q 标识待定特征参数所在井段的序号。

(1) ΔL-ΔL 组合：求解井段序号为 p 和 q 的两个直线段段长。

如图 3-5(a)所示，此时待定特征参数为 ΔL_p 和 ΔL_q，在约束方程中未知参数项为两个直线段的垂深和水平长度增量。

(a) ΔL-ΔL组合

(b) R-R组合

(c) ΔL-R组合

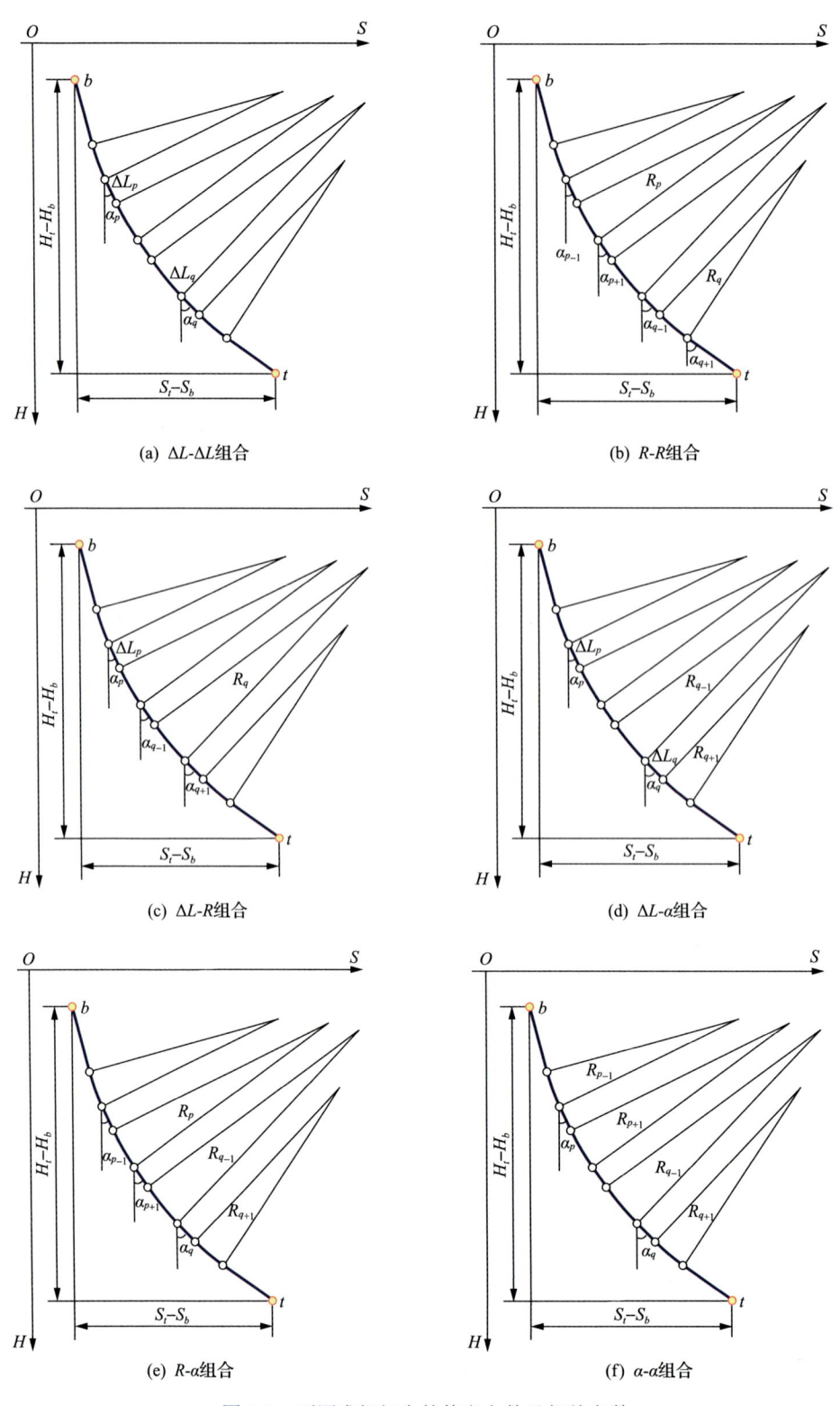

(d) ΔL-α组合

(e) R-α组合

(f) α-α组合

图 3-5　不同求解组合的待定参数及相关参数

由式(3-1)可知，井身剖面的约束方程可表示为

$$\begin{cases} \Delta L_p \cos\alpha_p + \Delta L_q \cos\alpha_q + \sum_{\substack{i=1 \\ i \neq \frac{p+1}{2}, \frac{q+1}{2}}}^{\frac{n+1}{2}} \Delta L_{2i-1} \cos\alpha_{2i-1} + \sum_{j=1}^{\frac{n-1}{2}} R_{2j}\left(\sin\alpha_{2j+1} - \sin\alpha_{2j-1}\right) = H_t - H_b \\ \Delta L_p \sin\alpha_p + \Delta L_q \sin\alpha_q + \sum_{\substack{i=1 \\ i \neq \frac{p+1}{2}, \frac{q+1}{2}}}^{\frac{n+1}{2}} \Delta L_{2i-1} \sin\alpha_{2i-1} + \sum_{j=1}^{\frac{n-1}{2}} R_{2j}\left(\cos\alpha_{2j-1} - \cos\alpha_{2j+1}\right) = S_t - S_b \end{cases}$$

(3-14)

令

$$\begin{cases} H_e = H_t - H_b - \sum_{\substack{i=1 \\ i \neq \frac{p+1}{2}, \frac{q+1}{2}}}^{\frac{n+1}{2}} \Delta L_{2i-1} \cos\alpha_{2i-1} - \sum_{j=1}^{\frac{n-1}{2}} R_{2j}\left(\sin\alpha_{2j+1} - \sin\alpha_{2j-1}\right) \\ S_e = S_t - S_b - \sum_{\substack{i=1 \\ i \neq \frac{p+1}{2}, \frac{q+1}{2}}}^{\frac{n+1}{2}} \Delta L_{2i-1} \sin\alpha_{2i-1} - \sum_{j=1}^{\frac{n-1}{2}} R_{2j}\left(\cos\alpha_{2j-1} - \cos\alpha_{2j+1}\right) \end{cases}$$

(3-15)

则式(3-14)变为

$$\begin{cases} \Delta L_p \cos\alpha_p + \Delta L_q \cos\alpha_q = H_e \\ \Delta L_p \sin\alpha_p + \Delta L_q \sin\alpha_q = S_e \end{cases} \tag{3-16}$$

式中，H_e 和 S_e 分别为从约束方程中剔除含待定特征参数项的垂深和水平位移，由已知数据均可求得。

求解式(3-16)，得

$$\begin{cases} \Delta L_p = \dfrac{H_e \sin\alpha_q - S_e \cos\alpha_q}{\sin(\alpha_q - \alpha_p)} \\ \Delta L_q = \dfrac{S_e \cos\alpha_p - H_e \sin\alpha_p}{\sin(\alpha_q - \alpha_p)} \end{cases} \tag{3-17}$$

显然，式(3-17)要求 $\alpha_p \neq \alpha_q$。当 $\alpha_p = \alpha_q$ 时，由式(3-16)得

$$\Delta L_p + \Delta L_q = H_e \cos\alpha_p + S_e \sin\alpha_p = H_e \cos\alpha_q + S_e \sin\alpha_q \tag{3-18}$$

这表明：当 $\alpha_p = \alpha_q$ 时，ΔL_p 和 ΔL_q 存在无数组解，还需给定 ΔL_p 和 ΔL_q 二者之一。

(2) *R-R* 组合：求解井段序号为 p 和 q 的两个圆弧段曲率半径，即待定特征参数为 R_p 和 R_q，如图 3-5(b) 所示。

令

$$\begin{cases} H_e = H_t - H_b - \sum_{i=1}^{\frac{n+1}{2}} \Delta L_{2i-1} \cos\alpha_{2i-1} - \sum_{\substack{j=1 \\ j \neq \frac{p}{2}, \frac{q}{2}}}^{\frac{n-1}{2}} R_{2j}\left(\sin\alpha_{2j+1} - \sin\alpha_{2j-1}\right) \\ S_e = S_t - S_b - \sum_{i=1}^{\frac{n+1}{2}} \Delta L_{2i-1} \sin\alpha_{2i-1} - \sum_{\substack{j=1 \\ j \neq \frac{p}{2}, \frac{q}{2}}}^{\frac{n-1}{2}} R_{2j}\left(\cos\alpha_{2j-1} - \cos\alpha_{2j+1}\right) \end{cases} \quad (3\text{-}19)$$

则由井身剖面的约束方程，得

$$\begin{cases} R_p\left(\sin\alpha_{p+1} - \sin\alpha_{p-1}\right) + R_q\left(\sin\alpha_{q+1} - \sin\alpha_{q-1}\right) = H_e \\ R_p\left(\cos\alpha_{p-1} - \cos\alpha_{p+1}\right) + R_q\left(\cos\alpha_{q-1} - \cos\alpha_{q+1}\right) = S_e \end{cases} \quad (3\text{-}20)$$

于是，有

$$\begin{cases} R_p = \dfrac{H_e\left(\cos\alpha_{q-1} - \cos\alpha_{q+1}\right) - S_e\left(\sin\alpha_{q+1} - \sin\alpha_{q-1}\right)}{\sin\left(\alpha_{q-1} - \alpha_{p-1}\right) + \sin\left(\alpha_{p-1} - \alpha_{q+1}\right) + \sin\left(\alpha_{p+1} - \alpha_{q-1}\right) + \sin\left(\alpha_{q+1} - \alpha_{p+1}\right)} \\ R_q = \dfrac{S_e\left(\sin\alpha_{p+1} - \sin\alpha_{p-1}\right) - H_e\left(\cos\alpha_{p-1} - \cos\alpha_{p+1}\right)}{\sin\left(\alpha_{q-1} - \alpha_{p-1}\right) + \sin\left(\alpha_{p-1} - \alpha_{q+1}\right) + \sin\left(\alpha_{p+1} - \alpha_{q-1}\right) + \sin\left(\alpha_{q+1} - \alpha_{p+1}\right)} \end{cases} \quad (3\text{-}21)$$

(3) $\Delta L\text{-}R$ 组合：求解井段序号为 p 的直线段段长和井段序号为 q 的圆弧段曲率半径，即待定特征参数为 ΔL_p 和 R_q，如图 3-5(c) 所示。

令

$$\begin{cases} H_e = H_t - H_b - \sum_{\substack{i=1 \\ i \neq \frac{p+1}{2}}}^{\frac{n+1}{2}} \Delta L_{2i-1} \cos\alpha_{2i-1} - \sum_{\substack{j=1 \\ j \neq \frac{q}{2}}}^{\frac{n-1}{2}} R_{2j}\left(\sin\alpha_{2j+1} - \sin\alpha_{2j-1}\right) \\ S_e = S_t - S_b - \sum_{\substack{i=1 \\ i \neq \frac{p+1}{2}}}^{\frac{n+1}{2}} \Delta L_{2i-1} \sin\alpha_{2i-1} - \sum_{\substack{j=1 \\ j \neq \frac{q}{2}}}^{\frac{n-1}{2}} R_{2j}\left(\cos\alpha_{2j-1} - \cos\alpha_{2j+1}\right) \end{cases} \quad (3\text{-}22)$$

则由井身剖面的约束方程，得

第三章　井眼轨道设计 | 149

$$\begin{cases} \Delta L_p \cos\alpha_p + R_q\left(\sin\alpha_{q+1} - \sin\alpha_{q-1}\right) = H_e \\ \Delta L_p \sin\alpha_p + R_q\left(\cos\alpha_{q-1} - \cos\alpha_{q+1}\right) = S_e \end{cases} \quad (3\text{-}23)$$

于是，有

$$\begin{cases} \Delta L_p = \dfrac{H_e\left(\cos\alpha_{q-1} - \cos\alpha_{q+1}\right) - S_e\left(\sin\alpha_{q+1} - \sin\alpha_{q-1}\right)}{\cos\left(\alpha_{q-1} - \alpha_p\right) - \cos\left(\alpha_{q+1} - \alpha_p\right)} \\ R_q = \dfrac{S_e \cos\alpha_p - H_e \sin\alpha_p}{\cos\left(\alpha_{q-1} - \alpha_p\right) - \cos\left(\alpha_{q+1} - \alpha_p\right)} \end{cases} \quad (3\text{-}24)$$

(4) ΔL-α 组合：求解井段序号为 p 的直线段段长和井段序号为 q 的直线段井斜角，即待定特征参数为 ΔL_p 和 α_q，如图 3-5(d)所示。

此时，在约束方程中未知参数项涉及两个直线段（序号分别为 p 和 q）和两个圆弧段（序号分别为 $q-1$ 和 $q+1$）的坐标增量。

令

$$\begin{cases} H_e = H_t - H_b - \sum_{\substack{i=1 \\ i\neq \frac{p+1}{2},\frac{q+1}{2}}}^{\frac{n+1}{2}} \Delta L_{2i-1}\cos\alpha_{2i-1} - \sum_{\substack{j=1 \\ j\neq \frac{q-1}{2},\frac{q+1}{2}}}^{\frac{n-1}{2}} R_{2j}\left(\sin\alpha_{2j+1} - \sin\alpha_{2j-1}\right) \\ \quad + R_{q-1}\sin\alpha_{q-2} - R_{q+1}\sin\alpha_{q+2} \\ S_e = S_t - S_b - \sum_{\substack{i=1 \\ i\neq \frac{p+1}{2},\frac{q+1}{2}}}^{\frac{n+1}{2}} \Delta L_{2i-1}\sin\alpha_{2i-1} - \sum_{\substack{j=1 \\ j\neq \frac{q-1}{2},\frac{q+1}{2}}}^{\frac{n-1}{2}} R_{2j}\left(\cos\alpha_{2j-1} - \cos\alpha_{2j+1}\right) \\ \quad - R_{q-1}\cos\alpha_{q-2} + R_{q+1}\cos\alpha_{q+2} \\ R_e = R_{q-1} - R_{q+1} \end{cases} \quad (3\text{-}25)$$

则由井身剖面的约束方程，得

$$\begin{cases} \Delta L_p \cos\alpha_p + \Delta L_q \cos\alpha_q + R_e \sin\alpha_q = H_e \\ \Delta L_p \sin\alpha_p + \Delta L_q \sin\alpha_q - R_e \cos\alpha_q = S_e \end{cases} \quad (3\text{-}26)$$

为分离变量，将式(3-26)变形为

$$\begin{cases} \Delta L_q \cos\alpha_q + R_e \sin\alpha_q = H_e - \Delta L_p \cos\alpha_p \\ \Delta L_q \sin\alpha_q - R_e \cos\alpha_q = S_e - \Delta L_p \sin\alpha_p \end{cases} \quad (3\text{-}27)$$

将式(3-27)中两式平方，再相加，得

$$\Delta L_q{}^2 + R_e{}^2 = H_e{}^2 + S_e{}^2 + \Delta L_p{}^2 - 2\Delta L_p \left(H_e \cos\alpha_p + S_e \sin\alpha_p \right) \tag{3-28}$$

令

$$\begin{cases} b = H_e \cos\alpha_p + S_e \sin\alpha_p \\ c = H_e{}^2 + S_e{}^2 - R_e{}^2 - \Delta L_q{}^2 \end{cases} \tag{3-29}$$

则有

$$\Delta L_p{}^2 - 2b\Delta L_p + c = 0 \tag{3-30}$$

于是，井段序号为 p 的直线段段长为

$$\Delta L_p = b \pm \sqrt{b^2 - c} \tag{3-31}$$

在式(3-26)中，用第一式与 $\sin\alpha_p$ 的乘积减去第二式与 $\cos\alpha_p$ 的乘积，消去变量 ΔL_p，得

$$\left(R_e \cos\alpha_p + \Delta L_q \sin\alpha_p \right) \cos\alpha_q + \left(R_e \sin\alpha_p - \Delta L_q \cos\alpha_p \right) \sin\alpha_q = H_e \sin\alpha_p - S_e \cos\alpha_p \tag{3-32}$$

令

$$\begin{cases} A = R_e \cos\alpha_p + \Delta L_q \sin\alpha_p \\ B = R_e \sin\alpha_p - \Delta L_q \cos\alpha_p \\ C = H_e \sin\alpha_p - S_e \cos\alpha_p \end{cases} \tag{3-33}$$

则有

$$A\cos\alpha_q + B\sin\alpha_q = C \tag{3-34}$$

利用倍角公式，求解式(3-34)，得

$$\tan\frac{\alpha_q}{2} = \begin{cases} \dfrac{C - A}{2B}, & \text{当 } C + A = 0 \text{ 时} \\ \dfrac{B \pm \sqrt{A^2 + B^2 - C^2}}{C + A}, & \text{当 } C + A \neq 0 \text{ 时} \end{cases} \tag{3-35}$$

特别地，当 $p = q$ 时，式(3-25)为

$$\begin{cases} H_e = H_t - H_b - \sum\limits_{\substack{i=1 \\ i \neq \frac{p+1}{2}}}^{\frac{n+1}{2}} \Delta L_{2i-1} \cos \alpha_{2i-1} - \sum\limits_{\substack{j=1 \\ j \neq \frac{p-1}{2}, \frac{p+1}{2}}}^{\frac{n-1}{2}} R_{2j} \left(\sin \alpha_{2j+1} - \sin \alpha_{2j-1} \right) \\ \qquad + R_{p-1} \sin \alpha_{p-2} - R_{p+1} \sin \alpha_{p+2} \\ S_e = S_t - S_b - \sum\limits_{\substack{i=1 \\ i \neq \frac{p+1}{2}}}^{\frac{n+1}{2}} \Delta L_{2i-1} \sin \alpha_{2i-1} - \sum\limits_{\substack{j=1 \\ j \neq \frac{p-1}{2}, \frac{p+1}{2}}}^{\frac{n-1}{2}} R_{2j} \left(\cos \alpha_{2j-1} - \cos \alpha_{2j+1} \right) \\ \qquad - R_{p-1} \cos \alpha_{p-2} + R_{p+1} \cos \alpha_{p+2} \\ R_e = R_{p-1} - R_{p+1} \end{cases} \quad (3\text{-}36)$$

此时由井身剖面的约束方程，得

$$\begin{cases} \Delta L_p \cos \alpha_p + R_e \sin \alpha_p = H_e \\ \Delta L_p \sin \alpha_p - R_e \cos \alpha_p = S_e \end{cases} \quad (3\text{-}37)$$

将式(3-37)中两式分别平方，再相加，即得直线段段长为

$$\Delta L_p = \sqrt{H_e^2 + S_e^2 - R_e^2} \quad (3\text{-}38)$$

在式(3-37)中，用第一式与$\sin \alpha_p$的乘积减去第二式与$\cos \alpha_p$的乘积，消去变量ΔL_p，得

$$R_e = H_e \sin \alpha_p - S_e \cos \alpha_p \quad (3\text{-}39)$$

利用倍角公式，求解式(3-39)，得

$$\tan \frac{\alpha_p}{2} = \begin{cases} \dfrac{R_e + S_e}{2H_e}, & \text{当} R_e - S_e = 0 \text{时} \\ \dfrac{H_e \pm \sqrt{H_e^2 + S_e^2 - R_e^2}}{R_e - S_e}, & \text{当} R_e - S_e \neq 0 \text{时} \end{cases} \quad (3\text{-}40)$$

(5) R-α组合：求解井段序号为p的圆弧段曲率半径和井段序号为q的直线段井斜角，即待定特征参数为R_p和α_q，如图3-5(e)所示。

此时，在约束方程中未知参数项为3个圆弧段(序号分别为p、$q-1$和$q+1$)和1个直线段(序号为q)的坐标增量。

令

$$\begin{cases} H_e = H_t - H_b - \sum\limits_{\substack{i=1 \\ i \neq \frac{q+1}{2}}}^{\frac{n+1}{2}} \Delta L_{2i-1} \cos\alpha_{2i-1} - \sum\limits_{\substack{j=1 \\ j \neq \frac{p}{2}, \frac{q-1}{2}, \frac{q+1}{2}}}^{\frac{n-1}{2}} R_{2j} \left(\sin\alpha_{2j+1} - \sin\alpha_{2j-1} \right) \\ \qquad + R_{q-1} \sin\alpha_{q-2} - R_{q+1} \sin\alpha_{q+2} \\ S_e = S_t - S_b - \sum\limits_{\substack{i=1 \\ i \neq \frac{q+1}{2}}}^{\frac{n+1}{2}} \Delta L_{2i-1} \sin\alpha_{2i-1} - \sum\limits_{\substack{j=1 \\ j \neq \frac{p}{2}, \frac{q-1}{2}, \frac{q+1}{2}}}^{\frac{n-1}{2}} R_{2j} \left(\cos\alpha_{2j-1} - \cos\alpha_{2j+1} \right) \\ \qquad - R_{q-1} \cos\alpha_{q-2} + R_{q+1} \cos\alpha_{q+2} \\ R_e = R_{q-1} - R_{q+1} \end{cases} \qquad (3\text{-}41)$$

则由井身剖面的约束方程，得

$$\begin{cases} R_p \left(\sin\alpha_{p+1} - \sin\alpha_{p-1} \right) + R_e \sin\alpha_q + \Delta L_q \cos\alpha_q = H_e \\ R_p \left(\cos\alpha_{p-1} - \cos\alpha_{p+1} \right) - R_e \cos\alpha_q + \Delta L_q \sin\alpha_q = S_e \end{cases} \qquad (3\text{-}42)$$

为简便，令

$$\begin{cases} a = \sin\alpha_{p+1} - \sin\alpha_{p-1} \\ b = \cos\alpha_{p-1} - \cos\alpha_{p+1} \end{cases} \qquad (3\text{-}43)$$

则式 (3-42) 变为

$$\begin{cases} \Delta L_q \cos\alpha_q + R_e \sin\alpha_q = H_e - aR_p \\ \Delta L_q \sin\alpha_q - R_e \cos\alpha_q = S_e - bR_p \end{cases} \qquad (3\text{-}44)$$

将式 (3-44) 中的两式分别平方，再相加，得

$$\Delta L_q^{\,2} + R_e^{\,2} = \left(H_e - aR_p \right)^2 + \left(S_e - bR_p \right)^2 \qquad (3\text{-}45)$$

即

$$\left(a^2 + b^2 \right) R_p^{\,2} - 2 \left(aH_e - bS_e \right) R_p + H_e^{\,2} + S_e^{\,2} - R_e^{\,2} - \Delta L_q^{\,2} = 0 \qquad (3\text{-}46)$$

所以，有

$$R_p = \begin{cases} \dfrac{d}{2c}, & \text{当 } a^2 + b^2 = 0 \text{ 时} \\ \dfrac{c \pm \sqrt{c^2 - d\left(a^2 + b^2 \right)}}{a^2 + b^2}, & \text{当 } a^2 + b^2 \neq 0 \text{ 时} \end{cases} \qquad (3\text{-}47)$$

式中

$$\begin{cases} c = aH_e - bS_e \\ d = H_e^2 + S_e^2 - R_e^2 - \Delta L_q^2 \end{cases}$$

因为

$$a^2 + b^2 = 2\left[1 - \cos(\alpha_{p+1} - \alpha_{p-1})\right] \tag{3-48}$$

所以，式(3-47)中的判别条件也可替换为 $\alpha_{p+1}=\alpha_{p-1}$ 和 $\alpha_{p+1}\neq\alpha_{p-1}$。

在式(3-42)中，通过第一式与 b 的乘积减去第二式与 a 的乘积运算，得

$$R_e(b\sin\alpha_q + a\cos\alpha_q) + \Delta L_q(b\cos\alpha_q - a\sin\alpha_q) = bH_e - aS_e \tag{3-49}$$

即

$$(aR_e + b\Delta L_q)\cos\alpha_q + (bR_e - a\Delta L_q)\sin\alpha_q = bH_e - aS_e \tag{3-50}$$

再令

$$\begin{cases} A = aR_e + b\Delta L_q \\ B = bR_e - a\Delta L_q \\ C = bH_e - aS_e \end{cases} \tag{3-51}$$

则式(3-50)变为

$$A\cos\alpha_q + B\sin\alpha_q = C \tag{3-52}$$

于是，有

$$\tan\frac{\alpha_q}{2} = \begin{cases} \dfrac{C-A}{2B}, & \text{当}C+A=0\text{时} \\ \dfrac{B\pm\sqrt{A^2+B^2-C^2}}{C+A}, & \text{当}C+A\neq 0\text{时} \end{cases} \tag{3-53}$$

(6) α-α 组合：求解井段序号为 p 和 q 的两个直线段井斜角，即待定特征参数为 α_p 和 α_q，如图 3-5(f)所示。

此时，在约束方程中未知参数项涉及两个直线段(序号分别为 p 和 q)和 4 个圆弧段(序号分别为 p-1、p+1、q-1、q+1)的坐标增量。

令

$$\begin{cases} H_e = H_t - H_b - \sum\limits_{\substack{i=1 \\ i \ne \frac{p+1}{2}, \frac{q+1}{2}}}^{\frac{n+1}{2}} \Delta L_{2i-1} \cos\alpha_{2i-1} - \sum\limits_{\substack{j=1 \\ j \ne \frac{p-1}{2}, \frac{p+1}{2}, \frac{q-1}{2}, \frac{q+1}{2}}}^{\frac{n-1}{2}} R_{2j}\left(\sin\alpha_{2j+1} - \sin\alpha_{2j-1}\right) \\ \quad\quad + R_{p-1}\sin\alpha_{p-2} - R_{p+1}\sin\alpha_{p+2} + R_{q-1}\sin\alpha_{q-2} - R_{q+1}\sin\alpha_{q+2} \\ S_e = S_t - S_b - \sum\limits_{\substack{i=1 \\ i \ne \frac{p+1}{2}, \frac{q+1}{2}}}^{\frac{n+1}{2}} \Delta L_{2i-1} \sin\alpha_{2i-1} - \sum\limits_{\substack{j=1 \\ j \ne \frac{p-1}{2}, \frac{p+1}{2}, \frac{q-1}{2}, \frac{q+1}{2}}}^{\frac{n-1}{2}} R_{2j}\left(\cos\alpha_{2j-1} - \cos\alpha_{2j+1}\right) \\ \quad\quad - R_{p-1}\cos\alpha_{p-2} + R_{p+1}\cos\alpha_{p+2} - R_{q-1}\cos\alpha_{q-2} + R_{q+1}\cos\alpha_{q+2} \\ R_{ep} = R_{p-1} - R_{p+1} \\ R_{eq} = R_{q-1} - R_{q+1} \end{cases} \quad (3\text{-}54)$$

则由井身剖面的约束方程，得

$$\begin{cases} \Delta L_p \cos\alpha_p + \Delta L_q \cos\alpha_q + R_{ep}\sin\alpha_p + R_{eq}\sin\alpha_q = H_e \\ \Delta L_p \sin\alpha_p + \Delta L_q \sin\alpha_q - R_{ep}\cos\alpha_p - R_{eq}\cos\alpha_q = S_e \end{cases} \quad (3\text{-}55)$$

将式(3-55)变形为

$$\begin{cases} \Delta L_q \cos\alpha_q + R_{eq}\sin\alpha_q = H_e - \Delta L_p \cos\alpha_p - R_{ep}\sin\alpha_p \\ \Delta L_q \sin\alpha_q - R_{eq}\cos\alpha_q = S_e - \Delta L_p \sin\alpha_p + R_{ep}\cos\alpha_p \end{cases} \quad (3\text{-}56)$$

将式(3-56)中的两式分别平方，再相加，可消去 α_q，得

$$\Delta L_q^2 + R_{eq}^2 = H_e^2 + S_e^2 + \Delta L_p^2 + R_{ep}^2 - 2\left(H_e\Delta L_p - S_e R_{ep}\right)\cos\alpha_p - 2\left(H_e R_{ep} + S_e \Delta L_p\right)\sin\alpha_p \quad (3\text{-}57)$$

令

$$\begin{cases} a = 2\left(H_e \Delta L_p - S_e R_{ep}\right) \\ b = 2\left(H_e R_{ep} + S_e \Delta L_p\right) \\ c = H_e^2 + S_e^2 + R_{ep}^2 - R_{eq}^2 + \Delta L_p^2 - \Delta L_q^2 \end{cases} \quad (3\text{-}58)$$

则式(3-57)变为

$$a\cos\alpha_p + b\sin\alpha_p = c \quad (3\text{-}59)$$

于是，得

$$\tan\frac{\alpha_p}{2} = \begin{cases} \dfrac{c-a}{2b}, & \text{当}c+a=0\text{时} \\ \dfrac{b \pm \sqrt{a^2+b^2-c^2}}{c+a}, & \text{当}c+a \neq 0\text{时} \end{cases} \quad (3\text{-}60)$$

再将式(3-55)变形为

$$\begin{cases} \Delta L_p \cos\alpha_p + R_{ep} \sin\alpha_p = H_e - \Delta L_q \cos\alpha_q - R_{eq} \sin\alpha_q \\ \Delta L_p \sin\alpha_p - R_{ep} \cos\alpha_p = S_e - \Delta L_q \sin\alpha_q + R_{eq} \cos\alpha_q \end{cases} \quad (3\text{-}61)$$

将式(3-61)中的两式分别平方,再相加,可消去 α_p,得

$$\Delta L_p^{\ 2} + R_{ep}^{\ 2} = H_e^{\ 2} + S_e^{\ 2} + \Delta L_q^{\ 2} + R_{eq}^{\ 2} - 2(H_e \Delta L_q - S_e R_{eq})\cos\alpha_q - 2(H_e R_{eq} + S_e \Delta L_q)\sin\alpha_q \quad (3\text{-}62)$$

令

$$\begin{cases} A = 2(H_e \Delta L_q - S_e R_{eq}) \\ B = 2(H_e R_{eq} + S_e \Delta L_q) \\ C = H_e^{\ 2} + S_e^{\ 2} + R_{eq}^{\ 2} - R_{ep}^{\ 2} + \Delta L_q^{\ 2} - \Delta L_p^{\ 2} \end{cases} \quad (3\text{-}63)$$

则式(3-62)变为

$$A\cos\alpha_q + B\sin\alpha_q = C \quad (3\text{-}64)$$

于是,有

$$\tan\frac{\alpha_q}{2} = \begin{cases} \dfrac{C-A}{2B}, & \text{当}C+A=0\text{时} \\ \dfrac{B \pm \sqrt{A^2+B^2-C^2}}{C+A}, & \text{当}C+A \neq 0\text{时} \end{cases} \quad (3\text{-}65)$$

不难看出,传统设计方法仅限于用 ΔL-α 组合来设计井身剖面,而且只是 $p=q=3$ 的一个解。

在使用通用交互式设计方法时,应处理好以下问题:

①根式内的算式应大于等于零,否则应调整已知数据并重新设计;此外,还要解决好分母为零等情况。

②在计算 H_e 和 S_e 时,式(3-36)等处含有 α_{p-2} 和 α_{p+2} 参数项。当 $p-2<1$ 和 $p+2>n$ 时,应舍去相应的参数项。在计算机编程时,也可使用如下处理方法:

$$\Delta L_i = R_i = 0, \qquad \text{当} i < 1 \text{或} i > n \text{时} \tag{3-66}$$

③有些求解组合的解含有"±",是否能参照式(3-9)确定出唯一的解析式尚待验证。但是,每种求解组合最多有 4 组解,一般能按井眼轨道的特征及规律得到唯一解,只有个别情况存在两组解需选择其一。例如,求解 ΔL_i 时,应取 $\Delta L_i \geqslant 0$ 的最小值;求解 R_i 和 α_i 时,应满足如下条件:

$$\begin{cases} \dfrac{180}{\pi} \sum\limits_{i=1}^{\frac{n-1}{2}} \dfrac{\Delta L_{2i}}{R_{2i}} = \alpha_n - \alpha_1 \\ \sum\limits_{i=1}^{\frac{n+1}{2}} (\alpha_{2i+1} - \alpha_{2i-1}) = \alpha_n - \alpha_1 \end{cases} \tag{3-67}$$

总之,通用交互式设计方法厘清了井身剖面的特征参数,通过建立通用井身剖面及约束方程,将井身剖面设计归结为约束方程组的求解问题。通过对特征参数进行分类,构造出任选两个待定特征参数的 6 种求解组合,再经初等数学推演得到了全部的解析解。通用交互式设计方法揭示了井身剖面设计的内涵,具有计算公式简明、方法灵活实用、易于计算机编程等特点,适用于由直线段和圆弧段组成的各种二维井身剖面,可广泛应用于各种定向井和水平井的井眼轨道设计。

第三节　大位移井轨道设计

大位移井是水平位移与垂深之比大于 2,且水平位移超过 3000m 的定向井。大位移井具有控制开采面积大、钻遇油气层井段长、采收率及单井产量高等优点,可减少海上钻井平台和人工岛数量,实现滩海地区海油陆采,从而节约投资。大位移井的井斜角和水平位移大,致使起下钻柱、下入套管柱时摩阻大,因此大位移井轨道设计应重点考虑降低管柱摩阻问题。

目前,大位移井轨道设计多采用"直井段—圆弧段—稳斜段"三段式剖面,此外为降低摩阻还可采用悬链线和抛物线等剖面,这里主要介绍悬链线剖面和抛物线剖面的设计方法。

一、悬链线剖面设计

悬链线剖面上不存在井斜角为零的点,因此要使直井段与悬链线段平滑连接,需要用圆弧段过渡。典型的悬链线剖面是"稳斜段—圆弧段—悬链线段—稳斜段"剖面[13-17],如图 3-6 所示。

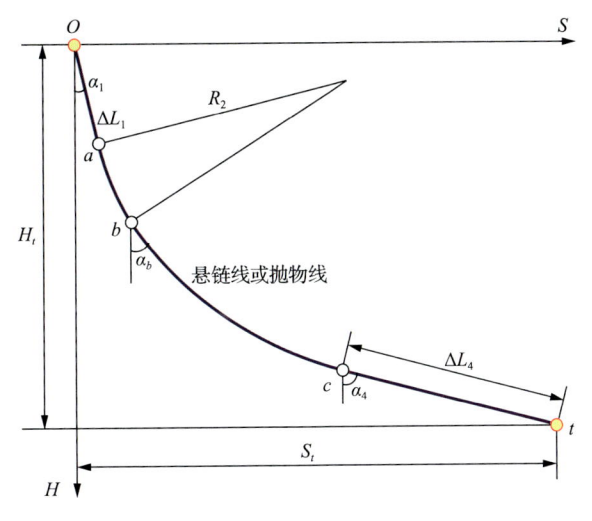

图 3-6 悬链线及抛物线剖面

大水平位移需要长稳斜段和大井斜角，即需要较大的 ΔL_4 和 α_4。井斜角越大，管柱摩阻就越大，所以井斜角 α_4 不能过大，它有临界值 α_{cr}。当 $\alpha_4 < \alpha_{cr}$ 时，管柱能依靠自重向下移动；当 $\alpha_4 > \alpha_{cr}$ 时，除依靠上部管柱重力外，还需要井口加压等才能推动管柱下行。在大位移井设计时，一般要求 $\alpha_4 < \alpha_{cr}$。临界井斜角的计算公式为

$$\alpha_{cr} = \arctan \frac{1}{f} \qquad (3\text{-}68)$$

式中，f 为管柱与井壁间的摩阻系数。

悬链线剖面的特征参数有：起始稳斜段的段长 ΔL_1 和井斜角 α_1、圆弧段的曲率半径 R_2、圆弧段与悬链线段连接点的井斜角 α_b、悬链线的特征参数 a、末尾稳斜段的段长 ΔL_4 和井斜角 α_4。悬链线的特征参数 a 决定了悬链线的形状，而 α_b 或 ΔL_4 决定了悬链线段在井身剖面中的位置，悬链线剖面设计的实质是确定悬链线段的形状和位置。

由式(1-93)和式(1-94)可知，悬链线段的坐标增量为[16, 17]

$$\begin{cases} \Delta H_3 = a(Y_b - Y_c) \\ \Delta S_3 = a(X_b - X_c) \end{cases} \qquad (3\text{-}69)$$

所以，由二维井眼轨道设计的约束方程式(3-1)，得

$$\begin{cases} \Delta L_1 \cos\alpha_1 + R_2(\sin\alpha_b - \sin\alpha_1) + a(Y_b - Y_c) + \Delta L_4 \cos\alpha_4 = H_t \\ \Delta L_1 \sin\alpha_1 + R_2(\cos\alpha_1 - \cos\alpha_b) + a(X_b - X_c) + \Delta L_4 \sin\alpha_4 = S_t \end{cases} \qquad (3\text{-}70)$$

式中，H_t 为靶点垂深，m；S_t 为靶点水平长度，m。

无因次变量 X 和 Y 满足式(1-86)和式(1-90)，因此式(3-70)可写成

$$\begin{cases} \Delta L_1 \cos\alpha_1 + R_2(\sin\alpha_b - \sin\alpha_1) + a\left(\dfrac{1}{\sin\alpha_b} - \dfrac{1}{\sin\alpha_4}\right) + \Delta L_4 \cos\alpha_4 = H_t \\ \Delta L_1 \sin\alpha_1 + R_2(\cos\alpha_1 - \cos\alpha_b) + a\ln\dfrac{\tan\dfrac{\alpha_4}{2}}{\tan\dfrac{\alpha_b}{2}} + \Delta L_4 \sin\alpha_4 = S_t \end{cases} \quad (3\text{-}71)$$

当 a 和 α_b 为待定参数时，由式(3-71)得[17]

$$\dfrac{1}{\sin\alpha_b} - \dfrac{1}{\sin\alpha_4} - \dfrac{H_e - R_2\sin\alpha_b}{S_e + R_2\cos\alpha_b}\ln\dfrac{\tan\dfrac{\alpha_4}{2}}{\tan\dfrac{\alpha_b}{2}} = 0 \quad (3\text{-}72)$$

$$a = \dfrac{H_e - R_2\sin\alpha_b}{\dfrac{1}{\sin\alpha_b} - \dfrac{1}{\sin\alpha_4}} \quad (3\text{-}73)$$

式中

$$\begin{cases} H_e = H_t - \Delta L_1\cos\alpha_1 - \Delta L_4\cos\alpha_4 + R_2\sin\alpha_1 \\ S_e = S_t - \Delta L_1\sin\alpha_1 - \Delta L_4\sin\alpha_4 - R_2\cos\alpha_1 \end{cases}$$

显然，由式(3-72)求解 α_b 需要使用迭代法，然后再由式(3-73)便可计算出悬链线的特征参数 a。不难看出：式(3-72)和式(3-73)要求 $\alpha_b \neq 0$、$\alpha_4 \neq 0$ 及 $\alpha_b \neq \alpha_4$，显然悬链线剖面满足这些条件。

当 a 和 ΔL_4 为待定参数时，由式(3-71)得[17]

$$a = \dfrac{H_e\sin\alpha_4 - S_e\cos\alpha_4}{b\sin\alpha_4 - c\cos\alpha_4} \quad (3\text{-}74)$$

$$\Delta L_4 = \dfrac{bS_e - cH_e}{b\sin\alpha_4 - c\cos\alpha_4} \quad (3\text{-}75)$$

式中

$$H_e = H_t - \Delta L_1\cos\alpha_1 - R_2(\sin\alpha_b - \sin\alpha_1)$$
$$S_e = S_t - \Delta L_1\sin\alpha_1 - R_2(\cos\alpha_1 - \cos\alpha_b)$$
$$b = \dfrac{1}{\sin\alpha_b} - \dfrac{1}{\sin\alpha_4}$$
$$c = \ln\dfrac{\tan\dfrac{\alpha_4}{2}}{\tan\dfrac{\alpha_b}{2}}$$

最后，计算悬链线段的长度

$$\Delta L_3 = a\left(\frac{1}{\tan\alpha_b} - \frac{1}{\tan\alpha_4}\right) \tag{3-76}$$

二、抛物线剖面设计

如图3-6所示，典型的抛物线剖面是"稳斜段—圆弧段—抛物线段—稳斜段"剖面，抛物线的特征参数为 P。

由式(1-106)和式(1-107)知，抛物线段的坐标增量为[18, 19]

$$\begin{cases} \Delta H_3 = \dfrac{P}{2}\left(\dfrac{1}{\tan^2\alpha_b} - \dfrac{1}{\tan^2\alpha_4}\right) \\ \Delta S_3 = P\left(\dfrac{1}{\tan\alpha_b} - \dfrac{1}{\tan\alpha_4}\right) \end{cases} \tag{3-77}$$

所以，由二维井眼轨道设计的约束方程式(3-1)，得

$$\begin{cases} \Delta L_1 \cos\alpha_1 + R_2(\sin\alpha_b - \sin\alpha_1) + \dfrac{P}{2}\left(\dfrac{1}{\tan^2\alpha_b} - \dfrac{1}{\tan^2\alpha_4}\right) + \Delta L_4 \cos\alpha_4 = H_t \\ \Delta L_1 \sin\alpha_1 + R_2(\cos\alpha_1 - \cos\alpha_b) + P\left(\dfrac{1}{\tan\alpha_b} - \dfrac{1}{\tan\alpha_4}\right) + \Delta L_4 \sin\alpha_4 = S_t \end{cases} \tag{3-78}$$

当 P 和 α_b 为待定参数时，由式(3-78)得[18, 19]

$$2H_e\left(\frac{1}{\tan\alpha_b} - \frac{1}{\tan\alpha_4}\right) - S_e\left(\frac{1}{\tan^2\alpha_b} - \frac{1}{\tan^2\alpha_4}\right) = 0 \tag{3-79}$$

$$P = \frac{S_e}{\dfrac{1}{\tan\alpha_b} - \dfrac{1}{\tan\alpha_4}} \tag{3-80}$$

式中

$$H_e = H_t - \Delta L_1 \cos\alpha_1 - \Delta L_4 \cos\alpha_4 - R_2(\sin\alpha_b - \sin\alpha_1)$$
$$S_e = S_t - \Delta L_1 \sin\alpha_1 - \Delta L_4 \sin\alpha_4 - R_2(\cos\alpha_1 - \cos\alpha_b)$$

显然，由式(3-79)求解 α_b 需要使用迭代法，然后再由式(3-80)便可计算出抛物线的特征参数 P。不难看出，式(3-79)和式(3-80)要求 $\alpha_b\neq 0$、$\alpha_4\neq 0$ 及 $\alpha_b\neq\alpha_4$，显然抛物线剖面满足这些条件。

当 P 和 ΔL_4 为待定参数时，由式(3-78)得[18, 19]

$$P = \frac{H_e \sin\alpha_4 - S_e \cos\alpha_4}{b\sin\alpha_4 - c\cos\alpha_4} \tag{3-81}$$

$$\Delta L_4 = \frac{bS_e - cH_e}{b\sin\alpha_4 - c\cos\alpha_4} \tag{3-82}$$

式中

$$H_e = H_t - \Delta L_1 \cos\alpha_1 - R_2(\sin\alpha_b - \sin\alpha_1)$$
$$S_e = S_t - \Delta L_1 \sin\alpha_1 - R_2(\cos\alpha_1 - \cos\alpha_b)$$
$$b = \frac{1}{2}\left(\frac{1}{\tan^2\alpha_b} - \frac{1}{\tan^2\alpha_4}\right)$$
$$c = \frac{1}{\tan\alpha_b} - \frac{1}{\tan\alpha_4}$$

最后，计算抛物线段的长度[18, 19]

$$\Delta L_3 = \frac{P}{2}\left[f(\alpha_b) - f(\alpha_4)\right] \tag{3-83}$$

式中

$$f(\alpha) = \frac{1}{\sin\alpha \tan\alpha} - \ln\tan\frac{\alpha}{2}$$

第四节　绕障井轨道设计

有时受地面环境限制，地面井位的选择余地很小，如海上钻井平台、地面建筑群等。在井口和靶点所在的铅垂面内，如果存在不允许通过或难以穿越的障碍物，如已钻井眼、盐丘、金属矿床、断层，以及气顶和水锥等，就需要进行绕障设计。

绕障井可能是定向井，也可能是水平井，甚至一口绕障井可能需要考虑多个障碍物（如多个已钻井）。障碍物的形态各种各样，而绕障井的设计方法与障碍物的空间形态密切相关。

一、三维绕障井轨道设计

最简单的障碍物模型是铅直圆柱或圆台[20-24]，如已钻直井等。只要障碍物能模型化为铅直圆柱或圆台，在水平投影图上就总可以找到一个圆或圆弧实现绕障，如图 3-7 所示。在这种条件下，宜采用井眼轨道的圆柱螺线模型进行绕障井设计。由于可以确定靶点位置和障碍物位置及形态，绕障设计的已知数据有：靶点的垂深 H_t、水平位移 V_t、平

移方位 φ_t，绕障中心点 g 的水平位移 V_g、平移方位 φ_g 及绕障半径 R_g。其中，绕障半径 R_g 除包含障碍物的控制范围外，还要附加一定的安全绕障距离。需要说明的是，绕障中心点 g 不一定是障碍物的几何形心，它是水平投影图上绕障圆弧的曲率中心。

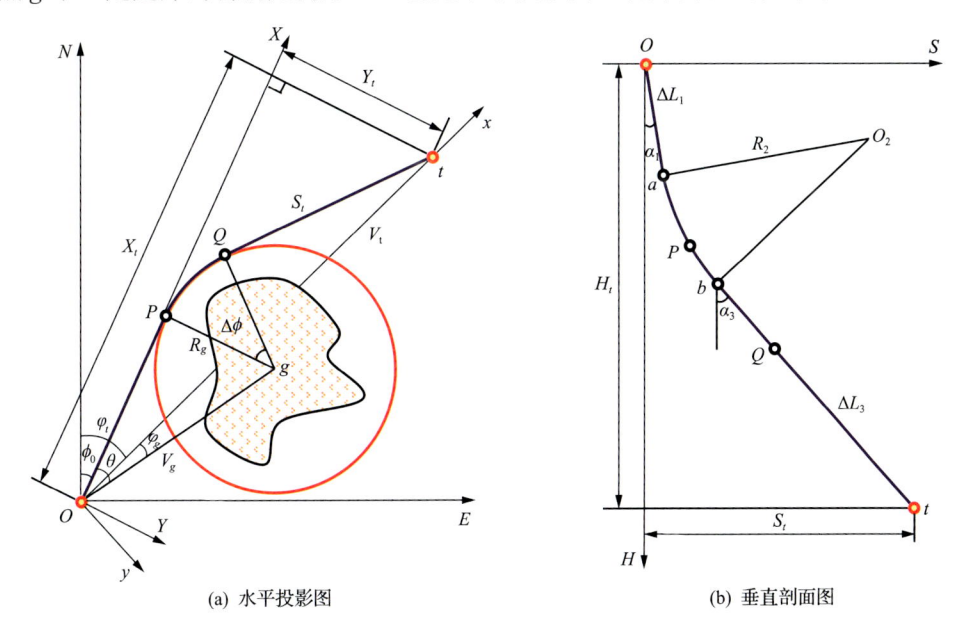

(a) 水平投影图

(b) 垂直剖面图

图 3-7　三维绕障轨道设计

(一) 水平投影图设计

如图 3-7(a)所示。将坐标系 NE 绕井口点顺时针旋转 φ_t 角度，建立坐标系 xy，则 x 轴将通过靶点 t。于是，绕障中心点 g 在坐标系 xy 下坐标为

$$\begin{cases} x_g = N_g \cos\varphi_t + E_g \sin\varphi_t \\ y_g = -N_g \sin\varphi_t + E_g \cos\varphi_t \end{cases} \tag{3-84}$$

式中

$$\begin{cases} N_g = V_g \cos\varphi_g \\ E_g = V_g \sin\varphi_g \end{cases}$$

N_g 和 E_g 分别为 g 点的北坐标和东坐标。

显然，如果 $0 < x_g < V_t$ 且 $|y_g| < R_g$，则需要进行绕障设计。否则，不必考虑障碍物，按常规方法设计井眼轨道即可。

为简便，令

$$R_e = \begin{cases} -R_g, & \text{当} y_g < 0 \text{时} \\ +R_g, & \text{当} y_g > 0 \text{时} \end{cases} \tag{3-85}$$

这样，当 $R_e < 0$ 时，应左旋绕障设计；当 $R_e > 0$ 时，应右旋绕障设计。

于是，初始方位角为

$$\phi_0 = \varphi_g - \arcsin\frac{R_e}{V_g} \tag{3-86}$$

若将坐标系 NE 绕井口点顺时针旋转 ϕ_0 角度，建立坐标系 XY，则 X 轴将相切绕障圆弧于 P 点。于是，靶点 t 在坐标系 XY 下坐标为

$$\begin{cases} X_t = N_t \cos\phi_0 + E_t \sin\phi_0 \\ Y_t = -N_t \sin\phi_0 + E_t \cos\phi_0 \end{cases} \tag{3-87}$$

式中

$$\begin{cases} N_t = V_t \cos\varphi_t \\ E_t = V_t \sin\varphi_t \end{cases}$$

在水平投影图上，P 点的水平长度等于 g 点的 X 坐标，即

$$S_P = X_g = N_g \cos\phi_0 + E_g \sin\phi_0 \tag{3-88}$$

水平投影图上的井眼轨道类似于三段式剖面，注意到式(3-4)和式(3-9)，则绕障井段的方位扭转角为

$$\tan\frac{\Delta\phi}{2} = \begin{cases} \dfrac{Y_t - R_e}{X_t - X_g}, & \text{当} Y_t = 2R_e \text{时} \\ \dfrac{(X_t - X_g) - \sqrt{(X_t - X_g)^2 + (Y_t - R_e)^2 - R_e^2}}{2R_e - Y_t}, & \text{当} Y_t \neq 2R_e \text{时} \end{cases} \tag{3-89}$$

进而，水平投影图上其他节点的水平长度分别为

$$\begin{cases} S_Q = S_P + \dfrac{\pi}{180} R_e \Delta\phi \\ S_t = S_Q + \sqrt{(X_t - X_g)^2 + (Y_t - R_e)^2 - R_e^2} \end{cases} \tag{3-90}$$

（二）垂直剖面图设计

三维绕障井的垂直剖面图可以选用各种井身剖面，但应尽量选用形状简单的垂直剖面。若用三段式剖面来设计垂直剖面图，则稳斜段的井斜角和段长分别为

$$\tan\frac{\alpha_3}{2} = \begin{cases} \dfrac{S_e}{H_e}, & \text{当} S_e = R_2 \text{时} \\ \dfrac{H_e - \sqrt{H_e^2 + S_e^2 - R_2^2}}{R_2 - S_e}, & \text{当} S_e \neq R_2 \text{时} \end{cases} \tag{3-91}$$

$$\Delta L_3 = \sqrt{H_e^2 + S_e^2 - R_2^2} \tag{3-92}$$

式中

$$\begin{cases} H_e = H_t - \Delta L_1 \cos\alpha_1 + R_2 \sin\alpha_1 \\ S_e = S_t - \Delta L_1 \sin\alpha_1 - R_2 \cos\alpha_1 \end{cases}$$

需要强调的是：垂直剖面图设计应使用靶点的水平长度 S_t，而不是水平位移 V_t。

(三) 井眼轨道计算

计算井眼轨道的各节点及分点参数，必须先求得各节点的井深，包括垂直剖面图和水平投影图上的所有节点。在垂直剖面图设计时，已经得到了垂直剖面图上各节点的井深，所以只需求得水平投影图上的节点井深，即绕障井段始点 P 和终点 Q 的井深。

求取水平投影图上节点井深的基本思路是：先根据 P 点和 Q 点的水平长度判断出它们分别位于垂直剖面图上的哪个井段，然后再计算它们的井深。现以三段式垂直剖面为例，给出具体的计算方法。

如图 3-7(b) 所示，若 $S_P \leqslant S_a$，则说明 P 点位于第一个稳斜段上。此时，P 点的井深为

$$L_P = \frac{S_P}{\sin\alpha_1} \tag{3-93}$$

若 $S_a < S_P \leqslant S_b$，则说明 P 点位于圆弧段上。此时

$$L_P = L_a + \frac{\pi R_2}{180}(\alpha_p - \alpha_1) \tag{3-94}$$

式中

$$\cos\alpha_P = \cos\alpha_1 - \frac{S_P - S_a}{R_2}$$

若 $S_P > S_b$，则说明 P 点位于第二个稳斜段上。此时

$$L_P = L_b + \frac{S_P - S_b}{\sin\alpha_3} \tag{3-95}$$

同理，可以计算 Q 点的井深。因为 Q 点位于 P 点之后，所以计算过程更简便。例如，若 P 点位于三段式剖面的第二个稳斜段上，则 Q 点必然也位于该稳斜段上。显然，对各种形式的垂直剖面，按此方法都能求得 P 点和 Q 点的井深。

最后，将垂直剖面图和水平投影图上的所有节点，按井深大小排序，相邻节点间就构成一个井段。这样，在每个井段内垂直剖面图上的曲率和水平投影图上的曲率均保持为常数，进而按圆柱螺线模型便可计算节点及分点的轨道参数。

二、侧钻绕障井轨道设计

常规绕障井可以选择造斜点位置、定向方位等,但是侧钻绕障井,当侧钻点位置确定后,其井斜角、方位角及空间坐标等轨道参数就随之确定,没有选择余地,并且存在多种可能的绕障设计方案,因此设计难度大大增加。

(一)水平投影图设计

如图 3-8 所示,靶点 t 相对于侧钻点 b 的水平位移和平移方位角分别为

$$\begin{cases} V_{bt} = \sqrt{(N_t - N_b)^2 + (E_t - E_b)^2} \\ \tan\varphi_{bt} = \dfrac{E_t - E_b}{N_t - N_b} \end{cases} \tag{3-96}$$

式中

$$\begin{cases} N_b = V_b \cos\varphi_b \\ E_b = V_b \sin\varphi_b \end{cases}$$

$$\begin{cases} N_t = V_t \cos\varphi_t \\ E_t = V_t \sin\varphi_t \end{cases}$$

式中,V_b、N_b、E_b 分别为侧钻点的水平位移、北坐标、东坐标,m;φ_b 为侧钻点的平移方位角,(°);V_t、N_t、E_t 分别为靶点的水平位移、北坐标、东坐标,m;φ_t 为靶点的平移方位角,(°);V_{bt} 为靶点相对侧钻点的水平位移,m;φ_{bt} 为靶点相对侧钻点的平移方位角,(°)。

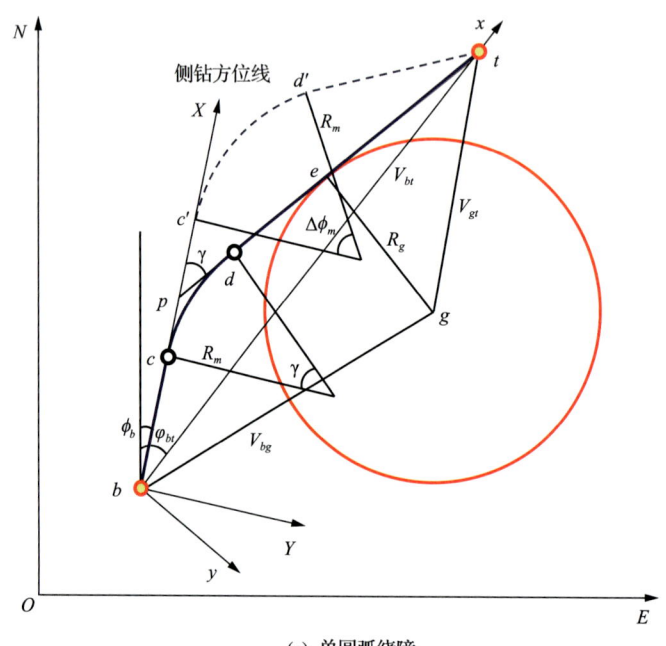

(a) 单圆弧绕障

(b) 双圆弧绕障

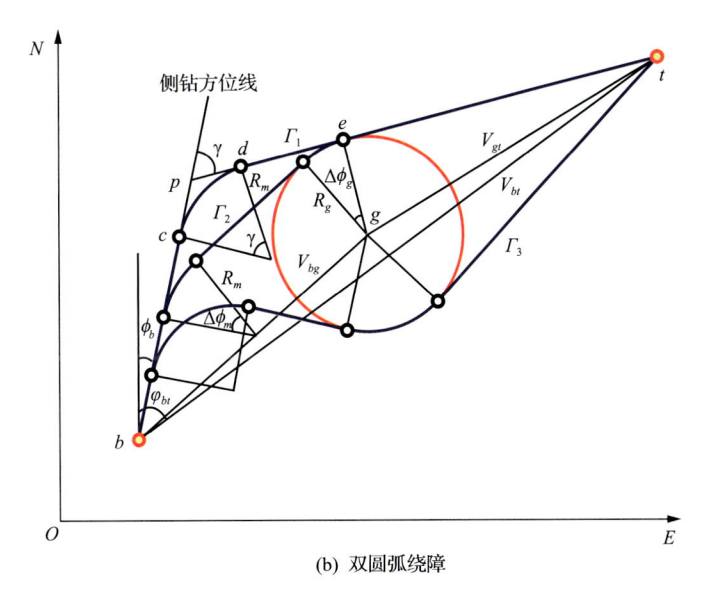

图 3-8 侧钻方位线与障碍域不相交时的侧钻绕障井轨道设计

将坐标系 NE 平移至侧钻点 b，并顺时针旋转 φ_{bt}，建立坐标系 xy，则绕障中心点 g 在坐标系 xy 下坐标为

$$\begin{cases} x_g = (N_g - N_b)\cos\varphi_{bt} + (E_g - E_b)\sin\varphi_{bt} \\ y_g = -(N_g - N_b)\sin\varphi_{bt} + (E_g - E_b)\cos\varphi_{bt} \end{cases} \quad (3\text{-}97)$$

式中

$$\begin{cases} N_g = V_g \cos\varphi_g \\ E_g = V_g \sin\varphi_g \end{cases}$$

V_g、N_g、E_g 分别为绕障中心点 g 的水平位移、北坐标、东坐标，m；φ_g 为绕障中心点 g 的平移方位角，(°)；x_g、y_g 分别为绕障中心点 g 在坐标系 xy 下坐标，m。

显然，只有当 $0 < x_g < V_{bt}$ 且 $|y_g| < R_g$ 时，才需要进行绕障设计。

若将坐标系 NE 平移至侧钻点 b，并顺时针旋转 ϕ_b 角度，建立坐标系 XY，则绕障中心点 g 在坐标系 XY 下坐标为

$$\begin{cases} X_g = (N_g - N_b)\cos\phi_b + (E_g - E_b)\sin\phi_b \\ Y_g = -(N_g - N_b)\sin\phi_b + (E_g - E_b)\cos\phi_b \end{cases} \quad (3\text{-}98)$$

式中，X_g、Y_g 分别为绕障中心点 g 在坐标系 XY 下坐标，m；ϕ_b 为侧钻点的方位角，(°)。

1. 侧钻方位线与障碍域不相交

若 $|Y_g| > R_g$，则说明侧钻方位线与障碍域不相交，如图 3-8 所示。此时，采用 1 个圆弧段便可实现绕障，也可采用双圆弧绕障设计。主要可分为以下 3 种情况[23, 24]。

1) 与障碍域相切的单圆弧绕障

为简便，令

$$q = \text{sgn}(Y_g) \tag{3-99}$$

式中，sgn 为符号函数，当 x 为正值时，$\text{sgn}(x)=1$；当 x 为负值时，$\text{sgn}(x)=-1$。

过靶点 t 作绕障圆的切线，切绕障圆于 e 点，交侧钻方位线于 p 点。根据图 3-8(a) 中的几何关系，得

$$\gamma = q(\varphi_{gt} - \phi_b) + \arcsin\frac{R_g}{V_{gt}} \tag{3-100}$$

式中

$$\begin{cases} V_{gt} = \sqrt{(N_t - N_g)^2 + (E_t - E_g)^2} \\ \tan\varphi_{gt} = \dfrac{E_t - E_g}{N_t - N_g} \end{cases}$$

所以，有

$$\lambda_1 = \frac{\sin[\gamma + q(\phi_b - \varphi_{bt})]}{\sin\gamma} V_{bt} \tag{3-101}$$

$$\lambda_2 = \frac{\sin[q(\varphi_{bt} - \phi_b)]}{\sin\gamma} V_{bt} \tag{3-102}$$

$$\lambda_3 = \sqrt{V_{gt}^2 - R_g^2} \tag{3-103}$$

式(3-101)~式(3-103)中，λ_1、λ_2、λ_3 分别为 b 点到 p 点、p 点到 t 点、e 点到 t 点的水平距离，m。

因此，绕障圆弧的曲率半径 R_m 应满足

$$R_m \leqslant \frac{\min(\lambda_1, \lambda_2 - \lambda_3)}{\tan\dfrac{\gamma}{2}} \tag{3-104}$$

当选定 R_m 后（R_m 取正值），各井段的水平长度增量分别为

$$\begin{cases} \Delta S_1 = \Delta S_{bc} = \lambda_1 - R_m \tan\dfrac{\gamma}{2} \\ \Delta S_2 = \Delta S_{cd} = \dfrac{\pi}{180} R_m \gamma \\ \Delta S_3 = \Delta S_{dt} = \lambda_2 - R_m \tan\dfrac{\gamma}{2} \end{cases} \tag{3-105}$$

2) 与障碍域相离的单圆弧绕障

若选定的 R_m 不满足式(3-104)，采用单圆弧仍能实现绕障，只不过设计轨道与障碍域不相切，如图 3-8(a)中的虚线轨道。此时，应给定第一个井段的水平长度增量 ΔS_1，且要求 $\Delta S_1 > \lambda_1$，则绕障轨道的方位扭转角为

$$\tan\frac{\Delta\phi_m}{2} = \begin{cases} \dfrac{Y_t - R_e}{X_t - \Delta S_1}, & \text{当} Y_t = 2R_e \text{时} \\ \dfrac{X_t - \Delta S_1 - \sqrt{(X_t - \Delta S_1)^2 + (Y_t - R_e)^2 - R_e^2}}{2R_e - Y_t}, & \text{当} Y_t \neq 2R_e \text{时} \end{cases} \tag{3-106}$$

式中

$$\begin{cases} X_t = (N_t - N_b)\cos\phi_b + (E_t - E_b)\sin\phi_b \\ Y_t = -(N_t - N_b)\sin\phi_b + (E_t - E_b)\cos\phi_b \\ R_e = qR_m \end{cases}$$

进而，其他井段的水平长度增量分别为

$$\begin{cases} \Delta S_2 = \dfrac{\pi}{180} R_e \Delta\phi_m \\ \Delta S_3 = \sqrt{(X_t - \Delta S_1)^2 + (Y_t - R_e)^2 - R_e^2} \end{cases} \tag{3-107}$$

3) 双圆弧绕障

当侧钻方位线与障碍域不相交时，也可采用双圆弧绕障设计，如图 3-8(b)中的 Γ_2 和 Γ_3 轨道。显然，Γ_2 和 Γ_3 轨道都有 5 个井段，可用五段式轨道设计方法求得中间稳方位段的水平长度和方位角，即

$$\Delta S_3 = \sqrt{h_e^2 + s_e^2 - r_e^2} \tag{3-108}$$

$$\tan\frac{\Delta\phi_m}{2} = \begin{cases} \dfrac{s_e}{h_e}, & \text{当} s_e = r_e \text{时} \\ \dfrac{h_e - \sqrt{h_e^2 + s_e^2 - r_e^2}}{r_e - s_e}, & \text{当} s_e \neq r_e \text{时} \end{cases} \tag{3-109}$$

式中

$$\begin{cases} h_e = X_t - \Delta S_1 - R_g \sin\beta - \Delta S_5 \cos\beta \\ s_e = qY_t - R_m + R_g \cos\beta - \Delta S_5 \sin\beta \\ r_e = R_m - R_g \end{cases}$$

$$\Delta S_5 = \sqrt{V_{gt}^2 - R_g^2}$$

$$\beta = \varphi_{gt} + \arcsin\frac{R_g}{V_{gt}} - \phi_b$$

β 为最末稳方位段与 X 轴的夹角，(°)。圆弧段曲率半径的取值方法：右旋时 R_m 或 R_g 取正值，左旋时 R_m 或 R_g 取负值。

于是

$$\Delta\phi_g = \beta - \Delta\phi_m \tag{3-110}$$

进而，两个圆弧段的水平长度分别为

$$\begin{cases} \Delta S_2 = \dfrac{\pi}{180} R_m \Delta\phi_m \\ \Delta S_4 = \dfrac{\pi}{180} R_g \Delta\phi_g \end{cases} \tag{3-111}$$

一般情况下，侧钻绕障井的水平投影图可以有 1~3 种设计方案，优选原则是选取总水平投影长度最短者。

2. 侧钻方位线与障碍域相交

当侧钻方位线与障碍域相交时，一般只能采用双圆弧绕障设计，如图 3-9 所示。此时，可仿照上述的双圆弧绕障方法来设计水平投影图。

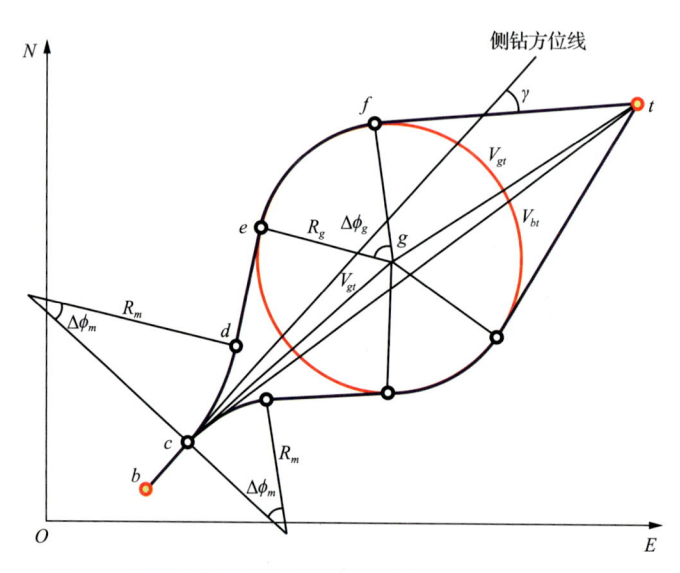

图 3-9　侧钻方位线与障碍域相交时的侧钻绕障井轨道设计

(二)垂直剖面图设计

侧钻绕障井的垂直剖面图可以选用各种井身剖面及其设计方法。

(三)井眼轨道计算

按本节"三维绕障井轨道设计"中的方法,求取水平投影图上的节点井深。然后,与垂直剖面图上的节点井深相耦合,得到一系列井段单元,使每个井段单元在垂直剖面图上和水平投影图上的曲率分别保持为常数,便可按圆柱螺线模型计算节点及分点的轨道参数。为便于计算机编程,在此给出更具一般性的计算方法。

假设水平投影图上的节点 k 位于垂直剖面图上的 $[L_i, L_{i+1}]$ 井段,则水平长度应满足

$$S_i \leqslant S_k < S_{i+1} \tag{3-112}$$

于是,节点 k 的井深为

$$L_k = \begin{cases} L_i + \dfrac{S_k - S_i}{\sin \alpha_i}, & \text{若井段} [L_i, L_{i+1}] \text{为稳斜段} \\ L_i + \dfrac{\pi R_i}{180}(\alpha_k - \alpha_i), & \text{若井段} [L_i, L_{i+1}] \text{为增/降斜段} \end{cases} \tag{3-113}$$

式中

$$\cos \alpha_k = \cos \alpha_i - \frac{S_k - S_i}{R_i}$$

其中,R_i 为垂直剖面图上圆弧段 $[L_i, L_{i+1}]$ 的曲率半径,m。

三、二维绕障井轨道设计

因为障碍物形态的复杂性,所以目前还没有一般性的绕障井设计方法,但并非所有的绕障井都必须设计成三维轨道。三维井眼轨道设计及施工的难度和工作量都比二维轨道大,在条件允许的情况下,应尽可能设计成二维轨道。事实上,二维定向井和水平井有丰富的井身剖面,而且各种参数往往都有一定的选择余地,因此在有些情况下,采用二维井眼轨道设计也能实现绕障[25, 26]。

二维绕障轨道位于井口点与靶点所在的铅垂平面内,该平面与障碍物边界的交线就是设计平面内的障碍域,如图 3-10 所示。假设障碍物为已钻定向井,且设计平面与障碍井交于 g 点。若令

$$f = N \tan \varphi_t - E \tag{3-114}$$

则交点 g 应满足 $f_g=0$。式(3-114)中，N、E 分别为障碍井的北坐标和东坐标，m；φ_t 为绕障井靶点的平移方位角，(°)。

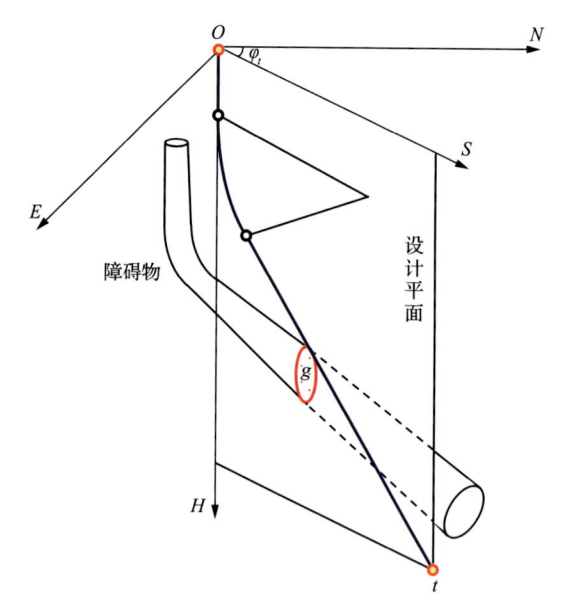

图 3-10　二维绕障轨道设计

要确定交点 g 点的位置，首先应判别 g 点位于障碍井的哪个测段上，然后再用插值法求取 g 点的轨迹参数。若 g 点位于 $[L_i, L_{i+1}]$ 测段内，则应满足

$$f_i \cdot f_{i+1} \leqslant 0 \tag{3-115}$$

将障碍井上相邻两测点的坐标依次代入式(3-114)，直到满足式(3-115)，便找到了交点 g 所在的测段 $[L_i, L_{i+1}]$。因为交点 g 往往不是恰好位于某个测点上，所以需要在测段 $[L_i, L_{i+1}]$ 内进行插值计算。由式(3-114)得，交点 g 应满足

$$f_g + \Delta N_{ig} \tan\varphi_t - \Delta E_{ig} = 0 \tag{3-116}$$

交点 g 的坐标 N_g 和 E_g 都是障碍井井深 L_g 的函数，因此可求得交点 g 的位置。

假设障碍井的控制范围为空间曲圆台，其轴线连续光滑，任意横截面均为圆形、半径连续变化，如图 3-11 所示。在交点 g 处，分别以障碍井的井眼高边和切线为 x 轴和 z 轴，并用右手法则确定 y 轴，建立坐标系 xyz。考虑障碍井轨迹的测量和计算误差及安全绕障距离，若绕障井的绕障半径为 R_g，则在 g 点处障碍井的法平面(xy 平面)内，应满足

$$x^2 + y^2 = R_g^{\ 2} \tag{3-117}$$

对于障碍井，坐标系 xyz 与井口坐标系 NEH 的转换关系为

$$\begin{cases} x = (N-N_g)\cos\alpha_g\cos\phi_g + (E-E_g)\cos\alpha_g\sin\phi_g - (H-H_g)\sin\alpha_g \\ y = -(N-N_g)\sin\phi_g + (E-E_g)\cos\phi_g \end{cases} \quad (3\text{-}118)$$

式中，α_g、ϕ_g 分别为障碍井在 g 点处的井斜角和方位角，(°)。

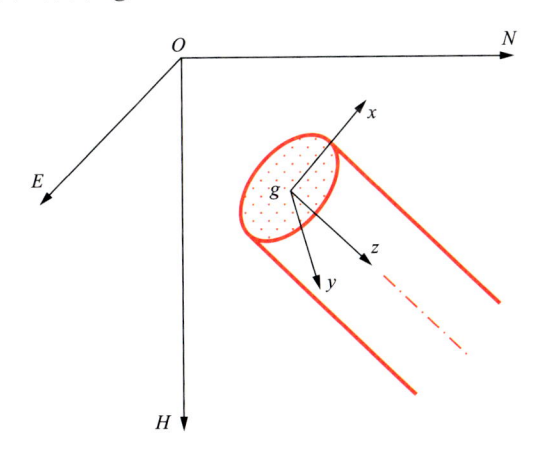

图 3-11　障碍物模型及控制方程

若忽略地球椭球面的弯曲影响，认为绕障井与障碍井位于同一个水平面上，则 $N-N_g$、$E-E_g$、$H-H_g$ 在绕障井和障碍井井口坐标系下保持不变，即对于绕障井式 (3-118) 仍成立。于是，在绕障井井口坐标系 NEH 及设计平面内，存在如下关系式：

$$\begin{cases} N = S\cos\varphi_t \\ E = S\sin\varphi_t \end{cases} \quad (3\text{-}119)$$

$$\begin{cases} N\sin\varphi_t - E\cos\varphi_t = 0 \\ N_g\sin\varphi_t - E_g\cos\varphi_t = 0 \end{cases} \quad (3\text{-}120)$$

所以，将式 (3-119) 和式 (3-120) 代入式 (3-118)，得

$$\begin{cases} x = (S-S_g)\cos\alpha_g\cos(\varphi_t-\phi_g) - (H-H_g)\sin\alpha_g \\ y = (S-S_g)\sin(\varphi_t-\phi_g) \end{cases} \quad (3\text{-}121)$$

将式 (3-121) 代入式 (3-117)，可得到设计平面与空间曲圆台的交线方程为

$$G(H,S) = a(H-H_g)^2 - 2b(H-H_g)(S-S_g) + c(S-S_g)^2 - R_g^2 = 0 \quad (3\text{-}122)$$

式中

$$\begin{cases} a = \sin^2 \alpha_g \\ b = \sin \alpha_g \cos \alpha_g \cos(\varphi_t - \phi_g) \\ c = 1 - \sin^2 \alpha_g \cos^2(\varphi_t - \phi_g) \end{cases}$$

式(3-122)表明，在绕障井的设计平面内，障碍域为椭圆形。

在不考虑障碍物的情况下，选定井身剖面及设计参数后，可设计出二维井眼轨道，其设计轨道方程可表示为

$$W(H,S) = 0 \tag{3-123}$$

因为垂深和水平长度方程分别为

$$H = \begin{cases} H_0 + (L - L_0)\cos\alpha_0, & \text{稳斜段} \\ H_0 + R(\sin\alpha - \sin\alpha_0), & \text{圆弧段} \end{cases} \tag{3-124}$$

$$S = \begin{cases} S_0 + (L - L_0)\sin\alpha_0, & \text{稳斜段} \\ S_0 + R(\cos\alpha_0 - \cos\alpha), & \text{圆弧段} \end{cases} \tag{3-125}$$

式中

$$\alpha = \alpha_0 + \frac{180}{\pi}\frac{L - L_0}{R}$$

下标"0"表示井段的始点，所以，设计轨道方程的具体形式可表示为[25, 26]

$$W(H,S) = \begin{cases} (H - H_0)\sin\alpha_0 - (S - S_0)\cos\alpha_0 = 0, & \text{稳斜段} \\ \left[(H - H_0) + R\sin\alpha_0\right]^2 + \left[(S - S_0) - R\cos\alpha_0\right]^2 - R^2 = 0, & \text{圆弧段} \end{cases}$$

$$(3-126)$$

设计轨道往往具有分段性质，其设计轨道方程一般为若干个分段函数的组合。联立式(3-122)和式(3-126)并求解，只有以下三种可能的结果。

(1)无解。说明设计轨道与障碍域不相交，此时满足绕障要求。

(2)有唯一解。说明设计轨道与障碍域边界相切，此时也可实现绕障。

(3)有解且不唯一。说明设计轨道与障碍域相交，此时应调整轨道形状、设计参数等，并重新设计。

现以三段式轨道为例，通过合理选择造斜点井深 ΔL_1，给出二维绕障井的设计方法如图 3-12 所示，包括如下内容[25, 26]。

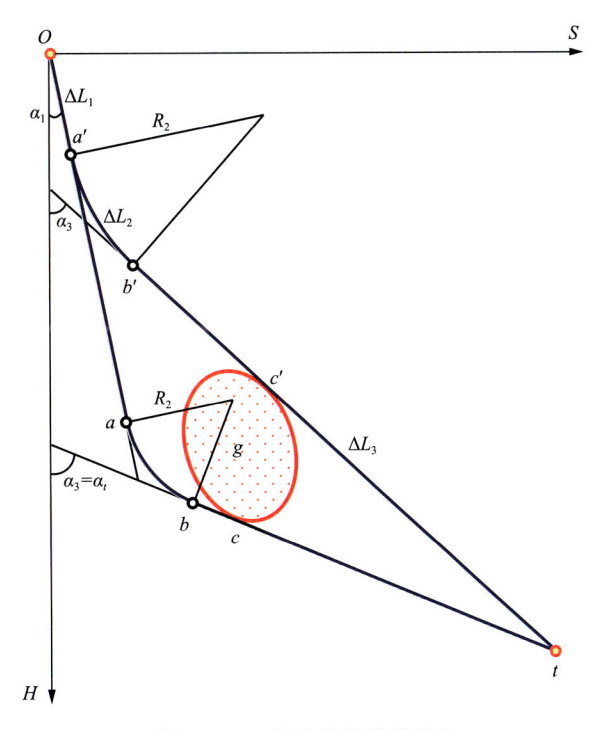

图 3-12 二维绕障井轨道设计

1. 第二稳斜段与障碍域相切时的造斜点井深

在设计平面内，过靶点 t 作障碍域的切线，则切线方程为

$$S_t - S = (H_t - H)\tan\alpha_3 \tag{3-127}$$

或写成

$$S - S_g = (H - H_g)\tan\alpha_3 - (H_t - H_g)\tan\alpha_3 + (S_t - S_g) \tag{3-128}$$

式中，H_g 和 S_g 为 g 点在绕障井井口坐标系下的垂深和水平位移。

将式(3-128)代入式(3-122)，经整理得

$$A(H - H_g)^2 - 2B(H - H_g) + C = 0 \tag{3-129}$$

式中

$$\begin{cases} A = a - 2b\tan\alpha_3 + c\tan^2\alpha_3 \\ B = (b - c\tan\alpha_3)\left[(S_t - S_g) - (H_t - H_g)\tan\alpha_3\right] \\ C = c(H_t - H_g)\left[(H_t - H_g)\tan\alpha_3 - 2(S_t - S_g)\right]\tan\alpha_3 + c(S_t - S_g)^2 - R_g^2 \end{cases}$$

于是，设计轨道与障碍域相切的约束方程为

$$B^2 - AC = 0 \tag{3-130}$$

用迭代法求解式(3-130)，可以得到两条切线的井斜角 α_3，迭代初值可取为

$$\alpha_3^0 = \arctan\frac{S_t - S_g}{H_t - H_g} \pm \arcsin\frac{R_g}{\sqrt{(H_t - H_g)^2 + (S_t - S_g)^2}} \tag{3-131}$$

根据二维井眼轨道设计的约束方程，对于三段式轨道有

$$\begin{cases} \Delta L_1 \cos\alpha_1 + R_2(\sin\alpha_3 - \sin\alpha_1) + \Delta L_3 \cos\alpha_3 = H_t \\ \Delta L_1 \sin\alpha_1 + R_2(\cos\alpha_1 - \cos\alpha_3) + \Delta L_3 \sin\alpha_3 = S_t \end{cases} \tag{3-132}$$

于是，得

$$\begin{cases} \Delta L_1 = \dfrac{H_e \sin\alpha_3 - S_e \cos\alpha_3}{\sin(\alpha_3 - \alpha_1)} \\ \Delta L_3 = \dfrac{S_e \cos\alpha_1 - H_e \sin\alpha_1}{\sin(\alpha_3 - \alpha_1)} \end{cases} \tag{3-133}$$

式中

$$\begin{cases} H_e = H_t - R_2(\sin\alpha_3 - \sin\alpha_1) \\ S_e = S_t - R_2(\cos\alpha_1 - \cos\alpha_3) \end{cases}$$

这样，将式(3-130)算得的两个井斜角 α_3 分别代入式(3-133)，可得到相应的造斜点位置 $\Delta L_1^{(1)}$ 和 $\Delta L_1^{(2)}$。于是，当造斜点井深 $\Delta L_1 \leqslant \min(\Delta L_1^{(1)}, \Delta L_1^{(2)})$ 或 $\Delta L_1 \geqslant \max(\Delta L_1^{(1)}, \Delta L_1^{(2)})$ 时，可保证第二稳斜段不与障碍域相交。

2. 最大造斜点井深

尽管当 $\Delta L_1 \geqslant \max(\Delta L_1^{(1)}, \Delta L_1^{(2)})$ 时，第二稳斜段不会与障碍域相交，且 ΔL_1 越大第二稳斜段离开障碍域越远，但 ΔL_1 不能无限增大。否则，当给定井斜角 α_1 和圆弧段曲率半径 R_2 时，第二稳斜段的段长 ΔL_3 和井斜角 α_3 将无解。

由式(3-132)，得

$$\Delta L_3 = \sqrt{(H_t - \Delta L_1 \cos\alpha_1 + R_2 \sin\alpha_1)^2 + (S_t - \Delta L_1 \sin\alpha_1 - R_2 \cos\alpha_1)^2 - R_2^2} \tag{3-134}$$

所以，要使 ΔL_3 有解，式(3-134)根式内应大于等于零。即

$$\Delta L_1^2 - 2D\Delta L_1 + F \geqslant 0 \tag{3-135}$$

式中

$$\begin{cases} D = H_t \cos\alpha_1 + S_t \sin\alpha_1 \\ F = H_t^2 + S_t^2 + 2R_2(H_t \sin\alpha_1 - S_t \cos\alpha_1) \end{cases}$$

于是，最大造斜点井深 $\Delta L_1^{(max)}$ 为

$$\Delta L_1^{(max)} = D - \sqrt{D^2 - F} \tag{3-136}$$

因此，造斜点井深的可选范围为$[0, \min(\Delta L_1^{(1)}, \Delta L_1^{(2)})]$和$[\max(\Delta L_1^{(1)}, \Delta L_1^{(2)}), \Delta L_1^{(max)}]$。

3. 判断第一稳斜段是否与障碍域相交

由式(3-126)知，稳斜段的方程为

$$S - S_g = (H - H_g)\tan\alpha_1 + H_g\tan\alpha_1 - S_g \tag{3-137}$$

将式(3-137)代入式(3-122)，经整理得

$$A(H - H_g)^2 - 2B(H - H_g) + C = 0 \tag{3-138}$$

式中

$$\begin{cases} A = a - 2b\tan\alpha_1 + c\tan^2\alpha_1 \\ B = (b - c\tan\alpha_1)(H_g\tan\alpha_1 - S_g) \\ C = c(H_g\tan\alpha_1 - S_g)^2 - R_g^2 \end{cases}$$

于是，有

$$\Delta = B^2 - AC = \begin{cases} > 0, & 相交 \\ = 0, & 相切 \\ < 0, & 不相交 \end{cases} \tag{3-139}$$

当满足第二稳斜段与障碍域相切的条件时，若造斜点井深选在$[0, \min(\Delta L_1^{(1)}, \Delta L_1^{(2)})]$范围内，则绕障井轨道将位于障碍域上方，此时第一稳斜段不会与障碍域相交；若造斜点井深选在$[\max(\Delta L_1^{(1)}, \Delta L_1^{(2)}), \Delta L_1^{(max)}]$范围内，则绕障井轨道将位于障碍域下方，此时第一稳斜段有可能与障碍域相交，需要通过式(3-139)进行判别。多数情况下的初始井斜角$\alpha_1=0$，因此当二者相交时造斜点井深尽量不选在$[\max(\Delta L_1^{(1)}, \Delta L_1^{(2)}), \Delta L_1^{(max)}]$范围内。

4. 判断圆弧段是否与障碍域相交

与第一稳斜段类似，只有当绕障井轨道将位于障碍域下方时，圆弧段才有可能与障碍域相交。障碍域边界的曲率通常大于圆弧段的曲率，因此只要切点c不位于圆弧段内，二者一般不相交。

将第二稳斜段与障碍域下方相切的井斜角 α_3 代入式(3-129)，因切点c满足式(3-130)，所以切点c的垂深为

$$H_c = H_g + \frac{B}{A} \tag{3-140}$$

于是，切点 c 到靶点 t 的距离为

$$\Delta L_{ct} = \frac{H_t - H_c}{\cos \alpha_3} \qquad (3\text{-}141)$$

将下切点 c 的井斜角 α_3 代入式(3-133)，可求得第二稳斜段的段长 ΔL_3。显然，当 $\Delta L_3 \geqslant \Delta L_{ct}$ 时，切点 c 就不在圆弧段内。

当不满足 $\Delta L_3 \geqslant \Delta L_{ct}$ 条件时，可调整圆弧段曲率半径 R_2。注意到式(3-133)，满足 $\Delta L_3 \geqslant \Delta L_{ct}$ 条件的圆弧段曲率半径为

$$R_2 \leqslant \frac{S_t \cos \alpha_1 - H_t \sin \alpha_1 - \Delta L_{ct} \sin(\alpha_3 - \alpha_1)}{1 - \cos(\alpha_3 - \alpha_1)} \qquad (3\text{-}142)$$

对于更具一般性或更复杂的障碍物，可以先不考虑障碍物进行绕障井设计，然后再计算设计轨道与障碍物的最近距离，以校核是否满足设计要求。通过调整轨道形状、轨道剖面及特征参数，反复进行设计、计算和校核，便可得到满足设计要求的绕障井轨道设计结果。

第五节　方位漂移轨道设计

因地层倾角、岩石和钻头各向异性等因素影响，使实钻轨迹普遍存在方位漂移现象。特别是使用牙轮钻头钻遇高陡地层时，方位漂移问题往往更为突出。当方位漂移较大时，如果采用二维井眼轨道设计，通常需要考虑并估算方位超前角进行定向作业。这种做法主要存在以下问题：①在定向造斜时实钻轨迹就偏离了设计轨道，从而降低了实钻轨迹与设计轨道之间的可比性及实钻轨迹监测的可靠性；②因难以准确地估算方位超前角，且各井段及地层方位漂移程度不同，致使在钻进过程中往往需要多次调整方位；③为减少实钻轨迹漂移，常采用小钻压钻进，影响钻井速度。

考虑方位漂移特性设计井眼轨道，不仅能按设计的定向方位角进行定向造斜，从而体现设计轨道的真正意义，还可以采用大钻压快速钻进并减少扭方位作业，从而降低井眼轨迹控制的难度和工作量，提高机械钻速和井身质量，降低钻井成本[27-35]。

一、方位漂移特性表征

考虑方位漂移影响的井眼轨道设计，首先需要将井眼轨道划分为若干个井斜单元和方位单元，用于表征井斜角和方位角的变化规律及特征。实际上，因为在垂直剖面图上每个增斜段、稳斜段、降斜段等井段都具有特定的井斜角变化规律，所以井斜单元就是井眼轨道在垂直剖面图上的井段。对于由直线和圆弧组成的垂直剖面，每个井斜单元的井斜变化率 κ_α 分别保持为常数；对于悬链线或抛物线井段，虽然井斜变化率 κ_α 不是常数，但井斜角仍按特定规律变化，所以仍可将整个悬链线或抛物线井段作为 1 个井斜单元。

方位漂移特性用方位漂移率来表征，它是一种方位变化率，通常按方位漂移率 κ_ϕ 保持为常数的原则来划分方位单元。显然，方位单元的数量越多设计精度就越高，但设计计算也越烦琐。方位单元主要有两种划分方法[27-35]：①按井段划分，此时方位单元与井斜单元重合，即井眼轨道在垂直剖面图上的每个井段分别具有特定的井斜角和方位角变化规律；②按垂深划分，此时方位单元与井斜单元一般不重合。

影响井眼轨道变化规律的因素很多，包括地层倾角走向及各向异性、钻头类型及各向异性、钻具组合及力学特性、钻压及转速等钻井工艺参数、井身剖面及井眼几何等轨迹参数。通常，当钻具组合、钻井工艺参数、井身剖面等为主要影响因素时，宜按井段划分方位单元；当地层岩性、倾角及走向、各向异性等为主控因素时，宜按垂深划分方位单元。此外，这些因素不仅影响方位角的变化规律，致使井眼轨道产生方位漂移，同时也影响井斜角的变化规律。例如，采用相同的钻具组合和钻井工艺参数，在不同地层中的造斜率往往不同。因此，在设计方位漂移轨道时，不仅要考虑方位漂移率，还应将地层等因素引起的井斜变化率叠加到钻具组合的自身造斜率上。

当按垂深划分方位单元时，需要建立井斜单元与方位单元之间的耦合关系，才能进行考虑方位漂移影响的井眼轨道设计[30-32]，如图 3-13 所示。1 个方位单元可能恰好覆盖 1 个井斜单元，也可能部分覆盖 1 个井斜单元而将其分割为两个或两个以上的单元，还可能覆盖多个井斜单元并分割了其中的部分井斜单元。因此，需要对井斜单元和方位单元进行耦合，得到细分单元，使每个细分单元内的井眼轨道具有特定的井斜变化规律和恒定的方位漂移率。显然，细分单元的数量大于等于井斜单元和方位单元数量的最大值。

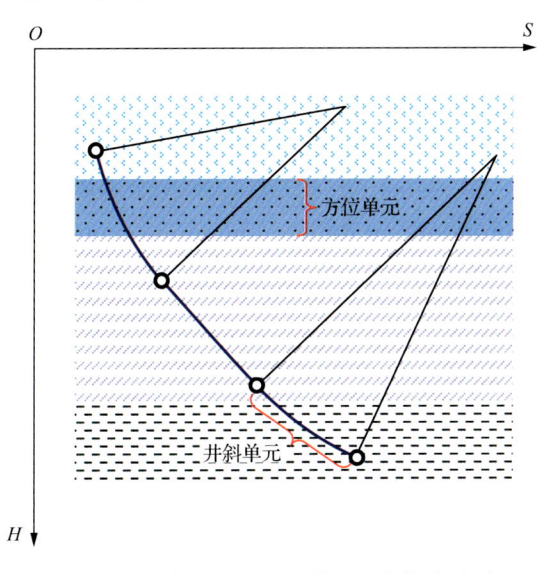

图 3-13　井斜单元和方位单元及其耦合关系

二、直井漂移轨道设计

长期以来，防斜打直、防斜打快一直是直井钻井的关键技术。在允许选择井口位置的情况下，通过优选地面井位，利用自然造斜规律中靶是一种行之有效的钻井方法。

优选井口位置的基本原理是[27]：首先，根据自然造斜规律将井眼轨道沿垂深方向划分成若干个单元，使每个单元内的井斜变化率 κ_α 和方位变化率 κ_ϕ 分别保持为常数；然后，以靶点垂深为约束条件，基于自然造斜规律设计三维井眼轨道，得到井底点的水平位移和平移方位角；最后，沿井底点平移方位的相反方向，按井底点水平位移移动井眼轨道，使井底点与靶点重合，此时的井口位置就是最优地面井位。从该地面井位处开钻，便可以利用自然造斜规律中靶。

因为直井只有 1 个靶点和 1 个井斜单元，所以只需要按垂深划分方位单元。这样，当只有 1 个方位单元时，也相当于按井段划分方位单元，如图 3-14 所示。在沿井口至靶点的垂深方向上，根据自然造斜规律，将井眼轨道划分成 m 个方位单元，使每个方位单元内的井斜变化率 $\kappa_{\alpha i}$ 和方位变化率 $\kappa_{\phi i}$ 分别保持为常数（$i=1, 2, \cdots, m$）。因为直井的方位单元与细分单元重合，所以有

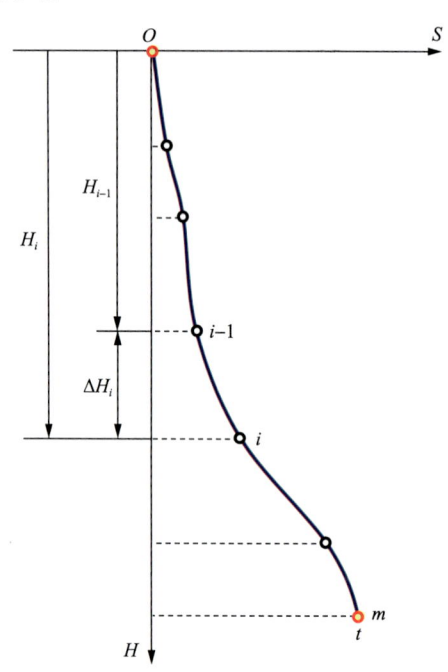

图 3-14　直井漂移轨道设计

$$\sin\alpha_i = \sin\alpha_{i-1} + \frac{\pi\kappa_{\alpha i}}{180}\Delta H_i \tag{3-143}$$

$$\Delta L_i = \begin{cases} \dfrac{\Delta H_i}{\cos\alpha_{i-1}}, & \text{当}\kappa_{\alpha i}=0 \\ \dfrac{180}{\pi\kappa_{\alpha i}}(\alpha_i-\alpha_{i-1}), & \text{当}\kappa_{\alpha i}\neq 0 \end{cases} \tag{3-144}$$

$$\phi_i = \phi_{i-1} + \kappa_{\phi i}\Delta L_i \tag{3-145}$$

当给定井口处的井斜角 α_0 和方位角 ϕ_0 及各方位单元的垂深增量 ΔH_i、井斜变化率 $\kappa_{\alpha i}$ 和方位变化率 $\kappa_{\phi i}$ 时，便可由式(3-143)～式(3-145)依次计算出各细分单元的段长 ΔL_i 及终点井斜角 α_i 和方位角 ϕ_i。特别地，进入靶点的井斜角和方位角分别为

$$\sin\alpha_t = \sin\alpha_0 + \frac{\pi}{180}\sum_{i=1}^{m}\left(\kappa_{\alpha i}\Delta H_i\right) \tag{3-146}$$

$$\phi_t = \phi_0 + \sum_{i=1}^{m}\left(\kappa_{\phi i}\Delta L_i\right) \tag{3-147}$$

在确定出各细分单元的段长 ΔL_i 后，根据井眼轨道的自然曲线模型，便可算得井口坐标系下的靶点北坐标 N_t、东坐标 E_t 及水平位移 V_t 和平移方位角 φ_t：

$$\begin{cases} N_t = \sum_{i=1}^{m}\Delta N_i \\ E_t = \sum_{i=1}^{m}\Delta E_i \end{cases} \tag{3-148}$$

$$\begin{cases} V_t = \sqrt{N_t^2 + E_t^2} \\ \tan\varphi_t = \dfrac{E_t}{N_t} \end{cases} \tag{3-149}$$

这样，从靶点 t 开始，沿 $\varphi_t \pm 180°$ 方位线量取水平位移 V_t，便可确定井口位置[27]。最后，再按自然曲线模型计算出井眼轨道的节点和分点参数。

以优选井口位置为核心的直井漂移轨道设计，需要根据自然造斜规律沿垂深方向划分方位单元，并确定各方位单元或细分单元的井斜变化率 $\kappa_{\alpha i}$ 和方位变化率 $\kappa_{\phi i}$。上述方法是根据井口点的井斜角 α_0 和方位角 ϕ_0 算得靶点的水平位移 V_t 和平移方位角 φ_t，然后再反向平移井眼轨道确定井口点。另一种方法是根据靶点的井斜角 α_t 和方位角 ϕ_t 直接算得井口相对于靶点的水平位移和平移方位角，从而确定井口位置。这两种设计方法异曲同工，可根据具体情况选用。

因为井斜角为零时不存在方位角和方位变化率，所以只有井斜角不为零的方位单元才存在方位漂移。研究表明，井斜变化率 $\kappa_{\alpha i}$ 主要影响水平位移 V_t，初始方位角 ϕ_0 和各单元的方位变化率 $\kappa_{\phi i}$ 主要影响平移方位角 φ_t。

三、定向井漂移轨道设计

定向井的漂移轨道是一条三维井眼轨道，在水平投影图上不是直线，其水平长度与水平位移不相等。如图 3-15 所示。定向井可能有多个靶点，因此对每个靶段剖面而言，已知设计条件是终点 t 相对于始点 b 的垂深 H_{bt}、水平位移 V_{bt} 和平移方位角 φ_{bt}。要设计井眼轨道的垂直剖面图，必须已知靶段剖面的总水平长度 S_{bt}，因为此时尚未设计水平投影图，所

以还不知道总水平长度 S_{bt}。而在水平投影图上，井眼轨道的北坐标、东坐标等参数都是水平长度的函数，而各井段的水平长度与其井段长度和井斜角等参数相关，因此在设计垂直剖面图之前也无法设计水平投影图。事实上，三维漂移轨道上各参数之间相互影响和制约，很难一步到位地设计出三维漂移轨道的垂直剖面图和水平投影图[28-32]。

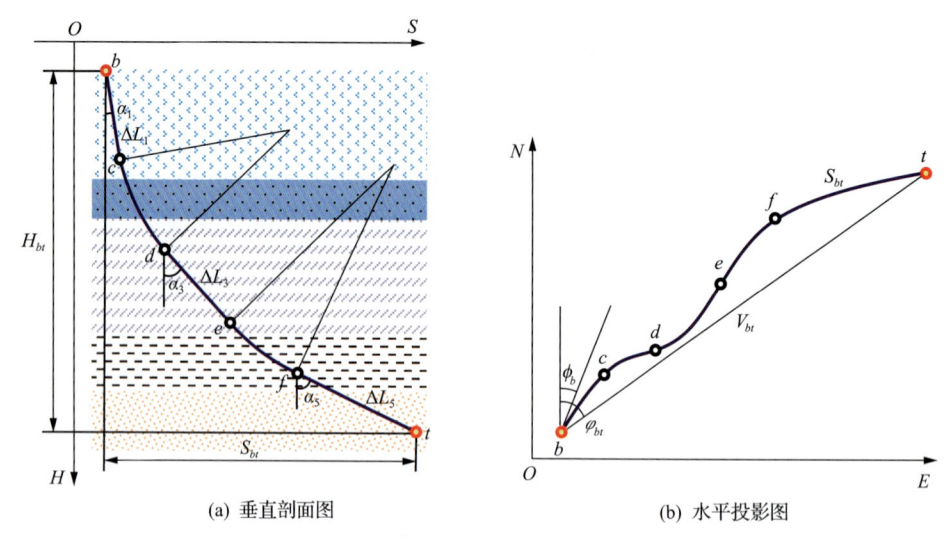

(a) 垂直剖面图

(b) 水平投影图

图 3-15　定向井漂移轨道设计

通常，定向井靶段剖面在垂直剖面图上由直线段和圆弧段组成，所以各井斜单元的井斜变化率 $\kappa_{\alpha i}$ 分别保持为常数。无论按井段还是按垂深划分方位单元，各方位单元的方位漂移率 $\kappa_{\varphi i}$ 也分别保持为常数。因此，经耦合井斜单元与方位单元所得到的细分单元符合自然曲线模型，各细分单元的坐标增量为井段长度 ΔL_i 的函数。这样，对于定向井的靶段剖面，各细分单元的坐标增量之和应分别等于靶段剖面终点 t 与始点 b 之间的坐标差，即满足约束方程式(3-2)。为方便，在设计三维漂移轨道时，常将式(3-2)写成如下形式[28-32]：

$$\begin{cases} \sum_{i=1}^{m} \Delta H_i = H_{bt} \\ \left(\sum_{i=1}^{m} \Delta N_i \right)^2 + \left(\sum_{i=1}^{m} \Delta E_i \right)^2 = V_{bt}^2 \\ \sum_{i=1}^{m} \Delta E_i = \tan \varphi_{bt} \sum_{i=1}^{n} \Delta N_i \end{cases} \quad (3-150)$$

式中，H_{bt} 为靶段剖面的垂深差，m；V_{bt} 为靶段剖面的水平位移，m；φ_{bt} 为靶段剖面的平移方位角，(°)。

在二维井眼轨道设计中，需要选取靶段剖面的两个特征参数作为待求参数，并且这两特征参数可以任选。在三维漂移轨道设计中，则需要选取 3 个待求参数，包括垂直剖面图上任选的两个特征参数和初始方位角 ϕ_b。显然，在多数情况下，靶段剖面的初始方

位角 ϕ_b 就是造斜点处的定向方位角。存在式(3-150)的约束方程组，因此用 3 个约束方程求解 3 个参数是定解问题。不过，这是一个非线性约束方程组，需要用迭代法求解，而且需要进行三重迭代计算。采用合理的迭代计算格式，可以降低迭代阶数并提高收敛速度。例如，可先设定一个初始方位角 ϕ_b，由式(3-150)中的前两式迭代计算出垂直剖面图上的两个待求参数，再用最后一个公式计算初始方位角。

需要强调两点：一是，无论是按井段划分方位单元还是按垂深划分方位单元，其设计方法并无本质的区别，只是前者不需要耦合井斜单元与方位单元就能得到细分单元，相对简单一些；二是，在三维漂移轨道设计中，井斜变化率 κ_α 和方位变化率 κ_ϕ 仍遵循一般性定义，即增斜时 κ_α 为正值，降斜时 κ_α 为负值；方位右漂移时 κ_ϕ 为正值，左漂移时 κ_ϕ 为负值。

理论分析和计算结果均表明，方位漂移规律对井眼轨道的诸参数均有影响。因此，在二维井眼轨道设计的基础上，保持各井段的段长和井斜角不变，只是简单地附加方位漂移率而进行三维漂移轨道设计的做法是错误的。

四、水平井漂移轨道设计

水平井一般有两个靶点，因此需要分别设计两个靶段剖面，然后再组装起来。通常，应先设计水平段，然后再设计靶前轨道。当组装各靶段剖面时，相邻两个靶段剖面在连接点处的井斜角和方位角必须相等，才能保证全井的设计轨道连续光滑[33]。因此，当设计水平井的靶前轨道时，因为已经完成了水平段设计，所以着陆点处的方位角已被确定。多目标井有多个靶点和靶段剖面，当设计某个靶段剖面时，可能会遇到靶段剖面两端点处的方位角都被确定的情况。如图 3-16 所示，假设某多靶井有 3 个靶点，若先设计首尾两个靶段剖面，则当设计中间靶段剖面时其两端点的方位角就都已被确定。因此，水平井和多目标井的三维漂移轨道设计需要解决限定井眼方位条件下的设计方法问题。

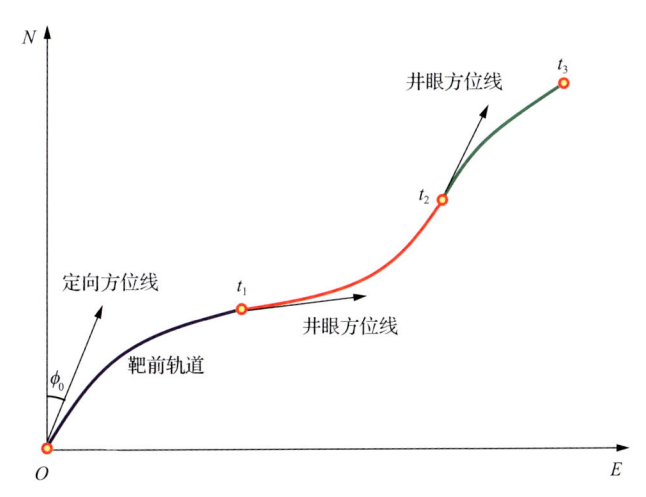

图 3-16 水平井及多靶井漂移轨道设计

这种规定了井眼方位的三维漂移轨道设计，在数学上相当于增加了约束条件，其附加约束方程为[33]

$$\sum_{i=1}^{m} \kappa_{\phi i} \Delta L_i = \phi_t - \phi_b \tag{3-151}$$

式中，ϕ_b 和 ϕ_t 分别为靶段剖面的始点和终点方位角，(°)。

当不限定靶段剖面两端点的方位角时，用式(3-150)的约束方程及求解方法设计三维漂移轨道。其中，待求参数包括靶段剖面的初始方位角 ϕ_b 或终点方位角 ϕ_t，并由各细分单元的段长和方位变化率计算靶段剖面另一端点的方位角。当规定了靶段剖面端点的方位角时，式(3-150)与式(3-151)耦合而构成约束方程组。此时，待求参数不能包含靶段剖面任一端点的方位角，而应改用细分单元的方位变化率。待求参数包括垂直剖面图上任选的 2 个特征参数，因此当规定靶段剖面 1 个端点或 2 个端点的方位角时，应分别再选取 1 个或 2 个细分单元的方位变化率作为待求参数。只要保证待求参数与约束方程的数量匹配，就可以通过求解约束方程组来解决三维漂移轨道设计问题。特别地，当规定了靶段剖面 2 个端点的方位角时，存在 4 个约束方程，所以需要进行四重迭代计算。

五、大位移井漂移轨道设计

如前所述，大位移井轨道设计多采用三段式剖面，有时还采用悬链线和抛物线等剖面，以降低管柱摩阻、改善管柱受力状态。前者的三维漂移轨道设计方法可参见本章"定向井漂移轨道设计"，这里主要介绍悬链线剖面和抛物线剖面的三维漂移轨道设计方法。

三维悬链线剖面和抛物线剖面包含稳斜段(包括直井段)、增斜段、悬链线段和抛物线段。稳斜段和增斜段用自然曲线模型表征，而悬链线段和抛物线段分别用三维悬链线模型和三维抛物线模型表征。三维悬链线模型和三维抛物线模型的井斜角方程分别为[34, 35]

$$\tan \alpha = \frac{1}{\dfrac{1}{\tan \alpha_b} - \dfrac{L - L_b}{a}} \tag{3-152}$$

$$f(\alpha) = f(\alpha_b) - \frac{2(L - L_b)}{P} \tag{3-153}$$

式中

$$f(x) = \frac{1}{\sin x \tan x} - \ln \tan \frac{x}{2}$$

式中，下标 b 为悬链线段或抛物线段的始点。

方位角方程均为

$$\phi = \phi_b + \kappa_\phi (L - L_b) \tag{3-154}$$

井斜角方程和方位角方程之间的耦合关系复杂，因此三维悬链线和三维抛物线需要用数值积分法计算北坐标和东坐标，即

$$\begin{cases} \Delta N = \int_{L_b}^{L} \sin\alpha\cos\phi\,\mathrm{d}L \\ \Delta E = \int_{L_b}^{L} \sin\alpha\sin\phi\,\mathrm{d}L \end{cases} \tag{3-155}$$

悬链线剖面和抛物线剖面的三维漂移轨道设计，其约束方程仍为式(3-150)，当规定了剖面端点的方位角时还要耦合式(3-151)。同样，三维悬链线和抛物线轨道设计仍分别按井段和垂深划分方位单元，不过在迭代计算过程中还要嵌套数值积分运算[34, 35]。

第六节　井下管柱摩阻分析

井下管柱与井壁接触将产生轴向阻力和扭矩损失，对定向井、水平井及大位移井等钻完井作业有很大影响[36-38]。井下管柱摩阻是油气井优化设计和安全作业的重要依据，主要用于[37]：①优化井眼轨道设计；②校核及优选钻机等设备；③优化井下管柱设计、下套管作业等方案；④诊断井眼清洁、管柱遇卡等井下复杂情况；⑤计算井底真实钻压；⑥评估套管磨损程度等。为简洁，本节中的曲率和挠率单位为 rad/m。

一、井下管柱的稳态力学模型

管柱载荷分析是计算井下管柱摩阻的基础，为此采用如下基本假设：①井下管柱的受力与变形处于弹性范围内；②忽略井壁变形的影响，即井壁对管柱呈刚性支撑，且管柱与井壁之间为滑动摩擦；③管柱与井壁连续接触，并忽略间隙的影响；④忽略井下管柱的动力效应。

假设井下管柱处于匀速的轴向和旋转运动状态，如图 3-17 所示。从管柱上截取微元 dL，其位置用从井口 O 点到该微元的向量 $\boldsymbol{r} = \boldsymbol{r}(L)$ 来表征。作用于微元 dL 的外力和外力矩分别为 $\boldsymbol{w}$dL、$\boldsymbol{m}$dL，其中 $\boldsymbol{w}$ 表示单位长度管柱上的外力，$\boldsymbol{m}$ 表示单位长度管柱上外力

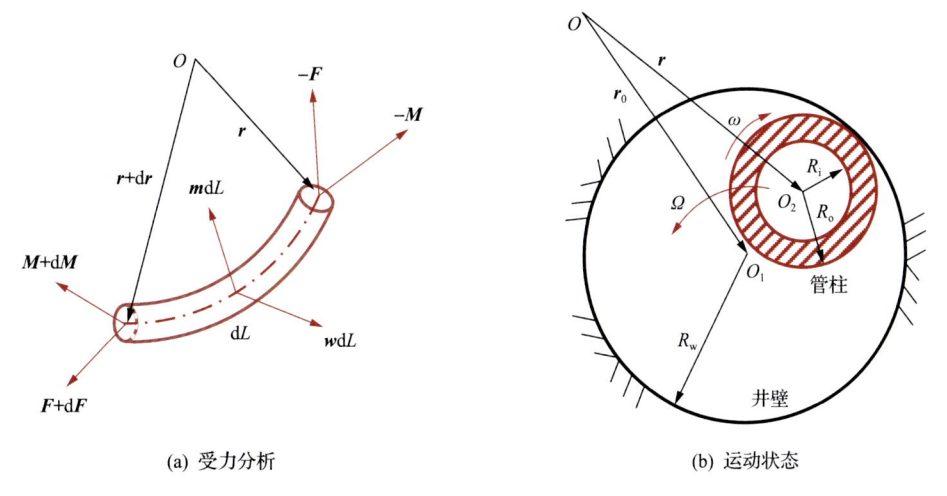

(a) 受力分析　　　　　　　　　　(b) 运动状态

图 3-17　管柱微元的受力及运动分析

对管柱中心 O_2 的力矩。微元 dL 的内力和内力矩，在 **r** 处分别为 –**F**、–**M**，在 **r**+d**r** 处分别为 **F**+d**F**、**M**+d**M**。

根据动量定理和动量矩定理，在忽略动力效应及剪力影响条件下，井下管柱的运动平衡方程为[36-38]

$$\begin{cases} \dfrac{d\boldsymbol{F}}{dL} + \boldsymbol{w} = 0 \\ \dfrac{d\boldsymbol{M}}{dL} + \boldsymbol{t} \times \boldsymbol{F} + \boldsymbol{m} = 0 \end{cases} \quad (3\text{-}156)$$

式中

$$\boldsymbol{M} = EI\kappa\boldsymbol{b} + M_t\boldsymbol{t}$$

式中，E 为弹性模量，N/m²；I 为惯性矩，m⁴；κ 为井眼曲率，rad/m；M_t 为扭矩（与 **t** 同向时取正值），N·m。

作用于井下管柱上的外力包括管柱浮重、管柱与井壁的接触力及摩阻力。单位长度管柱的分布外力可表示为[36-38]

$$\boldsymbol{w} = \boldsymbol{w}_g + \boldsymbol{w}_c + \boldsymbol{w}_f \quad (3\text{-}157)$$

式中，$\boldsymbol{w}_g$ 为井下管柱的浮重向量，方向铅直向下；$\boldsymbol{w}_c$ 为管柱与井壁的接触力向量，沿井眼径向指向井壁方向；$\boldsymbol{w}_f$ 为管柱与井壁的摩阻力向量，包括摩擦力和流体黏滞力，指向管柱运动的相反方向。

如图 3-18 所示，为表征管柱与井壁接触力的方向，在井眼法平面内引入接触方向线与主法向量 **n** 之间的夹角 θ，于是作用于井下管柱上的外力可分别表示为[37, 38]

$$\begin{cases} \boldsymbol{w}_g = w_p\boldsymbol{k} \\ \boldsymbol{w}_c = -N(\cos\theta\boldsymbol{n} + \sin\theta\boldsymbol{b}) \\ \boldsymbol{w}_f = f_tN(\sin\theta\boldsymbol{n} - \cos\theta\boldsymbol{b}) - f_dN\boldsymbol{t} - w_v\boldsymbol{t} \end{cases} \quad (3\text{-}158)$$

式中

$$f_d = \dfrac{V}{\sqrt{V^2 + (R_o\omega)^2}} f$$

$$f_t = \dfrac{R_o\omega}{\sqrt{V^2 + (R_o\omega)^2}} f$$

$$\omega = \dfrac{\pi n R_o}{30}$$

w_p 为单位长度管柱在流体中的重量，N/m；N 为单位长度管柱的接触力，N/m；θ 为接触角，即在井眼法平面内管柱和井壁接触方向线与主法向量 **n** 之间的夹角，(°)；f 为摩阻系数，无因次；f_d 为轴向摩阻系数，无因次；f_t 为周向摩阻系数，无因次；w_v 为流体黏滞阻力，N/m；V 为管柱下行速度，m/s；ω 为管柱旋转角速度(为与扭矩 M_t 的正负值相一致，左向旋转时 ω 取正值)，rad/s；n 为管柱旋转速度，r/min；R_o 为管柱外半径，m。

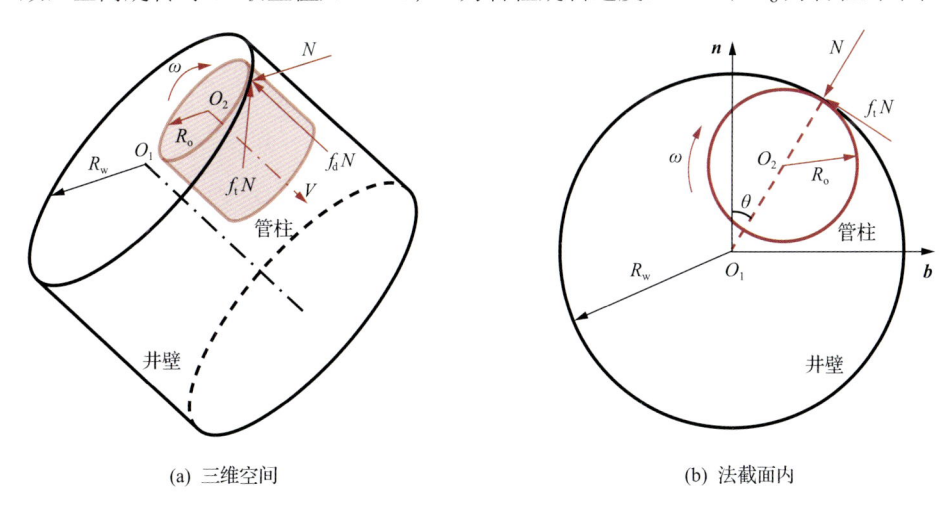

(a) 三维空间　　　　(b) 法截面内

图 3-18　管柱接触力及摩阻力分析

作用于井下管柱上的外力矩有摩阻力和流体黏滞力产生的力矩，即[37, 38]

$$m = -f_d R_o N (\sin\theta n - \cos\theta b) - f_t R_o N t - m_v t \tag{3-159}$$

式中，m_v 为流体黏滞扭矩，N·m。

井下管柱的内力 **F** 可表示为

$$F = F_t t + F_n n + F_b b \tag{3-160}$$

式中，F_t 为有效轴向力，N；F_n 为主法线向量 **n** 方向上的剪切力，N；F_b 为副法线向量 **b** 方向上的剪切力，N。

由式(1-17)～式(1-19)可知，铅垂方向的单位向量 **k** 可表示为

$$k = \cos\alpha t - \frac{\kappa_\alpha}{\kappa}\sin\alpha n + \frac{\kappa_\phi}{\kappa}\sin^2\alpha b \tag{3-161}$$

根据矢量分析原理，并注意到式(1-20)，得

$$\frac{dF}{dL} = \left(\frac{dF_t}{dL} - \kappa F_n\right)t + \left(\frac{dF_n}{dL} + \kappa F_t - \tau F_b\right)n + \left(\frac{dF_b}{dL} + \tau F_n\right)b \tag{3-162}$$

$$\frac{dM}{dL} = \frac{dM_t}{dL}t + (\kappa M_t - EI\kappa\tau)n + EI\frac{d\kappa}{dL}b \tag{3-163}$$

$$\boldsymbol{t}\times\boldsymbol{F}=\begin{vmatrix}\boldsymbol{t}&\boldsymbol{n}&\boldsymbol{b}\\1&0&0\\F_t&F_n&F_b\end{vmatrix}=-F_b\boldsymbol{n}+F_n\boldsymbol{b} \tag{3-164}$$

式中，τ 为井眼挠率，rad/m。

将式(3-157)～式(3-164)代入式(3-156)，在基本向量 $\boldsymbol{t}$、$\boldsymbol{n}$、$\boldsymbol{b}$ 方向上井下管柱的平衡方程可分解为

$$\begin{cases}\dfrac{\mathrm{d}F_t}{\mathrm{d}L}-\kappa F_n+w_\mathrm{p}\cos\alpha-f_\mathrm{d}N-w_\mathrm{v}=0\\[2pt]\dfrac{\mathrm{d}F_n}{\mathrm{d}L}+\kappa F_t-\tau F_b-\dfrac{\kappa_\alpha}{\kappa}w_\mathrm{p}\sin\alpha-N\cos\theta+f_\mathrm{t}N\sin\theta=0\\[2pt]\dfrac{\mathrm{d}F_b}{\mathrm{d}L}+\tau F_n+\dfrac{\kappa_\phi}{\kappa}w_\mathrm{p}\sin^2\alpha-N\sin\theta-f_\mathrm{t}N\cos\theta=0\\[2pt]\dfrac{\mathrm{d}M_t}{\mathrm{d}L}-f_\mathrm{t}R_\mathrm{o}N-m_\mathrm{v}=0\\[2pt]F_b=\kappa\left(M_t-EI\tau\right)-f_\mathrm{d}R_\mathrm{o}N\sin\theta\\[2pt]F_n=-EI\dfrac{\mathrm{d}\kappa}{\mathrm{d}L}-f_\mathrm{d}R_\mathrm{o}N\cos\theta\end{cases} \tag{3-165}$$

由式(3-165)的最后两式，得

$$\begin{cases}\dfrac{\mathrm{d}F_b}{\mathrm{d}L}=\dfrac{\mathrm{d}\kappa}{\mathrm{d}L}(M_t-EI\tau)+\kappa\left(\dfrac{\mathrm{d}M_t}{\mathrm{d}L}-EI\dfrac{\mathrm{d}\tau}{\mathrm{d}L}\right)-f_\mathrm{d}R_\mathrm{o}\dfrac{\mathrm{d}N}{\mathrm{d}L}\sin\theta-f_\mathrm{d}R_\mathrm{o}N\dfrac{\mathrm{d}\theta}{\mathrm{d}L}\cos\theta\\[2pt]\dfrac{\mathrm{d}F_n}{\mathrm{d}L}=-EI\dfrac{\mathrm{d}^2\kappa}{\mathrm{d}L^2}-f_\mathrm{d}R_\mathrm{o}\dfrac{\mathrm{d}N}{\mathrm{d}L}\cos\theta+f_\mathrm{d}R_\mathrm{o}N\dfrac{\mathrm{d}\theta}{\mathrm{d}L}\sin\theta\end{cases} \tag{3-166}$$

将式(3-165)的最后两式及式(3-166)代入式(3-165)的第二式和第三式，并注意到式(3-165)的第四式，得

$$\begin{cases}f_\mathrm{d}R_\mathrm{o}\dfrac{\mathrm{d}N}{\mathrm{d}L}\cos\theta-f_\mathrm{d}R_\mathrm{o}N\dfrac{\mathrm{d}\theta}{\mathrm{d}L}\sin\theta=\kappa F_t-\kappa\tau M_t+\left[(f_\mathrm{t}+f_\mathrm{d}R_\mathrm{o}\tau)\sin\theta-\cos\theta\right]N\\\qquad\qquad\qquad\qquad\qquad\qquad+EI\left(\kappa\tau^2-\dfrac{\mathrm{d}^2\kappa}{\mathrm{d}L^2}\right)-\dfrac{\kappa_\alpha}{\kappa}w_\mathrm{p}\sin\alpha\\[2pt]f_\mathrm{d}R_\mathrm{o}\dfrac{\mathrm{d}N}{\mathrm{d}L}\sin\theta+f_\mathrm{d}R_\mathrm{o}N\dfrac{\mathrm{d}\theta}{\mathrm{d}L}\cos\theta=\dfrac{\mathrm{d}\kappa}{\mathrm{d}L}M_t-\left[(f_\mathrm{t}+f_\mathrm{d}R_\mathrm{o}\tau)\cos\theta+\sin\theta-f_\mathrm{t}R_\mathrm{o}\kappa\right]N\\\qquad\qquad\qquad\qquad\qquad\qquad-EI\left(\kappa\dfrac{\mathrm{d}\tau}{\mathrm{d}L}+2\tau\dfrac{\mathrm{d}\kappa}{\mathrm{d}L}\right)+\dfrac{\kappa_\phi}{\kappa}w_\mathrm{p}\sin^2\alpha+\kappa m_\mathrm{v}\end{cases} \tag{3-167}$$

于是，有

$$\begin{cases} f_\mathrm{d} R_\mathrm{o} \dfrac{\mathrm{d}N}{\mathrm{d}L} = \kappa F_t \cos\theta + \left(\dfrac{\mathrm{d}\kappa}{\mathrm{d}L}\sin\theta - \kappa\tau\cos\theta\right)M_t - (1 - f_t R_\mathrm{o}\kappa)N \\ \qquad\qquad + EI(\lambda_2 \cos\theta - \lambda_1 \sin\theta) - \dfrac{w_\mathrm{p}}{\kappa}\sin\alpha(\kappa_\alpha \cos\theta - \kappa_\phi \sin\alpha \sin\theta) + \kappa m_\mathrm{v} \sin\theta \\ f_\mathrm{d} R_\mathrm{o} N \dfrac{\mathrm{d}\theta}{\mathrm{d}L} = -\kappa F_t \sin\theta + \left(\dfrac{\mathrm{d}\kappa}{\mathrm{d}L}\cos\theta + \kappa\tau\sin\theta\right)M_t - \left[f_t + R_\mathrm{o}(f_\mathrm{d}\tau - f_t \kappa\cos\theta)\right]N \\ \qquad\qquad - EI(\lambda_1 \cos\theta + \lambda_2 \sin\theta) + \dfrac{w_\mathrm{p}}{\kappa}\sin\alpha(\kappa_\alpha \sin\theta + \kappa_\phi \sin\alpha \cos\theta) + \kappa m_\mathrm{v} \cos\theta \end{cases}$$

(3-168)

式中

$$\begin{cases} \lambda_1 = \kappa\dfrac{\mathrm{d}\tau}{\mathrm{d}L} + 2\tau\dfrac{\mathrm{d}\kappa}{\mathrm{d}L} \\ \lambda_2 = \kappa\tau^2 - \dfrac{\mathrm{d}^2\kappa}{\mathrm{d}L^2} \end{cases}$$

将式(3-166)和式(3-168)代入式(3-165)，经整理得

$$\begin{cases} \dfrac{\mathrm{d}F_t}{\mathrm{d}L} = f_\mathrm{d}(1 - R_\mathrm{o}\kappa\cos\theta)N - EI\kappa\dfrac{\mathrm{d}\kappa}{\mathrm{d}L} - w_\mathrm{p}\cos\alpha + w_\mathrm{v} \\ \dfrac{\mathrm{d}M_t}{\mathrm{d}L} = f_t R_\mathrm{o} N + m_\mathrm{v} \\ f_\mathrm{d} R_\mathrm{o} \dfrac{\mathrm{d}N}{\mathrm{d}L} = \kappa F_t \cos\theta + \left(\dfrac{\mathrm{d}\kappa}{\mathrm{d}L}\sin\theta - \kappa\tau\cos\theta\right)M_t - (1 - f_t R_\mathrm{o}\kappa)N \\ \qquad\qquad + EI(\lambda_2 \cos\theta - \lambda_1 \sin\theta) - \dfrac{w_\mathrm{p}}{\kappa}\sin\alpha(\kappa_\alpha \cos\theta - \kappa_\phi \sin\alpha \sin\theta) + \kappa m_\mathrm{v} \sin\theta \\ f_\mathrm{d} R_\mathrm{o} N \dfrac{\mathrm{d}\theta}{\mathrm{d}L} = -\kappa F_t \sin\theta + \left(\dfrac{\mathrm{d}\kappa}{\mathrm{d}L}\cos\theta + \kappa\tau\sin\theta\right)M_t - \left[f_t + R_\mathrm{o}(f_\mathrm{d}\tau - f_t \kappa\cos\theta)\right]N \\ \qquad\qquad - EI(\lambda_1 \cos\theta + \lambda_2 \sin\theta) + \dfrac{w_\mathrm{p}}{\kappa}\sin\alpha(\kappa_\alpha \sin\theta + \kappa_\phi \sin\alpha \cos\theta) + \kappa m_\mathrm{v} \cos\theta \end{cases}$$

(3-169)

式(3-169)即为井下管柱的稳态力学模型。

二、主要影响因素及确定方法

（一）井眼轨迹

井眼轨迹的挠曲形态是影响管柱摩阻扭矩的重要因素，其影响规律十分复杂。本书第一章已给出各种井眼轨迹模型的挠曲参数计算方法，在此只需提供井眼曲率 κ 和井眼挠率 τ 的导数计算公式便可解算式(3-169)。

(1) 空间圆弧模型：

$$\begin{cases} \dfrac{\mathrm{d}\kappa}{\mathrm{d}L} = 0 \\ \dfrac{\mathrm{d}^2\kappa}{\mathrm{d}L^2} = 0 \\ \dfrac{\mathrm{d}\tau}{\mathrm{d}L} = 0 \end{cases} \tag{3-170}$$

(2) 圆柱螺线模型：

$$\begin{cases} \dfrac{\mathrm{d}\kappa}{\mathrm{d}L} = \dfrac{2\kappa_\mathrm{v}\kappa_\mathrm{h}^2}{\kappa}\sin^3\alpha\cos\alpha \\ \dfrac{\mathrm{d}^2\kappa}{\mathrm{d}L^2} = -\dfrac{2\kappa_\mathrm{v}^2\kappa_\mathrm{h}^2}{\kappa}\left(1-4\cos^2\alpha\right)\sin^2\alpha - \dfrac{4\kappa_\mathrm{v}^2\kappa_\mathrm{h}^4}{\kappa^3}\sin^6\alpha\cos^2\alpha \\ \dfrac{\mathrm{d}\tau}{\mathrm{d}L} = \kappa_\mathrm{v}\kappa_\mathrm{h}\left(1+\dfrac{2\kappa_\mathrm{v}^2}{\kappa^2}\right)\cos 2\alpha - \dfrac{8\kappa_\mathrm{v}^3\kappa_\mathrm{h}^3}{\kappa^4}\sin^4\alpha\cos^2\alpha \end{cases} \tag{3-171}$$

式中，κ_v、κ_h 分别为井眼轨迹在垂直剖面图和水平投影图上的曲率，rad/m。

(3) 自然曲线模型：

$$\begin{cases} \dfrac{\mathrm{d}\kappa}{\mathrm{d}L} = \dfrac{\kappa_\alpha \kappa_\phi^2}{2\kappa}\sin 2\alpha \\ \dfrac{\mathrm{d}^2\kappa}{\mathrm{d}L^2} = \dfrac{\kappa_\alpha^2\kappa_\phi^2}{\kappa}\cos 2\alpha - \dfrac{\kappa_\alpha^2\kappa_\phi^4}{4\kappa^3}\sin^2 2\alpha \\ \dfrac{\mathrm{d}\tau}{\mathrm{d}L} = -\dfrac{\kappa_\alpha^3\kappa_\phi^3}{\kappa^4}\sin 2\alpha\cos\alpha - \kappa_\alpha\kappa_\phi\left(1+\dfrac{\kappa_\alpha^2}{\kappa^2}\right)\sin\alpha \end{cases} \tag{3-172}$$

式中，κ_α 为井斜变化率，rad/m；κ_ϕ 为方位变化率，rad/m。

(4) 恒主法线模型：

$$\begin{cases} \dfrac{\mathrm{d}\kappa}{\mathrm{d}L} = 0 \\ \dfrac{\mathrm{d}^2\kappa}{\mathrm{d}L^2} = 0 \\ \dfrac{\mathrm{d}\tau}{\mathrm{d}L} = -\kappa^2\dfrac{\sin 2\omega}{2\sin^2\alpha} \end{cases} \tag{3-173}$$

(5) 三维悬链线模型：

$$\begin{cases} \dfrac{\mathrm{d}\kappa}{\mathrm{d}L} = \kappa_\alpha \left(\dfrac{2\kappa}{\sin^2\alpha} - \dfrac{\kappa_\phi^{\ 2}}{\kappa} \right) \sin\alpha\cos\alpha \\ \dfrac{\mathrm{d}^2\kappa}{\mathrm{d}L^2} = \dfrac{1}{a} \left[\left(\dfrac{\kappa_\phi^{\ 2}}{2\kappa^2}\sin 2\alpha + \dfrac{5}{\tan\alpha} - \tan\alpha \right) \dfrac{\mathrm{d}\kappa}{\mathrm{d}L} - \dfrac{4}{a}\kappa\cos^2\alpha \right]\sin^2\alpha \\ \dfrac{\mathrm{d}\tau}{\mathrm{d}L} = 2\kappa_\alpha^{\ 2}\kappa_\phi \left(\dfrac{1}{\kappa^3}\dfrac{\mathrm{d}\kappa}{\mathrm{d}L} - \dfrac{\sin 2\alpha}{a\kappa^2} \right)\cos\alpha - \kappa_\alpha\tau\tan\alpha \end{cases} \quad (3\text{-}174)$$

式中，a 为悬链线轨迹的特征参数，m。

(6) 三维抛物线模型：

$$\begin{cases} \dfrac{\mathrm{d}\kappa}{\mathrm{d}L} = \dfrac{\kappa_\alpha}{\kappa} \left(\dfrac{3\kappa_\alpha}{P}\sin\alpha + \kappa_\phi^{\ 2} \right) \sin\alpha\cos\alpha \\ \dfrac{\mathrm{d}^2\kappa}{\mathrm{d}L^2} = \dfrac{12\kappa_\alpha^{\ 3}}{\kappa P}\sin\alpha\cos^2\alpha - \kappa_\alpha\dfrac{1-5\cos^2\alpha}{\sin\alpha\cos\alpha}\dfrac{\mathrm{d}\kappa}{\mathrm{d}L} - \dfrac{1}{\kappa}\left(\dfrac{\mathrm{d}\kappa}{\mathrm{d}L}\right)^2 \\ \dfrac{\mathrm{d}\tau}{\mathrm{d}L} = \dfrac{4\kappa_\alpha\kappa_\phi}{\kappa^2} \left(\dfrac{\kappa_\alpha}{\kappa}\dfrac{\mathrm{d}\kappa}{\mathrm{d}L} - \dfrac{3\kappa_\alpha^{\ 2}}{\tan\alpha} \right)\cos\alpha - \kappa_\alpha\tau\tan\alpha \end{cases} \quad (3\text{-}175)$$

式中，P 为抛物线轨迹的特征参数，m。

(二) 流体浮力

管柱在流体中存在浮力，浮力的大小常用浮力系数来表征。单位长度管柱在流体中的重量为

$$w_\mathrm{p} = B_\mathrm{f} w_\mathrm{s} \quad (3\text{-}176)$$

式中，w_s 为单位长度管柱在空气中的重量，N/m；B_f 为浮力系数，无因次。

当管柱内外的流体密度相同时，浮力系数为

$$B_\mathrm{f} = 1 - \dfrac{\rho_\mathrm{f}}{\rho_\mathrm{s}} \quad (3\text{-}177)$$

式中，ρ_s 为管柱密度，kg/m³；ρ_f 为流体密度，kg/m³。

当管柱内外的流体密度不同时，浮力系数为

$$B_\mathrm{f} = 1 - \dfrac{\rho_\mathrm{o} A_\mathrm{o} - \rho_\mathrm{i} A_\mathrm{i}}{\rho_\mathrm{s}(A_\mathrm{o} - A_\mathrm{i})} \quad (3\text{-}178)$$

式中，ρ_i 为管柱内流体密度，kg/m³；ρ_o 为管柱外流体密度，kg/m³；A_i 为管柱内截面积，m²；A_o 为管柱外截面积，m²。

考虑到管柱本体、接头等尺寸不同，相关手册给出了管柱的平均线重，此时式(3-178)和式(3-176)还可写成[38]

$$B_f = 1 - \frac{\rho_o A_o - \rho_i A_i}{w_s} g \tag{3-179}$$

$$w_p = w_s - (\rho_o A_o - \rho_i A_i) g \tag{3-180}$$

式中，g 为重力加速度，m/s^2。

(三) 流体黏滞力

在管柱与井筒不同心的条件下，管柱轴向和旋转的复合运动致使流体呈偏心螺旋流动。假设管内流体跟随管柱运动，管外流体产生的流体黏滞力及扭矩可近似为[37]

$$w_v = 2\pi V \left[\frac{R_o \tau_f}{\sqrt{V^2 + (R_o \omega)^2}} + \frac{\mu_f}{\ln \frac{R_w}{R_o}} \right] \tag{3-181}$$

$$m_v = 2\pi R_o^3 \omega \left[\frac{\tau_f}{\sqrt{V^2 + (R_o \omega)^2}} + \frac{\mu_f}{R_w - R_o} \right] \tag{3-182}$$

式中，R_w 为井眼半径，m；τ_f 为流体动切力，Pa；μ_f 为流体动力黏度，Pa·s。

(四) 机械阻力及减阻工具

岩屑床、套管扶正器、钻柱稳定器等会产生机械阻力，特别是尺寸较大的刚性扶正器可能会吃入井壁，带来不容忽视的机械阻力。机械阻力包含很多不确定性因素，目前较合理的确定方法是：根据井下管柱拉力和扭矩的实测值与计算值之差计算出机械阻力，然后根据算得的机械阻力再次计算管柱的拉力和扭矩。这样，通过迭代计算，直至管柱拉力和扭矩的实测值与计算值相吻合，便可得到管柱的机械阻力及拉力和扭矩[38]。例如，在起下套管柱时，以套管柱底端为边界条件，通过迭代计算大钩载荷可求得机械阻力。

分析井下管柱的拉力和扭矩需要已知摩阻系数，根据管柱两端的实际载荷可算得摩阻系数。在大位移井中常使用井下工具来降低管柱摩阻扭矩及套管磨损，受井下工具减阻作用影响的井段应采用独立的摩阻系数。

(五) 屈曲接触力

管柱屈曲后会增大管柱与井壁间的接触力，从而影响管柱轴向力的有效传递，甚至使轴向力无法传递至钻头[38]，因此计算管柱的摩阻扭矩应考虑管柱屈曲的影响。

关于管柱屈曲所产生的附加接触力，正弦屈曲与螺旋屈曲的理论公式不同[37]，但有实验表明可认为两者相近[38]。所以，可按如下方法计算管柱屈曲的临界载荷和附加接触力[38]：

$$F_c = 2\sqrt{\frac{EIw_p}{r_c}} \tag{3-183}$$

$$N_c = \frac{r_c F_t^2}{8EI} \tag{3-184}$$

式中，F_c 为管柱屈曲的临界载荷，N；N_c 为单位长度管柱的屈曲附加接触力，N/m；r_c 为管柱的有效环空间隙，即井筒半径与管柱外半径之差，m。

(六)运动状态

井下管柱的运动状态包括轴向运动、纯旋转运动及其组合运动，可用轴向运动速度 V、旋转角速度 ω 及其组合来表征。管柱下行时 V 取正值，上行时 V 取负值。管柱左向旋转时 ω 取正值，右向旋转时 ω 取负值。$V=0$ 表示无轴向运动，$\omega=0$ 表示无旋转运动。据此，轴向和周向摩阻力及扭矩的方向可用轴向运动速度 V、旋转角速度 ω 的正负值来表征。

需要说明的是，这些约定是在转盘钻井条件下给出的。当采用井下动力钻具钻井时，动力源位于井底，此时应右向旋转时 ω 取正值。

三、稳态力学模型的解算方法

(一)边界条件

井下管柱常以井口或井底为边界，即常用边界条件为

$$\begin{cases} F_t(0)=F_{wh} \\ M_t(0)=M_{wh} \\ N(0)=N_{wh} \\ \theta(0)=\theta_{wh} \end{cases} \tag{3-185}$$

或

$$\begin{cases} F_t(L_{ob})=F_{ob} \\ M_t(L_{ob})=M_{ob} \\ N(L_{ob})=N_{ob} \\ \theta(L_{ob})=\theta_{ob} \end{cases} \tag{3-186}$$

式中，F_{wh} 为井口拉力，N；M_{wh} 为井口扭矩，N·m；N_{wh} 为井口接触力，N；θ_{wh} 为井口接触角，(°)；L_{ob} 为管柱总长度，m；F_{ob} 为井底拉力(压力取负值)，N；M_{ob} 为井底扭矩，N·m；N_{ob} 为井底接触力，N；θ_{ob} 为井底接触角，(°)。

（二）单元划分

要解算井下管柱的稳态力学模型，首先需要将井下管柱离散为若干个单元。由微分方程组(3-169)的建立过程可知，每个管柱单元的内半径 R_i、外半径 R_o 等几何属性及抗弯刚度 EI、单位长度浮重 w_p、摩阻系数 f 等力学属性应分别保持为常数。虽然式(3-169)认为井眼轨迹的挠曲参数是沿井深变化的，但是每个单元都应分别保持在 1 个测段内，即管柱单元不能跨越测点而涵盖两个及两个以上测段，并按相应的井眼轨道模型计算井眼轨迹的挠曲参数。

此外，机械阻力和屈曲接触力常用附加接触力来表征，在解算微分方程组时可叠加到式(3-169)前两式的接触力 N 中。减阻工具的作用效果常用摩阻系数来体现。

（三）解算方法

采用变步长龙格-库塔法等数值方法，可以解算式(3-169)的微分方程组，从而得到管柱的有效轴向力 F_t、扭矩 M_t、接触力 N 等参数沿管柱或井深的分布情况。根据边界条件式(3-185)或式(3-186)，应分别自上而下或自下而上依次解算各单元。

四、简化的管柱摩阻扭矩模型

在每个管柱单元内，假设接触力 N 和接触角 θ 分别保持不变，可将式(3-169)中的 4 个微分方程减少为仅含拉力 F_t 和扭矩 M_t 的两个微分方程。

将

$$\begin{cases} \dfrac{\mathrm{d}N}{\mathrm{d}L} = 0 \\ \dfrac{\mathrm{d}\theta}{\mathrm{d}L} = 0 \end{cases} \tag{3-187}$$

代入式(3-169)中的后两式，经整理得

$$\begin{cases} (A_1 B_1 + A_2 B_2)\tan\theta = (1-A_1)(B_1\cos\theta + B_2\sin\theta) + (A_1 B_2 - A_2 B_1) \\ N = \dfrac{(B_1 - B_2)\sin\theta - (B_1 + B_2)\cos\theta}{A_1 + A_2 - (1-A_1)\cos\theta} \end{cases} \tag{3-188}$$

其中

$$\begin{cases} A_1 = 1 - f_t \kappa R_o \\ A_2 = f_t + f_d \tau R_o \end{cases}$$

$$\begin{cases} B_1 = -\kappa F_t + \kappa\tau M_t - EI\lambda_2 + \dfrac{\kappa_\alpha}{\kappa} w_p \sin\alpha \\ B_2 = -\dfrac{\mathrm{d}\kappa}{\mathrm{d}L} M_t + EI\lambda_1 - \dfrac{\kappa_\phi}{\kappa} w_p \sin^2\alpha - \kappa m_v \end{cases}$$

这样，首先用迭代法求得接触角 θ，然后便可计算出接触力 N。进而，再考虑附加接触力，则式 (3-169) 变为

$$\begin{cases}\dfrac{dF_t}{dL} = f_d(1-\kappa R_o\cos\theta)(N+N_c+N_m) - EI\kappa\dfrac{d\kappa}{dL} - w_p\cos\alpha + w_v \\ \dfrac{dM_t}{dL} = f_t R_o(N+N_c+N_m) + m_v\end{cases} \quad (3\text{-}189)$$

式中，N_m 为由机械阻力引起的附加接触力（如套管扶正器的支撑力），N/m。

在此基础上，如果假设井眼轨迹符合空间圆弧模型，还可进一步简化摩阻扭矩模型。此时井眼曲率 κ 为常数、井眼挠率 $\tau=0$，因此式 (3-188) 中的系数为

$$\begin{cases}A_1 = 1 - f_t\kappa R_o \\ A_2 = f_t\end{cases} \quad (3\text{-}190)$$

$$\begin{cases}B_1 = -\kappa F_t + \dfrac{\kappa_\alpha}{\kappa}w_p\sin\alpha \\ B_2 = -\dfrac{\kappa_\phi}{\kappa}w_p\sin^2\alpha - \kappa m_v\end{cases} \quad (3\text{-}191)$$

于是，式 (3-189) 可写为

$$\begin{cases}\dfrac{dF_t}{dL} = f_d(1-\kappa R_o\cos\theta)(N+N_c+N_m) - w_p\cos\alpha + w_v \\ \dfrac{dM_t}{dL} = f_t R_o(N+N_c+N_m) + m_v\end{cases} \quad (3\text{-}192)$$

另外，对于二维井眼轨迹，方位变化率 $\kappa_\phi=0$、井眼挠率 $\tau=0$，因此式 (3-188) 中的系数为

$$\begin{cases}A_1 = 1 - f_t\kappa R_o \\ A_2 = f_t\end{cases} \quad (3\text{-}193)$$

$$\begin{cases}B_1 = -\kappa F_t + EI\dfrac{d^2\kappa}{dL^2} + w_p\sin\alpha \\ B_2 = -\dfrac{d\kappa}{dL}M_t - \kappa m_v\end{cases} \quad (3\text{-}194)$$

特别地，当井眼曲率 $\kappa=0$ 时，摩阻扭矩模型可简化为

$$\begin{cases}\dfrac{dF_t}{dL} = f_d(N+N_c+N_m) - w_p\cos\alpha + w_v \\ \dfrac{dM_t}{dL} = f_t R_o(N+N_c+N_m) + m_v\end{cases} \quad (3\text{-}195)$$

式中

$$N = \frac{w_p \sin\alpha}{\sqrt{1+f_t^2}}$$

显然，简化的管柱摩阻扭矩模型的边界条件只需要管柱端点的轴向力和扭矩，不需要接触力和接触角。

五、摩阻系数反演

在石油工程中，常根据上提和下放管柱时的井口和井底载荷来反演摩阻系数。当上提、下放管柱时，管柱只有轴向运动、没有旋转运动(旋转角速度 $\omega = 0$)，所以

$$\begin{cases} f_t = 0 \\ \dfrac{dM_t}{dL} = 0 \end{cases} \tag{3-196}$$

式(3-196)表明，在纯轴向运动条件下，管柱扭矩 M_t 保持不变，并且通常 $M_t = 0$。

在反演摩阻系数时，应同时给出井口和井底的边界条件，即[37, 38]

$$\begin{cases} F_t(0) = F_{wh} \\ F_t(L_{ob}) = F_{ob} \\ M_t(0) = M_t(L_{ob}) = M_t \end{cases} \tag{3-197}$$

若采用简化的管柱摩阻扭矩模型来反演摩阻系数，则联立式(3-196)和式(3-188)，可以得到接触角和接触力的计算公式为

$$\begin{cases} \tan\theta = \dfrac{A_1 B_2 - A_2 B_1}{A_1 B_1 + A_2 B_2} \\ N = \dfrac{(B_1 - B_2)\sin\theta - (B_1 + B_2)\cos\theta}{A_1 + A_2} \end{cases} \tag{3-198}$$

式中

$$\begin{cases} A_1 = 1 \\ A_2 = f_d \tau R_o \end{cases}$$

$$\begin{cases} B_1 = -\kappa F_t + \kappa\tau M_t - EI\lambda_2 + \dfrac{\kappa_\alpha}{\kappa} w_p \sin\alpha \\ B_2 = -\dfrac{d\kappa}{dL} M_t + EI\lambda_1 - \dfrac{\kappa_\phi}{\kappa} w_p \sin^2\alpha \end{cases}$$

由式(3-189)可知，此时关于管柱拉力的微分方程为

$$\frac{dF_t}{dL} = f_d\left(1 - \kappa R_o \cos\theta\right)\left(N + N_c + N_m\right) - EI\kappa\frac{d\kappa}{dL} - w_p\cos\alpha + w_v \qquad (3\text{-}199)$$

这样，对于给定的摩阻系数初值，根据管柱一端的边界条件，自上而下或自下而上求解微分方程式(3-199)，可得到管柱另一端的载荷。通过对比管柱另一端载荷的计算值与实测值，用迭代法便可求得摩阻系数。在迭代计算时，既可用管柱载荷也可用摩阻系数作为精度判别条件。

参 考 文 献

[1] 国家能源局. 定向井轨道设计与轨迹计算: SY/T 5435–2012[S]. 北京: 石油工业出版社, 2012.
[2] 韩志勇. 定向钻井设计与计算[M]. 第二版. 东营: 中国石油大学出版社, 2007.
[3] 刘修善. 井眼轨道几何学[M]. 北京: 石油工业出版社, 2006.
[4] Samuel G R, Liu X S. Advanced Drilling Engineering-Principles and Designs[M]. Houston: Gulf Publishing Company, 2009.
[5] 刘修善. 定向钻井轨道设计与轨迹计算的关键问题解析[J]. 石油钻探技术, 2011, 39(5): 1-7.
[6] 刘修善, 王珊, 贾仲宣, 等. 井眼轨道设计理论与描述方法[M]. 哈尔滨: 黑龙江科学技术出版社, 1993.
[7] 艾池, 刘修善, 王军, 等. 井眼轨道设计的广义方程及其应用[J]. 大庆石油学院学报, 1998, 22(4): 23-26.
[8] 刘修善, 张海山. 欠位移水平井的设计方法[J]. 天然气工业, 2008, 28(10): 1-3.
[9] 刘修善. 拱形水平井的设计方法研究[J]. 天然气工业, 2006, 26(6): 63-65.
[10] 刘修善, 马开华, 陈天成, 等. 一种钻井井眼轨道设计方法: 200510103356.9[P]. 2007-03-28.
[11] 刘修善. 二维井身剖面的通用设计方法[J]. 石油学报, 2010, 31(6): 132-136.
[12] Liu X S. Universal technique normalises and plans various well-paths for directional drilling[R]. SPE 142145, 2011.
[13] 杜成武, 张永杰. 悬链线剖面——定向钻井新技术[J]. 石油钻采工艺, 1987, 9(1): 17-22, 37.
[14] Payne M L, Cocking D A, Hatch A J. Critical technologies for success in extended reach drilling[R]. SPE 28293, 1994.
[15] Bernt S A, Vincent T, Joannes D. Construction of ultralong wells using a catenary well profile[R]. SPE 98890, 2006.
[16] 韩志勇. 定向井悬链线轨道的无因次设计方法[J]. 石油钻采工艺, 1997, 19(4): 13-16.
[17] 刘修善. 悬链线轨道设计方法研究[J]. 天然气工业, 2007, 27(7): 73-75.
[18] 刘修善, 周大千, 李世斌, 等. 抛物线型定向井剖面的设计原理及方法[J]. 大庆石油学院学报, 1989, 13(4): 29-37.
[19] 刘修善. 抛物线型井眼轨道的数学模型及其设计方法[J]. 石油钻采工艺, 2006, 28(4): 7-9, 13.
[20] 王敏, 胡丰金. 三维绕障定向井简单设计方法[J]. 石油钻采工艺, 1988, 10(2): 43-48.
[21] 周大千, 顾玲弟, 刘修善, 等. 一种三维绕障定向井设计新方法[J]. 石油学报, 1992, 13(3): 109-117.
[22] 张建国, 韩志勇, 崔红英, 等. 绕障定向井轨道优化设计方法[J]. 石油钻探技术, 1997, 25(1): 4-5, 8.
[23] 闫铁. 三维绕障定向井实用待钻设计方法[J]. 天然气工业, 1990, 10(2): 29-35.
[24] 刘修善. 三维侧钻绕障井的设计方法[J]. 石油学报, 2009, 30(6): 916-922.
[25] 刘修善, 刘喜林, 何树山, 等. 二维绕障定向井设计方法[J]. 石油学报, 1996, 17(4): 120-127.
[26] 张海山, 刘修善. 二维绕障井实用轨道设计方法[J]. 石油钻探技术, 2009, 37(1): 42-45.
[27] 刘修善, 李静, 张岗. 地面井位优选设计新方法[J]. 石油钻采工艺, 2002, 24(5): 5-7.
[28] 刘修善, 何树山. 斜直井的漂移轨道设计[J]. 石油钻探技术, 2001, 29(3): 15-17.
[29] 刘修善, 曲同慈, 孙忠国, 等. 三维漂移轨道的设计方法[J]. 石油学报, 1995, 16(4): 118-124.
[30] Liu X S, Shi Z H. Technique yields exact solution for planning bit-walk paths[J]. Oil & Gas Journal, 2002, 100(5): 45-50.
[31] Liu X S. New techniques accurately model and plan 3D well paths based on formation's deflecting behaviors[R]. IADC/SPE 115024, 2008.
[32] 刘修善, 张海山. 考虑地层方位漂移特性的定向井轨道设计方法[J]. 石油学报, 2008, 29(6): 132-134.

[33] 何树山, 刘修善. 三维水平井轨道设计[J]. 石油钻采工艺, 2001, 23(4): 16-20.
[34] Liu X S, Samuel G R. Catenary well profiles for extended and ultra-extended reach wells[R]. SPE 124313, 2009.
[35] 刘修善. 三维悬链线轨道的设计方法[J]. 石油钻采工艺, 2010, 32(6): 7-10.
[36] 高德利. 油气井管柱力学与工程[M]. 东营: 中国石油大学出版社, 2006.
[37] 李子丰. 油气井杆管柱力学及应用[M]. 北京: 石油工业出版社, 2008.
[38] 高德利. 复杂结构井优化设计与钻完井控制技术[M]. 东营: 中国石油大学出版社, 2011.

第四章

实钻轨迹监测

根据测斜数据计算实钻轨迹是井眼轨迹监测与控制的基本任务，也是固井完井、采油工艺、井下作业和油田开发等业务环节的基础数据。在钻井施工过程中，要使实钻轨迹与设计轨道完全吻合是不可能的，必然存在偏差，因此需要分析实钻轨迹的偏差情况，以便掌握实钻轨迹与设计轨道的符合程度，并为井眼轨迹控制奠定基础。此外，还需要研究正钻井与邻井间的距离关系，满足邻井防碰和救援井中靶等要求。

第一节 实钻轨迹测斜计算

实钻轨迹是一条连续光滑的空间曲线，但是测斜时只能获得各离散测点处的井深、井斜角、方位角等基本参数，无法知道各测段内井眼轨迹的实际形态，所以实钻轨迹的测斜计算需要建立在一定的假设条件和数学模型基础上。到目前为止，实钻轨迹的测斜计算方法已有20多种，经归纳整理得到的典型计算方法也有10余种。显然，要保证井眼轨迹的监测精度及可靠性，除提高测量精度外，还需要优选测斜计算方法。

一、测斜计算方法

各种测斜仪器都能获取的基本测斜数据包括井深、井斜角和方位角，其中随钻测量（MWD）、随钻测井（LWD）等随钻测量仪还可测得工具面角，甚至自然伽马和电阻率等地质参数。测斜计算的主要任务是根据测斜数据计算出各测点处的井眼轨迹参数，包括空间坐标、挠曲形态和偏差参数等。

测斜计算有如下规定和要求[1-4]。

(1)建立井口坐标系。采用与设计轨道相同的指北基准和井口坐标系 NEH，其中指北基准应为真北或网格北。

(2)编制测点序号。按不同类型的定向井，分别将井口点、侧钻点或分支点等作为实钻轨迹始点，编号为0，各测点按井深增序排列并依次编号。

(3)归算方位角。传统定位方法不考虑子午线收敛角和磁偏角的沿程变化，可先按指北基准将各测点的实测方位角归算为真方位角或网格方位角，然后再计算各测点的空间坐标和挠曲形态等参数。精准定位方法考虑子午线收敛角和磁偏角的时空变化，需要用迭代法逐测点归算方位角和计算空间坐标，然后再计算挠曲形态和实钻轨迹偏差等参数。

(4) 确定实钻轨迹的始点参数。对于井口点，井深 $L_0=0$，使用直井钻机时井斜角 $\alpha_0=0$、方位角 $\phi_0=\phi_1$，使用斜井钻机时井斜角 α_0 取为钻机导斜角、方位角 ϕ_0 取为钻机导斜方位角，北坐标 N_0、东坐标 E_0、垂深 H_0、水平长度 S_0 等参数均为零；对于侧钻点或分支点，在父井眼轨迹上用插值法计算侧钻点或分支点的井斜角 α_0、方位角 ϕ_0、北坐标 N_0、东坐标 E_0、垂深 H_0、水平长度 S_0 等参数，其插值模型应与父井眼轨迹的计算方法相一致。

(5) 确定方位角及其增量。当井斜角为零时，不存在方位角，此时该测点的方位角应取为测段另一测点的方位角；当测段两测点的井斜角均为零时，说明该测段为铅直井段。考虑到方位角在 0°或 360°附近可能出现跳跃，应按如下方法来计算测段内的方位角增量及平均值

$$\Delta\phi_i = \begin{cases} \phi_i - \phi_{i-1}, & \text{当} |\phi_i - \phi_{i-1}| \leqslant 180° \\ (\phi_i - \phi_{i-1}) - \mathrm{sgn}(\phi_i - \phi_{i-1}) \times 360°, & \text{当} |\phi_i - \phi_{i-1}| > 180° \end{cases} \tag{4-1}$$

$$\phi_v = \phi_{i-1} + \frac{\Delta\phi_i}{2} \tag{4-2}$$

式中，ϕ_v 为平均方位角，(°)。

特别地，当 $|\phi_i-\phi_{i-1}|=180°$ 时，宜按上下测段的方位角变化趋势来确定 $\Delta\phi_i$ 的正负号。

测斜计算的总体思路参见第二章第三节，而各测点的水平位移、平移方位角及井眼曲率、井眼挠率等计算方法参见第一章，这里主要介绍各测点北坐标、东坐标、垂深及水平长度等坐标参数的计算方法。相邻两测点的坐标参数间存在如下关系：

$$\begin{cases} N_i = N_{i-1} + \Delta N_i \\ E_i = E_{i-1} + \Delta E_i \\ H_i = H_{i-1} + \Delta H_i \\ S_i = S_{i-1} + \Delta S_i \end{cases} \tag{4-3}$$

因此只需研究测段内各坐标增量(ΔN_i, ΔE_i, ΔH_i, ΔS_i)的计算方法。

要计算测段内的坐标增量，首先应选取井眼轨道模型，再用相应的公式计算坐标增量。计算坐标增量有两种方法：①根据相邻两测点的基本参数(L_{i-1}, α_{i-1}, ϕ_{i-1})和(L_i, α_i, ϕ_i)，按第一章第五节中的方法，先计算出测段内实钻轨迹的特征参数，再按第一章第四节中的模型计算坐标增量，其中最小曲率法、曲率半径法和自然曲线法还可使用井眼轨道通用模型[5]；②按测段内实钻轨迹的形状假设，基于相邻两测点的基本参数(L_{i-1}, α_{i-1}, ϕ_{i-1})和(L_i, α_i, ϕ_i)建立坐标增量的计算公式。因为第一种方法以及井眼轨道的基本方程和模型已在第一章中阐述，所以在此省略公式推导过程并给出第二种方法的坐标增量公式。

(一) 平均角法

假设测段内的井眼轨迹为直线，即井斜角和方位角保持不变，且井斜角和方位角分别取为上下两测点的平均值，如图 4-1 所示。

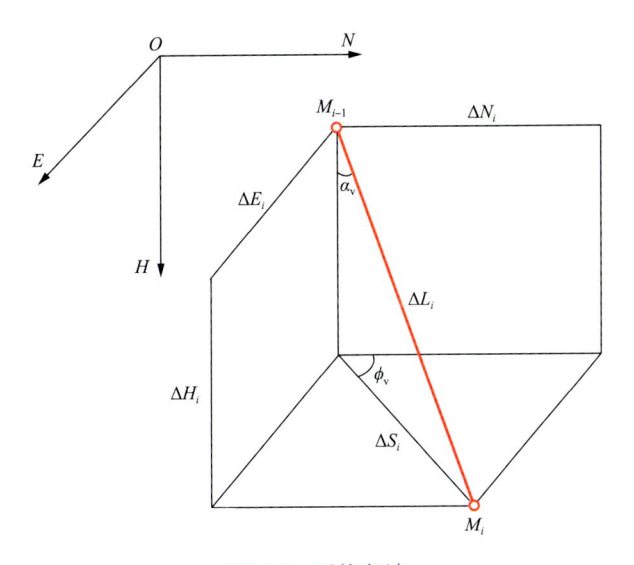

图 4-1 平均角法

坐标增量的计算公式为[2,3]

$$\begin{cases} \Delta N_i = \Delta L_i \sin\alpha_v \cos\phi_v \\ \Delta E_i = \Delta L_i \sin\alpha_v \sin\phi_v \\ \Delta H_i = \Delta L_i \cos\alpha_v \\ \Delta S_i = \Delta L_i \sin\alpha_v \end{cases} \quad (4\text{-}4)$$

式中

$$\begin{cases} \Delta L_i = L_i - L_{i-1} \\ \alpha_v = \dfrac{\alpha_{i-1} + \alpha_i}{2} \end{cases}$$

α_v 为平均井斜角，(°)。

(二) 平衡正切法

假设测段内的井眼轨迹为由两个直线段组成的折线，两个直线段的长度相等且等于测段长度的一半，其方向分别为上下两测点的井眼方向，如图 4-2 所示。

坐标增量的计算公式为[2,3]

$$\begin{cases} \Delta N_i = \dfrac{\Delta L_i}{2}\left(\sin\alpha_{i-1}\cos\phi_{i-1} + \sin\alpha_i\cos\phi_i\right) \\ \Delta E_i = \dfrac{\Delta L_i}{2}\left(\sin\alpha_{i-1}\sin\phi_{i-1} + \sin\alpha_i\sin\phi_i\right) \\ \Delta H_i = \dfrac{\Delta L_i}{2}\left(\cos\alpha_{i-1} + \cos\alpha_i\right) \\ \Delta S_i = \dfrac{\Delta L_i}{2}\left(\sin\alpha_{i-1} + \sin\alpha_i\right) \end{cases} \quad (4\text{-}5)$$

图 4-2 平衡正切法

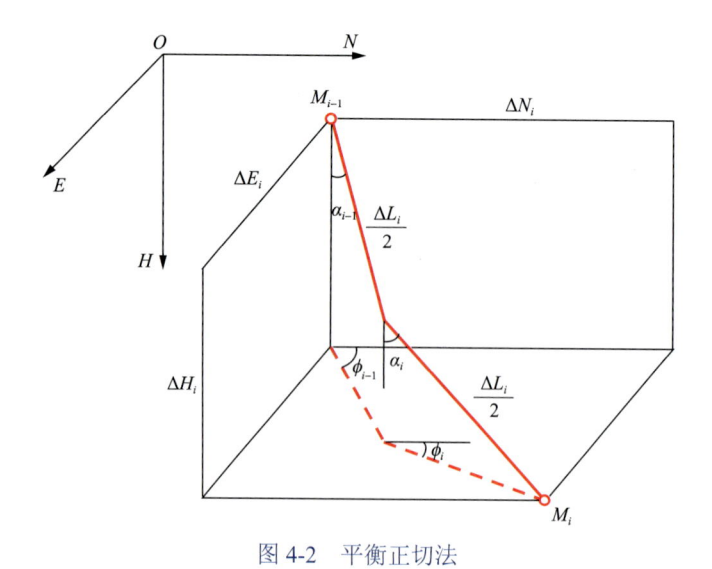

(三) 曲率半径法

假设测段内的井眼轨迹为等变螺旋角的圆柱螺线,在上下两测点处分别相切于井眼方向线。等变螺旋角要求 $\kappa_\alpha = \dfrac{\mathrm{d}\alpha}{\mathrm{d}L} = $ 常数,圆柱螺线在水平投影图上显然为圆弧线,因此井眼轨迹在垂直剖面图和水平投影图上均为圆弧[6,7]。曲率半径法符合井眼轨道的圆柱螺线模型,也称为圆柱螺线法,如图 4-3 所示。

坐标增量的计算公式为[2,3]

$$\begin{cases} \Delta N_i = r_i(\sin\phi_i - \sin\phi_{i-1}) \\ \Delta E_i = r_i(\cos\phi_{i-1} - \cos\phi_i) \\ \Delta H_i = R_i(\sin\alpha_i - \sin\alpha_{i-1}) \\ \Delta S_i = R_i(\cos\alpha_{i-1} - \cos\alpha_i) \end{cases} \tag{4-6}$$

式中

$$\begin{cases} r_i = \dfrac{180}{\pi}\dfrac{R_i}{\Delta\phi_i}(\cos\alpha_{i-1} - \cos\alpha_i) \\ R_i = \dfrac{180}{\pi}\dfrac{\Delta L_i}{\Delta\alpha_i} \\ \Delta\alpha_i = \alpha_i - \alpha_{i-1} \end{cases}$$

R 为井眼轨迹在垂直剖面图上的曲率半径,m;r 为井眼轨迹在水平投影图上的曲率半径,m。

(a) 柱面图

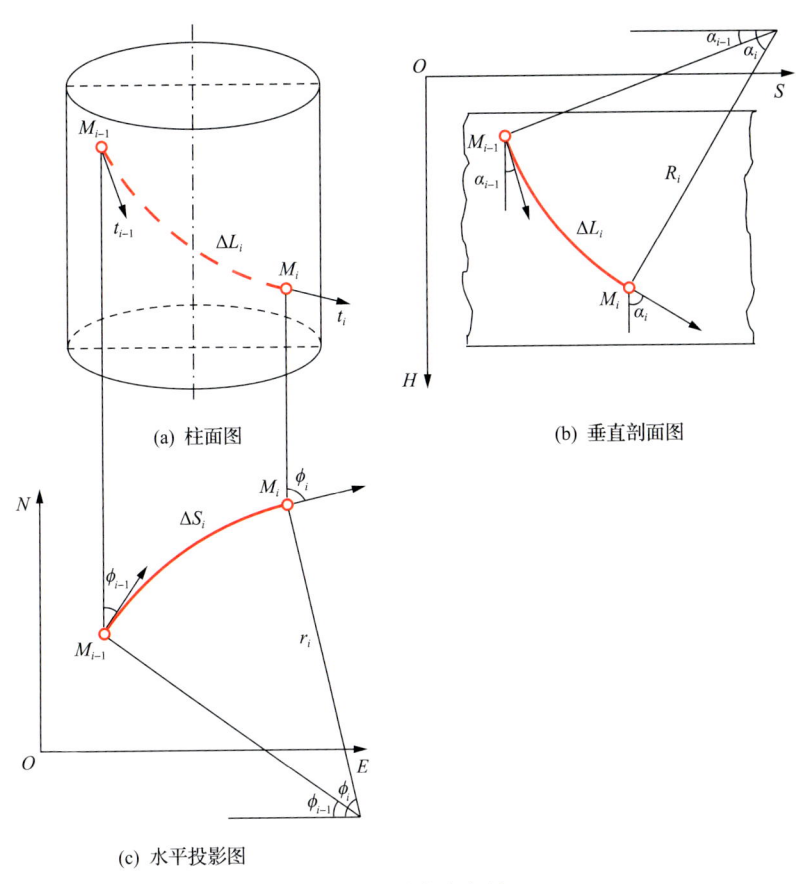

(b) 垂直剖面图

(c) 水平投影图

图 4-3　曲率半径法

显然，若 $\Delta\alpha_i$ 或 $\Delta\phi_i$ 其中之一为零，则无法计算 R_i 或 r_i，所以需要进行相应处理[2,3]。为简便，可先计算垂深增量、水平长度增量，然后再计算北坐标增量、东坐标增量。计算公式为[2]

$$\Delta H_i = \begin{cases} \Delta L_i \cos\alpha_i, & \text{当}\Delta\alpha_i = 0\text{时} \\ R_i(\sin\alpha_i - \sin\alpha_{i-1}), & \text{当}\Delta\alpha_i \neq 0\text{时} \end{cases} \quad (4\text{-}7)$$

$$\Delta S_i = \begin{cases} \Delta L_i \sin\alpha_i, & \text{当}\Delta\alpha_i = 0\text{时} \\ R_i(\cos\alpha_{i-1} - \cos\alpha_i), & \text{当}\Delta\alpha_i \neq 0\text{时} \end{cases} \quad (4\text{-}8)$$

$$\Delta N_i = \begin{cases} \Delta S_i \cos\phi_i, & \text{当}\Delta\phi_i = 0\text{时} \\ r_i(\sin\phi_i - \sin\phi_{i-1}), & \text{当}\Delta\phi_i \neq 0\text{时} \end{cases} \quad (4\text{-}9)$$

$$\Delta E_i = \begin{cases} \Delta S_i \sin\phi_i, & \text{当}\Delta\phi_i = 0\text{时} \\ r_i(\cos\phi_{i-1} - \cos\phi_i), & \text{当}\Delta\phi_i \neq 0\text{时} \end{cases} \quad (4\text{-}10)$$

式中

$$\begin{cases} R_i = \dfrac{180}{\pi}\dfrac{\Delta L_i}{\Delta \alpha_i} \\ r_i = \dfrac{180}{\pi}\dfrac{\Delta S_i}{\Delta \phi_i} \end{cases}$$

(四)校正平均角法

校正平均角法是曲率半径法的近似计算方法,其近似条件是测段内的 $\Delta\alpha_i$ 和 $\Delta\phi_i$ 很小。对于曲率半径法的计算公式,应用三角函数的和差化积公式,并将正弦函数进行幂级数展开,得[2,3]

$$\begin{cases} \Delta N_i = f_h \Delta L_i \sin\alpha_v \cos\phi_v \\ \Delta E_i = f_h \Delta L_i \sin\alpha_v \sin\phi_v \\ \Delta H_i = f_v \Delta L_i \cos\alpha_v \\ \Delta S_i = f_v \Delta L_i \sin\alpha_v \end{cases} \qquad (4\text{-}11)$$

式中

$$\begin{cases} f_v = 1 - \left(\dfrac{\pi}{180}\right)^2 \dfrac{\Delta\alpha_i^{\,2}}{24} \\ f_h = 1 - \left(\dfrac{\pi}{180}\right)^2 \dfrac{\Delta\alpha_i^{\,2} + \Delta\phi_i^{\,2}}{24} \end{cases}$$

从形式上看,这组公式是平均角法乘以校正系数 f_v 和 f_h,故称为校正平均角法。

(五)最小曲率法

假设测段内的井眼轨迹为空间斜平面内的圆弧线,并在上下两测点处分别相切于井眼方向线[8,9],如图 4-4 所示。圆弧线是所有曲线中曲率最小的曲线,因此称为最小曲率法,它符合井眼轨道的空间圆弧模型[10,11]。

坐标增量的计算公式为[2,3]

$$\begin{cases} \Delta N_i = \lambda_i \left(\sin\alpha_{i-1} \cos\phi_{i-1} + \sin\alpha_i \cos\phi_i \right) \\ \Delta E_i = \lambda_i \left(\sin\alpha_{i-1} \sin\phi_{i-1} + \sin\alpha_i \sin\phi_i \right) \\ \Delta H_i = \lambda_i \left(\cos\alpha_{i-1} + \cos\alpha_i \right) \\ \Delta S_i = \lambda_i \left(\sin\alpha_{i-1} + \sin\alpha_i \right) \cdot \dfrac{\pi}{180} \dfrac{\dfrac{\Delta\phi_i}{2}}{\tan\dfrac{\Delta\phi_i}{2}} \end{cases} \qquad (4\text{-}12)$$

式中

$$\begin{cases} \lambda_i = \dfrac{180}{\pi} \dfrac{\Delta L_i}{\varepsilon_i} \tan \dfrac{\varepsilon_i}{2} \\ \cos \varepsilon_i = \cos \alpha_{i-1} \cos \alpha_i + \sin \alpha_{i-1} \sin \alpha_i \cos \Delta \phi_i \end{cases}$$

斜面圆弧在水平投影图上是椭圆弧，因此式(4-12)中的 ΔS_i 为近似公式。对于要求计算精度很高的井，可按井眼轨道的空间圆弧模型，用数值积分法来计算水平(投影)长度。

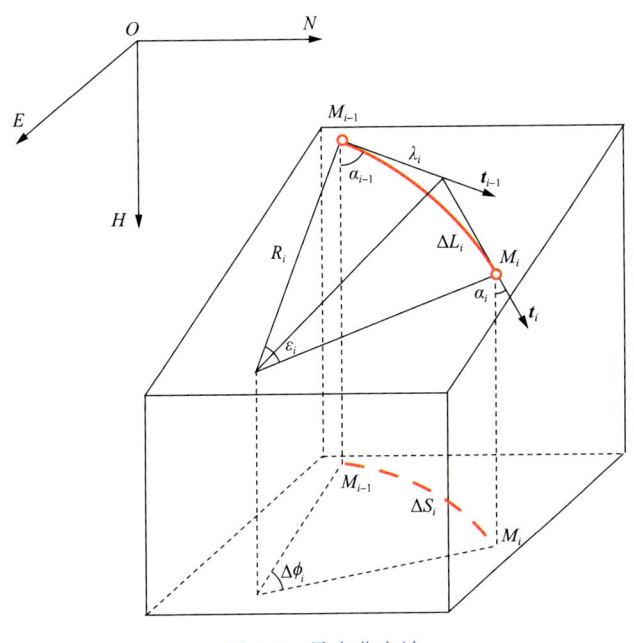

图 4-4　最小曲率法

(六) 弦步法

假设测段内的井眼轨迹为空间斜平面内的圆弧线，但测段长度为圆弧线的弦长而不是弧长[12]，参见图 4-4。

关于坐标增量的计算公式，弦步法与最小曲率法的形式相同，但切线段长度 λ_i 的计算方法不同。弦步法的计算公式为[2,3]

$$\lambda_i = \dfrac{\Delta L_i}{2} \dfrac{1}{\cos \dfrac{\varepsilon_i}{2}} = \dfrac{\sqrt{2}}{2} \dfrac{\Delta L_i}{\sqrt{1+\cos \varepsilon_i}} \tag{4-13}$$

弦步法认为：测斜时，电缆或钻柱被拉直，如果井眼轴线为圆弧，则测段长度应为该圆弧的弦长。但这种假设只适用于井眼曲率较小的情况[3]，否则电缆或钻柱也是弯曲的，测段长度就不是圆弧形轨迹的弦长。

(七) 自然曲线法

假设测段内的井眼轨迹为井斜变化率和方位变化率分别保持为常数的空间曲线[13,14]。

坐标增量的计算公式为[2,13,14]

$$\Delta N_i = \begin{cases} \Delta L_i \sin\alpha_i \cos\phi_i, & \text{当} \kappa_P = \kappa_Q = 0 \text{时} \\ \dfrac{1}{2}\big[\Delta L_i \sin A_P + F_C(A_Q,\kappa_Q)\big], & \text{当} \kappa_P = 0, \kappa_Q \neq 0 \text{时} \\ \dfrac{1}{2}\big[F_C(A_P,\kappa_P) + \Delta L_i \sin A_Q\big], & \text{当} \kappa_P \neq 0, \kappa_Q = 0 \text{时} \\ \dfrac{1}{2}\big[F_C(A_P,\kappa_P) + F_C(A_Q,\kappa_Q)\big], & \text{当} \kappa_P \neq 0, \kappa_Q \neq 0 \text{时} \end{cases} \quad (4\text{-}14)$$

$$\Delta E_i = \begin{cases} \Delta L_i \sin\alpha_i \sin\phi_i, & \text{当} \kappa_P = \kappa_Q = 0 \text{时} \\ \dfrac{1}{2}\big[F_S(A_Q,\kappa_Q) - \Delta L_i \cos A_P\big], & \text{当} \kappa_P = 0, \kappa_Q \neq 0 \text{时} \\ \dfrac{1}{2}\big[\Delta L_i \cos A_Q - F_S(A_P,\kappa_P)\big], & \text{当} \kappa_P \neq 0, \kappa_Q = 0 \text{时} \\ \dfrac{1}{2}\big[F_S(A_Q,\kappa_Q) - F_S(A_P,\kappa_P)\big], & \text{当} \kappa_P \neq 0, \kappa_Q \neq 0 \text{时} \end{cases} \quad (4\text{-}15)$$

$$\Delta H_i = \begin{cases} \Delta L_i \cos\alpha_i, & \text{当} \kappa_\alpha = 0 \text{时} \\ F_S(\alpha_{i-1},\kappa_\alpha), & \text{当} \kappa_\alpha \neq 0 \text{时} \end{cases} \quad (4\text{-}16)$$

$$\Delta S_i = \begin{cases} \Delta L_i \sin\alpha_i, & \text{当} \kappa_\alpha = 0 \text{时} \\ F_C(\alpha_{i-1},\kappa_\alpha), & \text{当} \kappa_\alpha \neq 0 \text{时} \end{cases} \quad (4\text{-}17)$$

式中

$$\begin{cases} \kappa_\alpha = \dfrac{\Delta \alpha_i}{\Delta L_i} \\ \kappa_\phi = \dfrac{\Delta \phi_i}{\Delta L_i} \end{cases}$$

$$\begin{cases} A_P = \alpha_{i-1} + \phi_{i-1} \\ A_Q = \alpha_{i-1} - \phi_{i-1} \end{cases}$$

$$\begin{cases} \kappa_P = \kappa_\alpha + \kappa_\phi \\ \kappa_Q = \kappa_\alpha - \kappa_\phi \end{cases}$$

$$\begin{cases} F_S(\beta,\chi) = \dfrac{180}{\pi\chi}\big[\sin(\beta + \chi\Delta L_i) - \sin\beta\big] \\ F_C(\beta,\chi) = \dfrac{180}{\pi\chi}\big[\cos\beta - \cos(\beta + \chi\Delta L_i)\big] \end{cases}$$

(八)恒主法线法

假设测段内的井眼轨迹为井眼曲率和主法线角分别保持为常数的空间曲线[15,16]。坐标增量的计算公式为[2,15,16]

$$\Delta N_i = \begin{cases} R_i(\cos\alpha_{i-1} - \cos\alpha_i)\cos\phi_i, & \text{当}\alpha_{i-1}=0\text{或}\alpha_i=0\text{时} \\ r_i \sin\alpha_i(\sin\phi_i - \sin\phi_{i-1}), & \text{当}\Delta\alpha_i=0\text{时} \\ \int_{L_1}^{L_2} \sin\alpha\cos\phi\,dL, & \text{其他} \end{cases} \quad (4\text{-}18)$$

$$\Delta E_i = \begin{cases} R_i(\cos\alpha_{i-1} - \cos\alpha_i)\sin\phi_i, & \text{当}\alpha_{i-1}=0\text{或}\alpha_i=0\text{时} \\ r_i \sin\alpha_i(\cos\phi_{i-1} - \cos\phi_i), & \text{当}\Delta\alpha_i=0\text{时} \\ \int_{L_1}^{L_2} \sin\alpha\sin\phi\,dL, & \text{其他} \end{cases} \quad (4\text{-}19)$$

$$\Delta H_i = \begin{cases} \Delta L_i \cos\alpha_i, & \text{当}\Delta\alpha_i=0\text{时} \\ R_i(\sin\alpha_i - \sin\alpha_{i-1}), & \text{当}\Delta\alpha_i \neq 0\text{时} \end{cases} \quad (4\text{-}20)$$

$$\Delta S_i = \begin{cases} \Delta L_i \sin\alpha_i, & \text{当}\Delta\alpha_i=0\text{时} \\ R_i(\cos\alpha_{i-1} - \cos\alpha_i), & \text{当}\Delta\alpha_i \neq 0\text{时} \end{cases} \quad (4\text{-}21)$$

式中

$$\begin{cases} R_i = \dfrac{180}{\pi}\dfrac{\Delta L_i}{\Delta\alpha_i} \\ r_i = \dfrac{180}{\pi}\dfrac{\Delta L_i}{\Delta\phi_i} \end{cases}$$

$$\tan\omega_i = \frac{\pi}{180}\frac{\Delta\phi_i}{\ln\tan\dfrac{\alpha_i}{2} - \ln\tan\dfrac{\alpha_{i-1}}{2}}$$

$$\begin{cases} \alpha(L) = \alpha_{i-1} + \dfrac{\Delta\alpha_i}{\Delta L_i}(L - L_{i-1}) \\ \phi(L) = \phi_{i-1} + \dfrac{180}{\pi}\tan\omega_i\left(\ln\tan\dfrac{\alpha}{2} - \ln\tan\dfrac{\alpha_{i-1}}{2}\right) \end{cases}$$

一般情况下,恒主法线法需要采用数值积分来计算北坐标增量 ΔN_i 和东坐标增量 ΔE_i。当 $\alpha_{i-1}=0$ 或 $\alpha_i=0$ 时,因为不存在方位角而采用测段另一测点的方位角,所以主法线角为 0°或 180°。而当 $\alpha_i=\alpha_{i-1}\neq 0$ 时，因为测段内的井斜角没有变化，所以主法线角 $\omega_i = \text{sgn}(\Delta\phi_i)\times 90°$。

(九) 曲线结构法

任意两个相互独立的特征参数都能确定井眼轨迹的形状。例如，圆柱螺线法假设井眼轨迹在垂直剖面图和水平投影图上的曲率分别保持为常数，自然曲线法假设井斜变化率和方位变化率分别保持为常数，最小曲率法假设井眼曲率和初始主法线角分别保持为常数。因为井眼轨迹既有弯曲又有扭转，而表征空间曲线弯曲和扭转的基本参数是曲率和挠率，所以基于井眼曲率 κ 和井眼挠率 τ 可确定井眼轨迹形状，这就是曲线结构法的基本思想[17,18]。显然，当测段内的井眼曲率 κ 为常数、井眼挠率 $\tau=0$ 时，井眼轨迹就是空间圆弧，从这个意义上来说最小曲率法可看作是曲线结构法的特例。

如图 4-5 所示，以上测点 M_{i-1} 为原点，分别以井眼轨迹的主法线、副法线和切线方向为 X 轴、Y 轴和 Z 轴，建立坐标系 XYZ。基于上测点 M_{i-1} 的井眼曲率 κ_{i-1} 和井眼挠率 τ_{i-1}，由式(1-51)可算得下测点 M_i 在坐标系 XYZ 下的坐标。然后，根据坐标系 XYZ 与井口坐标系 NEH 之间的转换关系，便可算得测段内的坐标增量。同理，也可以基于下测点 M_i 的井眼曲率 κ_i 和井眼挠率 τ_i 来计算测段内的坐标增量。

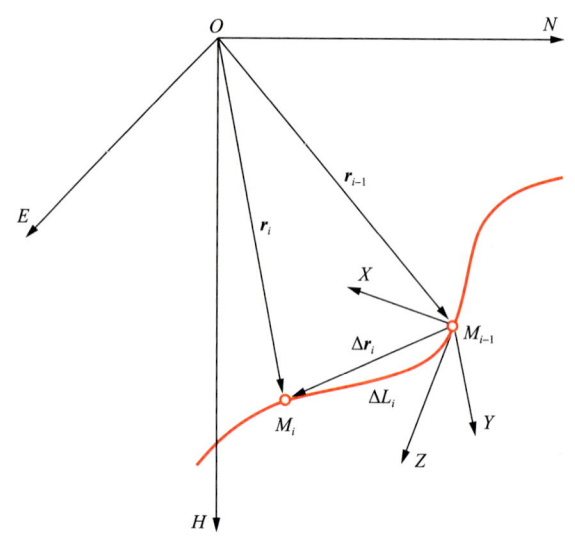

图 4-5 曲线结构法

为提高计算精度，还可以将测段划分为长度相等的两个单元，分别用上下两测点的井眼曲率和井眼挠率计算出这两个单元的坐标增量，然后二者相加便可得到测段内的坐标增量。此时，坐标增量的计算公式为[17,18]

$$\begin{bmatrix} \Delta N_i \\ \Delta E_i \\ \Delta H_i \end{bmatrix} = [T_{i-1}]\begin{bmatrix} X_{i-1} \\ Y_{i-1} \\ Z_{i-1} \end{bmatrix} - [T_i]\begin{bmatrix} X_i \\ Y_i \\ Z_i \end{bmatrix} \tag{4-22}$$

式中

$$[T_j] = \begin{bmatrix} n_{N,j} & b_{N,j} & t_{N,j} \\ n_{E,j} & b_{E,j} & t_{E,j} \\ n_{H,j} & b_{H,j} & t_{H,j} \end{bmatrix}, \qquad j = i-1, i$$

$$\begin{cases} n_{N,j} = \lambda_{\alpha,j} \cos\alpha_j \cos\phi_j - \lambda_{\phi,j} \sin\alpha_j \sin\phi_j \\ n_{E,j} = \lambda_{\alpha,j} \cos\alpha_j \sin\phi_j + \lambda_{\phi,j} \sin\alpha_j \cos\phi_j, \qquad j = i-1, i \\ n_{H,j} = -\lambda_{\alpha,j} \sin\alpha_j \end{cases}$$

$$\begin{cases} b_{N,j} = -\lambda_{\alpha,j} \sin\phi_j - \lambda_{\phi,j} \sin\alpha_j \cos\alpha_j \cos\phi_j \\ b_{E,j} = \lambda_{\alpha,j} \cos\phi_j - \lambda_{\phi,j} \sin\alpha_j \cos\alpha_j \sin\phi_j, \qquad j = i-1, i \\ b_{H,j} = \lambda_{\phi,j} \sin^2\alpha_j \end{cases}$$

$$\begin{cases} t_{N,j} = \sin\alpha_j \cos\phi_j \\ t_{E,j} = \sin\alpha_j \sin\phi_j, \qquad j = i-1, i \\ t_{H,j} = \cos\alpha_j \end{cases}$$

$$\begin{cases} \lambda_{\alpha,j} = \dfrac{\kappa_{\alpha,j}}{\kappa_j} \\ \lambda_{\phi,j} = \dfrac{\kappa_{\phi,j}}{\kappa_j} \end{cases}, \qquad j = i-1, i$$

$$\begin{cases} X_j = \dfrac{1}{8} \kappa_j \Delta L_i^2 \\ Y_j = \pm \dfrac{1}{48} \kappa_j \tau_j \Delta L_i^3, \qquad j = i-1, i \\ Z_j = \pm \dfrac{1}{2} \Delta L_i \end{cases}$$

$(X_{i-1}, Y_{i-1}, Z_{i-1})$ 为上单元的下端点在坐标系 XYZ 下的坐标，m；(X_i, Y_i, Z_i) 为下单元的上端点在坐标系 XYZ 下的坐标，m；关于 Y_j 和 Z_j 公式中的正负号，上单元($j = i-1$) 取 "+"，下单元($j = i$) 取 "–"。

（十）数值积分法

假设已知井斜角和方位角随井深的变化规律，根据第一章中的井眼轨道积分方程，用数值积分方法可算得测段内的坐标增量[18,19]，即

$$\begin{cases} \Delta N_i = \int_{L_{i-1}}^{L_i} \sin\alpha(L)\cos\phi(L)\mathrm{d}L \\ \Delta E_i = \int_{L_{i-1}}^{L_i} \sin\alpha(L)\sin\phi(L)\mathrm{d}L \\ \Delta H_i = \int_{L_{i-1}}^{L_i} \cos\alpha(L)\mathrm{d}L \\ \Delta S_i = \int_{L_{i-1}}^{L_i} \sin\alpha(L)\mathrm{d}L \end{cases} \tag{4-23}$$

曲线结构法需要知道各测点处的井斜变化率、方位变化率、井眼曲率和井眼挠率等参数，数值积分法需要知道井斜角和方位角随井深的变化规律，所以这两种计算方法都需要根据一系列离散的测斜数据构造出井斜角和方位角随井深变化的函数。插值法是建立这种函数关系的有效办法，插值的方法很多，但以三次样条插值应用得最为广泛。

三次样条插值法将测段内的井斜角和方位角分别构造为以井深为自变量的三次多项式，在测点处满足连续、光滑条件。这种方法既保留了多项式表达形式简洁的优势，又克服了多项式不灵活、不稳定的缺点，很适合于数值计算。为进一步提高计算精度，可综合考虑不同井段（直井段、造斜段、稳斜段等）、钻具组合工作特性、钻井工艺参数等因素将实钻轨迹分为几个井段（每个井段包含若干个测段），先分别建立各井段的样条插值函数，再将各井段装配成整条实钻轨迹。从钻井工程实际应用的角度来看，基于三次样条插值的数值积分法和曲线结构法已经高度逼真了。

在某井段$[a, b]$上，给定一组有序的测点

$$a = L_1 < L_2 < \cdots < L_n = b \tag{4-24}$$

如果函数$\alpha(L)$和$\phi(L)$分别满足：

(1) 在每个测段$[L_i, L_{i+1}]$ ($i=1, 2, \cdots, n-1$)上，$\alpha(L)$和$\phi(L)$是不超过三次的多项式，并且

$$\begin{cases} \alpha(L_i) = \alpha_i \\ \phi(L_i) = \phi_i \end{cases} \quad i = 1, 2, \cdots, n \tag{4-25}$$

(2) 函数$\alpha(L)$和$\phi(L)$在$[a, b]$上具有直到二阶的连续导数，则称$\alpha(L)$和$\phi(L)$是以$\{L_i\}$为节点的三次井斜样条函数和方位样条函数[18-21]。

现以井斜样条函数为例，简述三次样条插值函数的构造方法，同理可以确定方位样条函数。按定义，在每个测段$[L_i, L_{i+1}]$ ($i=1, 2, \cdots, n-1$)上，井斜样条函数$\alpha(L)$是三次多项式，故其二阶导数$\ddot{\alpha}(L)$是线性函数。为方便，记

$$m_i = \ddot{\alpha}(L_i), \quad i = 1, 2, \cdots, n \tag{4-26}$$

则过$[L_i, m_i]$和$[L_{i+1}, m_{i+1}]$两点的线性函数可表示为

$$\ddot{\alpha}(L) = m_i \frac{L_{i+1} - L}{h_i} + m_{i+1} \frac{L - L_i}{h_i} \tag{4-27}$$

式中

$$h_i = L_{i+1} - L_i$$

对式(4-27)连续两次积分，得

$$\dot{\alpha}(L) = -m_i \frac{(L_{i+1} - L)^2}{2h_i} + m_{i+1} \frac{(L - L_i)^2}{2h_i} + b_i \tag{4-28}$$

$$\alpha(L) = m_i \frac{(L_{i+1} - L)^3}{6h_i} + m_{i+1} \frac{(L - L_i)^3}{6h_i} + b_i(L - L_i) + c_i \tag{4-29}$$

式中，b_i 和 c_i 均为积分常数。

按定义，应有

$$\begin{cases} \alpha(L_i) = \alpha_i \\ \alpha(L_{i+1}) = \alpha_{i+1} \end{cases} \tag{4-30}$$

所以由式(4-29)和式(4-30)，得

$$\begin{cases} b_i = \dfrac{\alpha_{i+1} - \alpha_i}{h_i} - \dfrac{h_i}{6}(m_{i+1} - m_i) \\ c_i = \alpha_i - m_i \dfrac{h_i^2}{6} \end{cases} \tag{4-31}$$

由式(4-29)和式(4-31)可知，只需求得诸 m_i，便可确定井斜样条函数 $\alpha(L)$。为此，将式(4-31)代入式(4-28)得

$$\dot{\alpha}(L) = -m_i \frac{(L_{i+1} - L)^2}{2h_i} + m_{i+1} \frac{(L - L_i)^2}{2h_i} + \frac{\alpha_{i+1} - \alpha_i}{h_i} - \frac{h_i}{6}(m_{i+1} - m_i) \tag{4-32}$$

按定义，相邻两测段$[L_{i-1}, L_i]$和$[L_i, L_{i+1}]$的井斜样条函数，在公共测点 L_i 处的一阶导数应相等，即

$$\dot{\alpha}_-(L_i) = \dot{\alpha}_+(L_i) \tag{4-33}$$

式中

$$\dot{\alpha}_-(L_i) = \frac{\alpha_i - \alpha_{i-1}}{h_{i-1}} + \frac{h_{i-1}}{3} m_i + \frac{h_{i-1}}{6} m_{i-1}$$

$$\dot{\alpha}_+(L_i) = \frac{\alpha_{i+1} - \alpha_i}{h_i} - \frac{h_i}{3} m_i - \frac{h_i}{6} m_{i+1}$$

于是，由式(4-33)经整理，得

$$(1-\mu_i)m_{i-1} + 2m_i + \mu_i m_{i+1} = \lambda_i, \quad i = 2,3,\cdots,n-1 \tag{4-34}$$

式中

$$\begin{cases} \mu_i = \dfrac{h_i}{h_{i-1}+h_i} \\ \lambda_i = \dfrac{6}{h_{i-1}+h_i}\left(\dfrac{\alpha_{i+1}-\alpha_i}{h_i} - \dfrac{\alpha_i-\alpha_{i-1}}{h_{i-1}}\right) \end{cases}$$

式(4-34)是含有 n 个未知量 $(m_1, m_2, \cdots, m_n)$ 的 $n-2$ 个方程组，还需要补充两个方程，才能求解出 m_i。对于井眼轨迹上的井段 $[a,b]$ 来说，常用的端点条件如下：

(1) 给定端点处的一阶导数值 $\dot\alpha_1$ 和 $\dot\alpha_n$，即

$$\begin{cases} \dot\alpha(L_1) = \dot\alpha_1 \\ \dot\alpha(L_n) = \dot\alpha_n \end{cases} \tag{4-35}$$

于是，有

$$\begin{cases} \dfrac{h_1}{3}m_1 + \dfrac{h_1}{6}m_2 = \dfrac{\alpha_2-\alpha_1}{h_1} - \dot\alpha_1 \\ \dfrac{h_{n-1}}{6}m_{n-1} + \dfrac{h_{n-1}}{3}m_n = -\dfrac{\alpha_n-\alpha_{n-1}}{h_{n-1}} + \dot\alpha_n \end{cases} \tag{4-36}$$

(2) 给定端点处的二阶导数值 $\ddot\alpha_1$ 和 $\ddot\alpha_n$，即

$$\begin{cases} \ddot\alpha(L_1) = m_1 = \ddot\alpha_1 \\ \ddot\alpha(L_n) = m_n = \ddot\alpha_n \end{cases} \tag{4-37}$$

(3) 自行提供端点条件。分别以开头和结尾的 4 个测点为节点构造三次插值多项式，并采用 Newton 均差插值，则有

$$\begin{cases} -m_1 + m_2 = 6h_1 \sum\limits_{k=1}^{4} \dfrac{\alpha_k}{\prod\limits_{\substack{i=1\\i\neq k}}^{4}(L_k-L_i)} \\ -m_{n-1} + m_n = 6h_{n-1} \sum\limits_{k=n-3}^{n} \dfrac{\alpha_k}{\prod\limits_{\substack{i=n-3\\i\neq k}}^{n}(L_k-L_i)} \end{cases} \tag{4-38}$$

增补上述任一种端点条件后，便可得到含有 n 个未知数 m_i 的 n 阶线性方程组。该方程组的系数矩阵非奇异，所以有唯一解，从而能唯一确定井斜样条函数 $\alpha(L)$。

二、计算方法优选

随着计算机技术的普及应用，实钻轨迹计算量变得微不足道。因此测斜计算方法的核心问题是如何提高计算精度及可靠性，这对于要求井眼轨迹控制精度较高的定向井、水平井尤为重要。尽管我国行业标准推荐使用最小曲率法、曲率半径法（圆柱螺线法）和自然曲线法 3 种测斜计算方法[4]，但是任选其一就认为符合标准要求，所以主观性和随意性较大。

显然，不同测斜计算方法的计算结果不同，究竟哪种测斜计算方法更符合实际，曾有一些定性结论[2,3,22]：①平均角法和平衡正切法的直线假设不够合理，而弦步法不适用于井眼曲率较大等情况，这 3 种方法的计算精度相对较低；②校正平均角法是曲率半径法（圆柱螺线法）的近似方法，计算精度低于圆柱螺线法；③曲率半径法、最小曲率法、自然曲线法和恒主法线法都将井眼轨迹假设为典型的空间曲线，自然曲线法和曲率半径法更适用于旋转导向钻井，而最小曲率法和恒主法线法更适用于滑动导向钻井，其中自然曲线法具有更好的计算精度和普遍适用性；④数值积分法和曲线结构法都具有很高的计算精度，尤其是数值积分法。在基于三次样条插值方法构造出井斜角函数和方位角函数基础上，数值积分法和曲线结构法可以得到足够精确的计算结果。

虽然无法知道实钻轨迹的真实形态，不能建立完全符合实际的井眼轨迹模型，但是可以基于实钻数据来评价现有的井眼轨迹模型，从中筛选出最优者：一方面，基于实钻轨迹的测斜数据，可算得任一点的主法线角理论值 ω [23,24]；另一方面，造斜工具与地层岩体相互作用形成井眼轨迹，基于造斜工具和地层岩体对井眼轨迹的耦合作用结果，可算得任一点的主法线角实际值 Ω（参阅第五章第六节）。主法线角理论值 ω 和实际值 Ω 的计算公式为

$$\begin{cases} \tan\omega = \dfrac{\kappa_\phi}{\kappa_\alpha}\sin\alpha \\ \tan\Omega = \dfrac{\kappa_t \sin\omega_t + \kappa_{\phi,f}\sin\alpha}{\kappa_t \cos\omega_t + \kappa_{\alpha,f}} \end{cases} \qquad (4\text{-}39)$$

式中，ω 为主法线角的理论值，(°)；Ω 为主法线角的实际值，(°)；κ_t 为工具造斜率，(°)/m；ω_t 为工具面角，(°)；$\kappa_{\alpha,f}$ 为地层井斜率，(°)/m；$\kappa_{\phi,f}$ 为地层方位率，(°)/m。

对于含有 n 个测段 $[L_{i-1}, L_i]$ $(i=1, 2, \cdots, n)$ 的井段或全井轨迹，若将主法线角理论值与实际值的平均绝对误差 e 作为评价指标，则有[24]

$$e = \frac{1}{n}\sum_{i=1}^{n}\left|\omega_i - \Omega_i\right| \qquad (4\text{-}40)$$

显然，基于不同井眼轨迹模型算得的平均绝对误差 e 各不相同，其中平均绝对误差 e 最小者便是最符合实钻轨迹的井眼轨迹模型或称测斜计算方法[24]。特别地，若不考虑

地层自然造斜对井眼轨迹的影响，则主法线角实际值 Ω 等于工具面角 ω_t。此时，不需要用式(4-39)来计算主法线角的实际值 Ω，可直接使用工具面角 ω_t 的实测值。

为合理使用上述的井眼轨迹模式识别方法，应注意以下问题[24]：①每个测段都有上下两个测点，每个测点也都有相邻的两个测段。在计算主法线角及误差时，应使用同一个测点的主法线角理论值与实际值，且测点与测段应协调一致；②主法线角为周期性参数，因此不能简单地用主法线角理论值与实际值相减来计算二者之间的绝对误差，应采用二者之间的"净"误差。正因如此，井眼轨迹模式识别的评价指标不应采用主法线角理论值与实际值之间的相对误差。例如，假设主法线角的理论值和实际值分别为358°和4°，则二者之间的绝对误差应为6°而不是354°；同理，在主法线角理论值与实际值之间的绝对误差为6°条件下，若实际值为358°则相对误差为1.68%，若实际值为4°则相对误差为150%。

目前，业内普遍采用同一种测斜计算方法来计算全井的实钻轨迹。实际上，为提高计算精度，还可根据不同钻井工具及工艺、地质分层等情况，将全井的实钻轨迹划分为若干个井段，并分别采用不同的测斜计算方法。

第二节 实钻轨迹偏差分析

在钻井过程中，不仅要随时掌握钻头位置及井眼方向，还要对比分析实钻轨迹与设计轨道的偏离程度及变化趋势，以便及时采取修正或调整措施，确保中靶并保持良好的井身质量。对要求控制精度较高的定向井和水平井尤为重要。

一、法面扫描法

法面扫描法是监测实钻轨迹与设计轨道偏差情况的有效方法[1-3]。显然，实钻轨迹偏差应以设计轨道为参考，即法面扫描是以设计轨道的法平面进行扫描。

如图4-6所示，过设计轨道上某点 P 作其法平面，交实钻轨迹于 Q 点，P 点和 Q 点的空间位置可用向量 $\boldsymbol{r}_P$ 和 $\boldsymbol{r}_Q$ 表示。从 P 点到 Q 点的向量 $\boldsymbol{r}_{PQ}$ 位于法平面内，因此 $\boldsymbol{r}_{PQ}$ 垂直于 P 点处设计轨道的单位切线向量 $\boldsymbol{t}_P$，于是有[2]

$$(\boldsymbol{r}_Q - \boldsymbol{r}_P) \cdot \boldsymbol{t}_P = 0 \tag{4-41}$$

因为

$$\boldsymbol{t}_P = \sin\alpha_P \cos\phi_P \boldsymbol{i} + \sin\alpha_P \sin\phi_P \boldsymbol{j} + \cos\alpha_P \boldsymbol{k} \tag{4-42}$$

所以，式(4-41)的标量形式为

$$(N_Q - N_P)\sin\alpha_P \cos\phi_P + (E_Q - E_P)\sin\alpha_P \sin\phi_P + (H_Q - H_P)\cos\alpha_P = 0 \tag{4-43}$$

要确定法平面与实钻轨迹的交点 Q，首先需要判断 Q 点所在的测段。为此，令

$$f(L)=(N-N_P)\sin\alpha_P\cos\phi_P+(E-E_P)\sin\alpha_P\sin\phi_P+(H-H_P)\cos\alpha_P \quad (4\text{-}44)$$

将实钻轨迹上相邻两测点 M_{i-1} 和 M_i 的空间坐标依次代入式(4-44)，若 $f(L_{i-1})\cdot f(L_i)\leqslant 0$，则说明 Q 点位于测段$[L_{i-1}, L_i]$上。特别地，若 $f(L_{i-1})=0$ 或 $f(L_i)=0$，则测点 M_{i-1} 或 M_i 即为交点 Q。一般情况下，Q 点位于某个测段内，而不是恰好落在测点上，所以需要在测段$[L_{i-1}, L_i]$上用插值法计算 Q 点的空间坐标(N_Q, E_Q, H_Q)。

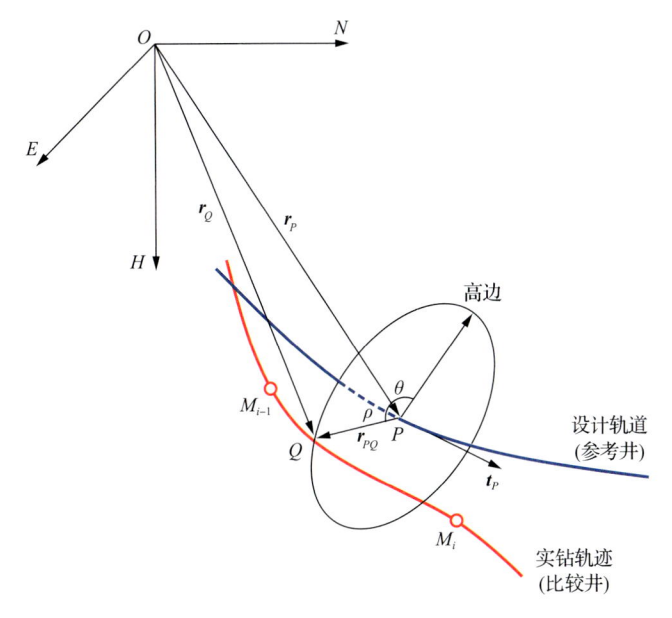

图 4-6　法面扫描法

上述方法是沿设计轨道来计算实钻轨迹的偏差，即已知设计轨道上某点 P 求取法平面与实钻轨迹的交点 Q。当然，也可以沿实钻轨迹来计算其偏差，即已知实钻轨迹上某点 Q，求取法平面与设计轨道的交点 P。二者计算原理相同，且法平面都是设计轨道的法平面。

实钻轨迹上 Q 点位于设计轨道上 P 点的法平面上，因此用扫描距离和扫描角两个参数就能表征这两点的相对位置。扫描距离 ρ 是指 P 点和 Q 点之间的距离，扫描角 θ 是以 P 点处设计轨道的井眼高边为始边，绕设计轨道井眼方向线顺时针转至 Q 点所形成的角度。根据井眼坐标系 xyz 与井口坐标系 NEH 间的转换关系，有[2]

$$\begin{cases}\rho=\sqrt{x_Q^2+y_Q^2}\\ \tan\theta=\dfrac{y_Q}{x_Q}\end{cases} \quad (4\text{-}45)$$

式中

$$\begin{bmatrix} x_Q \\ y_Q \\ z_Q \end{bmatrix} = \begin{bmatrix} \cos\alpha_P \cos\phi_P & \cos\alpha_P \sin\phi_P & -\sin\alpha_P \\ -\sin\phi_P & \cos\phi_P & 0 \\ \sin\alpha_P \cos\phi_P & \sin\alpha_P \sin\phi_P & \cos\alpha_P \end{bmatrix} \begin{bmatrix} N_Q - N_P \\ E_Q - E_P \\ H_Q - H_P \end{bmatrix}$$

如果将 P 点作为极点，将扫描距离和扫描角分别作为极径和极角，则通过极坐标可确定出 Q 点的位置。当 Q 点沿实钻轨迹移动时，P 点将沿设计轨道随之移动，反之亦然。因此，随着井深的变化，在设计轨道的法平面上，可绘制出实钻轨迹上 Q 点与设计轨道上 P 点之间的相对位置关系曲线。在法面扫描图中，设计轨道凝聚于一点且位于中心，其关系曲线表征了实钻轨迹相对于设计轨道的位置变化情况。

二、柱面投影法

柱面投影法是监测实钻轨迹与设计轨道符合程度的常用方法，为此需要将实钻轨迹投影到设计轨道所在的铅垂面上[25]，如图 4-7 所示。过设计轨道上各点作一系列铅垂线，这些铅垂线构成了一个弯曲的铅垂柱面，即设计曲面。将实钻轨迹垂直投影到设计曲面上得到投影轨迹，然后再将设计轨道和投影轨迹投影到水平面上。在上述投影过程中，实钻轨迹上某点 Q 在投影轨迹上为 M 点，将 M 点投影到水平面上得到 M' 点，而不经曲面投影直接把 Q 点投影到水平面上可得到 Q' 点。设计轨道和投影轨迹都在设计曲面上，因此过 M 点的铅垂线必然与设计轨道交于某点 P，且 M 点和 P 点在水平面上的投影重合。这样，将设计曲面展开成平面便可得到井眼轨道的垂直剖面图，其中实钻轨迹在垂直剖面图上为投影轨迹。

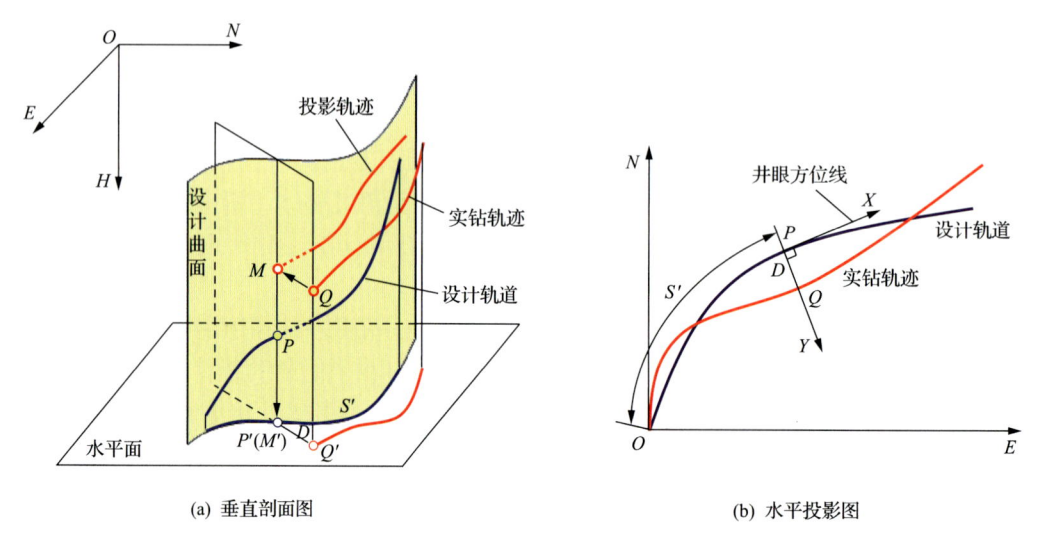

(a) 垂直剖面图　　　　　　　　　(b) 水平投影图

图 4-7　柱面投影法

绘制垂直剖面图时，应注意以下问题：①为监测实钻轨迹与设计轨道的符合程度，实钻轨迹上 Q 点应与设计轨道上 P 点相对比，进而算得视水平长度 S'；②实钻轨迹上 Q 点的视水平长度是投影轨迹上 M 点的水平长度，也是设计轨道上 P 点的水平长度；③垂直剖面图的横坐标分别为设计轨道的水平长度 S 和实钻轨迹的视水平长度 S'。

按上述投影原理，实钻轨迹上 Q 点与设计轨道上 P 点应满足如下方程[25]：

$$(N_Q - N_P)\cos\phi_P + (E_Q - E_P)\sin\phi_P = 0 \tag{4-46}$$

因为 Q 点的坐标 (N_Q, E_Q) 为已知数据，而 P 点的参数 (N_P, E_P, ϕ_P) 都是设计轨道上井深 L_P 的函数，所以根据式(4-46)可以确定 P 点的井深 L_P，进而得到 P 点的水平长度，即 Q 点的视水平长度 S'。

在水平投影图上，如果将坐标系 NE 平移至 P 点，并顺时针旋转 ϕ_P，得到坐标系 XY，则 Q 点在坐标系 XY 下的 Y 坐标就是 Q 点的水平偏距，即[25]

$$D = -(N_Q - N_P)\sin\phi_P + (E_Q - E_P)\cos\phi_P \tag{4-47}$$

可见，对于实钻轨迹上任一点 Q，只要确定出设计轨道上的对比点 P，就能算得视水平长度和水平偏距。因此，求取视水平长度和水平偏距的核心问题是确定设计轨道上的对比点 P，即解算式(4-46)。

设计轨道往往具有分段特性，设计轨道的节点就是各井段的分界点，如图 4-8 所示。对于实钻轨迹上任一点 Q，要确定设计轨道上的对比点 P，首先需要判断出 P 点应位于设计轨道的哪个井段。为此，在水平投影图上过设计轨道的各节点 P_i 分别作出设计轨道的法平面 Ω_i，如果 Q 点位于两个相邻的法平面 Ω_{i-1} 和 Ω_i 范围内，就说明对比点 P 在节点 P_{i-1} 和 P_i 之间，即井深 $L_P \in [L_{i-1}, L_i]$。

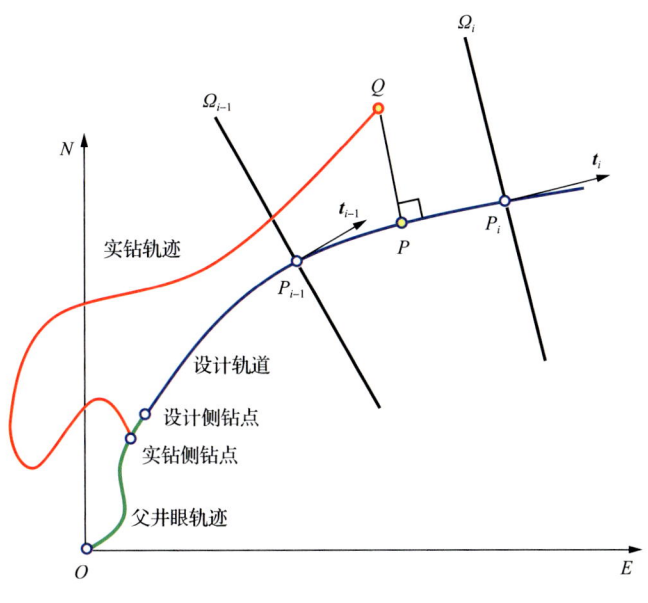

图 4-8 柱面投影法的解算原理

仿照法面扫描法，令

$$f(L) = (N_Q - N)\cos\phi + (E_Q - E)\sin\phi \tag{4-48}$$

然后，将设计轨道上相邻两节点的参数依次代入式(4-48)，若$f(L_{i-1})f(L_i) \leq 0$，则说明$L_P \in [L_{i-1}, L_i]$。特别地，若$f(L_{i-1})=0$或$f(L_i)=0$，则$L_P=L_{i-1}$或$L_P=L_i$。一般情况下，P点位于某个井段内，而不是恰好落在节点上，所以需要在井段$[L_{i-1}, L_i]$上用插值法求得L_P。

对于设计轨道的所有井段，如果均不满足$f(L_{i-1})f(L_i) \leq 0$，则只有两种情况：①在水平投影图上，实钻轨迹上的Q点位于设计轨道上首节点P_1的法平面之前；②实钻轨迹上的Q点位于设计轨道上末节点P_n的法平面之后。判别条件分别为

$$\begin{cases} f(L_1) < 0 \\ f(L_n) > 0 \end{cases} \tag{4-49}$$

这两种情况的解决方案是先将设计轨道向两侧延伸，然后找到设计轨道上的对比点P，进而再算得实钻轨迹上Q点的视水平长度和水平偏距，但应注意如下问题：

(1)通常P_1点是设计轨道在水平投影图上投影轨迹的首节点，不一定是设计轨道的首节点。这是因为在多数情况下，设计轨道的首节点为井口点，设计轨道的第一个井段为直井段，此时P_1点应是造斜点而不是井口点。同理，如果设计轨道的末尾井段为直井段，那么P_n点也不是设计轨道的末节点。

(2)当井斜角为零时，理论上不存在方位角，此时需要合理选取设计轨道的方位角。例如，在造斜点处，如果设计轨道的井斜角为零，则水平投影图上P_1点的方位角应取为设计的定向方位角。

(3)侧钻井和分支井都拥有父井眼轨迹，甚至父井眼轨迹可能为多级。例如，多级分支井从井口点开钻形成主井眼轨迹，分支后形成次级井眼轨迹。如果从次级井眼轨迹上再分支，则形成"祖孙三代式"井眼轨迹的复杂结构井。此时，要确定实钻轨迹上Q点在设计轨道上的对比点P，应将各级父井眼轨迹都作为侧钻井和分支井设计轨道的组成部分。换言之，为便于算得实钻轨迹的视水平长度，设计轨道应从井口点起算。

经过上述处理后，对于$f(L_1)<0$和$f(L_n)>0$两种情况，便可在水平投影图上分别基于设计轨道的最初和最末两个节点来外延设计轨道，进而根据$f(L_P)=0$找到对比点P，并算得Q点的视水平长度和水平偏距。现以$f(L_n)>0$的情况为例，给出在水平投影图上按圆弧外推设计轨道的具体解算方法。

(1)在水平投影图上，若设计轨道末尾两节点的方位角$\phi_{n-1}=\phi_n$，则按直线外推设计轨道。由于

$$\begin{cases} \phi_P = \phi_{n-1} = \phi_n \\ N_P = N_n + \Delta S \cos \phi_n \\ E_P = E_n + \Delta S \sin \phi_n \end{cases} \tag{4-50}$$

式中，ΔS为在水平投影图上设计轨道从P_n点到P点的水平长度增量，m。

将式(4-50)代入式(4-46)，得

$$\Delta S = (N_Q - N_n)\cos \phi_n + (E_Q - E_n)\sin \phi_n \tag{4-51}$$

于是，实钻轨迹上 Q 点的视水平长度为

$$S' = S_n + \Delta S \tag{4-52}$$

式中，S_n 为 P_n 点的水平长度，m。

将式(4-51)代入式(4-50)可算得 N_P 和 E_P，再通过式(4-47)便可算得实钻轨迹上 Q 点的水平偏距 D，即

$$D = -(N_Q - N_n)\sin\phi_n + (E_Q - E_n)\cos\phi_n \tag{4-53}$$

(2) 在水平投影图上，若设计轨道末尾两节点的方位角 $\phi_{n-1} \neq \phi_n$，则按圆弧外推设计轨道。由于

$$\begin{cases} N_P = N_n + r(\sin\phi_P - \sin\phi_n) \\ E_P = E_n + r(\cos\phi_n - \cos\phi_P) \end{cases} \tag{4-54}$$

式中

$$r = \frac{180}{\pi} \frac{S_n - S_{n-1}}{\phi_n - \phi_{n-1}} \tag{4-55}$$

r 为在水平投影图上设计轨道从 P_{n-1} 点到 P 点的曲率半径，m。

将式(4-54)代入式(4-46)，得

$$\tan\phi_P = \frac{N_Q - N_n + r\sin\phi_n}{-(E_Q - E_n - r\cos\phi_n)} \tag{4-56}$$

于是，将式(4-56)代入式(4-54)可算得 N_P 和 E_P，再通过式(4-47)便可算得实钻轨迹上 Q 点的水平偏距 D，即

$$D = -(N_Q - N_n)\sin\phi_P + (E_Q - E_n)\cos\phi_P + r[1 - \cos(\phi_P - \phi_n)] \tag{4-57}$$

而 Q 点的视水平长度为

$$S' = S_n + \frac{\pi}{180} r(\phi_P - \phi_n) \tag{4-58}$$

需要说明：在水平投影图上，设计轨道各井段不一定是圆弧，应基于设计轨道所使用的井眼轨道模型进行内插和外推，进而算得实钻轨迹的视水平长度和水平偏距。

显然，二维定向井的设计曲面为铅垂平面，此时实钻轨迹视水平长度和水平偏距的算法可简化为

$$\begin{cases} S' = V\cos(\varphi - \psi) \\ D = V\sin(\varphi - \psi) \end{cases} \tag{4-59}$$

式中，V 为实钻轨迹的水平位移，m；φ 为实钻轨迹的平移方位，(°)；ψ 为二维定向井的设计方位，(°)。

三、靶心距

靶心距是衡量井身质量的重要指标[4]。实钻轨迹应钻达每个靶平面，且应控制在靶区范围内，所以实钻轨迹监测要求计算钻遇每个靶平面时的靶心距[26-28]。靶心距及其计算原理如图 4-9 所示。

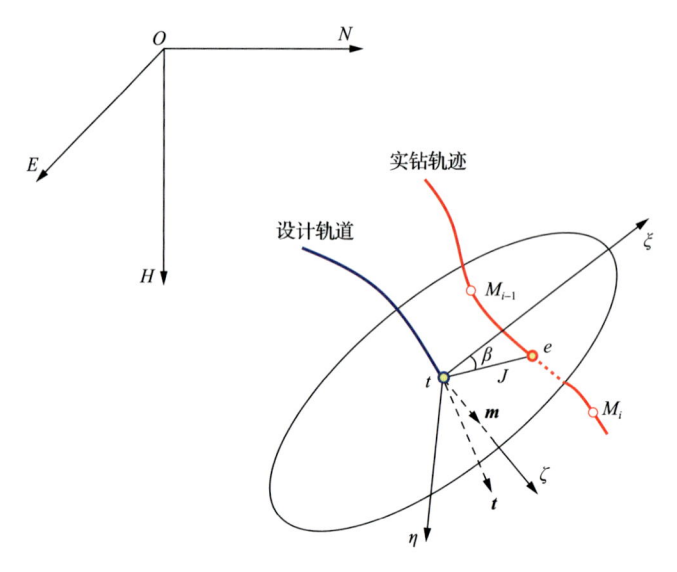

图 4-9 靶心距及计算原理

实钻轨迹与靶平面的交点称为入靶点。因为靶平面过靶点 t，且法线方向可用其法线向量 $\boldsymbol{m}$ 的井斜角 α_m 和方位角 ϕ_m 来表征（见第二章第三节中的"靶点坐标系"），所以靶平面的方程为[27]

$$(N - N_t)\sin\alpha_m\cos\phi_m + (E - E_t)\sin\alpha_m\sin\phi_m + (H - H_t)\cos\alpha_m = 0 \tag{4-60}$$

若令

$$f(L) = (N - N_t)\sin\alpha_m\cos\phi_m + (E - E_t)\sin\alpha_m\sin\phi_m + (H - H_t)\cos\alpha_m \tag{4-61}$$

则将实钻轨迹上相邻两测点的空间坐标依次代入式(4-61)，如果 $f(L_{i-1})f(L_i) \leqslant 0$，则说明入靶点 e 位于测段$[L_{i-1}, L_i]$上。一般情况下，入靶点 e 位于某个测段内而不是恰好落在测点上，所以需要在测段$[L_{i-1}, L_i]$上用插值法计算入靶点 e 的空间坐标(N_e, E_e, H_e)。

需要强调的是，实钻轨迹的插值模型必须与测斜计算方法相一致。例如，在测斜计算时，如果采用最小曲率法，那么就应用空间圆弧模型插值。因为实钻轨迹的空间坐标是井深 L 的函数，所以在测段$[L_{i-1}, L_i]$上总能找到满足式(4-60)的入靶点井深 L_e，进而可计算出入靶点 e 的空间坐标(N_e, E_e, H_e)。

根据第二章第三节中靶点坐标系 $\xi\eta\zeta$ 的定义，靶心距 J 和偏转角 β 的计算公式为[27]

$$\begin{cases} J = \sqrt{\xi_e^2 + \eta_e^2} \\ \tan\beta = \dfrac{\eta_e}{\xi_e} \end{cases} \tag{4-62}$$

式中

$$\begin{bmatrix} \xi_e \\ \eta_e \\ \zeta_e \end{bmatrix} = \begin{bmatrix} \cos\alpha_m\cos\phi_m & \cos\alpha_m\sin\phi_m & -\sin\alpha_m \\ -\sin\phi_m & \cos\phi_m & 0 \\ \sin\alpha_m\cos\phi_m & \sin\alpha_m\sin\phi_m & \cos\alpha_m \end{bmatrix} \begin{bmatrix} N_e - N_t \\ E_e - E_t \\ H_e - H_t \end{bmatrix}$$

这样,在靶平面上入靶点 e 相对于靶点 t 的位置可用 (J, β) 和 (ξ_e, η_e) 来表征。因为入靶点 e 位于靶平面内,所以 $\zeta_e=0$。

通常,靶平面为水平面或铅垂面,所以只需将靶平面法线的井斜角 α_m 和方位角 ϕ_m 取为特定值,即可算得靶心距等参数[27]。

(1)铅垂靶。此时 $\alpha_m=90°$。靶平面方程及入靶点坐标公式简化为

$$(N - N_t)\cos\phi_m + (E - E_t)\sin\phi_m = 0 \tag{4-63}$$

$$\begin{bmatrix} \xi_e \\ \eta_e \\ \zeta_e \end{bmatrix} = \begin{bmatrix} 0 & 0 & -1 \\ -\sin\phi_m & \cos\phi_m & 0 \\ \cos\phi_m & \sin\phi_m & 0 \end{bmatrix} \begin{bmatrix} N_e - N_t \\ E_e - E_t \\ H_e - H_t \end{bmatrix} \tag{4-64}$$

对于二维水平井,靶平面法线的方位角 ϕ_m 等于设计方位,也等于设计轨道的入靶方位角 ϕ_t。

(2)水平靶。此时 $\alpha_m=0°$。靶平面方程及入靶点坐标公式简化为

$$H - H_t = 0 \tag{4-65}$$

$$\begin{bmatrix} \xi_e \\ \eta_e \\ \zeta_e \end{bmatrix} = \begin{bmatrix} \cos\phi_m & \sin\phi_m & 0 \\ -\sin\phi_m & \cos\phi_m & 0 \\ 0 & 0 & 1 \end{bmatrix} \begin{bmatrix} N_e - N_t \\ E_e - E_t \\ H_e - H_t \end{bmatrix} \tag{4-66}$$

此时,因为 $\alpha_m=0°$,所以 ϕ_m 不存在。将 ϕ_m 选取为某种特定值,可以得到一些实用效果。

若取 $\phi_m=0$,则有

$$\begin{bmatrix} \xi_e \\ \eta_e \\ \zeta_e \end{bmatrix} = \begin{bmatrix} 1 & 0 & 0 \\ 0 & 1 & 0 \\ 0 & 0 & 1 \end{bmatrix} \begin{bmatrix} N_e - N_t \\ E_e - E_t \\ H_e - H_t \end{bmatrix} \tag{4-67}$$

这表明将井口坐标系 NEH 平移至靶点 t 处,便得到了靶点坐标系 $\xi\eta\zeta$,并且坐标轴的方向没有变化。因此,ξ_e 和 η_e 分别表示在正北和正东方向上入靶点 e 与靶点 t 的偏差,偏转角 β 的参考基准为正北方向。

若取 $\phi_m = \phi_t$，则有

$$\begin{bmatrix} \xi_e \\ \eta_e \\ \zeta_e \end{bmatrix} = \begin{bmatrix} \cos\phi_t & \sin\phi_t & 0 \\ -\sin\phi_t & \cos\phi_t & 0 \\ 0 & 0 & 1 \end{bmatrix} \begin{bmatrix} N_e - N_t \\ E_e - E_t \\ H_e - H_t \end{bmatrix} \tag{4-68}$$

这表明将井口坐标系 NEH 平移至靶点 t 后，再旋转 ϕ_t 而得到靶点坐标系 $\xi\eta\zeta$。因此，ξ_e 表示在设计轨道入靶方位 ϕ_t 上入靶点 e 与靶点 t 的偏差，η_e 表示在垂直于 ϕ_t 方向上入靶点 e 与靶点 t 的偏差，偏转角 β 的参考基准为设计轨道的入靶方位线。特别地，对于二维定向井，因为入靶方位 ϕ_t 等于设计方位，所以 ξ_e 表示在设计方位上入靶点 e 与靶点 t 的偏差，η_e 表示它们之间的横向偏差。

此外，如果靶平面垂直于设计轨道，则靶平面的法线指向靶点处设计轨道的切线方向，此时 $\alpha_m = \alpha_t$、$\phi_m = \phi_t$。可见，通过靶平面的一般性定义，可表征任意姿态的靶平面，其中水平靶、铅垂靶甚至法面靶都是其特例，因此靶心距的计算方法具有普遍适用性[27]。

计算出靶心距等参数后，还需要判别是中靶还是脱靶，即入靶点 e 是否位于靶区范围内。在通常情况下，靶区的几何形状简单且摆放规正，因此容易判别。例如，水平井普遍采用矩形铅垂靶，且其高度和宽度处于铅垂和水平方向上。但从一般性问题来说，靶点 t 不一定位于靶区几何形心上，而且靶区几何形状也可能会绕靶平面的法线旋转一定角度。

如图 4-10 所示，假设在靶点坐标系 $\xi\eta$ 下靶区几何形心 c 的坐标为 (ξ_c, η_c)，靶区几何形状基于形心 c 绕靶平面法线旋转 δ，则入靶点 e 在 xy 下的坐标为[27]

$$\begin{cases} x_e = (\xi_e - \xi_c)\cos\delta + (\eta_e - \eta_c)\sin\delta \\ y_e = -(\xi_e - \xi_c)\sin\delta + (\eta_e - \eta_c)\cos\delta \end{cases} \tag{4-69}$$

这样，在坐标系 xy 下，就容易判别入靶点 e 是否位于靶区范围内。例如，对于椭圆形靶区，中靶条件为

$$\frac{x_e^2}{b^2} + \frac{y_e^2}{a^2} \leq 1 \tag{4-70}$$

式中，a、b 分别为椭圆形靶区的长半轴和短半轴，m。

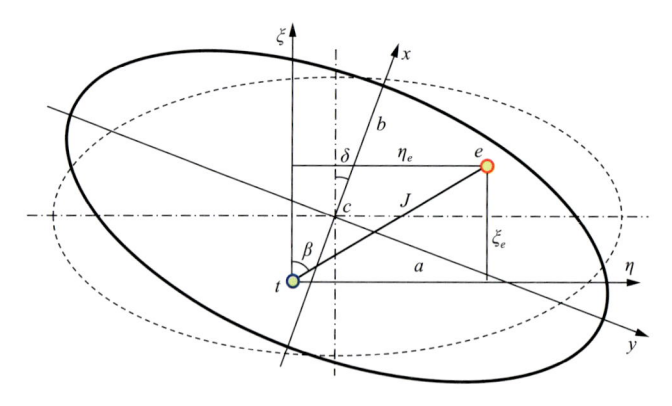

图 4-10 中靶判别方法

第三节 邻井防碰分析

为满足油气增储上产需求，老油田通过不断加密井网挖潜剩余油，非常规油气资源正在发展"井工厂"开发技术，海上钻井平台的布井数量越来越多而形成密集丛式井。随着布井密度不断增大，井间距离越来越小，邻井防碰问题越来越突出，而救援井则期望连通事故井，以便实施压井、灭火等救援措施。因此，无论是邻井防碰还是救援井中靶，都需要计算邻井间距离、分析井间位置关系，其中邻井防碰更为常用。

一、邻井定位方法

为便于叙述两井间的相对位置关系，常把它们分别称为参考井和比较井。一般情况下，参考井是新设计或是正在钻进的井，而比较井是已设计或是已完钻的邻井。显然，无论是参考井还是比较井都既可以是设计轨道也可以是实钻轨迹，其计算方法本身与井眼轨迹的类型无关。

为满足井眼轨迹设计、监测及控制需求，每口定向井都有自己的井口坐标系。在进行邻井防碰分析时，显然应先将参考井和比较井归算到同一个坐标系下，才能计算它们之间的距离。长期以来，因为没有考虑地球椭球面的弯曲影响，这两个井口坐标系的北坐标轴、东坐标轴和垂深坐标轴分别平行，所以坐标系间的转换只考虑平移问题。然而基于地球椭球而建立的井口坐标系，需要同时考虑坐标系的平移和旋转问题。

如图 4-11 所示，假设参考井和比较井的井口点分别为 O_1 和 O_2，井口点的大地坐标分别为 (L_1^*, B_1^*, H_1^*) 和 (L_2^*, B_2^*, H_2^*)，井口坐标系分别为 $N_1E_1H_1$ 和 $N_2E_2H_2$，则井口点 O_1 和 O_2 在地固直角坐标系下的坐标分别为[29]

$$\begin{cases} X_{O_i} = \left(R_N + H_i^*\right)\cos B_i^* \cos L_i^* \\ Y_{O_i} = \left(R_N + H_i^*\right)\cos B_i^* \sin L_i^*, \quad i=1,2 \\ Z_{O_i} = \left[R_N\left(1-e^2\right) + H_i^*\right]\sin B_i^* \end{cases} \quad (4\text{-}71)$$

式中，$(X_{O_1}, Y_{O_1}, Z_{O_1})$ 为参考井井口点 O_1 的地固直角坐标，m；$(X_{O_2}, Y_{O_2}, Z_{O_2})$ 为比较井井口点 O_2 的地固直角坐标，m。

如果比较井上某点 Q 在自身井口坐标系 $N_2E_2H_2$ 下的坐标为 (N_{2Q}, E_{2Q}, H_{2Q})，则该点在地固直角坐标系下的坐标 (X_Q, Y_Q, Z_Q) 为[29]

$$\begin{bmatrix} X_Q \\ Y_Q \\ Z_Q \end{bmatrix} = \begin{bmatrix} X_{O_2} \\ Y_{O_2} \\ Z_{O_2} \end{bmatrix} + \begin{bmatrix} -\sin B_2^* \cos L_2^* & -\sin L_2^* & -\cos B_2^* \cos L_2^* \\ -\sin B_2^* \sin L_2^* & \cos L_2^* & -\cos B_2^* \sin L_2^* \\ \cos B_2^* & 0 & -\sin B_2^* \end{bmatrix} \begin{bmatrix} N_{2Q} \\ E_{2Q} \\ H_{2Q} \end{bmatrix} \quad (4\text{-}72)$$

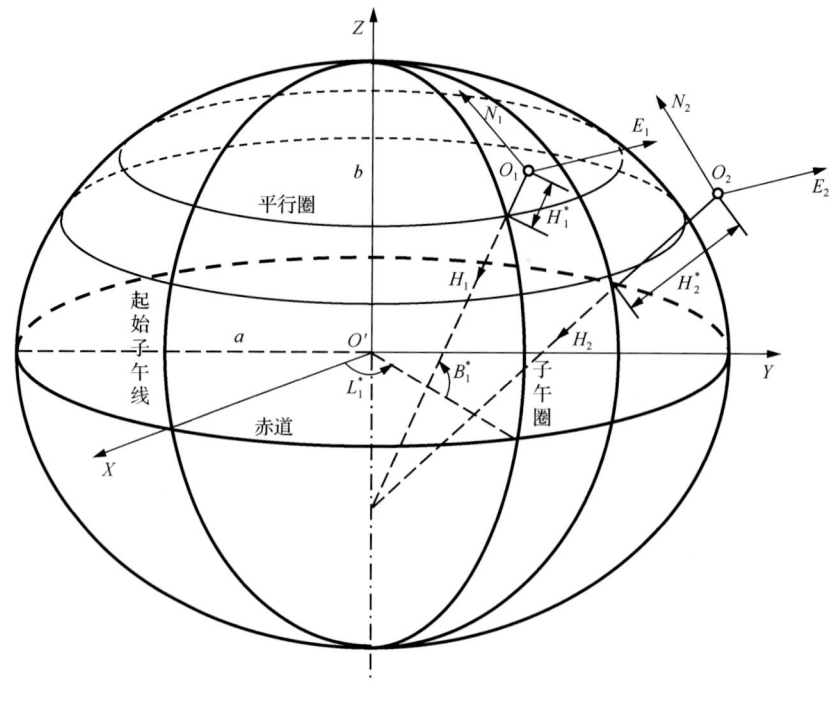

图 4-11 邻井定位方法

进而比较井上 Q 点在参考井井口坐标系 $N_1E_1H_1$ 下的坐标为 (N_{1Q}, E_{1Q}, H_{1Q}) 为

$$\begin{bmatrix} N_{1Q} \\ E_{1Q} \\ H_{1Q} \end{bmatrix} = \begin{bmatrix} -\sin B_1^* \cos L_1^* & -\sin B_1^* \sin L_1^* & \cos B_1^* \\ -\sin L_1^* & \cos L_1^* & 0 \\ -\cos B_1^* \cos L_1^* & -\cos B_1^* \sin L_1^* & -\sin B_1^* \end{bmatrix} \begin{bmatrix} X_Q - X_{O_1} \\ Y_Q - Y_{O_1} \\ Z_Q - Z_{O_1} \end{bmatrix} \quad (4\text{-}73)$$

联立式(4-72)和式(4-73)，得

$$\begin{bmatrix} N_{1Q} \\ E_{1Q} \\ H_{1Q} \end{bmatrix} = [T_1] \begin{bmatrix} X_{O_2} - X_{O_1} \\ Y_{O_2} - Y_{O_1} \\ Z_{O_2} - Z_{O_1} \end{bmatrix} + [T_1][T_2]^\mathrm{T} \begin{bmatrix} N_{2Q} \\ E_{2Q} \\ H_{2Q} \end{bmatrix} \quad (4\text{-}74)$$

式中

$$[T_i] = \begin{bmatrix} -\sin B_i^* \cos L_i^* & -\sin B_i^* \sin L_i^* & \cos B_i^* \\ -\sin L_i^* & \cos L_i^* & 0 \\ -\cos B_i^* \cos L_i^* & -\cos B_i^* \sin L_i^* & -\sin B_i^* \end{bmatrix}, \quad i = 1, 2$$

通过上述坐标变换，便将比较井归算到参考井的井口坐标系。当然，采用类似方法也可将参考井归算到比较井的井口坐标系，甚至还可将参考井和比较井归算到第三方坐标系。总之，邻井防碰分析必须先将参考井和比较井归算到同一个坐标系中。

二、邻井距离表征

表征邻井距离的常用方法[30-42]是球面扫描法和法面扫描法，其中法面扫描法还可衍生出水平面扫描法和铅垂面扫描法。在此，首先介绍球面扫描法和法面扫描法的技术原理，然后再研究比较井与参考井之间相对位置的表征方法。

(一) 球面扫描法

如图 4-12 所示，在参考井上选取某点 P，并以 ρ 为半径作一个球面。因为设计轨道和实钻轨迹都是连续光滑的空间曲线，所以随着半径 ρ 变化总可以找到一个球面与比较井相切。假设切点为 Q 点，P 点和 Q 点的坐标向量分别为 $\boldsymbol{r}_P$ 和 $\boldsymbol{r}_Q$，比较井在 Q 点处的单位切线向量为 $\boldsymbol{t}_Q$，则有[34, 35]

$$\left(\boldsymbol{r}_Q - \boldsymbol{r}_P\right) \cdot \boldsymbol{t}_Q = 0 \tag{4-75}$$

其标量形式为

$$\left(N_Q - N_P\right)\sin\alpha_Q \cos\phi_Q + \left(E_Q - E_P\right)\sin\alpha_Q \sin\phi_Q + \left(H_Q - H_P\right)\cos\alpha_Q = 0 \tag{4-76}$$

即比较井上距离 P 点最近的 Q 点满足式(4-75)和式(4-76)。

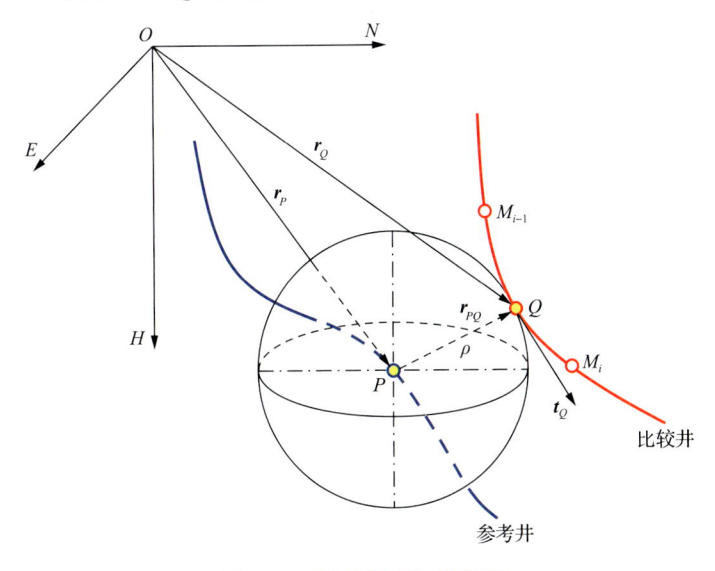

图 4-12 邻井距离扫描原理

从另一个角度来看，比较井上 Q 点与参考井上 P 点之间的距离为

$$\rho = \sqrt{\left(N_Q - N_P\right)^2 + \left(E_Q - E_P\right)^2 + \left(H_Q - H_P\right)^2} \tag{4-77}$$

若令

$$f(L)=\sqrt{(N-N_P)^2+(E-E_P)^2+(H-H_P)^2} \qquad (4\text{-}78)$$

则将式(4-78)对比较井井深 L 求导，得

$$f'(L)=\frac{g(L)}{f(L)} \qquad (4\text{-}79)$$

式中

$$g(L)=(N-N_P)\sin\alpha\cos\phi+(E-E_P)\sin\alpha\sin\phi+(H-H_P)\cos\alpha$$

其中，L、N、E、H 无下标参数均属于比较井。

对于给定的参考点 P，比较井上距离参考点 P 最近的点，应满足

$$f'(L)=0 \qquad (4\text{-}80)$$

且等价于

$$g(L)=(N-N_P)\sin\alpha\cos\phi+(E-E_P)\sin\alpha\sin\phi+(H-H_P)\cos\alpha=0 \qquad (4\text{-}81)$$

不难看出，式(4-81)与式(4-76)形式相同，这说明球面扫描法可用于表征基于参考点的邻井距离(也称最近距离)，这正是球面扫描法要达到的目的。

比较井上的 α、ϕ、N、E、H 等参数都是其井深 L 的函数，因此由式(4-81)可算得比较井井深 L，进而确定比较点 Q。

无论比较井是设计轨道还是实钻轨迹，其节点或测点往往都是一些离散的数据点。为此，传统计算方法是[30-33]：对于给定的参考点 P，将比较井上的节点或测点坐标依次代入式(4-77)，可找到其中 ρ 值最小的节点或测点，然后再通过插值法在该点相邻井段或测段上计算距离 P 点最近的比较点 Q。这种方法在多数情况下能满足工程要求，但是理论上存在缺陷，即无法证明比较点 Q 必在 ρ 值最小的节点或测点的相邻井段上。

事实上，对于给定的参考点 P，在比较井的每个井段$[L_{i-1}, L_i]$上分别确定出距离参考点 P 最近的点，可称为备选比较点，在所有备选比较点中距离参考点 P 最近者即为比较点 Q。显然在比较井的任一井段$[L_{i-1}, L_i]$上，必然存在备选比较点。

基于参考点 P 确定了比较点 Q 之后，便可通过式(4-77)算得比较点 Q 与参考点 P 之间的最近距离。这样随着参考点 P 沿参考井移动，在比较井上就可得到一系列比较点 Q。据此，通过绘制最近距离扫描图，便可表征比较井与参考井之间的最近距离及其变化趋势。

要表征比较点 Q 与参考点 P 之间的相对位置关系，除最近距离 ρ 外还应补充两个参数，如图 4-13 所示。主要有两种表征方法[34, 35]。

(a) 基于水平面表征

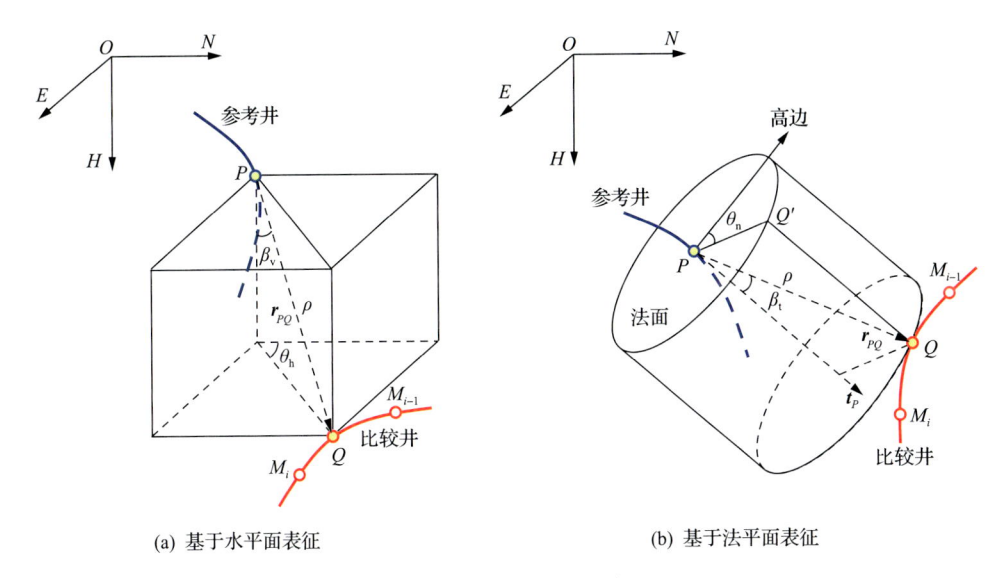

(b) 基于法平面表征

图 4-13　邻井相对位置表征

(1) 基于水平面表征。比较点 Q 与参考点 P 之间的相对位置可用向量 r_{PQ} 来表征。参照井斜角和方位角的定义，将向量 r_{PQ} 与铅垂方向的夹角称为垂向张角 β_v，用于表征比较点 Q 偏离参考点 P 处铅垂方向的程度，而将向量 r_{PQ} 在水平面上的投影与正北方向的夹角称为水平扫描角 θ_h。计算公式为[34, 35]

$$\begin{cases} \cos\beta_v = \dfrac{H_Q - H_P}{\rho} \\ \tan\theta_h = \dfrac{E_Q - E_P}{N_Q - N_P} \end{cases} \tag{4-82}$$

(2) 基于法平面表征。用单位向量 t_P 表征 P 点处参考井的切线方向，将向量 r_{PQ} 与向量 t_P 间的夹角称为切向张角 β_t，用于表征比较点 Q 偏离参考点 P 处切线方向的程度。过参考点 P 作参考井的法平面，将比较点 Q 沿向量 t_P 方向投影到该法平面上得到 Q' 点，那么以参考点 P 为圆心，从参考点 P 处的井眼高边起算，顺时针转至 Q' 点所形成的角度称为法面扫描角 θ_n。计算公式为[34, 35]

$$\begin{cases} \cos\beta_t = \dfrac{(N_Q - N_P)\sin\alpha_P\cos\phi_P + (E_Q - E_P)\sin\alpha_P\sin\phi_P + (H_Q - H_P)\cos\alpha_P}{\rho} \\ \tan\theta_n = \dfrac{-(N_Q - N_P)\sin\phi_P + (E_Q - E_P)\cos\phi_P}{(N_Q - N_P)\cos\alpha_P\cos\phi_P + (E_Q - E_P)\cos\alpha_P\sin\phi_P - (H_Q - H_P)\sin\alpha_P} \end{cases} \tag{4-83}$$

这两种表征方法只是参考面不同，可以相互转换。垂向张角 β_v 和切向张角 β_t 的值域均为[0°, 180°]，而水平扫描角 θ_h 和法面扫描角 θ_n 均为[0°, 360°)。显然，ρ-β_v 曲线和 ρ-β_t 曲线都仅位于半圆区域内。

226 | 井眼轨道几何学

总之，用最近距离 ρ 和两个角度参数可表征比较点 Q 与参考点 P 之间的相对位置关系，并且通过绘制 ρ-β 曲线和 ρ-θ 曲线可将这种关系分解为两个极坐标形式的平面图，如图 4-14 所示，从而保证了视图的科学性、完整性和实用性。需要说明的是：①在最近

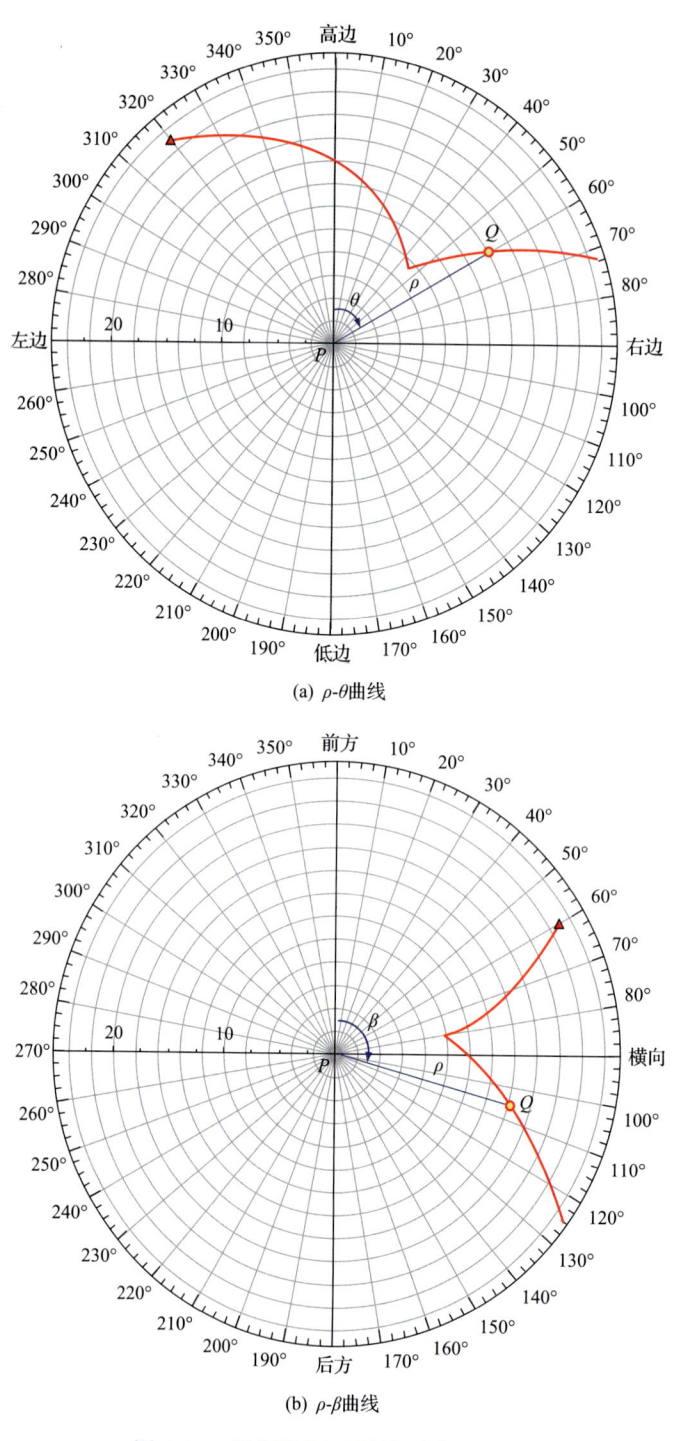

(a) ρ-θ 曲线

(b) ρ-β 曲线

图 4-14　邻井距离扫描的极坐标图示法

距离扫描图中，参考井总是位于极坐标系的原点，而 ρ-β 曲线和 ρ-θ 曲线则表征了比较井相对于参考井的位置；②邻井间的距离固然重要，但是其变化趋势往往更为重要，所以要同时关注井间距离及其变化趋势，防止因来不及控制而导致井眼相碰；③尽管图示法具有形象、直观等特点，但通常还应配合数据表使用，以便优势互补。

(二)法面扫描法

尽管前面介绍过用于实钻轨迹偏差分析的法面扫描法[36-40]，但是用于邻井防碰的法面扫描法还需要解决两个问题：一是在实钻轨迹偏差分析时，实钻轨迹与设计轨道位于同一个井口坐标系，而在邻井防碰分析时比较井与参考井分别拥有自己的井口坐标系，需要先将它们归算到同一个坐标系中才能进行防碰计算；二是在实钻轨迹偏差分析时，设计轨道法面与实钻轨迹一般只有 1 个交点或不相交，可依据实钻轨迹上相邻两测点是否位于法面异侧来判别法面与实钻轨迹是否相交。在邻井防碰分析时，参考井法面与比较井可能存在多个交点，而且即使比较井上相邻两测点位于法面同侧也可能存在交点[39,40]，所以不能简单地使用在实钻轨迹偏差分析时交点存在性的判别方法。

如图 4-15 所示，在将比较井和参考井归算到同一个坐标系 NEH 后，参考点 P 处的参考井法面方程为[1,2]

$$(N-N_P)\sin\alpha_P\cos\phi_P+(E-E_P)\sin\alpha_P\sin\phi_P+(H-H_P)\cos\alpha_P=0 \quad (4\text{-}84)$$

若令

$$f(L)=(N-N_P)\sin\alpha_P\cos\phi_P+(E-E_P)\sin\alpha_P\sin\phi_P+(H-H_P)\cos\alpha_P \quad (4\text{-}85)$$

则当满足

$$f(L)=0 \quad (4\text{-}86)$$

时，说明参考井法面与比较井相交，且交比较井于井深 L 处。

当选定参考点 P 后，参考点的轨迹参数 α_P、ϕ_P、N_P、E_P、H_P 就是已知参数，而比较井上任一点的坐标 (N, E, H) 是其井深 L 的函数，所以由式 (4-86) 可确定参考井法面与比较井的交点。

井眼轨迹往往具有分段性质，为判别参考井法面与比较井是否相交，传统方法将比较井上各井段 $[L_{i-1}, L_i]$ 的两端点坐标依次代入式 (4-85)，并认为若满足

$$f(L_{i-1})f(L_i)\leqslant 0 \quad (4\text{-}87)$$

则比较井段 $[L_{i-1}, L_i]$ 的两端点分别位于参考井法面的异侧或法面上，此时参考井法面与比较井段必然相交；否则，比较井段 $[L_{i-1}, L_i]$ 的两端点位于参考井法面同侧，参考井法面与比较井段不相交。

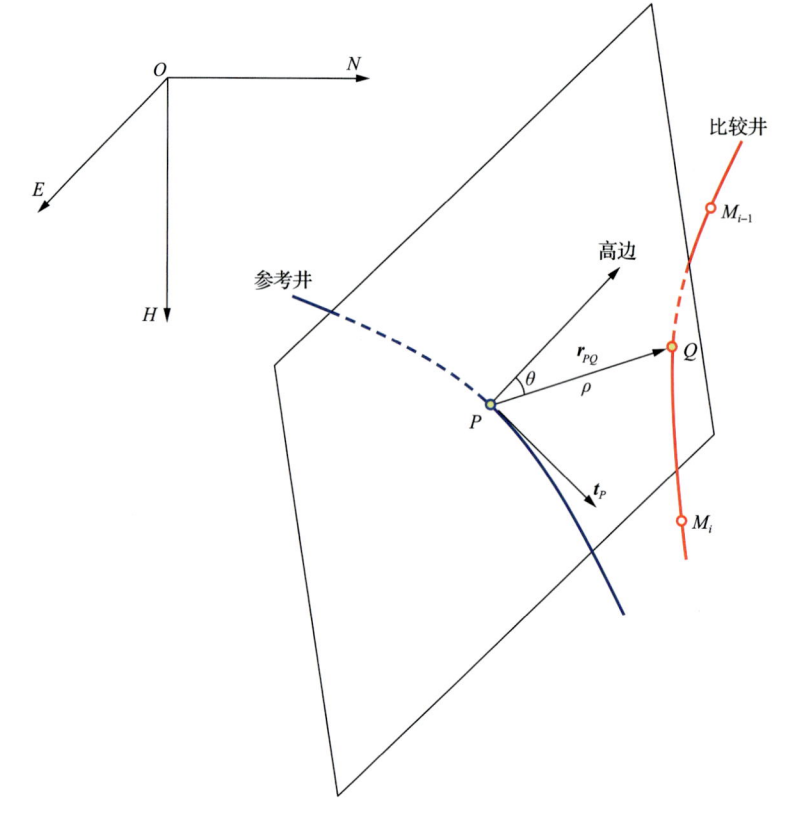

图 4-15　邻井法面距离扫描原理

然而，这种判别方法并非普遍适用，在有些情况下会出现异常结果[39,40]，从而导致遗漏邻井相碰的危险点。例如，当比较井段$[L_{i-1}, L_i]$为空间圆弧时，即使两端点满足$f(L_{i-1}) \cdot f(L_i) > 0$，参考井法面与比较井段$[L_{i-1}, L_i]$仍可能有 1 个或 2 个交点，如图 4-16 所示。因此，传统的判别方法有局限性，其解决方案见后续内容。

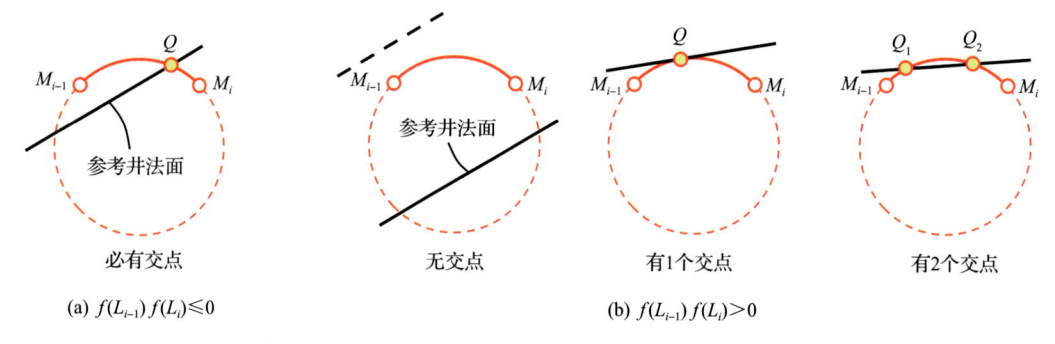

图 4-16　参考点法面与空间圆弧比较井段的位置关系

在确定了基于参考点 P 的比较点 Q 之后，还需要表征比较点 Q 与参考点 P 之间的相对位置关系。表征方法与式(4-45)相同，或写成如下形式[40]：

$$\begin{cases} \rho=\sqrt{\left(N_Q-N_P\right)^2+\left(E_Q-E_P\right)^2+\left(H_Q-H_P\right)^2} \\ \tan\theta=\dfrac{-\left(N_Q-N_P\right)\sin\phi_P+\left(E_Q-E_P\right)\cos\phi_P}{\left(N_Q-N_P\right)\cos\alpha_P\cos\phi_P+\left(E_Q-E_P\right)\cos\alpha_P\sin\phi_P-\left(H_Q-H_P\right)\sin\alpha_P} \end{cases} \quad (4\text{-}88)$$

当然，还可以仿照式(4-82)基于水平面来表征。

需要说明的是，基于法面扫描法原理还可衍生出其他的平面扫描方法。例如，若令参考点 P 的井斜角和方位角均等于零，即 $\alpha_P=\phi_P=0$，则参考井法面将变为水平面，此时扫描角位于水平面内并从正北方向起算，可称为水平面扫描法。若令 $\alpha_P\equiv90°$ 并给定 ϕ_P 值，则参考井法面将变为铅垂面，可称为铅垂面扫描法。显然，水平面扫描法和铅垂面扫描法都可看作是法面扫描法的特例，但计算过程更为简洁、计算量更小。

此外，对比式(4-81)和式(4-85)发现：二者既相似又有不同。式(4-81)表明，球面扫描法的矢径向量 $\boldsymbol{r}_{PQ}$ 垂直于比较点 Q 处的比较井切线向量 $\boldsymbol{t}_Q$；而式(4-85)表明，法面扫描法的矢径向量 $\boldsymbol{r}_{PQ}$ 垂直于参考点 P 处的参考井切线向量 $\boldsymbol{t}_P$。这说明基于参考井的最近距离也是基于比较井的法面距离，反之亦然。这正是法面扫描法可用于邻井防碰分析的科学依据。

三、邻井距离通用算法

上述分析表明，基于给定的参考点 P，球面扫描法的关键问题是如何确定任一比较井段$[L_{i-1}, L_i]$上的备选比较点，而法面扫描法的关键问题是如何判别参考井法面与任一比较井段$[L_{i-1}, L_i]$是否存在交点，若存在交点应该如何确定。

（一）球面扫描法

对于给定的参考点 P，在任一比较井段$[L_{i-1}, L_i]$上总是存在备选比较点 m，所谓备选比较点是在比较井段$[L_{i-1}, L_i]$上距离参考点 P 最近的点。显然，若在比较井段(L_{i-1}, L_i)内存在某点 C 距离参考点 P 最近，则 C 点就是比较井段$[L_{i-1}, L_i]$上的备选比较点 m；若不存在这样的 C 点，则备选比较点应为比较井段$[L_{i-1}, L_i]$两端点中距离参考点 P 最近者。因此，在比较井段$[L_{i-1}, L_i]$上，备选比较点 m 与参考点 P 之间的距离 ρ_m 为

$$\rho_m=\begin{cases} \min\left(\rho_{i-1},\rho_C,\rho_i\right), & \text{当存在}C\text{点时} \\ \min\left(\rho_{i-1},\rho_i\right), & \text{当不存在}C\text{点时} \end{cases} \quad (4\text{-}89)$$

这样，每个比较井段$[L_{i-1}, L_i]$上都有 1 个备选比较点，在比较井的所有备选比较点中，ρ_m 最小者即为比较点 Q。因为比较井段$[L_{i-1}, L_i]$两端点与参考点 P 的距离 ρ_{i-1} 和 ρ_i 容易计算，所以主要问题是判别在比较井段(L_{i-1}, L_i)内是否存在备选比较点 C，若存在应如何确定 C 点。

为此，将式(4-79)对比较井井深 L 再次求导，得

$$f''(L)=\dfrac{1}{f(L)}\left\{1+h(L)-\left[f'(L)\right]^2\right\} \quad (4\text{-}90)$$

式中

$$h(L) = (N - N_P)(\kappa_\alpha \cos\alpha \cos\phi - \kappa_\phi \sin\alpha \sin\phi)$$
$$+ (E - E_P)(\kappa_\alpha \cos\alpha \sin\phi + \kappa_\phi \sin\alpha \cos\phi) - (H - H_P)\kappa_\alpha \sin\alpha$$

根据微分学原理，函数 $f(L)$ 存在极值的必要条件是在比较井段 (L_{i-1}, L_i) 内存在某点 C，即 $L_C \in (L_{i-1}, L_i)$，满足

$$f'(L_C) = 0 \tag{4-91}$$

而函数 $f(L)$ 存在极小值(即最近距离)的充分条件是

$$f''(L_C) > 0 \tag{4-92}$$

这样，便可判别出在比较井段 (L_{i-1}, L_i) 内是否存在备选比较点 C，若存在则能解算出 C 点。

显然，函数 $f(L)$ 存在极值的充分必要条件涉及一阶导函数 $f'(L)$ 和二阶导函数 $f''(L)$，且 $f'(L)$ 尤其是 $f''(L)$ 的计算量较大。为减小计算量和提高计算效率，可用如下方法来规避 $f'(L)$ 和 $f''(L)$ 计算：①规避 $f'(L)$。式(4-81)与式(4-80)等价，且函数 $g(L)$ 比函数 $f'(L)$ 的计算量小，因此可将必要条件式(4-91)替换为 $g(L_C)=0$。②规避 $f''(L)$。在比较井段 (L_{i-1}, L_i) 内，若 $f''(L_C)=0$，则函数 $f(L)$ 不存在极值；若 $f''(L_C)<0$，则函数 $f(L)$ 存在极大值，但经式(4-89)筛选后，这样的 C 点不会成为备选比较点 m。因此，在任一比较井段 (L_{i-1}, L_i) 内，只需根据式(4-81)，由 $g(L_C)=0$ 解算出 L_C，并判别是否满足 $L_C \in (L_{i-1}, L_i)$，即可按式(4-89)筛选出备选比较点 m，从而使问题大为简化。

(二) 法面扫描法

对于给定的参考点 P，基于式(4-85)定义的函数 $f(L)$，法面扫描的比较点 Q 应满足 $f(L_Q) = 0$。根据井眼轨道模型的基本假设及性质可知：无论比较井为设计轨道还是实钻轨迹，比较井段 $[L_{i-1}, L_i]$ 内的井眼轨道都具有单凸性，它与参考井法面最多存在两个交点。

为判别参考井法面与比较井段 $[L_{i-1}, L_i]$ 是否相交，可分为以下两种情况：①当 $f(L_{i-1}) \cdot f(L_i) \leq 0$ 时，说明比较井段的两端点位于参考井法面的异侧，因为井眼轨迹具有连续性，所以参考井法面与比较井段必然相交；②当 $f(L_{i-1}) f(L_i) > 0$ 时，说明比较井段的两端点位于参考井法面的同侧。根据井眼轨道的单凸性，参考井法面与比较井段存在 0~2 个交点。显然，情况①可用二分法求得比较点 Q，而情况②需要解决两个问题：如何判别二者是否相交？如果相交如何确定交点？

如图 4-17 所示，若参考井在参考点处的单位切线向量为 $\boldsymbol{t}_P$，比较井上任一点的单位切线向量为 $\boldsymbol{t}$，则这两个单位切线向量间的夹角 ϑ 为

$$\boldsymbol{t} \cdot \boldsymbol{t}_P = \cos\vartheta = \cos\alpha \cos\alpha_P + \sin\alpha \sin\alpha_P \cos(\phi - \phi_P) \tag{4-93}$$

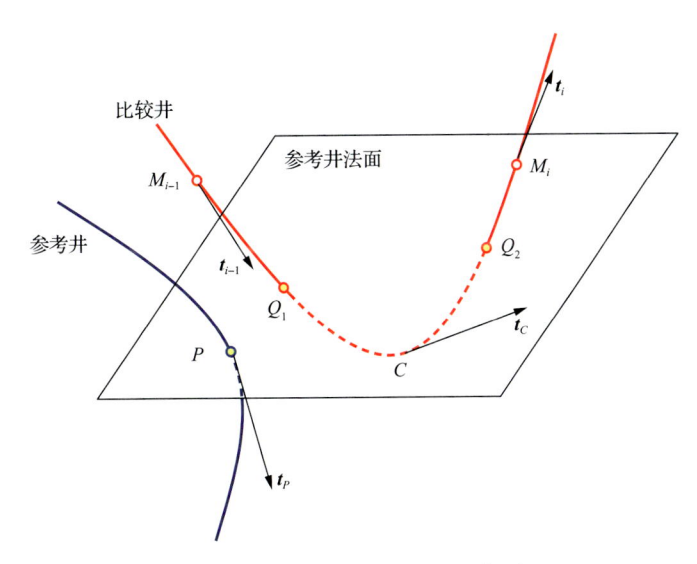

图 4-17 法面扫描法的通用解算原理

因为参考点 P 给定，α_P 和 ϕ_P 为已知参数，而比较井上任一点的井斜角 α 和方位角 ϕ 随比较井井深 L 变化，所以夹角 ϑ 是比较井井深 L 的函数。实际上，将式(4-85)对比较井井深 L 求导，同样能得到式(4-93)，于是有

$$f'(L) = \cos\vartheta = \cos\alpha\cos\alpha_P + \sin\alpha\sin\alpha_P\cos(\phi - \phi_P) \tag{4-94}$$

当 $f(L_{i-1})f(L_i) > 0$ 时，参考井法面与比较井段相交的必要条件是：比较井段两端点 M_{i-1} 和 M_i 处的单位切线向量 $\boldsymbol{t}_{i-1}$ 和 $\boldsymbol{t}_i$ 与 $\boldsymbol{t}_P$ 之间的两个夹角，一个为锐角而另一个为钝角，其判别式为

$$\begin{cases} (\boldsymbol{t}_{i-1} \cdot \boldsymbol{t}_P) \cdot (\boldsymbol{t}_i \cdot \boldsymbol{t}_P) \leqslant 0 \\ f'(L_{i-1}) \cdot f'(L_i) \leqslant 0 \end{cases} \tag{4-95}$$

根据井眼轨道的连续光滑性质，当满足式(4-95)时，在比较井段 $[L_{i-1}, L_i]$ 内必存在某点 C，使得

$$f'(L_C) = 0 \tag{4-96}$$

式(4-96)说明，在比较井段内 C 点处的单位切线向量 $\boldsymbol{t}_C$ 垂直于参考点 P 处的单位切线向量 $\boldsymbol{t}_P$，即向量 $\boldsymbol{t}_C$ 平行于参考井法面。

在满足式(4-95)的必要条件下，由式(4-96)可解算出 L_C 从而确定 C 点。C 点将比较井段 $[L_{i-1}, L_i]$ 分割为两个子井段 $[L_{i-1}, L_C]$ 和 $[L_C, L_i]$，而参考井法面与子井段相交的充分条件为

$$\begin{cases} f(L_{i-1})f(L_C) \leqslant 0 \\ f(L_C)f(L_i) \leqslant 0 \end{cases} \tag{4-97}$$

因此，当 $f(L_{i-1})f(L_i)>0$ 时，应先用必要条件式(4-95)判别是否存在 C 点；若存在 C 点，则用式(4-96)解算出 C 点的井深 L_C 等参数；进而再通过充分条件式(4-97)判别参考井法面与比较井段是否相交；若相交，则用二分法、牛顿法等分别求得两个子井段 $[L_{i-1}, L_C]$ 和 $[L_C, L_i]$ 内的交点，并取这两个交点中距离参考点 P 最近者作为备选比较点。当然，若只满足式(4-97)中的二式之一，就只存在一个交点。

最后，需要说明 3 种情况：①当比较井段 $[L_{i-1}, L_i]$ 为直线段时，因为 $f'(L)$ 为常数，所以 $f(L)$ 是单调函数，此时，若 $f(L_{i-1})f(L_i)\leqslant 0$ 则参考井法面与比较井段相交，否则不相交；②当 $f(L)\equiv 0$ 时，说明比较井段 $[L_{i-1}, L_i]$ 位于参考井法面内，此时，参考井法面与比较井存在无数个交点，从邻井防碰角度来说，应取距离参考点 P 最近者作为备选比较点；③参考井法面可能与比较井的多个井段相交，此时应取距离参考点 P 最近的备选比较点作为比较点。

四、邻井距离解析算法

长期以来，业内普遍采用数值法来计算邻井最近距离和法面距离，直到近年来才研究出基于空间圆弧轨迹模型的解析法[39-42]。在假设比较井各井段或测段 $[L_{i-1}, L_i]$ 为空间圆弧条件下，球面扫描法和法面扫描法均可得到解析算法。

（一）球面扫描法

球面扫描法解算的关键问题是在比较井段 (L_{i-1}, L_i) 内，根据 $g(L_C)=0$ 解算出井深 L_C。为此，将式(4-81)写成

$$g(L)=(\Delta N_{P,i-1}+\Delta N)\sin\alpha\cos\phi+(\Delta E_{P,i-1}+\Delta E)\sin\alpha\sin\phi+(\Delta H_{P,i-1}+\Delta H)\cos\alpha \quad (4-98)$$

式中

$$\begin{cases} \Delta N_{P,i-1}=N_{i-1}-N_P \\ \Delta E_{P,i-1}=E_{i-1}-E_P \\ \Delta H_{P,i-1}=H_{i-1}-H_P \end{cases}$$

$$\begin{cases} \Delta N=N-N_{i-1} \\ \Delta E=E-E_{i-1} \\ \Delta H=H-H_{i-1} \end{cases}$$

$\Delta N_{P,i-1}$、$\Delta E_{P,i-1}$ 和 $\Delta H_{P,i-1}$ 分别为比较井段 $[L_{i-1}, L_i]$ 的始点 M_{i-1} 与参考点 P 之间的北坐标差、东坐标差和垂深差，m；ΔN、ΔE 和 ΔH 分别为比较井段 $[L_{i-1}, L_i]$ 内任一点与始点 M_{i-1} 之间的北坐标增量、东坐标增量和垂深增量，m。

显然，对于给定的参考点 P 和比较井段 $[L_{i-1}, L_i]$，坐标差 $\Delta N_{P,i-1}$、$\Delta E_{P,i-1}$ 和 $\Delta H_{P,i-1}$ 均为常数，而坐标增量 ΔN、ΔE 和 ΔH 均为比较井井深 L 的函数，且与井眼轨迹模型有关。在假设比较井段 $[L_{i-1}, L_i]$ 为空间圆弧条件下，由式(1-116)和式(1-124)可知，比较井段 $[L_{i-1}, L_i]$

内任一点的井斜角 α、方位角 ϕ 及坐标增量为

$$\begin{cases} \sin\alpha\cos\phi = T_{11}\sin\varepsilon + T_{31}\cos\varepsilon \\ \sin\alpha\sin\phi = T_{12}\sin\varepsilon + T_{32}\cos\varepsilon \\ \cos\alpha = T_{13}\sin\varepsilon + T_{33}\cos\varepsilon \end{cases} \quad (4\text{-}99)$$

$$\begin{cases} \Delta N = R\left[T_{11}(1-\cos\varepsilon) + T_{31}\sin\varepsilon\right] \\ \Delta E = R\left[T_{12}(1-\cos\varepsilon) + T_{32}\sin\varepsilon\right] \\ \Delta H = R\left[T_{13}(1-\cos\varepsilon) + T_{33}\sin\varepsilon\right] \end{cases} \quad (4\text{-}100)$$

式中

$$\varepsilon = \frac{180}{\pi}\frac{L - L_{i-1}}{R}$$

$$\begin{cases} T_{11} = \cos\alpha_{i-1}\cos\phi_{i-1}\cos\omega_{i-1} - \sin\phi_{i-1}\sin\omega_{i-1} \\ T_{12} = \cos\alpha_{i-1}\sin\phi_{i-1}\cos\omega_{i-1} + \cos\phi_{i-1}\sin\omega_{i-1} \\ T_{13} = -\sin\alpha_{i-1}\cos\omega_{i-1} \end{cases}$$

$$\begin{cases} T_{31} = \sin\alpha_{i-1}\cos\phi_{i-1} \\ T_{32} = \sin\alpha_{i-1}\sin\phi_{i-1} \\ T_{33} = \cos\alpha_{i-1} \end{cases}$$

R 为曲率半径，m；ω 为主法线角，(°)；ε 为弯曲角，(°)；下标"i–1"表示比较井段始点处的参数。

将式(4-99)和式(4-100)代入式(4-98)，经整理得

$$\begin{aligned} g(L) &= a\sin\varepsilon + b\cos\varepsilon + R\left(T_{11}^2 + T_{12}^2 + T_{13}^2\right)(1-\cos\varepsilon)\sin\varepsilon \\ &\quad + R\left(T_{11}T_{31} + T_{12}T_{32} + T_{13}T_{33}\right)\left[\sin^2\varepsilon + (1-\cos\varepsilon)\cos\varepsilon\right] \\ &\quad + R\left(T_{31}^2 + T_{32}^2 + T_{33}^2\right)\sin\varepsilon\cos\varepsilon \end{aligned} \quad (4\text{-}101)$$

式中

$$\begin{cases} a = T_{11}\Delta N_{P,i-1} + T_{12}\Delta E_{P,i-1} + T_{13}\Delta H_{P,i-1} \\ b = T_{31}\Delta N_{P,i-1} + T_{32}\Delta E_{P,i-1} + T_{33}\Delta H_{P,i-1} \end{cases}$$

注意到 $T_{11}^2 + T_{12}^2 + T_{13}^2 = T_{31}^2 + T_{32}^2 + T_{33}^2 = 1$ 及 $T_{11}T_{31} + T_{12}T_{32} + T_{13}T_{33} = 0$，则式(4-101)变为

$$g(L) = (a+R)\sin\varepsilon + b\cos\varepsilon \quad (4\text{-}102)$$

在比较井段$[L_{i-1}, L_i]$内，令$g(L)=0$，则当$b=0$时，备选比较点C的弯曲角为$\varepsilon_C=0°$或$180°$；当$b \neq 0$时，用倍角公式变换$\sin\varepsilon$和$\cos\varepsilon$，则备选比较点C的弯曲角ε_C为

$$\tan\frac{\varepsilon_C}{2} = \frac{(a+R) \pm \sqrt{b^2 + (a+R)^2}}{b} \qquad (4\text{-}103)$$

进而备选比较点C的井深L_C为

$$L_C = L_{i-1} + \frac{\pi}{180}R\varepsilon_C \qquad (4\text{-}104)$$

特别地，当比较井段$[L_{i-1}, L_i]$为直线段时，无须求解弯曲角ε_C，此时备选比较点井深L_C为

$$L_C = L_{i-1} - b \qquad (4\text{-}105)$$

这样，根据算得的井深L_C，便可判别在比较井段$[L_{i-1}, L_i]$内是否存在备选比较点C。

(二) 法面扫描法

空间圆弧模型假设井眼轨迹是位于空间斜平内的圆弧或直线。无论比较井段$[L_{i-1}, L_i]$是圆弧段还是直线段，它与参考点P处的法面都存在平行或不平行两种情况。

参考井的单位切线向量$\boldsymbol{t}_P$就是参考井法面的单位法线向量，即

$$\boldsymbol{t}_P = \sin\alpha_P \cos\phi_P \boldsymbol{i} + \sin\alpha_P \sin\phi_P \boldsymbol{j} + \cos\alpha_P \boldsymbol{k} \qquad (4\text{-}106)$$

而由式(2-92)可知，比较井段$[L_{i-1}, L_i]$始点M_{i-1}处的单位切线向量和单位主法线向量分别为

$$\begin{cases} \boldsymbol{t}_{i-1} = T_{31}\boldsymbol{i} + T_{32}\boldsymbol{j} + T_{33}\boldsymbol{k} \\ \boldsymbol{n}_{i-1} = T_{11}\boldsymbol{i} + T_{12}\boldsymbol{j} + T_{13}\boldsymbol{k} \end{cases} \qquad (4\text{-}107)$$

式中，$\boldsymbol{i}$、$\boldsymbol{j}$、$\boldsymbol{k}$分别为参考井和比较井共用坐标系NEH下N轴、E轴、H轴上的单位坐标向量。

比较井段与参考井法面平行的充分必要条件为$\boldsymbol{t}_P \perp \boldsymbol{t}_{i-1}$且$\boldsymbol{t}_P \perp \boldsymbol{n}_{i-1}$。为判别二者是否平行，令[40]

$$\begin{cases} a = \boldsymbol{t}_P \cdot \boldsymbol{t}_{i-1} \\ b = \boldsymbol{t}_P \cdot \boldsymbol{n}_{i-1} \end{cases} \qquad (4\text{-}108)$$

式中

$$\begin{cases} a = T_{31} \sin\alpha_P \cos\phi_P + T_{32} \sin\alpha_P \sin\phi_P + T_{33} \cos\alpha_P \\ b = T_{11} \sin\alpha_P \cos\phi_P + T_{12} \sin\alpha_P \sin\phi_P + T_{13} \cos\alpha_P \end{cases}$$

于是，若满足条件

$$a = b = 0 \tag{4-109}$$

则比较井段与参考井法面平行，否则不平行。

特别地，当比较井段$[L_{i-1}, L_i]$为直线段时，式(4-109)的充分必要条件退化为

$$a = 0 \tag{4-110}$$

此外，为表征比较井段始点与参考井法面的相对位置关系，可令

$$c = f(L_{i-1}) = (N_{i-1} - N_P)\sin\alpha_P\cos\phi_P + (E_{i-1} - E_P)\sin\alpha_P\sin\phi_P + (H_{i-1} - H_P)\cos\alpha_P \tag{4-111}$$

这样，若$c=0$则表明比较井段始点位于参考井法面内，否则比较井段始点不在参考井法面内。

一般情况下，比较井段$[L_{i-1}, L_i]$与参考井法面不平行，所以二者可能相交，其交点应满足式(4-86)，即

$$\left(\Delta N_{P,i-1} + \Delta N\right)\sin\alpha_P\cos\phi_P + \left(\Delta E_{P,i-1} + \Delta E\right)\sin\alpha_P\sin\phi_P + \left(\Delta H_{P,i-1} + \Delta H\right)\cos\alpha_P = 0 \tag{4-112}$$

将式(4-100)代入式(4-112)，并注意到式(4-108)~式(4-111)，得

$$aR\sin\varepsilon + bR(1 - \cos\varepsilon) + c = 0 \tag{4-113}$$

式中，R为比较井段的曲率半径，m；ε为弯曲角，(°)。

用倍角公式变换$\sin\varepsilon$和$\cos\varepsilon$，可得到交点C的弯曲角ε_C为

$$\tan\frac{\varepsilon_C}{2} = \begin{cases} -\dfrac{c}{2aR}, & \text{当}2bR + c = 0\text{时} \\ \dfrac{-aR \pm \sqrt{a^2R^2 - (2bR+c)c}}{2bR + c}, & \text{当}2bR + c \neq 0\text{时} \end{cases} \tag{4-114}$$

于是，若参考井法面与比较井段$[L_{i-1}, L_i]$相交，则交点C的井深L_C为

$$L_C = L_{i-1} + \frac{\pi}{180}R\varepsilon_C \tag{4-115}$$

特别地，当比较井段$[L_{i-1}, L_i]$为直线段时，无须求解弯曲角ε_C，此时交点井深L_C为

$$L_C = L_{i-1} - \frac{c}{a} \tag{4-116}$$

理论上，当比较井段为直线段时，式(4-116)可能无解或有唯一解；当比较井段为圆弧段时，式(4-115)可能无解、有唯一解或有两个解。显然，只有当L_C有解且$L_C \in (L_{i-1}, L_i)$时才存在交点C。

为方便，将式(4-100)中的 T_{ij} 代入式(4-108)，则常数 a 和 b 还可写成[40]

$$\begin{cases} a = \cos\alpha_P \cos\alpha_{i-1} + \sin\alpha_P \sin\alpha_{i-1} \cos(\phi_{i-1} - \phi_P) \\ b = \left[\sin\alpha_P \cos\alpha_{i-1} \cos(\phi_{i-1} - \phi_P) - \cos\alpha_P \sin\alpha_{i-1}\right]\cos\omega_{i-1} - \sin\alpha_P \sin(\phi_{i-1} - \phi_P)\sin\omega_{i-1} \end{cases}$$
(4-117)

式中，ω_{i-1} 为比较井段始点的主法线角，(°)。

综上所述，对于任一参考点 P 和比较井段 $[L_{i-1}, L_i]$，解算备选比较点 C 的步骤为[40]：①计算 a、b、c 等参数。若比较井段为直线段，则令 $b=0$。②判别比较井段与参考井法面是否平行。若 $a=b=0$，则说明二者平行，否则不平行。③当比较井段与参考井法面平行时，若 $c=0$，则说明比较井段位于法平面内，此时取比较井段上距离参考点 P 最近者作为备选比较点；若 $c\neq 0$，则说明比较井段不在法平面内，此时不存在备选比较点。④当比较井段与参考井法面不平行时，根据比较井段是否为直线段，分别通过式(4-116)或式(4-115)计算备选比较点 C 的井深 L_C，并判别是否位于比较井段 $[L_{i-1}, L_i]$ 内。

需要说明的是，参考井法面可能与比较井的多个井段相交，所以必须诸井段地扫描比较井。当存在这种情况时，从邻井防碰的角度来说，应选距离参考点 P 最近的备选比较点作为比较点 Q。

五、邻井防碰评价

邻井防碰评价问题十分复杂，不仅需要计算井间距离还要考虑井眼轨迹的不确定性[43-48]。目前，常用的评价指标包括井间距离[30-44]、误差椭球(圆)距离[43,44]和分离系数[43-46]，此外还有相碰概率[47,48]等。其中，井间距离是最基本的邻井防碰评价指标，并且不涉及井眼轨迹不确定性问题。

邻井防碰评价需要解决的关键问题是：①根据具体情况和要求，选择球面扫描、法面扫描或水平扫描等井间距离计算方法，确定对应于参考点 P 的比较点 Q，并算得参考点 P 与比较点 Q 间的距离 ρ。②从参考点 P 到比较点 Q 的扫描矢径向量 $\boldsymbol{r}_{PQ}$，与参考井和比较井的误差椭球面分别交于 M 点和 N 点，确定交点 M 和 N 的位置，并算得 P 点与 M 点间的距离 s_P 及 Q 点与 N 点间的距离 s_Q。③考虑井眼轨迹不确定性、井筒尺寸等因素，建立邻井防碰的评价指标。

如图 4-18 所示，根据扫描矢径向量 $\boldsymbol{r}_{PQ}$ 的直线方程，在井口坐标系 NEH 下交点 M 的空间坐标为

$$\begin{bmatrix} N \\ E \\ H \end{bmatrix} = \begin{bmatrix} N_P \\ E_P \\ H_P \end{bmatrix} + s_P \begin{bmatrix} \sin\beta_v \cos\theta_h \\ \sin\beta_v \sin\theta_h \\ \cos\beta_v \end{bmatrix}$$
(4-118)

式中，β_v 为垂向张角，(°)；θ_h 为水平扫描角，(°)；s_P 为交点 M 与参考点 P 间的距离，m。

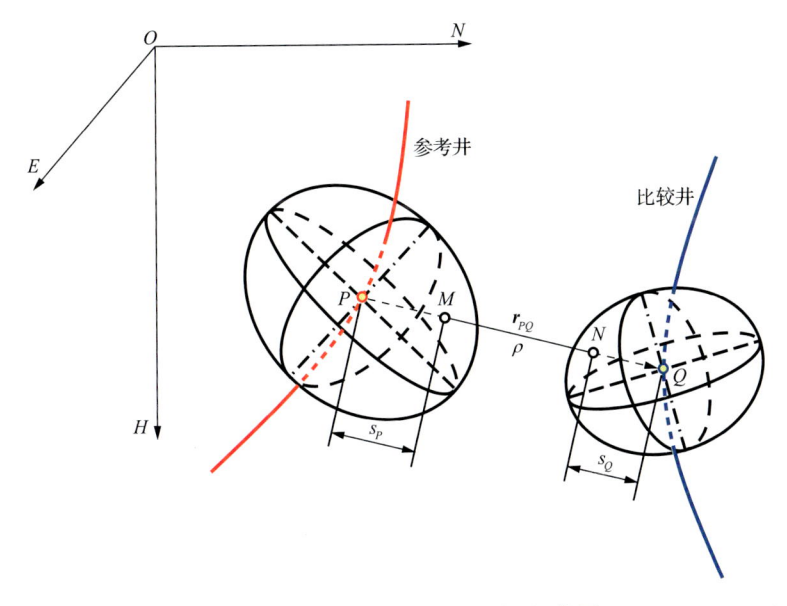

图 4-18 误差椭球间的位置关系及解算原理

在误差椭球的主轴坐标系 UVW 下，参考点 P 处的误差椭球方程为

$$\frac{U^2}{\sigma_1^2} + \frac{V^2}{\sigma_2^2} + \frac{W^2}{\sigma_3^2} = 1 \tag{4-119}$$

式中，σ_1、σ_2、σ_3 分别为主轴 U、V、W 上的误差椭球半径，m。

若用误差椭球 W 轴的井斜角 α_W、方位角 ϕ_W 及椭球绕 W 轴偏转角 θ_W 来表征误差椭球的姿态，则误差椭球主轴坐标系 UVW 与井口坐标系 NEH 之间的变换关系为

$$\begin{bmatrix} U \\ V \\ W \end{bmatrix} = \boldsymbol{T} \begin{bmatrix} N - N_P \\ E - E_P \\ H - H_P \end{bmatrix} \tag{4-120}$$

式中

$$\boldsymbol{T} = \begin{bmatrix} \cos\alpha_W \cos\phi_W \cos\theta_W - \sin\phi_W \sin\theta_W & \cos\alpha_W \sin\phi_W \cos\theta_W + \cos\phi_W \sin\theta_W & -\sin\alpha_W \cos\theta_W \\ -\cos\alpha_W \cos\phi_W \sin\theta_W - \sin\phi_W \cos\theta_W & -\cos\alpha_W \sin\phi_W \sin\theta_W + \cos\phi_W \cos\theta_W & \sin\alpha_W \sin\theta_W \\ \sin\alpha_W \cos\phi_W & \sin\alpha_W \sin\phi_W & \cos\alpha_W \end{bmatrix}$$

将式(4-118)代入式(4-120)，得

$$\begin{bmatrix} U \\ V \\ W \end{bmatrix} = s_P \boldsymbol{T} \begin{bmatrix} \sin\beta_v \cos\theta_h \\ \sin\beta_v \sin\theta_h \\ \cos\beta_v \end{bmatrix} \tag{4-121}$$

再将式(4-121)代入式(4-119)，得

$$s_P = \cfrac{1}{\sqrt{\cfrac{C_1^2}{\sigma_1^2} + \cfrac{C_2^2}{\sigma_2^2} + \cfrac{C_3^2}{\sigma_3^2}}} \tag{4-122}$$

式中

$$\begin{bmatrix} C_1 \\ C_2 \\ C_3 \end{bmatrix} = \boldsymbol{T} \begin{bmatrix} \sin\beta_v \cos\theta_h \\ \sin\beta_v \sin\theta_h \\ \cos\beta_v \end{bmatrix}$$

当参考点 P 和比较点 Q 确定后，参考点 P 处误差椭球的尺寸和姿态参数均为已知数据，且可算得扫描矢径向量 $\boldsymbol{r}_{PQ}$ 的垂向张角 β_v 和水平扫描角 θ_h，所以由式(4-122)可算得交点 M 与参考点 P 间的距离 s_P。同理，可算得交点 N 与比较点 Q 间的距离 s_Q。此外，还可用偏于保守的垂足线法来计算 s_P 和 s_Q[38]。

邻井防碰的底线是不钻穿邻井井壁，尤其不应钻遇邻井套管。因此，用于邻井防碰的井间距离不能仅用参考点 P 与比较点 Q 间的距离 ρ，还应考虑井筒尺寸，即井径。于是参考井与比较井间的井筒距离为

$$\rho_R = \rho - R_P - R_Q \tag{4-123}$$

式中，ρ_R 为参考井与比较井间的井筒距离，m；R_P 为参考点 P 处的井筒半径，m；R_Q 为比较点 Q 处的井筒半径，m。

国际石油工程师协会的井眼定位技术部(SPE Wellbore Positioning Technical Section)提出了分离系数的邻井防碰评价指标，并制定了邻井防碰技术规范[38,43-48]。分离系数的计算公式为

$$k_s = \frac{\rho - R_P - R_Q - \rho_{\min}}{s_P + s_Q + s_A} \tag{4-124}$$

式中，k_s 为分离系数，无因次；$\rho_{\min}$ 为防碰安全余量或井口间的最小允许距离(推荐值为0.3m)，m；s_A 为考虑当前测点到钻头直至下个测点的前方井眼轨迹不确定性(推荐值为0.5m)，m。

邻井防碰技术规范要求[43-48]：当分离系数 k_s>5.0 时，不存在邻井相碰风险；当 1.5<k_s≤5.0 时，则需要警戒并实时监测邻井靠近情况；当 1.0<k_s≤1.5 时，则建议关闭邻井并制定防碰措施；当 k_s≤1.0 时，则要求停钻，直至消除风险后才允许继续钻进。其中，分离系数 k_s=1.5 是个重要界限，设计井一般要求 k_s>1.5，正钻井只有当 k_s>1.5 时才允许正常钻进。特别是当 k_s 达到 1.25 时，必须做出详细的工程设计、设计审查和防碰措施。

显然，基于式(4-124)可算得分离系数，相反由分离系数也可算得允许的井间距离，亦即

$$\rho_a = k_s(s_P + s_Q + s_A) + (R_P + R_Q + \rho_{\min}) \tag{4-125}$$

式中，ρ_a 为基于分离系数的允许井间距离，m。

这样，基于分离系数的不同界限，便可确定相应的允许井间距离界限。特别是分离系数 k_s=1.0 是强制停钻的临界值，此时 ρ_a 就是最小允许的井间距离。

影响井眼轨迹不确定性的因素很多，使用随钻测量和复测等不同仪器的测斜数据，基于不同放大系数的井眼轨迹误差等都会影响邻井防碰的评价结果，所以必须结合实际情况合理使用邻井防碰的评价指标及结果。

参 考 文 献

[1] Samuel G R, Liu X S. Advanced Drilling Engineering-Principles and Designs[M]. Houston: Gulf Publishing Company, 2009.
[2] 刘修善. 井眼轨道几何学[M]. 北京: 石油工业出版社, 2006.
[3] 韩志勇. 定向钻井设计与计算[M]. 第 2 版. 东营: 中国石油大学出版社, 2007.
[4] 国家能源局. 定向井轨道设计与轨迹计算: SY/T 5435–2012[S]. 2012-08-23.
[5] 刘修善, 刘子恒. 井眼轨迹模型的通用格式[J]. 石油学报, 2015, 36(3): 366-371.
[6] Wilson G J. An improved method for computing directional surveys[J]. Journal of Petroleum Technology, 1968, 20(8): 871-876.
[7] Callas N P. Computing directional surveys with a helical method[J]. Society of Petroleum Engineers Journal, 1976, 16(6): 327-336.
[8] Taylor H L, Mason M C. A systematic approach to well surveying calculations[J]. Society of Petroleum Engineers Journal, 1972, 12(6): 474-488.
[9] Zaremba W A. Directional survey by the circular arc method[J]. Society of Petroleum Engineers Journal, 1973, 13(1): 5-11.
[10] 刘修善, 郭钧. 空间圆弧轨道的描述与计算[J]. 天然气工业, 2000, 20(5): 44-47.
[11] 刘修善, 王超. 空间圆弧轨迹的解析描述技术[J]. 石油学报, 2014, 35(1): 134-140.
[12] 刘福齐. 计算井眼实际轨迹的弦步法[J]. 天然气工业, 1986, 6(4): 40-46.
[13] Liu X S, Shi Z H, Fan S. Natural parameter method accurately calculates well bore trajectory[J]. Oil & Gas Journal, 1997, 95(4): 90-92.
[14] 刘修善, 石在虹. 一种测斜计算新方法——自然参数法[J]. 石油学报, 1998, 19(4): 113-116.
[15] Schuh F J. Trajectory equations for constant tool face angle deflections[R]. SPE 23853, 1992.
[16] Guo B Y, Miska S, Lee R L. Constant curvature method for planning a 3-D directional well[R]. SPE 24381, 1992.
[17] 刘修善, 石在虹, 周大千, 等. 计算井眼轨道的曲线结构法[J]. 石油学报, 1994, 15(3): 126-133.
[18] Liu X S, Shi Z H. Numerical approximation improves well survey calculation[J]. Oil & Gas Journal, 2001, 99(15): 50-54.
[19] 刘修善, 周大千, 顾玲娣, 等. 如何用样条函数模拟实际井眼轨迹[J]. 大庆石油学院学报, 1991, 15(1): 45-51.
[20] 杜春常. 用三次样条模拟定向井眼轨迹[J]. 石油学报, 1988, 9(1): 112-120.
[21] 钱焕延. 计算方法[M]. 上海: 上海交通大学出版社, 1988.
[22] 韩志勇. 井身测斜计算方法的选择问题[J]. 石油钻探技术, 1989, 17(1): 14-17.
[23] 刘修善. 导向钻具定向造斜方程及井眼轨迹控制机制[J]. 石油勘探与开发, 2017, 44(2): 1-6.
[24] 刘修善. 井眼轨迹模式定量识别方法[J]. 石油勘探与开发, 2018, 45(1): 145-148.
[25] 刘修善. 三维定向井随钻监测的曲面投影方法[J]. 石油钻采工艺, 2010, 32(3): 49-54.
[26] 韩志勇. 定向井的靶心距计算[J]. 石油钻探技术, 2006, 34(5): 1-3.
[27] 刘修善. 计算靶心距的通用方法[J]. 石油钻采工艺, 2008, 30(1): 7-11.
[28] 鲁港, 李晓光, 单俊峰. 定向井、水平井靶心距计算的数值方法[J]. 2008, 35(4): 452-456, 461.
[29] 刘修善. 基于地球椭球的真三维井眼定位方法[J]. 石油勘探与开发, 2017, 44(2): 275-280.
[30] Sawaryn S J, Thorogood J L. A compendium of directional calculations based on the minimum curvature method[R]. SPE 84246-MS, 2003.

[31] Sawaryn S J, Tulceanu M A. A compendium of directional calculations based on the minimum curvature method-Part 2: Extension to steering and landing applications[R]. SPE 110014, 2009.

[32] 韩志勇, 宁秀旭. 邻井最近距离扫描图绘制原理[J]. 石油钻探技术, 1990, 18(1): 1-3.

[33] 高德利, 韩志东. 邻井距离扫描计算与绘图原理[J]. 石油钻采工艺, 1993, 15(5): 21-29.

[34] 刘修善, 岑章志. 井眼轨迹间相互关系的描述与计算[J]. 钻采工艺, 1999, 22(3): 7-12.

[35] 刘修善, 苏义脑. 邻井间最近距离的表述及应用[J]. 中国海上油气(工程), 2000, 12(4): 31-34.

[36] Thorogood J L, Sawaryn S J. The traveling-cylinder diagram: A practical tool for collision avoidance[J]. SPE Drilling Engineering, 1991, 6(1): 31-36.

[37] 韩志勇, 宁秀旭. 一种新的定向钻井绘图——法面扫描图[J]. 石油大学学报(自然科学版), 1990, 14(3): 24-30.

[38] Sawaryn S J, Jamieson A L, McGregor A E. Explicit calculation of expansion factors for collision avoidance between two coplanar survey-error ellipses[J]. SPE Drilling & Completion, 2013, 28(1): 75-85.

[39] 夏泊洢. 邻井法面距离计算方法的改进[J]. 石油地质与工程, 2012, 26(5): 113-116.

[40] 刘修善, 祁尚义, 刘子恒. 法面扫描井间距离的解析算法[J]. 石油钻探技术, 2015, 43(2): 8-13.

[41] 鲁港, 常汉章, 邢玉德, 等. 邻井间最近距离扫描的快速算法[J]. 石油钻探技术, 2007, 35(3): 23-26.

[42] 唐雪平. 一种精确的井距计算方法[J]. 数学的实践与认识, 2012, 42(17): 69-78.

[43] Sawaryn S J. Well collision avoidance management and principles[R]. SPE 184730, 2017.

[44] Poedjono B, Phillips W J, Lombardo G J. Anti-collision risk management standard for well placement[R]. SPE 121040, 2009.

[45] Williamson H S. Towards risk-based well separation rules[J]. SPE Drilling & Completion, 1998, 13(1), 47-51.

[46] Sawaryn S J, Wilson H, Bang J, et al. Well collision avoidance-separation rule[R]. SPE 187073, 2017.

[47] Brooks A G. A new look at wellbore-collision probability[J]. SPE Drilling & Completion, 2010, 25(2), 223-229.

[48] Bang J. Quantification of wellbore-collision probability by novel analytic methods[R]. SPE 184644, 2017.

第五章
随钻轨迹控制

自 20 世纪 50 年代以来,定向钻井技术从几何导向和滑动导向钻井发展到地质导向和旋转导向钻井,已成为提高勘探成功率、储层钻遇率和开发采收率的重要技术手段[1]。基于钻具组合力学特性分析和钻头与地层相互作用关系,形成了井眼轨迹预测与控制理论[2-5]。

井眼轨迹控制是一个复杂的多扰动控制过程,实钻轨迹与设计轨道不可能完全吻合,甚至因地质勘探、油藏开发等存在不确定性还有可能中途调整预期目标。因此,为满足定向钻进过程中的井眼轨迹控制需求,就需要建立井眼轨迹随钻控制方案的设计方法。按不同的井眼轨迹控制目标,一般可将随钻控制方案分为井眼方向控制、井眼位置控制和同时满足井眼方向和位置要求的软着陆控制 3 种情况。随钻控制方案设计的首要环节是选取井眼轨道模型,空间圆弧、圆柱螺线和自然曲线等井眼轨道模型都可用于随钻控制方案设计。在第三章中已经阐述了基于圆柱螺线模型和自然曲线模型的井眼轨道设计方法,且它们的井斜演化规律比空间圆弧模型更简单,因此在此主要研究基于空间圆弧模型的随钻控制方案设计方法。

本章还将地层、钻具和轨迹看作一个系统,揭示了地层、钻具和轨迹间的相互约束关系,并据此提出了井眼轨迹预测、井眼轨迹控制和地层自然造斜特性反演等新方法,解决了现有技术只能定性推断井斜角和方位角增减趋势等问题。

第一节 空间圆弧轨迹演化规律

空间圆弧模型假设井眼轨迹是位于空间斜平面内的圆弧,其井眼曲率保持为常数且井眼挠率恒为零。空间圆弧可视为二维曲线,表面上它是个很简单的井眼轨迹模型,然而空间圆弧在垂直剖面图和水平投影图上都不是圆弧,且主法线角沿井深变化,由此使问题变得较为复杂。

井眼轨迹模型以井段$[L_A, L_B]$为研究对象,且井段始点 A 的井眼轨迹参数为已知数据。若给定井段的特征参数,则可计算出井段终点的井深、井斜角和方位角等基本参数;反之,若给定井段终点 B 的基本参数,也可计算出井段的特征参数,这两种情况可分别称之为正演模型和反演模型。显然,正反演模型的已知条件不同,但两者可以互算,并且都可计算出井段的坐标增量等参数。

一、井斜角和方位角方程

空间圆弧轨迹的特征参数是井眼曲率 κ（或曲率半径 R）和井段始点的主法线角 ω_A（称为初始主法线角），前者决定了井眼轨迹的形状，后者决定了井眼轨迹的姿态[6,7]。空间圆弧轨迹的正演模型已在第一章中介绍，井段 $[L_A, L_B]$ 内任一点的井斜角和方位角为[6]

$$\begin{cases}\cos\alpha = \cos\alpha_A \cos\varepsilon - \sin\alpha_A \cos\omega_A \sin\varepsilon \\ \tan\phi = \dfrac{\sin\alpha_A \sin\phi_A \cos\varepsilon + (\cos\alpha_A \sin\phi_A \cos\omega_A + \cos\phi_A \sin\omega_A)\sin\varepsilon}{\sin\alpha_A \cos\phi_A \cos\varepsilon + (\cos\alpha_A \cos\phi_A \cos\omega_A - \sin\phi_A \sin\omega_A)\sin\varepsilon}\end{cases} \quad (5\text{-}1)$$

式中

$$\varepsilon = \kappa \Delta L = \frac{180}{\pi} \frac{L - L_A}{R}$$

方位角方程还可写为

$$\tan(\phi - \phi_A) = \frac{\sin\omega_A \sin\varepsilon}{\sin\alpha_A \cos\varepsilon + \cos\alpha_A \cos\omega_A \sin\varepsilon} \quad (5\text{-}2)$$

如图 5-1 所示，空间圆弧井段 $[L_A, L_B]$ 两端点的单位切线向量和井段内的井眼轨迹都位于同一个空间斜平面上，因此可用井段两端点的基本参数来确定空间圆弧轨迹及所在斜平面。这就是空间圆弧轨迹的反演模型。

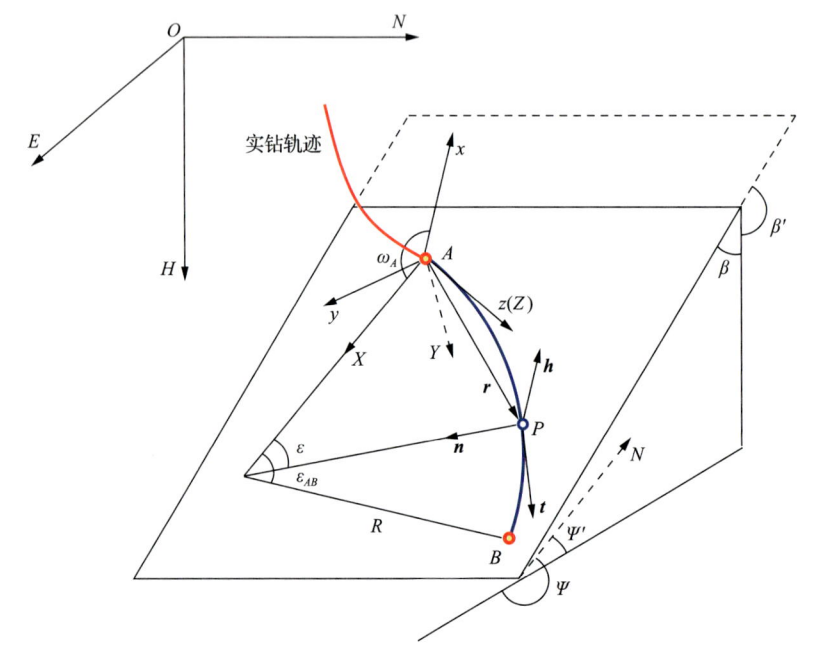

图 5-1　空间圆弧轨迹及所在斜平面

根据井斜角和方位角定义及微分几何学原理，在井口坐标系 NEH 和标架坐标系 XYZ 下（参见第二章），空间圆弧轨迹上任一点 P 处的单位切线向量 t 分别为

$$\begin{cases} t = \sin\alpha\cos\phi\, i + \sin\alpha\sin\phi\, j + \cos\alpha\, k \\ t = \sin\varepsilon\, e_X + \cos\varepsilon\, e_Z \end{cases} \tag{5-3}$$

式中，i、j、k 分别为 N、E、H 坐标轴上的单位坐标向量；e_X、e_Z 分别为 X、Z 坐标轴上的单位坐标向量；ε 为弯曲角，（°）。

于是，井段 $[L_A, L_B]$ 两端点的单位切线向量分别为

$$\begin{cases} t_A = \sin\alpha_A\cos\phi_A\, i + \sin\alpha_A\sin\phi_A\, j + \cos\alpha_A\, k \\ t_B = \sin\alpha_B\cos\phi_B\, i + \sin\alpha_B\sin\phi_B\, j + \cos\alpha_B\, k \end{cases} \tag{5-4}$$

$$\begin{cases} t_A = e_Z \\ t_B = \sin\varepsilon_{AB}\, e_X + \cos\varepsilon_{AB}\, e_Z \end{cases} \tag{5-5}$$

式中

$$\cos\varepsilon_{AB} = \cos\alpha_A\cos\alpha_B + \sin\alpha_A\sin\alpha_B\cos(\phi_B - \phi_A)$$

联立式(5-4)和式(5-5)，得

$$\begin{cases} e_X = \dfrac{\sin\alpha_B\cos\phi_B - \sin\alpha_A\cos\phi_A\cos\varepsilon_{AB}}{\sin\varepsilon_{AB}} i \\ \qquad + \dfrac{\sin\alpha_B\sin\phi_B - \sin\alpha_A\sin\phi_A\cos\varepsilon_{AB}}{\sin\varepsilon_{AB}} j \\ \qquad + \dfrac{\cos\alpha_B - \cos\alpha_A\cos\varepsilon_{AB}}{\sin\varepsilon_{AB}} k \\ e_Z = \sin\alpha_A\cos\phi_A\, i + \sin\alpha_A\sin\phi_A\, j + \cos\alpha_A\, k \end{cases} \tag{5-6}$$

将式(5-6)代入式(5-3)，得

$$\begin{aligned} t = &(a\sin\alpha_A\cos\phi_A + b\sin\alpha_B\cos\phi_B)\, i + (a\sin\alpha_A\sin\phi_A + b\sin\alpha_B\sin\phi_B)\, j \\ &+ (a\cos\alpha_A + b\cos\alpha_B)\, k \end{aligned} \tag{5-7}$$

式中

$$\begin{cases} a = \dfrac{\sin(\varepsilon_{AB} - \varepsilon)}{\sin\varepsilon_{AB}} \\ b = \dfrac{\sin\varepsilon}{\sin\varepsilon_{AB}} \end{cases}$$

进而，根据井斜角和方位角定义，空间圆弧轨迹反演模型的井斜方程为[7]

$$\begin{cases} \cos\alpha = a\cos\alpha_A + b\cos\alpha_B \\ \tan\phi = \dfrac{a\sin\alpha_A \sin\phi_A + b\sin\alpha_B \sin\phi_B}{a\sin\alpha_A \cos\phi_A + b\sin\alpha_B \cos\phi_B} \end{cases} \tag{5-8}$$

可见，空间圆弧轨迹的正演模型和反演模型都将井斜角 α 和方位角 ϕ 表示为弯曲角 ε 的函数。因为弯曲角与井深存在对应关系，所以井斜角和方位角也都是井深 L 的函数。

二、空间坐标方程

如前所述，井口坐标系 NEH 与标架坐标系 XYZ 间的变换关系为（参见第二章）

$$\begin{bmatrix} X \\ Y \\ Z \end{bmatrix} = \begin{bmatrix} T_{11} & T_{12} & T_{13} \\ T_{21} & T_{22} & T_{23} \\ T_{31} & T_{32} & T_{33} \end{bmatrix} \begin{bmatrix} N - N_A \\ E - E_A \\ H - H_A \end{bmatrix} \tag{5-9}$$

式中

$$\begin{cases} T_{11} = \cos\alpha_A \cos\phi_A \cos\omega_A - \sin\phi_A \sin\omega_A \\ T_{12} = \cos\alpha_A \sin\phi_A \cos\omega_A + \cos\phi_A \sin\omega_A \\ T_{13} = -\sin\alpha_A \cos\omega_A \end{cases}$$

$$\begin{cases} T_{21} = -\cos\alpha_A \cos\phi_A \sin\omega_A - \sin\phi_A \cos\omega_A \\ T_{22} = -\cos\alpha_A \sin\phi_A \sin\omega_A + \cos\phi_A \cos\omega_A \\ T_{23} = \sin\alpha_A \sin\omega_A \end{cases}$$

$$\begin{cases} T_{31} = \sin\alpha_A \cos\phi_A \\ T_{32} = \sin\alpha_A \sin\phi_A \\ T_{33} = \cos\alpha_A \end{cases}$$

在标架坐标系 XYZ 下，因为空间圆弧轨迹上任一点 P 处的坐标为

$$\begin{cases} X = R(1 - \cos\varepsilon) \\ Y = 0 \\ Z = R\sin\varepsilon \end{cases} \tag{5-10}$$

所以，将式(5-10)代入式(5-9)，可得空间圆弧轨迹正演模型的空间坐标方程为[6,7]

$$\begin{cases} N = N_A + R\left[T_{11}(1-\cos\varepsilon) + T_{31}\sin\varepsilon\right] \\ E = E_A + R\left[T_{12}(1-\cos\varepsilon) + T_{32}\sin\varepsilon\right] \\ H = H_A + R\left[T_{13}(1-\cos\varepsilon) + T_{33}\sin\varepsilon\right] \end{cases} \tag{5-11}$$

如图 5-1 所示，根据弦切角与圆心角的关系，从井段始点 A 到任一点 P 的单位向量可表示为

$$r = \sin\frac{\varepsilon}{2} e_X + \cos\frac{\varepsilon}{2} e_Z \tag{5-12}$$

而 AP 圆弧段的弦长为

$$\lambda = 2R\sin\frac{\varepsilon}{2} \tag{5-13}$$

所以，将式(5-6)代入式(5-12)，并注意到式(5-13)，可得空间圆弧轨迹反演模型的空间坐标方程为[7]

$$\begin{cases} N = N_A + \lambda\left(c\sin\alpha_A\cos\phi_A + d\sin\alpha_B\cos\phi_B\right) \\ E = E_A + \lambda\left(c\sin\alpha_A\sin\phi_A + d\sin\alpha_B\sin\phi_B\right) \\ H = H_A + \lambda\left(c\cos\alpha_A + d\cos\alpha_B\right) \end{cases} \tag{5-14}$$

式中

$$\begin{cases} c = \dfrac{\sin\left(\varepsilon_{AB} - \dfrac{\varepsilon}{2}\right)}{\sin\varepsilon_{AB}} \\ d = \dfrac{\sin\dfrac{\varepsilon}{2}}{\sin\varepsilon_{AB}} \end{cases}$$

可见，空间圆弧轨迹的正演模型和反演模型也将空间坐标(N, E, H)表示为弯曲角 ε 和井深 L 的函数。

三、主法线角方程

如第一章所述，主法线角的一般性方程为

$$\tan\omega = \frac{\kappa_\phi}{\kappa_\alpha}\sin\alpha \tag{5-15}$$

而空间圆弧轨迹的井斜角、井斜变化率和方位变化率方程分别为（参见第一章第四节）

$$\cos\alpha = \cos\alpha_A\cos\varepsilon - \sin\alpha_A\cos\omega_A\sin\varepsilon \tag{5-16}$$

$$\kappa_\alpha = \frac{\kappa}{\sin\alpha}\left(\cos\alpha_A\sin\varepsilon + \sin\alpha_A\cos\omega_A\cos\varepsilon\right) \tag{5-17}$$

$$\kappa_\phi = \kappa\frac{\sin\alpha_A\sin\omega_A}{\sin^2\alpha} \tag{5-18}$$

所以，将式(5-16)~式(5-18)代入式(5-15)，可得空间圆弧轨迹正演模型的主法线角方程为

$$\tan\omega = \frac{\sin\alpha_A \sin\omega_A}{\cos\alpha_A \sin\varepsilon + \sin\alpha_A \cos\omega_A \cos\varepsilon} \tag{5-19}$$

基于空间圆弧模型，考虑从任一点 P 到终点 B 的井段，则 P 点处的主法线角和 B 点处的井斜角可表示为[7]

$$\begin{cases} \sin\omega = \dfrac{\sin\alpha_B \sin(\phi_B - \phi)}{\sin(\varepsilon_{AB} - \varepsilon)} \\ \cos\alpha_B = \cos\alpha\cos(\varepsilon_{AB} - \varepsilon) - \sin\alpha\sin(\varepsilon_{AB} - \varepsilon)\cos\omega \end{cases} \tag{5-20}$$

整理式(5-20)，得

$$\tan\omega = \frac{\sin\alpha \sin\alpha_B \sin(\phi_B - \phi)}{\cos\alpha \cos(\varepsilon_{AB} - \varepsilon) - \cos\alpha_B} \tag{5-21}$$

将 P 点上移至 A 点，则式(5-21)便是初始主法线角的计算公式，即

$$\tan\omega_A = \frac{\sin\alpha_A \sin\alpha_B \sin(\phi_B - \phi_A)}{\cos\alpha_A \cos\varepsilon_{AB} - \cos\alpha_B} \tag{5-22}$$

基于井段两端点的基本参数，用式(5-22)能方便有效地计算初始主法线角，但式(5-21)并不适用于计算井段终点的主法线角，因为此时 P 点与 B 点重合致使式(5-21)为不定式。为此，用如下方法建立空间圆弧轨迹反演模型的主法线角方程。

如图 5-1 所示，在标架坐标系 XYZ 下，空间圆弧轨迹上任一点 P 处的单位主法线向量可表示为

$$\boldsymbol{n} = \cos\varepsilon \, \boldsymbol{e}_X - \sin\varepsilon \, \boldsymbol{e}_Z \tag{5-23}$$

将式(5-6)代入式(5-23)，经整理得

$$\begin{aligned}\boldsymbol{n} ={}& (e\sin\alpha_B \cos\phi_B - f\sin\alpha_A \cos\phi_A)\boldsymbol{i} + (e\sin\alpha_B \sin\phi_B - f\sin\alpha_A \sin\phi_A)\boldsymbol{j} \\ & + (e\cos\alpha_B - f\cos\alpha_A)\boldsymbol{k}\end{aligned} \tag{5-24}$$

式中

$$\begin{cases} e = \dfrac{\cos\varepsilon}{\sin\varepsilon_{AB}} \\ f = \dfrac{\cos(\varepsilon_{AB} - \varepsilon)}{\sin\varepsilon_{AB}} \end{cases}$$

在井眼坐标系 NEH 下，P 点处井眼高边方向上的单位向量为

$$\boldsymbol{h} = \cos\alpha\cos\phi\,\boldsymbol{i} + \cos\alpha\sin\phi\,\boldsymbol{j} - \sin\alpha\,\boldsymbol{k} \tag{5-25}$$

向量 $\boldsymbol{n}$ 和 $\boldsymbol{h}$ 间的夹角即为主法线角，同时考虑到主法线角的值域和反余弦函数的主值区间，因此空间圆弧轨迹反演模型的主法线角方程为[7]

$$\omega = \mathrm{sgn}(\phi_B - \phi_A)\arccos(u\cos\alpha_A\sin\alpha_B - v\sin\alpha_A\cos\alpha_B) \tag{5-26}$$

式中

$$\begin{cases} u = \dfrac{\cos(\phi_B - \phi)}{\sin\varepsilon_{AB}} \\ v = \dfrac{\cos(\phi - \phi_A)}{\sin\varepsilon_{AB}} \end{cases}$$

四、空间斜平面姿态

空间圆弧轨迹是位于空间斜平面内的圆弧，空间圆弧轨迹的姿态决定了其所在斜平面的姿态。空间斜平面的姿态可用倾斜角和倾斜方位角来表征[8]，倾斜角 β 是指空间斜平面与铅垂方向的夹角，倾斜方位角 ψ 是指空间斜平面的倾斜方向投影到水平面上后与正北方向的夹角，如图 5-1 所示。

由式(2-92)可知，空间圆弧轨迹的单位副法线向量为

$$\boldsymbol{b} = T_{21}\boldsymbol{i} + T_{22}\boldsymbol{j} + T_{23}\boldsymbol{k} \tag{5-27}$$

空间圆弧轨迹的副法线方向与其所在斜平面的法线方向相同，而斜平面的倾斜角与斜平面法线的倾斜角互为余角。所以，由式(5-27)并注意到式(5-9)，可得到基于正演模型的斜平面倾斜角 β 和倾斜方位角 ψ 分别为

$$\sin\beta = T_{23} = \sin\alpha_A\sin\omega_A \tag{5-28}$$

$$\tan\psi = \frac{T_{22}}{T_{21}} = \frac{\cos\alpha_A\sin\phi_A\sin\omega_A - \cos\phi_A\cos\omega_A}{\cos\alpha_A\cos\phi_A\sin\omega_A + \sin\phi_A\cos\omega_A} \tag{5-29}$$

利用三角函数的加法公式，式(5-29)还可变为[9]

$$\tan(\psi - \phi_A) = -\frac{1}{\cos\alpha_A\tan\omega_A} \tag{5-30}$$

对于空间圆弧轨迹的反演模型，由式(5-4)和式(5-24)可知，空间圆弧轨迹始点 A 处的单位切线向量和单位主法线向量分别为

$$\boldsymbol{t}_A = \sin\alpha_A\cos\phi_A\,\boldsymbol{i} + \sin\alpha_A\sin\phi_A\,\boldsymbol{j} + \cos\alpha_A\,\boldsymbol{k} \tag{5-31}$$

$$\boldsymbol{n}_A = \frac{1}{\sin\varepsilon_{AB}}(\sin\alpha_B\cos\phi_B - \sin\alpha_A\cos\phi_A\cos\varepsilon_{AB})\boldsymbol{i}$$
$$+ \frac{1}{\sin\varepsilon_{AB}}(\sin\alpha_B\sin\phi_B - \sin\alpha_A\sin\phi_A\cos\varepsilon_{AB})\boldsymbol{j} + \frac{1}{\sin\varepsilon_{AB}}(\cos\alpha_B - \cos\alpha_A\cos\varepsilon_{AB})\boldsymbol{k}$$

(5-32)

因为空间圆弧轨迹的单位副法线向量 $\boldsymbol{b} = \boldsymbol{t}_A \times \boldsymbol{n}_A$，所以有

$$\boldsymbol{b} = \frac{1}{\sin\varepsilon_{AB}}(\sin\alpha_A\cos\alpha_B\sin\phi_A - \cos\alpha_A\sin\alpha_B\sin\phi_B)\boldsymbol{i}$$
$$+ \frac{1}{\sin\varepsilon_{AB}}(\cos\alpha_A\sin\alpha_B\cos\phi_B - \sin\alpha_A\cos\alpha_B\cos\phi_A)\boldsymbol{j} + \frac{1}{\sin\varepsilon_{AB}}\sin\alpha_A\sin\alpha_B\sin(\phi_B - \phi_A)\boldsymbol{k}$$

(5-33)

根据空间斜平面的倾斜角和倾斜方位角定义，由式(5-33)可得

$$\sin\beta = \sin\alpha_A\sin\alpha_B\frac{\sin(\phi_B - \phi_A)}{\sin\varepsilon_{AB}} \tag{5-34}$$

$$\tan\psi = \frac{\cos\alpha_A\sin\alpha_B\cos\phi_B - \sin\alpha_A\cos\alpha_B\cos\phi_A}{\sin\alpha_A\cos\alpha_B\sin\phi_A - \cos\alpha_A\sin\alpha_B\sin\phi_B} \tag{5-35}$$

利用三角函数的加法公式，式(5-35)还可变为[9]

$$\tan(\psi - \phi_A) = \frac{\sin\alpha_A\cos\alpha_B - \cos\alpha_A\sin\alpha_B\cos(\phi_B - \phi_A)}{\cos\alpha_A\sin\alpha_B\sin(\phi_B - \phi_A)} \tag{5-36}$$

倾斜角 β 和倾斜方位角 ψ 都存在两个值，它们分别是下倾方向和上倾方向的空间斜平面姿态角。显然，在两个倾斜角中数值较小者为下倾方向的倾斜角，相应的倾斜方位角为下倾方位角；而倾斜角数值较大者为上倾方向的倾斜角，相应的倾斜方位角为上倾方位角。倾斜角 β 和倾斜方位角 ψ 的值域分别为[0, 180°]和[0, 360°]，而反正弦函数和反正切函数的主值区间都是[−90°, 90°]，所以还应将计算结果换算到相应的值域范围内。

五、井斜角极值

井斜角方程表明：井斜角 α 随井深 L 并非单调增大或减小，而是呈三角函数关系，所以井斜角存在极值。应用极值理论可得到井斜角极值。

基于空间圆弧轨迹的正演模型，井斜变化率方程为式(5-17)，即

$$\kappa_\alpha = \frac{\kappa}{\sin\alpha}(\cos\alpha_A\sin\varepsilon + \sin\alpha_A\cos\omega_A\cos\varepsilon) \tag{5-37}$$

由 $\kappa_\alpha = 0$ 可求得驻点处的弯曲角 ε_{ext} 为

$$\tan\varepsilon_{\text{ext}} = -\tan\alpha_A \cos\omega_A \tag{5-38}$$

将弯曲角 ε_{ext} 代入式(5-1),可得井斜角极值 α_{ext} 和极值点处的方位角 ϕ_{ext} 分别为[9]

$$\begin{cases} \cos\alpha_{\text{ext}} = \cos\alpha_A \cos\varepsilon_{\text{ext}} - \sin\alpha_A \cos\omega_A \sin\varepsilon_{\text{ext}} \\ \tan(\phi_{\text{ext}} - \phi_A) = \dfrac{\sin\omega_A \sin\varepsilon_{\text{ext}}}{\sin\alpha_A \cos\varepsilon_{\text{ext}} + \cos\alpha_A \cos\omega_A \sin\varepsilon_{\text{ext}}} \end{cases} \tag{5-39}$$

式中,α_{ext} 为井斜角极值,(°);ϕ_{ext} 为井斜角极值点处的方位角,(°);ε_{ext} 为井斜角极值点处的弯曲角,(°)。

同理,基于空间圆弧轨迹的反演模型,井斜角极值 α_{ext} 和极值点处的方位角 ϕ_{ext} 分别为[9]

$$\begin{cases} \cos\alpha_{\text{ext}} = a_{\text{ext}} \cos\alpha_A + b_{\text{ext}} \cos\alpha_B \\ \tan(\phi_{\text{ext}} - \phi_A) = \dfrac{b_{\text{ext}} \sin\alpha_B \sin(\phi_B - \phi_A)}{a_{\text{ext}} \sin\alpha_A + b_{\text{ext}} \sin\alpha_B \cos(\phi_B - \phi_A)} \end{cases} \tag{5-40}$$

式中

$$\tan\varepsilon_{\text{ext}} = \frac{\cos\alpha_B - \cos\alpha_A \cos\varepsilon_{AB}}{\cos\alpha_A \sin\varepsilon_{AB}}$$

$$\begin{cases} a_{\text{ext}} = \dfrac{\sin(\varepsilon_{AB} - \varepsilon_{\text{ext}})}{\sin\varepsilon_{AB}} \\ b_{\text{ext}} = \dfrac{\sin\varepsilon_{\text{ext}}}{\sin\varepsilon_{AB}} \end{cases}$$

为判别井斜角极值 α_{ext} 是极小值还是极大值,将式(5-37)两边对井深 L 求导,得

$$\frac{d^2\alpha}{dL^2} = \frac{\kappa^2 - \kappa_\alpha^2}{\sin\alpha} \cos\alpha \tag{5-41}$$

再将式(5-1)和式(5-37)代入式(5-41),经整理得

$$\frac{d^2\alpha}{dL^2} = \kappa^2 \frac{\sin^2\alpha_A \sin^2\omega_A}{\sin^3\alpha} \cos\alpha \tag{5-42}$$

因为井斜角 α 的值域为[0, 180°],$\sin\alpha \geq 0$,所以 $\dfrac{d^2\alpha}{dL^2}$ 的正负号取决于 $\cos\alpha$ 的值。根据极值理论可知,当 $\alpha_{\text{ext}} < 90°$时,井斜角极值 α_{ext} 为最小井斜角 $\alpha_{\min}$;当 $\alpha_{\text{ext}} > 90°$时,井斜角极值 α_{ext} 为最大井斜角 $\alpha_{\max}$。换句话说,空间圆弧轨迹的最小井斜角 $\alpha_{\min} \leq 90°$,而最大井斜角 $\alpha_{\max} \geq 90°$。

六、井斜演化规律

圆弧是圆的一部分,将空间圆弧轨迹向两侧延伸将得到 1 个圆形轨迹,在圆形轨迹上有 4 个特殊点,如图 5-2 所示。A 点和 C 点分别为圆形轨迹的最高点和最低点,在这两点处圆形轨迹的切线都指向水平方向,所以井斜角均为 90°。B 点和 D 点是井斜角极值点,其井斜角分别为最小值 α_{min} 和最大值 α_{max},且这两点的弯曲角相差 180°。

可以证明,斜平面的倾斜角 β 与圆形轨迹的井斜角极值 α_{ext} 之间的关系为 $\sin^2\beta + \cos^2\alpha_{ext} = 1$,所以斜平面下倾和上倾方向的倾斜角分别等于圆形轨迹的最小和最大井斜角[9]。事实上,B 点和 D 点处的圆形轨迹切线分别指向斜平面的下倾和上倾方向,在这两点处圆形轨迹的方位角也分别等于斜平面下倾和上倾方向的倾斜方位角。

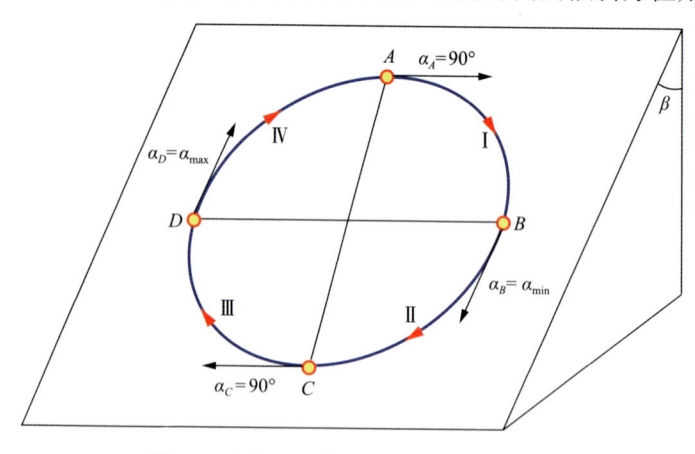

图 5-2　空间圆弧轨迹的井斜角演化规律

上述 4 个特殊点将圆形轨迹分为 4 个区间[8,9],若从 A 点开始沿顺时针方向行进,则井斜角的变化规律为:①第 Ⅰ 区间(A 点→B 点)为降斜,井斜角从 $\alpha_A = 90°$ 降到 $\alpha_B = \alpha_{min}$;②第 Ⅱ 区间(B 点→C 点)为增斜,井斜角从 $\alpha_B = \alpha_{min}$ 增到 $\alpha_C = 90°$;③第 Ⅲ 区间(C 点→D 点)为增斜,井斜角从 $\alpha_C = 90°$ 增到 $\alpha_D = \alpha_{max}$;④第 Ⅳ 区间(D 点→A 点)为降斜,井斜角从 $\alpha_D = \alpha_{max}$ 降到 $\alpha_A = 90°$。当斜平面为铅垂面时,$\alpha_{min} = 0$,$\alpha_{max} = 180°$;当斜平面为水平面时,$\alpha_{min} = \alpha_{max} = 90°$,此时圆形轨迹上任一点的井斜角均为 90°。总之,圆形轨迹的增降斜规律是:上部圆弧降斜,下部圆弧增斜。

七、井眼轨迹控制模式

虽然空间圆弧轨迹的曲线形状简单,但是主法线角却沿井深变化。理论上,只有严格按照理论值连续控制主法线角,才能钻出真正的空间圆弧轨迹。但是,要使主法线角随井深连续变化,在工艺技术上却是个难题。虽然空间圆弧轨迹所在斜平面的倾斜角和倾斜方位角是不变量,但因它们无法唯一确定空间圆弧轨迹,所以不能据此控制井眼轨迹。

如图 5-3 所示,在斜平面倾斜角和倾斜方位角确定的条件下,从某点 A 开始可钻出两个背道而驰的空间圆弧轨迹 Γ_1 和 Γ_2。换句话说,这两个旋向相反的空间圆弧轨迹位于同一个斜平面内，但这个斜平面却不能唯一确定空间圆弧轨迹[9]。事实上，由式(5-28)～式(5-30)可知，斜平面的倾斜角和倾斜方位角取决于空间圆弧轨迹始点的井斜角和主法线角；在始点井斜角 α_A 相同的条件下，初始主法线角相差180°的两个空间圆弧轨迹具有相同的斜平面姿态。因此，即使借助于辅助手段能识别出井眼轨迹的旋向，基于斜平面倾斜角和倾斜方位角也只能控制空间圆弧轨迹，因不适用于其他井眼轨迹而不具有普遍意义。

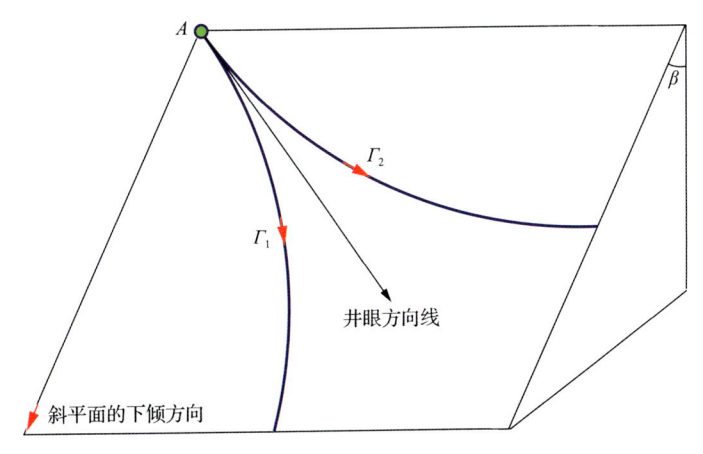

图 5-3 斜平面倾角控制模式的二义性

第二节 井眼方向控制

井眼轨迹控制的基本目标是井眼方向，即井斜角和方位角。方位角的调控问题往往更为突出，因此井眼方向控制也称扭方位设计[10,11]。事实上，井斜角和方位角相互依存、相互影响，存在井斜角(井斜角非零)时才存在方位角，井斜角越大改变方位角越难。

井眼方向控制往往需要同时调控井斜角和方位角，并且只用一个曲线段，其主要任务是从当前井底点 A 开始，继续钻进井段长度 ΔL_{AB} 后，使钻达 B 点的井斜角 α_B 和方位角 ϕ_B 分别达到期望值，如图 5-1 所示。此时，当前井底点 A 的井斜角 α_A 和方位角 ϕ_A 为已知数据，而井段长度 ΔL_{AB} 及欲钻达的井斜角 α_B 和方位角 ϕ_B(或 $\Delta \phi_{AB}$)为未知量。

一、一般控制方案

首先，在设计井斜控制方案时，传统方法涉及工具造斜率和工具面角，现在应改用井眼曲率和主法线角。这是因为：工具造斜率和工具面角是造斜工具的定向造斜特性，而井眼曲率和主法线角是井眼轨迹的挠曲特性。只有在不考虑地层自然造斜对井眼轨迹影响时，它们在数值上才分别相等。井斜控制方案是要设计预期井眼轨道，所以应使用井眼轨迹的挠曲参数。其次，就设计方法来说，传统方法主要是根据方位变化量 $\Delta \phi_{AB}$、井段长度 ΔL_{AB} 和井眼曲率 κ 来计算初始主法线角 ω_A 和欲钻达的井斜角 α_A，设计方法及功能单一。例如，若期望继续钻进 ΔL_{AB} 后，井斜角和方位角分别达到 α_B 和 ϕ_B，就需要多次试算才能确定井斜控制方案。

事实上，在上述的 5 个变量中，只要给定 3 个参数就能算得另外 2 个参数。换句话说，可以任选两个待定参数来设计井斜控制方案，据此开发出井斜控制方案设计的计算机软件，可实现交互式设计和结果验证等功能，且现场应用更加灵活方便[12,13]。

从 5 个变量中任选 2 个待定参数，共有 $C_5^2 = 10$ 种求解组合。因为无法求解井段长度 ΔL_{AB} 和井眼曲率 κ 组合，所以有效的求解组合为 9 种[12,13]。

(1) 已知 κ、ω_A 和 ΔL_{AB}，求解 α_B 和 $\Delta\phi_{AB}$：

$$\varepsilon_{AB} = \kappa \Delta L_{AB} \tag{5-43}$$

$$\cos\alpha_B = \cos\alpha_A \cos\varepsilon_{AB} - \sin\alpha_A \cos\omega_A \sin\varepsilon_{AB} \tag{5-44}$$

$$\tan\Delta\phi_{AB} = \frac{\sin\omega_A \sin\varepsilon_{AB}}{\sin\alpha_A \cos\varepsilon_{AB} + \cos\alpha_A \cos\omega_A \sin\varepsilon_{AB}} \tag{5-45}$$

(2) 已知 $\Delta\phi_{AB}$、ω_A 和 ΔL_{AB}，求解 α_B 和 κ：

$$\tan\varepsilon_{AB} = \frac{\sin\alpha_A \sin\Delta\phi_{AB}}{\cos\Delta\phi_{AB} \sin\omega_A - \cos\alpha_A \sin\Delta\phi_{AB} \cos\omega_A} \tag{5-46}$$

$$\cos\alpha_B = \cos\alpha_A \cos\varepsilon_{AB} - \sin\alpha_A \cos\omega_A \sin\varepsilon_{AB} \tag{5-47}$$

$$\kappa = \frac{\varepsilon_{AB}}{\Delta L_{AB}} \tag{5-48}$$

(3) 已知 $\Delta\phi_{AB}$、κ 和 ΔL_{AB}，求解 ω_A 和 α_B：

$$\varepsilon_{AB} = \kappa \Delta L_{AB} \tag{5-49}$$

$$\tan\frac{\omega_A}{2} = \frac{\sin\varepsilon_{AB} \cos\Delta\phi_{AB} \pm \sqrt{\sin^2\varepsilon_{AB} - \sin^2\alpha_A \sin^2\Delta\phi_{AB}}}{\sin(\alpha_A - \varepsilon_{AB})\sin\Delta\phi_{AB}} \tag{5-50}$$

$$\cos\alpha_B = \cos\alpha_A \cos\varepsilon_{AB} - \sin\alpha_A \cos\omega_A \sin\varepsilon_{AB} \tag{5-51}$$

(4) 已知 $\Delta\phi_{AB}$、κ 和 ω_A，求解 α_B 和 ΔL_{AB}：

$$\tan\varepsilon_{AB} = \frac{\sin\alpha_A \sin\Delta\phi_{AB}}{\cos\Delta\phi_{AB} \sin\omega_A - \cos\alpha_A \sin\Delta\phi_{AB} \cos\omega_A} \tag{5-52}$$

$$\cos\alpha_B = \cos\alpha_A \cos\varepsilon_{AB} - \sin\alpha_A \cos\omega_A \sin\varepsilon_{AB} \tag{5-53}$$

$$\Delta L_{AB} = \frac{\varepsilon_{AB}}{\kappa} \tag{5-54}$$

(5) 已知 ΔL_{AB}、α_B 和 ω_A，求解 $\Delta\phi_{AB}$ 和 κ：

$$\tan\frac{\varepsilon_{AB}}{2} = \frac{-\sin\alpha_A\cos\omega_A \pm \sqrt{\sin^2\alpha_B - \sin^2\alpha_A\sin^2\omega_A}}{\cos\alpha_A + \cos\alpha_B} \tag{5-55}$$

$$\tan\Delta\phi_{AB} = \frac{\sin\omega_A\sin\varepsilon_{AB}}{\sin\alpha_A\cos\varepsilon_{AB} + \cos\alpha_A\cos\omega_A\sin\varepsilon_{AB}} \tag{5-56}$$

$$\kappa = \frac{\varepsilon_{AB}}{\Delta L_{AB}} \tag{5-57}$$

(6) 已知 ΔL_{AB}、α_B 和 κ，求解 $\Delta\phi_{AB}$ 和 ω_A：

$$\varepsilon_{AB} = \kappa \Delta L_{AB} \tag{5-58}$$

$$\cos\Delta\phi_{AB} = \frac{\cos\varepsilon_{AB} - \cos\alpha_A\cos\alpha_B}{\sin\alpha_A\sin\alpha_B} \tag{5-59}$$

$$\tan\omega_A = \frac{\sin\alpha_A\sin\alpha_B\sin\Delta\phi_{AB}}{\cos\alpha_A\cos\varepsilon_{AB} - \cos\alpha_B} \tag{5-60}$$

(7) 已知 α_B、ω_A 和 κ，求解 $\Delta\phi_{AB}$ 和 ΔL_{AB}：

$$\tan\frac{\varepsilon_{AB}}{2} = \frac{-\sin\alpha_A\cos\omega_A \pm \sqrt{\sin^2\alpha_B - \sin^2\alpha_A\sin^2\omega_A}}{\cos\alpha_A + \cos\alpha_B} \tag{5-61}$$

$$\tan\Delta\phi_{AB} = \frac{\sin\omega_A\sin\varepsilon_{AB}}{\sin\alpha_A\cos\varepsilon_{AB} + \cos\alpha_A\cos\omega_A\sin\varepsilon_{AB}} \tag{5-62}$$

$$\Delta L_{AB} = \frac{\varepsilon_{AB}}{\kappa} \tag{5-63}$$

(8) 已知 ΔL_{AB}、α_B 和 $\Delta\phi_{AB}$，求解 ω_A 和 κ：

$$\cos\varepsilon_{AB} = \cos\alpha_A\cos\alpha_B + \sin\alpha_A\sin\alpha_B\cos\Delta\phi_{AB} \tag{5-64}$$

$$\tan\omega_A = \frac{\sin\alpha_A\sin\alpha_B\sin\Delta\phi_{AB}}{\cos\alpha_A\cos\varepsilon_{AB} - \cos\alpha_B} \tag{5-65}$$

$$\kappa = \frac{\varepsilon_{AB}}{\Delta L_{AB}} \tag{5-66}$$

(9) 已知 κ、α_B 和 $\Delta\phi_{AB}$，求解 ω_A 和 ΔL_{AB}：

$$\cos\varepsilon_{AB} = \cos\alpha_A \cos\alpha_B + \sin\alpha_A \sin\alpha_B \cos\Delta\phi_{AB} \tag{5-67}$$

$$\tan\omega_A = \frac{\sin\alpha_A \sin\alpha_B \sin\Delta\phi_{AB}}{\cos\alpha_A \cos\varepsilon_{AB} - \cos\alpha_B} \tag{5-68}$$

$$\Delta L_{AB} = \frac{\varepsilon_{AB}}{\kappa} \tag{5-69}$$

在上述公式中，式(5-50)和式(5-55)首先需要处理分母为零的情况。它们的导出形式分别为

$$\sin\Delta\phi_{AB} \sin(\alpha_A - \varepsilon_{AB}) \tan^2\frac{\omega_A}{2} - 2\cos\Delta\phi_{AB} \sin\varepsilon_{AB} \tan\frac{\omega_A}{2} + \sin\Delta\phi_{AB} \sin(\alpha_A + \varepsilon_{AB}) = 0 \tag{5-70}$$

$$(\cos\alpha_A + \cos\alpha_B)\tan^2\frac{\varepsilon_{AB}}{2} + 2\sin\alpha_A \cos\omega_A \tan\frac{\varepsilon_{AB}}{2} - \cos\alpha_A + \cos\alpha_B = 0 \tag{5-71}$$

因此，当 $\sin\Delta\phi_{AB} \sin(\alpha_A - \varepsilon_{AB}) = 0$ 或 $\cos\alpha_A + \cos\alpha_B = 0$ 时的解分别为

$$\tan\frac{\omega_A}{2} = \cos\alpha_A \tan\Delta\phi_{AB} \tag{5-72}$$

$$\begin{cases} \cos\varepsilon_{AB} = \dfrac{\cos\alpha_B}{\cos\alpha_A}, & \text{当 } \omega_A = \pm 90° \text{时} \\ \tan\dfrac{\varepsilon_{AB}}{2} = \dfrac{\cos\alpha_A - \cos\alpha_B}{2\sin\alpha_A \cos\omega_A}, & \text{当 } \omega_A \neq \pm 90° \text{时} \end{cases} \tag{5-73}$$

然后，式(5-50)和式(5-55)还需要解决正负号取值问题[11,12]。初始主法线角 ω_A 和弯曲角 ε_{AB} 存在两个解的主要原因是：空间圆弧轨迹的井斜角和方位角沿井深非单调变化，在井段$[L_A, L_B]$内往往是增降斜和增减方位共存，既可以先增斜后降斜也可以先降斜后增斜使井斜角达到预期值 α_B，但是无论情况多么复杂，只要给定了井段$[L_A, L_B]$内的增降斜规律，就能唯一确定井段$[L_A, L_B]$内的井眼轨迹。

研究表明，式(5-50)和式(5-55)中的正负号可基于井段终点 B 的增降斜趋势(即井斜变化率的正负号)来取值[12]，其方法为

$$\tan\frac{\omega_A}{2} = \frac{\sin\varepsilon_{AB}\cos\Delta\phi_{AB} - \mathrm{sgn}\left[q_\alpha(180-\varepsilon_{AB})\right]\sqrt{\sin^2\varepsilon_{AB}-\sin^2\alpha_A\sin^2\Delta\phi_{AB}}}{\sin(\alpha_A-\varepsilon_{AB})\sin\Delta\phi_{AB}} \quad (5\text{-}74)$$

$$\tan\frac{\varepsilon_{AB}}{2} = \frac{-\sin\alpha_A\cos\omega_A + q_\alpha\sqrt{\sin^2\alpha_B-\sin^2\alpha_A\sin^2\omega_A}}{\cos\alpha_A + \cos\alpha_B} \quad (5\text{-}75)$$

式中

$$q_\alpha = \begin{cases} 1, & \text{当终点}B\text{为增斜时} \\ -1, & \text{当终点}B\text{为降斜时} \end{cases}$$

因此，在使用求解组合(3)、(5)和(7)设计井斜控制方案时，应先给定井段$[L_A, L_B]$终点B的增降斜趋势，然后再按上述方法解算。需要说明的是，尽管式(5-55)仅出现在求解组合(5)和(7)中，且此时已知井斜角α_B，但是仍需给定井段终点B的增降斜趋势。这是因为此时只能判别井段两端点的井斜角大小，却无法识别井段终点B的增降斜趋势。

二、特殊控制方案

为满足井斜控制的特殊需求，钻井工程师还使用90°扭方位、稳斜扭方位和全力扭方位3种特殊井斜控制方式。它们是在一般井斜控制方式的基础上，通过限定一些参数或其变化特征来满足特殊要求，同时计算公式也相应地得到简化。

1. 90°扭方位

90°扭方位是指初始主法线角$\omega_A=\pm 90°$条件下的井斜控制模式。此时，在井段$[L_A, L_B]$内，主法线角沿井深变化并非保持为$\pm 90°$，并且井眼轨迹并非保持稳斜。

将$\omega_A=\pm 90°$代入式(5-46)，得

$$\tan\varepsilon_{AB} = \pm\sin\alpha_A\tan\Delta\phi_{AB} = \mathrm{sgn}(\Delta\phi_{AB})\sin\alpha_A\tan\Delta\phi_{AB} \quad (5\text{-}76)$$

显然，当$\omega_A=90°$时，井眼轨迹为增方位，即$\Delta\phi_{AB}>0$；当$\omega_A=-90°$（即$\omega_A=270°$）时，井眼轨迹为减方位，即$\Delta\phi_{AB}<0$。换言之，当$\Delta\phi_{AB}>0$时，应取$\omega_A=90°$；当$\Delta\phi_{AB}<0$时，应取$\omega_A=-90°$。

基于$\omega_A=\pm 90°$可算得井段$[L_A, L_B]$内任一井深L处的各种井眼轨迹参数，其中井斜角和主法线角公式为[12]

$$\cos\alpha = \cos\alpha_A\cos\varepsilon \quad (5\text{-}77)$$

$$\cos\omega = \cos\alpha_A\frac{\sin\varepsilon}{\sin\alpha} \quad (5\text{-}78)$$

式中

$$\varepsilon = \kappa(L - L_A) \tag{5-79}$$

在90°扭方位时，当前井底点 A 处（$\varepsilon = 0°$）就是井斜角极值点，弯曲角 $\varepsilon = 180°$ 时也是井斜角极值点，而弯曲角 $\varepsilon = 90°$ 和 $\varepsilon = 270°$ 时井斜角为 90°。当井斜角 $\alpha_A < 90°$ 时，井眼轨迹先增斜后降斜；当 $\alpha_A > 90°$ 时，先降斜后增斜。

2. 稳斜扭方位

稳斜扭方位只是井段始点和终点的井斜角相等，井段 $[L_A, L_B]$ 内的井斜角仍沿井深变化。在稳斜扭方位井段内井眼轨迹增降斜共存，增降斜量值相等、相互抵消，从而实现了稳斜效果。

将 $\alpha_B = \alpha_A$ 代入式（5-44），经整理得

$$\cos \omega_A = -\frac{\tan\dfrac{\varepsilon_{AB}}{2}}{\tan \alpha_A} \tag{5-80}$$

式中

$$\cos \varepsilon_{AB} = \cos^2 \alpha_A + \sin^2 \alpha_A \cos \Delta\phi_{AB}$$

反余弦函数的主值区间为 $[0, 180°]$，而初始主法线角 ω_A 的值域为 $[0, 360°)$，所以式（5-80）存在两个解，分别对应于稳斜增方位和稳斜减方位。在实际应用中，应依据所要求的方位变化量 $\Delta\phi_{AB}$，选取其一。

在井段 $[L_A, L_B]$ 内任一井深 L 处，稳斜扭方位的井斜角和主法线角公式为[12]

$$\cos \alpha = \frac{\cos \alpha_A}{\cos\dfrac{\varepsilon_{AB}}{2}} \cos\left(\varepsilon - \frac{\varepsilon_{AB}}{2}\right) \tag{5-81}$$

$$\cos \omega = \frac{\cos \alpha_A}{\cos\dfrac{\varepsilon_{AB}}{2}} \frac{\sin\left(\varepsilon - \dfrac{\varepsilon_{AB}}{2}\right)}{\sin \alpha} \tag{5-82}$$

3. 全力扭方位

全力扭方位是指在给定井眼曲率、井段长度等条件下，选取初始主法线角使方位变化量最大。

从几何学意义上来说，井眼曲率决定了空间圆弧轨迹的形状。因为当前井底点 A 的井斜角和方位角是确定的，所以初始主法线角决定了空间圆弧轨迹的姿态。当初始主法线角在 0°～360° 范围内连续变化时，空间圆弧轨迹将绕 A 点处的井眼方向线旋转，形成曲圆锥形的旋转曲面。曲圆锥的底端为圆形，它是扭方位井段终点 B 随初始主法线角变化的轨迹。在这个圆形轨迹上，存在两个点分别使方位变化量 $\Delta\phi_{AB}$ 达到最大（全力增方

位)值和最小(全力减方位)值。全力扭方位设计的主要任务就是要找到使方位变化量 $\Delta\phi_{AB}$ 达到极值的这两个初始主法线角 ω_A。

按定义，全力扭方位的初始主法线角 ω_A 应满足

$$\frac{\mathrm{d}\Delta\phi_{AB}}{\mathrm{d}\omega_A} = 0 \tag{5-83}$$

基于上述分析，全力扭方位井段终点 B 的井斜角 α_B 和方位角 ϕ_B 随初始主法线角 ω_A 变化，而其他参数均为已知数据。将式(5-46)变形为

$$\sin\varepsilon_{AB}\cos\Delta\phi_{AB}\sin\omega_A - \cos\alpha_A\sin\varepsilon_{AB}\sin\Delta\phi_{AB}\cos\omega_A = \sin\alpha_A\cos\varepsilon_{AB}\sin\Delta\phi_{AB} \tag{5-84}$$

将式(5-84)两边对初始主法线角 ω_A 求导，并注意到只有 ω_A 和 $\Delta\phi_{AB}$ 为变量，且满足式(5-83)，所以有

$$\tan\omega_A = -\frac{1}{\cos\alpha_A\tan\Delta\phi_{AB}} \tag{5-85}$$

再将式(5-45)代入式(5-85)，经整理得

$$\cos\omega_A = -\frac{\tan\varepsilon_{AB}}{\tan\alpha_A} \tag{5-86}$$

类似于稳斜扭方位，式(5-86)也存在两个解，分别对应于最大和最小方位变化量 $\Delta\phi_{AB}$，应依据实际的 $\Delta\phi_{AB}$ 值选取其一。

在井段$[L_A, L_B]$内任一井深 L 处，全力扭方位的井斜角和主法线角公式为[12]

$$\cos\alpha = \frac{\cos\alpha_A}{\cos\varepsilon_{AB}}\cos(\varepsilon_{AB} - \varepsilon) \tag{5-87}$$

$$\cos\omega = -\frac{\cos\alpha_A}{\cos\varepsilon_{AB}}\frac{\sin(\varepsilon_{AB} - \varepsilon)}{\sin\alpha} \tag{5-88}$$

在设计井斜控制方案时，还需注意以下问题。

1) 扭方位井段的段长约束

空间圆弧轨迹的井斜角和方位角沿井深非单调变化，理论上存在"增斜—降斜—增斜"、"降斜—增斜—降斜"等复杂情况，为避免矫枉过正应约束扭方位井段的长度。通常，可用许用弯曲角$[\varepsilon_{AB}]_{\max}$作为约束条件，使扭方位井段的弯曲角 $\varepsilon_{AB} \leqslant [\varepsilon_{AB}]_{\max}$。

一般情况下，$[\varepsilon_{AB}]_{\max} \leqslant 180°$。特别地，稳斜扭方位的许用弯曲角$[\varepsilon_{AB}]_{\max}$为[12]

$$[\varepsilon_{AB}]_{\max} = \begin{cases} 2\alpha_A, & \text{当}\ \alpha_A \leqslant 90°\text{时} \\ 2(180° - \alpha_A), & \text{当}\ \alpha_A > 90°\text{时} \end{cases} \tag{5-89}$$

全力扭方位的许用弯曲角$[\varepsilon_{AB}]_{\max}$为[12]

$$[\varepsilon_{AB}]_{\max} = \begin{cases} \alpha_A, & \text{当}\alpha_A \leqslant 90°\text{时} \\ 180° - \alpha_A, & \text{当}\alpha_A > 90°\text{时} \end{cases} \quad (5\text{-}90)$$

可见，稳斜扭方位的许用弯曲角$[\varepsilon_{AB}]_{\max}$不超过180°，稳斜扭方位井段由增斜段和降斜段两部分构成，增降斜分界点处的主法线角为90°。全力扭方位的许用弯曲角$[\varepsilon_{AB}]_{\max}$不超过90°，是稳斜扭方位的一半。当井斜角$\alpha_A<90°$时，全力扭方位井段为降斜段；当$\alpha_A>90°$时，全力扭方位井段为增斜段。

基于许用弯曲角$[\varepsilon_{AB}]_{\max}$，可算得扭方位井段的许用段长$[\Delta L_{AB}]_{\max}$。即

$$[\Delta L_{AB}]_{\max} = \frac{[\varepsilon_{AB}]_{\max}}{\kappa} \quad (5\text{-}91)$$

显然，若满足$\varepsilon_{AB} \leqslant [\varepsilon_{AB}]_{\max}$，则满足$\Delta L_{AB} \leqslant [\Delta L_{AB}]_{\max}$，反之亦然。这样通过将扭方位井段限定在一定的段长范围内完成，就能保证井斜控制方案的有效性。

2）增降斜和增减方位的分界线

主法线角是表征井眼轨迹姿态及井斜变化规律的重要参数，它决定了井眼曲率用于改变井斜变化率和方位变化率的分配关系。增减方位的分界线是主法线角为180°，当主法线角为0°~180°时为增方位，当主法线角为180°~360°时为减方位，且该分界线适用于各种情况。但是，增降斜的分界线则不同，井眼轨迹上任一点的增降斜分界线是主法线角$\omega = \pm 90°$，而扭方位井段的增降斜分界线却不是初始主法线角$\omega_A = \pm 90°$[12]。这是因为：扭方位井段是用两端点的井斜角之差来表征增降斜，用初始主法线角ω_A而非主法线角ω来作为增降斜分界线的评价指标；对于扭方位井段上任一点来说，增降斜的分界线仍是主法线角$\omega = \pm 90°$，在该分界线上井斜变化率为零而方位变化率最大，所以它既是稳斜点也是扭方位最快点。因此，上述结论并不矛盾，也不应混淆。

对于扭方位井段来说，增降斜的分界线可用初始主法线角ω_A来表征，并由式(5-80)确定，如图5-4所示。初始主法线角ω_A的值域为0°~360°，增降斜分界线将其值域(圆形

(a) 当$\alpha_A<90°$时　　　　　　　　(b) 当$\alpha_A>90°$时

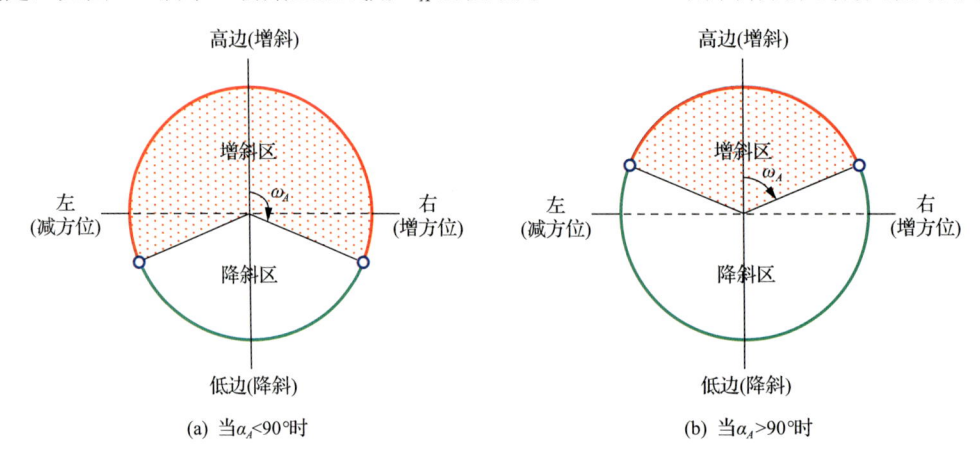

图5-4　初始主法线角的增降斜分界线

区域)分为增斜区和降斜区。当初始主法线角 ω_A 位于增斜区时，终点井斜角 α_B 大于始点井斜角 α_A；当初始主法线角 ω_A 位于降斜区时，终点井斜角 α_B 小于始点井斜角 α_A。稳斜扭方位的许用弯曲角 $[\varepsilon_{AB}]_{max}$ 不超过 180°，因此由式(5-80)可知，初始主法线角 ω_A 的增降斜分界线取决于当前井底点的井斜角 α_A。当 $\alpha_A<90°$ 时，增斜区大于降斜区；当 $\alpha_A>90°$ 时，增斜区小于降斜区[12]。

3) 井斜控制方案的输出结果

对于特殊井斜控制方式，交互式设计方法仍适用，并非仅局限于上述的固定求解组合，并且根据简化后的公式，更容易得到各种求解组合的解算方法。

无论何种井斜控制方式，各种井眼轨迹参数都沿井深变化。井斜控制方案应输出井眼轨迹的基本参数、挠曲参数、甚至空间坐标等结果，且井深步长应不大于 1 个单根的长度。

第三节 井眼位置控制

井眼轨迹控制的另一种常见目标是井眼位置，即空间坐标。井眼位置控制优先考虑击中目标点，不严格限制进入目标点的井眼方向。这种井眼轨迹控制方案常用于单靶侧钻定向井轨道设计及随钻修正轨道设计，也可用于多目标定向井、水平井等轨道设计，但需要校核进入目标点的井眼方向。

一、目标点位置

在钻前轨道设计时，井眼位置控制的目标点一般是靶点。在随钻修正轨道设计时，其目标点可以是设计轨道上某点(包括靶点)，也可以不在设计轨道上。例如，在设计水平井的随钻修正轨道时，若考虑方位右漂、井斜控制余量等问题，目标点可选在靶点左上方的靶区范围内，并非必须选在靶点处。

为不失一般性，可基于空间斜平面来表征目标点的空间位置，如图 5-5 所示。在设计轨道上选取某点 P，并作空间斜平面。若用单位向量 $\boldsymbol{m}$ 表示斜平面的法线方向，用 α_m 和 ϕ_m 表示其法线的井斜角和方位角，则 α_m 和 ϕ_m 就确定了斜平面的空间姿态。以 P 点为原点，建立坐标系 $\xi\eta\zeta$，其中 ζ 轴指向斜平面的法线方向，ξ 轴为斜平面与过 ζ 轴铅垂面的交线且指向高边方向(不一定是井眼高边)，η 轴水平指向右侧。

如前所述，选取不同的井斜角 α_m 和方位角 ϕ_m 值，可将空间斜平面表征为水平面、铅垂面、法平面，甚至任意平面。因为斜平面上任一点均满足 $\zeta=0$，所以目标点 F 可用坐标 $(\xi_F, \eta_F, 0)$ 来表征。显然，若 P 点为靶点 t、坐标系 $\xi\eta\zeta$ 为靶点坐标系 xyz，则目标点 F 就是预期的入靶点。特别地，若再满足 $\xi_F=\eta_F=0$，则目标点 F 就是靶点 t。这样的表征方法不但简洁实用，而且具有通用性。

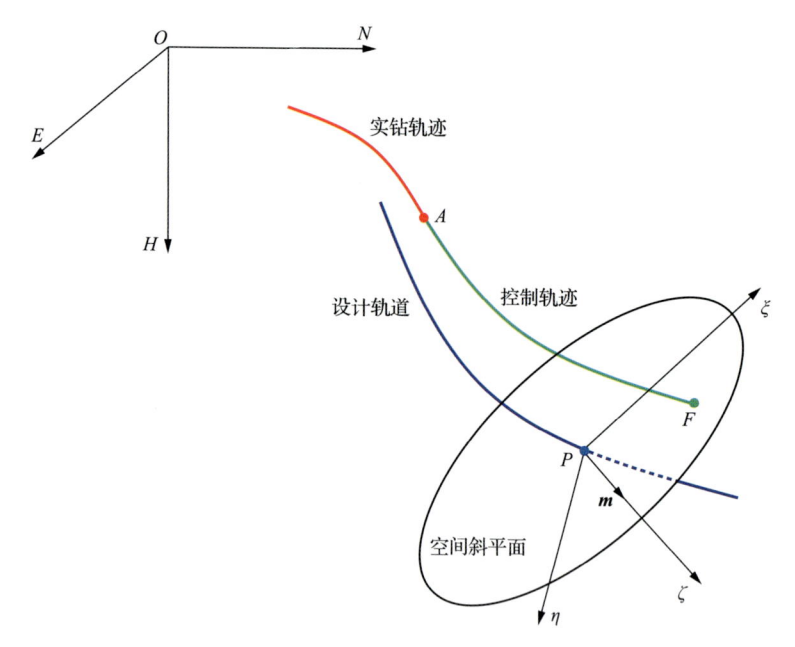

图 5-5　基于空间斜平面的空间位置表征

当给定目标点 F 在空间斜平面上的坐标 $(\xi_F, \eta_F, 0)$ 后，根据坐标系 $\xi\eta\zeta$ 与井口坐标系 NEH 间的转换关系，目标点 F 在井口坐标系 NEH 下的坐标为

$$\begin{bmatrix} N_F \\ E_F \\ H_F \end{bmatrix} = \begin{bmatrix} N_P \\ E_P \\ H_P \end{bmatrix} + \begin{bmatrix} \cos\alpha_m \cos\phi_m & -\sin\phi_m & \sin\alpha_m \cos\phi_m \\ \cos\alpha_m \sin\phi_m & \cos\phi_m & \sin\alpha_m \sin\phi_m \\ -\sin\alpha_m & 0 & \cos\alpha_m \end{bmatrix} \begin{bmatrix} \xi_F \\ \eta_F \\ 0 \end{bmatrix} \tag{5-92}$$

二、单井段控制方案

井眼位置控制是解决从侧钻点或井底点 A 到目标点 F 的轨迹控制问题。因为侧钻点或井底点 A 的位置及井眼方向是确定的，并要求后续井眼轨道与之相切，所以 A 点处的井眼切线与目标点 F 构成的平面一般不是铅垂面。因此，满足井眼位置控制要求的井眼轨道往往都是三维的，而且至少需要一个曲线井段。

在钻进过程中，当目标点 F 距井底点 A 较近时，可采用单井段控制方案，即井身剖面仅包含一个曲线井段。例如，当实钻井底点接近靶区时，可基于空间圆弧、自然曲线、圆柱螺线等模型来预测入靶形势和设计控制方案。其中，基于空间圆弧模型的曲线井段就是一段空间圆弧，参见图 5-1。

在设计井眼位置控制方案时，最基本的已知条件有：井底点 A 处的井深 L_A、井斜角 α_A、方位角 ϕ_A、空间坐标 (N_A, E_A, H_A) 等，以及目标点 F 的空间坐标 (N_F, E_F, H_F)。

由式 (1-124) 可知，基于空间圆弧模型，目标点 F 与井底点 A 间的坐标增量为

$$\begin{cases} \Delta N_{AF} = R\left[T_{11}\left(1-\cos\varepsilon_{AF}\right)+T_{31}\sin\varepsilon_{AF}\right] \\ \Delta E_{AF} = R\left[T_{12}\left(1-\cos\varepsilon_{AF}\right)+T_{32}\sin\varepsilon_{AF}\right] \\ \Delta H_{AF} = R\left[T_{13}\left(1-\cos\varepsilon_{AF}\right)+T_{33}\sin\varepsilon_{AF}\right] \end{cases} \quad (5\text{-}93)$$

式中

$$\begin{cases} \Delta N_{AF} = N_F - N_A \\ \Delta E_{AF} = E_F - E_A \\ \Delta H_{AF} = H_F - H_A \end{cases}$$

$$\begin{cases} T_{11} = \cos\alpha_A \cos\phi_A \cos\omega_A - \sin\phi_A \sin\omega_A \\ T_{12} = \cos\alpha_A \sin\phi_A \cos\omega_A + \cos\phi_A \sin\omega_A \\ T_{13} = -\sin\alpha_A \cos\omega_A \end{cases}$$

$$\begin{cases} T_{21} = -\cos\alpha_A \cos\phi_A \sin\omega_A - \sin\phi_A \cos\omega_A \\ T_{22} = -\cos\alpha_A \sin\phi_A \sin\omega_A + \cos\phi_A \cos\omega_A \\ T_{23} = \sin\alpha_A \sin\omega_A \end{cases}$$

$$\begin{cases} T_{31} = \sin\alpha_A \cos\phi_A \\ T_{32} = \sin\alpha_A \sin\phi_A \\ T_{33} = \cos\alpha_A \end{cases}$$

注意到式(1-131)，由式(5-93)得

$$\sqrt{\Delta N_{AF}^2 + \Delta E_{AF}^2 + \Delta H_{AF}^2} = 2R\sin\frac{\varepsilon_{AF}}{2} \quad (5\text{-}94)$$

$$T_{31}\Delta N_{AF} + T_{32}\Delta E_{AF} + T_{33}\Delta H_{AF} = R\sin\varepsilon_{AF} \quad (5\text{-}95)$$

所以，有[13]

$$\cos\frac{\varepsilon_{AF}}{2} = \frac{e}{d} \quad (5\text{-}96)$$

$$R = \frac{d}{2\sin\dfrac{\varepsilon_{AF}}{2}} = \frac{e}{\sin\varepsilon_{AF}} \quad (5\text{-}97)$$

式中

$$d = \sqrt{\Delta N_{AF}^2 + \Delta E_{AF}^2 + \Delta H_{AF}^2}$$

$$e = \Delta N_{AF} \sin\alpha_A \cos\phi_A + \Delta E_{AF} \sin\alpha_A \sin\phi_A + \Delta H_{AF} \cos\alpha_A$$

进而，空间圆弧的井段长度为

$$\Delta L_{AF} = \frac{\pi}{180} R \varepsilon_{AF} \qquad (5\text{-}98)$$

再由式(5-93)，得

$$T_{32}\Delta N_{AF} - T_{31}\Delta E_{AF} = -R\sin\alpha_A (1-\cos\varepsilon_{AF})\sin\omega_A \qquad (5\text{-}99)$$

$$\Delta H_{AF} - T_{33}R\sin\varepsilon_{AF} = -R\sin\alpha_A (1-\cos\varepsilon_{AF})\cos\omega_A \qquad (5\text{-}100)$$

联立式(5-99)和式(5-100)，经整理得

$$\tan\omega_A = \frac{\Delta N_{AF} \sin\alpha_A \sin\phi_A - \Delta E_{AF} \sin\alpha_A \cos\phi_A}{\Delta H_{AF} - R\cos\alpha_A \sin\varepsilon_{AF}} \qquad (5\text{-}101)$$

注意到式(5-97)，有[13]

$$\tan\omega_A = \frac{\Delta N_{AF} \sin\phi_A - \Delta E_{AF} \cos\phi_A}{\Delta H_{AF} - e\cos\alpha_A} \sin\alpha_A \qquad (5\text{-}102)$$

这样，便可算得空间圆弧井段的曲率半径 R、初始主法线角 ω_A 和井段长度 ΔL_{AF}，进而基于空间圆弧模型可计算井眼轨道分点的参数。

三、多井段控制方案

通常，井眼轨迹控制方案应基于钻井工艺技术和造斜工具性能进行设计，其中工具造斜率往往视为已知数据。单井段控制方案虽然简单但有局限性，存在现有造斜工具能否与所算得的井眼曲率相匹配等问题，因此井眼位置控制一般应采用"直线段—曲线段—直线段"方案。若采用空间圆弧模型来设计控制方案，则该曲线段就是空间圆弧，如图5-6所示。

井底点 A 处的井眼方向线和目标点 F 确定一个空间斜平面，由"直线段—圆弧段—直线段"剖面所表征的井眼轨道位于这个空间斜平面上，这样就把三维空间上井眼轨道设计问题转化为二维平面上的设计问题。

以井底点 A 为原点，建立标架坐标系 XYZ。其中，Z 轴指向井眼方向线，Y 轴指向斜平面的法线方向，X 轴垂直于 Y 轴和 Z 轴并位于圆弧段内侧。若 X 轴、Y 轴和 Z 轴上的单位坐标向量分别用 a、b、c 表示，则向量 c 在井口坐标系 NEH 下的方向余弦 (c_N, c_E, c_H) 为

$$\begin{cases} c_N = \sin\alpha_A \cos\phi_A \\ c_E = \sin\alpha_A \sin\phi_A \\ c_H = \cos\alpha_A \end{cases} \qquad (5\text{-}103)$$

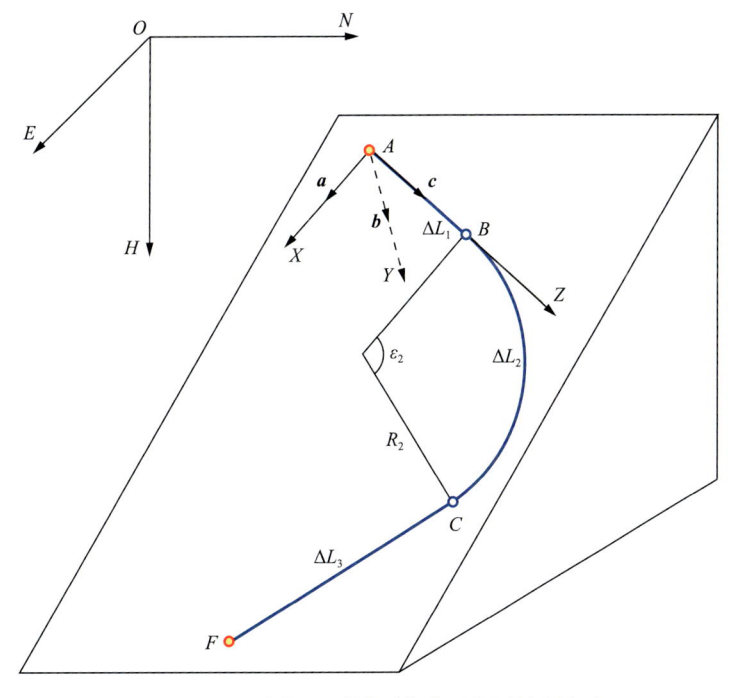

图 5-6 基于空间圆弧模型的井眼位置控制方案

若用单位向量 $\boldsymbol{d}$ 表示从井底点 A 到目标点 F 的方向，则有

$$\begin{cases} d_N = \dfrac{N_F - N_A}{d} \\ d_E = \dfrac{E_F - E_A}{d} \\ d_H = \dfrac{H_F - H_A}{d} \end{cases} \tag{5-104}$$

式中

$$d = \sqrt{(N_F - N_A)^2 + (E_F - E_A)^2 + (H_F - H_A)^2}$$

因为 $\boldsymbol{b} = \boldsymbol{c} \times \boldsymbol{d}$，所以向量 $\boldsymbol{b}$ 在井口坐标系 NEH 下的方向余弦为

$$\begin{cases} b_N = (c_E d_H - d_E c_H)/b \\ b_E = (c_H d_N - d_H c_N)/b \\ b_H = (c_N d_E - d_N c_E)/b \end{cases} \tag{5-105}$$

式中

$$b = \sqrt{(c_E d_H - d_E c_H)^2 + (c_H d_N - d_H c_N)^2 + (c_N d_E - d_N c_E)^2}$$

又因 $a = b \times c$,$b \perp c$,且均为单位向量,所以向量 a 的方向余弦为

$$\begin{cases} a_N = b_E c_H - c_E b_H \\ a_E = b_H c_N - c_H b_N \\ a_H = b_N c_E - c_N b_E \end{cases} \tag{5-106}$$

于是,标架坐标系 XYZ 与井口坐标系 NEH 间的转换关系为

$$\begin{bmatrix} X_F \\ Y_F \\ Z_F \end{bmatrix} = \begin{bmatrix} a_N & a_E & a_H \\ b_N & b_E & b_H \\ c_N & c_E & c_H \end{bmatrix} \begin{bmatrix} N_F - N_A \\ E_F - E_A \\ H_F - H_A \end{bmatrix} \tag{5-107}$$

这样,基于井底点 A 和目标点 F 在井口坐标系 NEH 下的坐标 (N_A, E_A, H_A) 和 (N_F, E_F, H_F),可算得目标点 F 在标架坐标系 XYZ 下的坐标 (X_F, Y_F, Z_F)。因为井眼轨道位于斜平面上,即标架坐标系的 XZ 平面上,所以圆弧段的弯曲角为

$$\tan\frac{\varepsilon_2}{2} = \begin{cases} \dfrac{X_F}{2(Z_F - \Delta L_1)}, & \text{当} 2R_2 = X_F \text{时} \\ \dfrac{(Z_F - \Delta L_1) - \sqrt{(Z_F - \Delta L_1)^2 - X_F(2R_2 - X_F)}}{2R_2 - X_F}, & \text{当} 2R_2 \neq X_F \text{时} \end{cases} \tag{5-108}$$

圆弧段的初始主法线角 ω_B、段长 ΔL_2 及末尾直线段的段长 ΔL_3 分别为[13]

$$\tan\omega_B = \left(\frac{a_N}{a_H}\sin\phi_A - \frac{a_E}{a_H}\cos\phi_A\right)\sin\alpha_A \tag{5-109}$$

$$\Delta L_2 = \frac{\pi}{180} R_2 \varepsilon_2 \tag{5-110}$$

$$\Delta L_3 = \sqrt{(Z_F - \Delta L_1)^2 - X_F(2R_2 - X_F)} \tag{5-111}$$

显然,式(5-108)和式(5-111)要求 $(Z_F - \Delta L_1)^2 - X_F(2R_2 - X_F) \geq 0$,所以最小井眼曲率为

$$\kappa_{\min} = \frac{180}{\pi} \frac{2X_F}{(Z_F - \Delta L_1)^2 + X_F^2} \tag{5-112}$$

在设计控制方案时,若井眼曲率 $\kappa = \kappa_{\min}$,则末尾直线段的段长 $\Delta L_3 = 0$,即不存在末尾直线段;在此基础上,若起始直线段的段长 $\Delta L_1 = 0$,则多井段控制方案退化为单井段控制方案,即仅包含一个圆弧段。

第四节 软着陆轨迹控制

软着陆是指按给定的井眼方向和空间位置钻达目标点,主要用于侧钻水平井轨道设计、水平井随钻修正轨道设计、多目标井轨道设计等情况。软着陆轨道至少需要两个曲线井段,一般控制方案采用"直线段—曲线段—直线段—曲线段—直线段"剖面,连续导向控制方案采用"直线段—曲线段—曲线段—直线段"剖面。

一、一般软着陆控制方案

在设计软着陆控制方案时,软着陆轨道首末点的井眼方向和空间位置都是确定的,需要同时满足这两方面的要求。基于空间圆弧模型的一般软着陆控制方案为"直线段—圆弧段—直线段—圆弧段—直线段",且两个圆弧段一般不在同一个平面内,如图 5-7 所示。

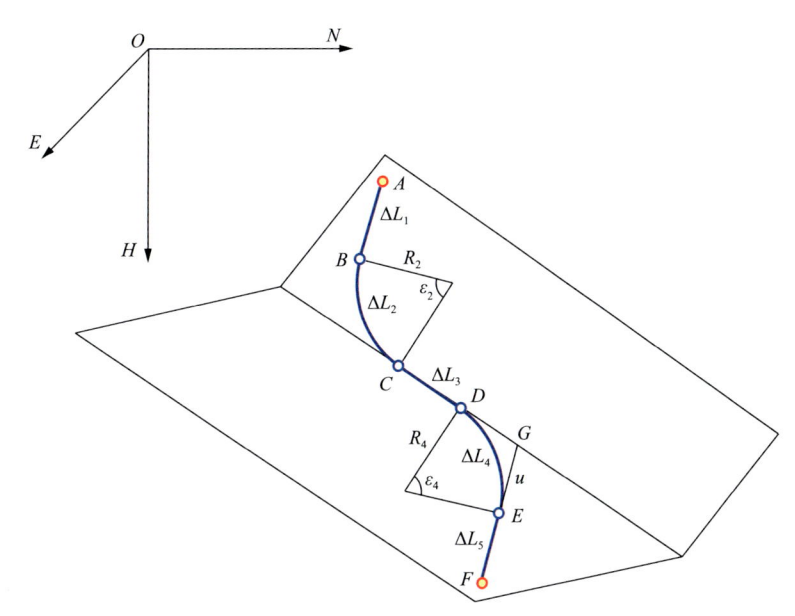

图 5-7 基于空间圆弧模型的一般软着陆控制方案

在设计一般软着陆控制方案时,已知数据有:井底点 A 处的井深 L_A、井斜角 α_A、方位角 ϕ_A 及空间坐标 (N_A, E_A, H_A),目标点 F 处的井斜角 α_F、方位角 ϕ_F 及空间坐标 (N_F, E_F, H_F),两个圆弧段的曲率半径 R_2 和 R_4,以及首尾两个直线段的段长 ΔL_1 和 ΔL_5。

在井眼位置控制中的多井段控制方案基础上,可用迭代法来设计软着陆控制方案,具体方法和步骤如下[13-15]。

(1)根据井眼轨道的连续光滑性质,各直线段分别是两个圆弧段端点处的井眼轨道切线。延长末尾两个直线段交于 G 点,显然 G 点也是第二圆弧段两端点切线的交点。设第二圆弧段的切线段长度 $|\overline{DG}| = |\overline{EG}| = u$,则根据目标点 F 处的空间坐标及井眼方向、末尾

直线段的段长 ΔL_5 和 u 值便可确定 G 点的位置。

(2)设第二圆弧段切线段长度 u 的迭代初值为 u^0，则 G 点的空间坐标为

$$\begin{cases} N_G = N_F - (\Delta L_5 + u^0)\sin\alpha_F \cos\phi_F \\ E_G = E_F - (\Delta L_5 + u^0)\sin\alpha_F \sin\phi_F \\ H_G = H_F - (\Delta L_5 + u^0)\cos\alpha_F \end{cases} \tag{5-113}$$

(3)利用本章第三节中的多井段控制方案设计方法，可确定从井底点 A 到交点 G 的井眼轨道，并算得中间直线段的井斜角 α_C 和方位角 ϕ_C。

(4)计算第二圆弧段的切线段长度

$$u = R_4 \tan\frac{\varepsilon_4}{2} \tag{5-114}$$

式中

$$\cos\varepsilon_4 = \cos\alpha_C \cos\alpha_F + \sin\alpha_C \sin\alpha_F \cos(\phi_F - \phi_C)$$

(5)对于预先给定的设计精度 δ，若满足$|u-u^0|<\delta$，则结束迭代计算。否则，令 $u^0= u$，返回到步骤(2)，重复上述计算，直到满足精度要求为止。

(6)除本章第三节已给出的参数外，其余主要参数为

$$\Delta L_3 = \sqrt{(Z_G - \Delta L_1)^2 - X_G(2R_2 - X_G)} - u \tag{5-115}$$

$$\tan\omega_D = \frac{\sin\alpha_C \sin\alpha_F \sin(\phi_F - \phi_C)}{\cos\alpha_C \cos\varepsilon_4 - \cos\alpha_F} \tag{5-116}$$

$$\Delta L_4 = \frac{\pi}{180} R_4 \varepsilon_4 \tag{5-117}$$

二、连续导向控制方案

在满足井眼轨迹控制要求的前提下，如果能用最少甚至 1 套钻具组合实现连续导向钻进，就会减少更换钻具和起下钻次数，从而提高钻井时效。在软着陆轨迹控制条件下，基于空间圆弧模型的连续导向控制方案为"直线段—圆弧段—圆弧段—直线段"，其中两个圆弧段的井眼曲率相等。连续导向控制方案可看作是一般软着陆控制方案的特例，它没有中间直线段且两个圆弧段的井眼曲率相等，如图 5-8 所示。

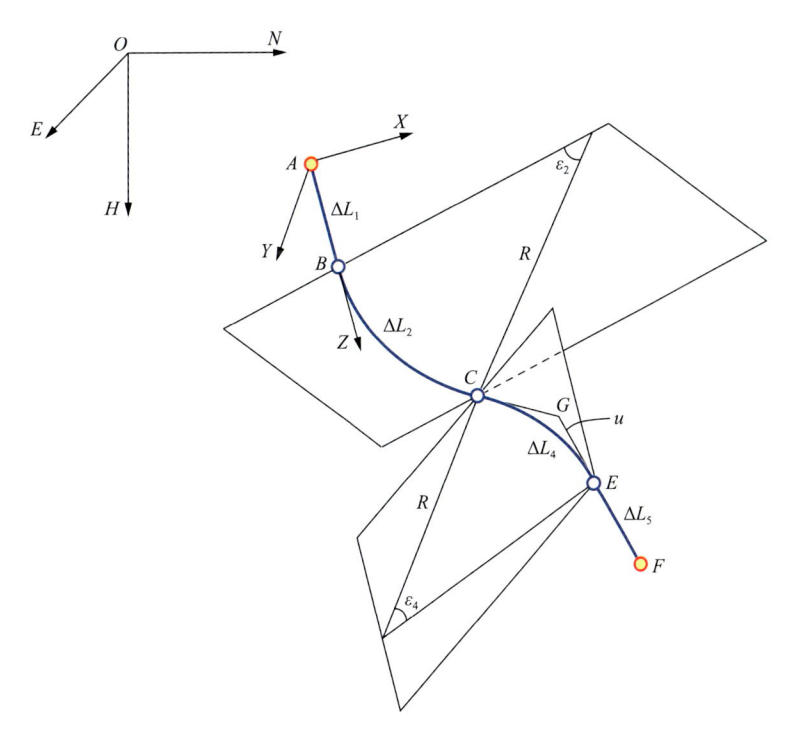

图 5-8 基于空间圆弧模型的连续导向控制方案

仿照一般软着陆控制方案的设计方法，但将两个圆弧段的曲率半径 $R_2=R_4=R$ 作为待求参数，其具体设计方法和步骤如下[13-15]：

(1) 设第二圆弧段的切线段长度 $|\overline{CG}|=|\overline{EG}|=u$，则根据目标点 F 处的空间坐标及井眼方向、末尾直线段的段长 ΔL_5 和 u 值便可确定 G 点的位置。

(2) 设第二圆弧段切线段长度 u 的迭代初值为 u^0，则 G 点的空间坐标为

$$\begin{cases} N_G = N_F - (\Delta L_5 + u^0)\sin\alpha_F \cos\phi_F \\ E_G = E_F - (\Delta L_5 + u^0)\sin\alpha_F \sin\phi_F \\ H_G = H_F - (\Delta L_5 + u^0)\cos\alpha_F \end{cases} \tag{5-118}$$

(3) 利用本章第三节中的多井段控制方案设计方法，计算标架坐标系 XYZ 各坐标轴上单位坐标向量在井口坐标系 NEH 下的方向余弦，得到 $\boldsymbol{a}=(a_N,a_E,a_H)$，$\boldsymbol{b}=(b_N,b_E,b_H)$，$\boldsymbol{c}=(c_N,c_E,c_H)$。

(4) 计算交点 G 在标架坐标系 XYZ 下的坐标：

$$\begin{bmatrix} X_G \\ Y_G \\ Z_G \end{bmatrix} = \begin{bmatrix} a_N & a_E & a_H \\ b_N & b_E & b_H \\ c_N & c_E & c_H \end{bmatrix} \begin{bmatrix} N_G - N_A \\ E_G - E_A \\ H_G - H_A \end{bmatrix} \tag{5-119}$$

(5) 计算圆弧段的曲率半径：

$$R = \frac{X_G^2 + (Z_G - \Delta L_1)^2 - (u^0)^2}{2X_G} \tag{5-120}$$

(6) 计算第一圆弧段的弯曲角

$$\tan\frac{\varepsilon_2}{2} = \begin{cases} \dfrac{X_G}{2(Z_G - \Delta L_1)}, & 若 2R = X_G 时 \\ \dfrac{(Z_G - \Delta L_1) - u^0}{2R - X_G}, & 若 2R \neq X_G 时 \end{cases} \tag{5-121}$$

(7) 计算 2 个圆弧段连接点的井斜角和方位角

$$\begin{cases} \cos\alpha_C = c_H \cos\varepsilon_2 + a_H \sin\varepsilon_2 \\ \tan\phi_C = \dfrac{c_E \cos\varepsilon_2 + a_E \sin\varepsilon_2}{c_N \cos\varepsilon_2 + a_N \sin\varepsilon_2} \end{cases} \tag{5-122}$$

(8) 计算第二圆弧段的切线段长度：

$$u = R \tan\frac{\varepsilon_4}{2} \tag{5-123}$$

其中

$$\cos\varepsilon_4 = \cos\alpha_C \cos\alpha_F + \sin\alpha_C \sin\alpha_F \cos(\phi_F - \phi_C)$$

(9) 对于预先给定的设计精度 δ，若满足 $|u-u^0|<\delta$，则结束迭代计算。否则，令 $u^0 = u$，返回到步骤(2)，重复上述计算，直到满足精度要求为止。

(10) 计算 2 个圆弧段的段长和初始主法线角：

$$\begin{cases} \Delta L_2 = \dfrac{\pi}{180} R \varepsilon_2 \\ \tan\omega_2 = \dfrac{a_N \sin\phi_A - a_E \cos\phi_A}{a_H} \sin\alpha_A \end{cases} \tag{5-124}$$

$$\begin{cases} \Delta L_4 = \dfrac{\pi}{180} R \varepsilon_4 \\ \tan\omega_4 = \dfrac{\sin\alpha_C \sin\alpha_F \sin(\phi_F - \phi_C)}{\cos\alpha_C \cos\varepsilon_4 - \cos\alpha_F} \end{cases} \tag{5-125}$$

这样，基于上述参数和空间圆弧模型便可算得软着陆轨迹的节点及分点数据。

第五节　导向钻具几何造斜率

工具造斜率是评价工具性能的重要指标，合理设计和准确预测造斜工具的造斜率是实现导向钻井的技术关键。弯壳体导向钻具的长度短、刚度大、变形小，因此基于几何形状可估算工具造斜率，并称之为几何造斜率[16-21]。

一、三点定圆原理

圆的一般方程为

$$x^2 + y^2 + Ax + By + C = 0 \tag{5-126}$$

在实数域内，须满足

$$A^2 + B^2 - 4C > 0 \tag{5-127}$$

此时，圆的曲率半径为

$$R = \frac{1}{2}\sqrt{A^2 + B^2 - 4C} \tag{5-128}$$

三个非共线点确定一个圆。若这三个点的坐标分别为(x_1, y_1)、(x_2, y_2)和(x_3, y_3)，则圆的方程为[16-19]

$$\begin{vmatrix} x^2 + y^2 & x & y & 1 \\ x_1^2 + y_1^2 & x_1 & y_1 & 1 \\ x_2^2 + y_2^2 & x_2 & y_2 & 1 \\ x_3^2 + y_3^2 & x_3 & y_3 & 1 \end{vmatrix} = 0 \tag{5-129}$$

如图 5-9 所示，若将坐标系原点选在 1 点上，并使 y 轴通过 2 点，则有 $x_1 = y_1 = x_2 = 0$，此时式(5-129)简化为[16-19]

$$D(x^2 + y^2) + Ex + Fy = 0 \tag{5-130}$$

式中

$$D = \begin{vmatrix} 0 & y_2 \\ x_3 & y_3 \end{vmatrix} = -x_3 y_2$$

$$E = -\begin{vmatrix} y_2^2 & y_2 \\ x_3^2 + y_3^2 & y_3 \end{vmatrix} = y_2\left[(x_3^2 + y_3^2) - y_2 y_3\right]$$

$$F = \begin{vmatrix} y_2^2 & 0 \\ x_3^2 + y_3^2 & x_3 \end{vmatrix} = x_3 y_2^2$$

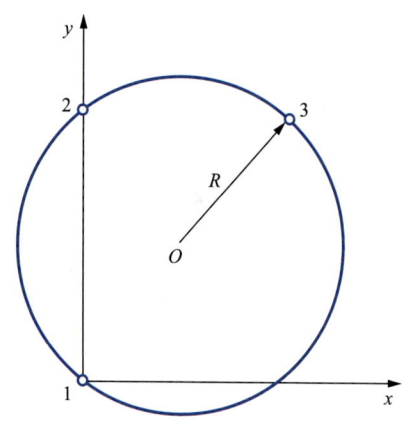

图 5-9 三点定圆原理

对比式(5-126)和式(5-130)，得

$$A = \frac{E}{D}, \quad B = \frac{F}{D}, \quad C = 0 \tag{5-131}$$

此时，成圆条件为 $D \neq 0$，圆的曲率半径为

$$R = \frac{1}{2|D|}\sqrt{E^2 + F^2} \tag{5-132}$$

于是，圆的曲率为[16-19]

$$\kappa = \frac{180}{\pi} \frac{2|x_3|}{\sqrt{(x_3 y_2)^2 + \left(x_3^2 + y_3^2 - y_2 y_3\right)^2}} \tag{5-133}$$

可见，通过合理选择坐标系，使三点定圆公式大为简化。只需给出 y_2、x_3 和 y_3 3 个参数值，便可计算出圆的曲率半径和曲率。

二、几何造斜率预测

导向钻具的几何造斜率与坐标系无关，但合理选取坐标系可简化计算。定圆点是决定几何造斜率的关键，一般选在稳定器中心和钻头上。

1. 单弯导向钻具

弯壳体导向钻具一般都与稳定器配合使用，并且按结构弯角数量分为单弯钻具和双弯钻具。典型的单弯导向钻具如图 5-10 所示。

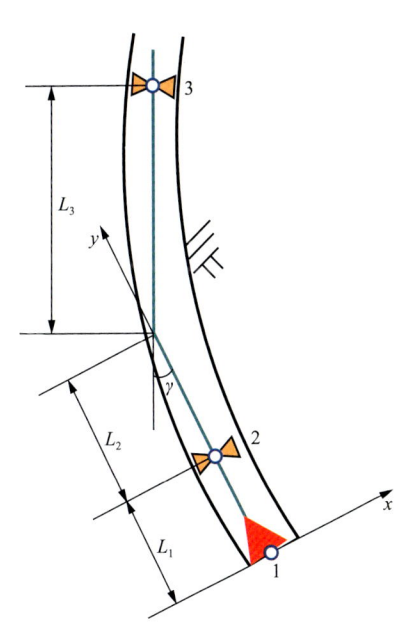

图 5-10 单弯导向钻具示意图

若选定如图 5-10 所示的定圆点并建立坐标系，则有

$$\begin{cases} y_2 = L_1 \\ x_3 = L_3 \sin\gamma \\ y_3 = L_1 + L_2 + L_3 \cos\gamma \end{cases} \tag{5-134}$$

式中，γ 为结构弯角，(°)；L_1 为下稳定器到钻头的距离，m；L_2 为弯曲肘点到下稳定器的距离，m；L_3 为上稳定器到弯曲肘点的距离，m。

将式(5-134)代入式(5-133)，得[16-19]

$$\kappa = \frac{180}{\pi} \frac{2L_3 \sin\gamma}{\sqrt{L_1^2 L_3^2 \sin^2\gamma + \left[L_2^2 + 2L_2 L_3 \cos\gamma + L_3^2 + L_1(L_2 + L_3 \cos\gamma)\right]^2}} \tag{5-135}$$

通常，结构弯角 γ 很小，可近似为 $\cos\gamma \approx 1$、$\sin\gamma \approx \gamma$ 及 $\sin\gamma \approx 0$，于是有

$$\kappa = \lambda \frac{2\gamma}{L_T} \tag{5-136}$$

式中

$$\lambda = \frac{L_3}{L_S}$$
$$L_S = L_2 + L_3$$
$$L_T = L_1 + L_S$$

L_S 为稳定器间的钻具长度，m；L_T 为从上稳定器到钻头的钻具总长度，m；λ 为弯角位置影响因子，无因次。

Karlsson 公式[20,21]与弯角位置无关，显然不符合实际。与之相比，式(5-136)增加了弯角位置影响因子，能体现弯角位置对几何造斜率的影响。

2. 双弯导向钻具

与单弯导向钻具相比，在几何造斜率相同的条件下，双弯导向钻具的结构弯角和钻头偏移量小，在套管内更容易通过[18,19]。

双弯导向钻具可分为同体双弯和分体双弯。同体双弯的两个结构弯角都在井下马达的本体上，即双弯壳体钻具；而分体双弯则是一个结构弯角在井下马达的本体上，再配一个弯接头。双弯导向钻具还分为同向双弯和反向双弯，分别如图 5-11 和图 5-12 所示。

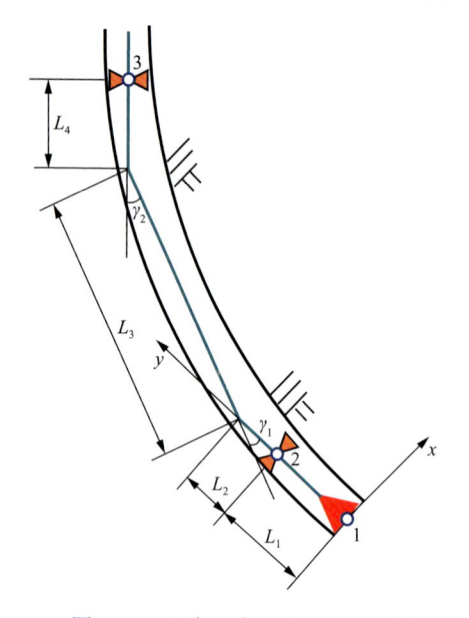

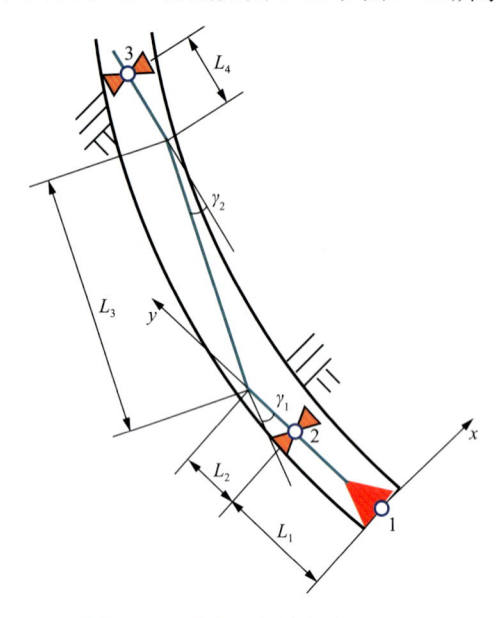

图 5-11　同向双弯导向钻具示意图　　　图 5-12　反向双弯导向钻具示意图

若选定如图 5-11 和图 5-12 所示的定圆点及坐标系，则有

$$\begin{cases} y_2 = L_1 \\ x_3 = L_3 \sin\gamma_1 + L_4 \sin(\gamma_1 + \gamma_2) \\ y_3 = L_1 + L_2 + L_3 \cos\gamma_1 + L_4 \cos(\gamma_1 + \gamma_2) \end{cases} \quad (5\text{-}137)$$

式中，γ_1 为下结构弯角，(°)；γ_2 为上结构弯角，(°)；L_3 为两个结构弯角间的距离，m；L_4 为上稳定器到上结构弯角的距离，m。

结构弯角 γ_1 和 γ_2 都很小，因此将式(5-137)代入式(5-133)，经整理得[16-19]

$$\kappa = \frac{2(\lambda_1 \gamma_1 + \lambda_2 \gamma_2)}{L_T} \quad (5\text{-}138)$$

式中

$$\lambda_1 = \frac{L_3 + L_4}{L_S}$$

$$\lambda_2 = \frac{L_4}{L_S}$$

式(5-138)对同向双弯和反向双弯导向钻具都适用。同向双弯钻具的 γ_2 取正值，反向双弯钻具的 γ_2 取负值。

3. 稳定器尺寸的影响

稳定器与井壁之间的间隙对工具造斜率有明显影响，其中近钻头稳定器尤为突出。假设近钻头稳定器与下井壁接触，则上稳定器的坐标为[17]

$$\begin{cases} x_{3,\delta} = x_3 + \dfrac{L}{L_1}\delta\cos\beta \\ y_{3,\delta} = y_3 - \dfrac{L}{L_1}\delta\sin\beta \end{cases} \tag{5-139}$$

式中

$$\begin{cases} \tan\beta = \dfrac{L_3\sin\gamma}{L_1 + L_2 + L_3\cos\gamma} \\ L = (L_1 + L_2)\cos\beta + L_3\cos(\beta - \gamma) \end{cases}, \quad 单弯导向钻具$$

$$\begin{cases} \tan\beta = \dfrac{L_3\sin\gamma_1 + L_4\sin(\gamma_1 + \gamma_2)}{L_1 + L_2 + L_3\cos\gamma_1 + L_4\cos(\gamma_1 + \gamma_2)} \\ L = (L_1 + L_2)\cos\beta + L_3\cos(\beta - \gamma_1) + L_4\cos(\beta - \gamma_1 - \gamma_2) \end{cases}, \quad 双弯导向钻具$$

δ 为下稳定器与井壁之间的间隙，m；$x_{3,\delta}$ 和 $y_{3,\delta}$ 为考虑间隙影响的上稳定器坐标，m。

同理，可求得近钻头稳定器与上井壁接触时的上稳定器坐标。

结构弯角很小，因此将式(5-139)代入式(5-133)，经简化整理得[17-19]

$$\kappa = \kappa_\gamma + \kappa_\delta \tag{5-140}$$

式中

$$\kappa_\delta = \pm\frac{360}{\pi}\frac{\delta}{L_1 L_S}$$

κ_γ 为不考虑间隙影响的几何造斜率，(°)/m；κ_δ 为因间隙产生的几何造斜率，(°)/m。其中，负号和正号分别表示近钻头稳定器与上下井壁接触。

4. 单双弯钻具的等效关系

将双弯钻具等效为单弯钻具可以简化双弯钻具几何造斜率与结构参数间的关系,并易于与单弯钻具对比,从而便于优选和设计弯壳体导向钻具。

如图 5-13 所示,基于几何分析,可以得到如下等效关系[19,22]:

$$\begin{cases} \gamma^e = \gamma_1 + \gamma_2 \\ L_2^e = L_2 + l_1 \\ L_3^e = L_4 + l_2 \end{cases} \tag{5-141}$$

式中

$$\begin{cases} l_1 = \dfrac{\sin \gamma_2}{\sin(\gamma_1 + \gamma_2)} L_3 \\ l_2 = \dfrac{\sin \gamma_1}{\sin(\gamma_1 + \gamma_2)} L_3 \end{cases}$$

γ^e、L_2^e 和 L_3^e 分别为双弯钻具等效为单弯钻具后的结构弯角和弯角位置参数。

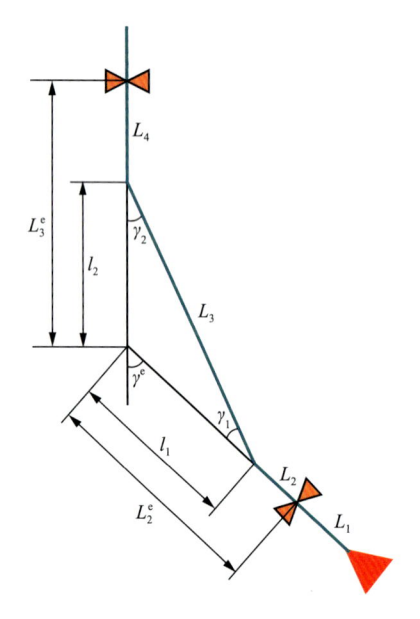

图 5-13 单双弯钻具的等效原理

三、导向钻具结构尺寸设计

基于几何造斜率设计弯壳体导向钻具,主要有以下 3 种方法[17-19]。

(1)解析法。解析法只适用于设计部分结构参数,包括单弯钻具的结构弯角、单双弯钻具的首跨长度和稳定器尺寸。

①单弯钻具的结构弯角：

$$\gamma = \frac{(\kappa \pm \kappa_\delta)L_T}{2\lambda} \tag{5-142}$$

②单双弯钻具的首跨长度：

$$L_1 = \sqrt{b^2 + 2c} + b \tag{5-143}$$

式中

$$b = \begin{cases} \dfrac{\lambda\gamma}{\kappa} - \dfrac{L_S}{2} + \dfrac{c}{L_S}, & \text{单弯钻具} \\ \dfrac{\lambda_1\gamma_1 + \lambda_2\gamma_2}{\kappa} - \dfrac{L_S}{2} + \dfrac{c}{L_S}, & \text{双弯钻具} \end{cases}$$

$$c = \pm \frac{180}{\pi}\frac{\delta}{\kappa}$$

特别地，当间隙 $\delta = 0$ 时，有

$$L_1 = \begin{cases} \dfrac{2\lambda\gamma}{\kappa} - L_S, & \text{单弯钻具} \\ \dfrac{2(\lambda_1\gamma_1 + \lambda_2\gamma_2)}{\kappa} - L_S, & \text{双弯钻具} \end{cases} \tag{5-144}$$

③近钻头稳定器尺寸：近钻头稳定器与井壁的间隙为

$$\delta = \begin{cases} \dfrac{\pi}{180}\left(\dfrac{\kappa L_T}{2} - \lambda\gamma\right)\dfrac{L_1 L_S}{L_T}, & \text{单弯钻具} \\ \dfrac{\pi}{180}\left[\dfrac{\kappa L_T}{2} - (\lambda_1\gamma_1 + \lambda_2\gamma_2)\right]\dfrac{L_1 L_S}{L_T}, & \text{双弯钻具} \end{cases} \tag{5-145}$$

间隙 δ 的计算结果有正负值，分别表示近钻头稳定器与下井壁和上井壁接触。

(2)枚举法。结构弯角并非连续变化，而是在一定范围内有若干个可选值。通常结构弯角不超过 3°，并按 0.25° 分级，且双弯钻具的下弯角一般大于上弯角。因此，可用枚举法计算出各种结构弯角组合所对应的几何造斜率，并从中甄选出合理的结构弯角组合。

对于给定的预期造斜率，双弯导向钻具的结构弯角应满足

$$\lambda_1\gamma_1 + \lambda_2\gamma_2 = \frac{L_T}{2}(\kappa \pm \kappa_\delta) \tag{5-146}$$

当然，也可以先给出一个结构弯角，然后用解析法确定另一个结构弯角。

(3)迭代法。稳定器位置常以某段钻具的长度来确定,可将某段钻具长度作为自变量,

基于给定的几何造斜率用迭代法求得。

总之，导向钻具的几何造斜率直观地体现了钻具结构参数与造斜率间的相互关系，突出了关键因素对导向钻具造斜率的贡献，方法简单实用。但这种方法假设钻具为刚性，而且没有考虑地层特性、井眼轨迹、钻进参数等因素影响，因此几何造斜率一般高于实际造斜率。从某种意义上来说，弯壳体导向钻具的几何造斜率接近于其最大造斜率。

第六节　地层-钻具-轨迹系统

现行井眼轨迹预测方法需要先基于钻具组合力学特性分析计算出钻头力，然后再基于钻头与地层相互作用模型计算出三维钻速，并据此预测井眼方向[3-5]。但是，这样算得的井眼方向是在当前井底处"应该"钻达的井斜角和方位角，并非前方预测井段上某点处的井斜角和方位角。因此，这种方法只能定性推断井斜角和方位角的增减趋势，却不能定量预测"继续钻进若干井深所达到的井斜角和方位角"。另一方面，井眼轨迹控制可视为井眼轨迹预测的逆运算，要按预期井眼轨迹设计出造斜工具的定向造斜特性，显然基于上述方法更难实现。为解决井眼轨迹定量预测与控制问题，在此通过构建地层-钻具-轨迹系统及地层、钻具和轨迹三者间的约束关系，探索了井眼轨迹预测与控制新方法以及地层自然造斜特性反演技术。

一、系统构成及特性表征

在转盘、顶驱等地面动力和螺杆、涡轮等井下马达驱动下，造斜工具控制钻头破碎地层岩体，形成井眼轨迹。因此，地层岩体、造斜工具和井眼轨迹构成一个系统，简称为地层-钻具-轨迹系统。

（一）井眼轨迹挠曲特性

井眼轨道的挠曲形态用挠曲参数来表征。为满足不同需求，人们定义了很多挠曲参数，但这些挠曲参数并非都相互独立。

为建立井眼轨道挠曲形态与挠曲参数之间的唯一对应关系，需要将挠曲参数分组，使得每组内和各组间的挠曲参数都相互独立。在三维空间内，因为需要用2个挠曲参数来表征井眼轨道的挠曲形态，所以每组都包含2个挠曲参数。常用的挠曲参数及分组有[13]：井斜变化率和方位变化率($\kappa_\alpha, \kappa_\phi$)、垂直剖面图和水平投影图上的井眼曲率($\kappa_v, \kappa_h$)、井眼曲率和主法线角($\kappa, \omega$)等。

这样，任一组挠曲参数都能唯一确定井眼轨道的挠曲形态，反之亦然。而且，各组挠曲参数间可以互算，即由任一组挠曲参数都能算得其他的挠曲参数。第一章已经给出了各组挠曲参数间的互算关系式，其中井眼曲率和主法线角(κ, ω)与井斜变化率和方位变化率($\kappa_\alpha, \kappa_\phi$)间的互算关系式为

$$\begin{cases} \kappa_\alpha = \kappa \cos\omega \\ \kappa_\phi = \kappa \dfrac{\sin\omega}{\sin\alpha} \end{cases} \quad (5\text{-}147)$$

$$\begin{cases} \kappa = \sqrt{\kappa_\alpha^2 + \kappa_\phi^2 \sin^2\alpha} \\ \tan\omega = \dfrac{\kappa_\phi}{\kappa_\alpha}\sin\alpha \end{cases} \quad (5\text{-}148)$$

(二)钻具定向造斜特性

造斜工具的定向造斜特性用造斜率 κ_t 和工具面角 ω_t 来表征,其中造斜率 κ_t 用于表征造斜工具的造斜能力,工具面角 ω_t 用于表征造斜工具的工作姿态并确定定向方向[23]。

如图 5-14 所示,在井底点 P 处,井眼轨道的单位切线向量 t 指示了井眼方向,垂直于向量 t 的平面称为井底平面。过向量 t 的铅垂平面称为井斜平面,造斜工具所在或所指示的平面称为工具面。在井底平面与工具面的交线上,从 P 点指向钻头的方向称为定向方向,用单位向量 $\boldsymbol{n}_t$ 表示。井眼高边方向用单位向量 $\boldsymbol{h}$ 表示,按定义它位于井底平面与井斜平面的交线上,且指向增井斜方向。

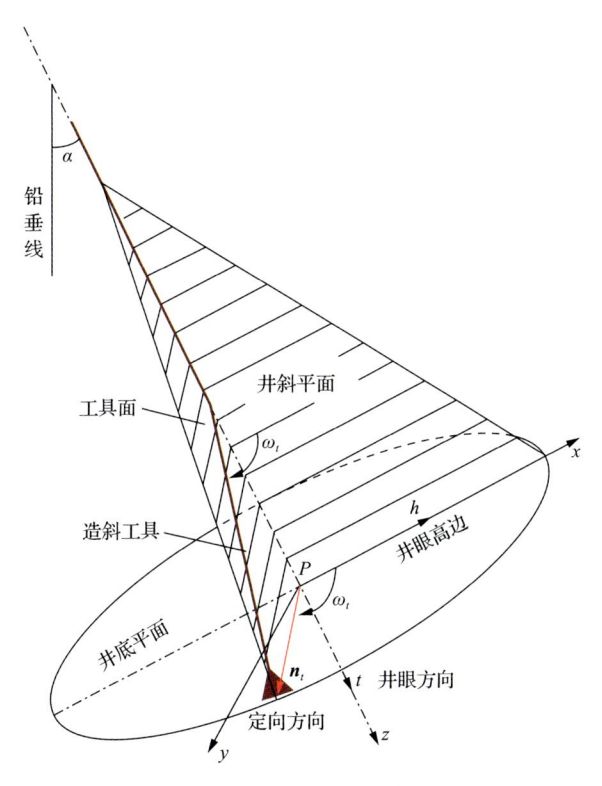

图 5-14 工具面角示意图

工具面角 ω_t 是指绕井眼方向线即向量 t 自井斜平面顺时针转至工具面所形成的角度。显然，工具面角 ω_t 是工具面与井斜平面之间的夹角，也是定向方向 n_t 与井眼高边 h 之间的夹角，但具有方向性[13,23]。

当井斜角 $\alpha=0°$ 时，因为不存在井眼高边，所以无法使用工具面角 ω_t 进行定向，而应使用定向方向 n_t 的方位角。石油工程常使用磁性测斜仪，实测方位角为磁方位角。为区别这两个定向参数，常将定向方向 n_t 的实测方位角称为磁性工具面角，而将工具面角 ω_t 也称为高边工具面角或重力工具面角。

需要指出[7,23]：①高边工具面角与磁性工具面角具有明显区别，前者是定向方向 n_t 与井眼高边 h 之间的夹角，后者是定向方向 n_t 的水平投影与磁北方向的夹角，即定向方向 n_t 的磁方位角；②当用造斜工具定向时，方位角的参考基准并非局限于磁北方向。例如，当使用陀螺仪定向时，方位角的参考基准应为真北方向。因此，用定向方位角来替代磁性工具面角更合理；③工具面角和定向方位角都存在定向奇异点，工具面角的定向奇异点为井斜角 $\alpha=0°$ 和 $\alpha=180°$，定向方位角的定向奇异点为井斜角 $\alpha=90°$。只有二者互为补充，才能解决造斜工具的定向问题；④当井斜角较小且不为零时，虽然存在井眼高边，但稳定性差，此时也应使用定向方位角进行定向。按行业惯例，当井斜角小于 $3°\sim 8°$ 时使用定向方位角，否则使用高边工具面角或简称工具面角。

事实上，工具面角与定向方位角的功用相同。除定向奇异点外，二者均可用于造斜工具的定向，且可相互换算。基于工具面角 ω_t 和定向方位角 ϕ_w 的定义，可得到二者间的关系式为[7,23]

$$\begin{cases} \tan\omega_t = \tan(\phi_w-\phi)\cos\alpha \\ \tan\phi_w = \dfrac{\cos\alpha\sin\phi\cos\omega_t+\cos\phi\sin\omega_t}{\cos\alpha\cos\phi\cos\omega_t-\sin\phi\sin\omega_t} \end{cases} \tag{5-149}$$

当井斜角较小或接近 180°时，式(5-149)可简化为

$$\begin{cases} \phi_w \approx \phi+\omega_t, & \text{当井斜角较小时} \\ \phi_w \approx \phi-\omega_t, & \text{当井斜角接近180°时} \end{cases} \tag{5-150}$$

需要说明的是，在式(5-149)和式(5-150)中，定向方位角 ϕ_w 为真方位角。真方位角与磁方位角之间的换算涉及磁偏角，详见第二章第三节。因此，当使用定向方位角 ϕ_w 定向时，应注意参考基准并进行归算。

(三)地层自然造斜特性

地层岩体往往具有正交各向异性，沿地层倾向、走向和法向的抗载强度、硬度及可钻性等物理和力学性质互不相同[4]，所以可基于地层倾向、走向和法向来表征地层岩体的自然造斜特性及规律。

如图 5-15 所示，基于地层倾向、走向和法向，建立地层坐标系 $\xi\eta\zeta$，其中 ξ 轴指向地层上倾方向，ζ 轴指向地层法向，η 轴垂直于 ξ 轴和 ζ 轴指向地层走向。在地层坐标系 $\xi\eta\zeta$ 下，若地层自然造斜率为 κ_f、地层自然造斜方向的单位向量为 $\boldsymbol{n}_f$，则地层自然造斜率 κ_f 在地层坐标系 $\xi\eta\zeta$ 各坐标轴上的分量为

$$\begin{bmatrix} \kappa_{\xi,f} \\ \kappa_{\eta,f} \\ \kappa_{\zeta,f} \end{bmatrix} = \begin{bmatrix} \kappa_f \sin\alpha_f \cos\phi_f \\ \kappa_f \sin\alpha_f \sin\phi_f \\ \kappa_f \cos\alpha_f \end{bmatrix} \tag{5-151}$$

式中，κ_f 为地层自然造斜率，(°)/m；α_f 为向量 $\boldsymbol{n}_f$ 与 ζ 轴间的夹角，简称地层造斜的法向张角，(°)；ϕ_f 为向量 $\boldsymbol{n}_f$ 在地层平面上的投影与 ξ 轴间的夹角，简称地层造斜的上倾转角，(°)。

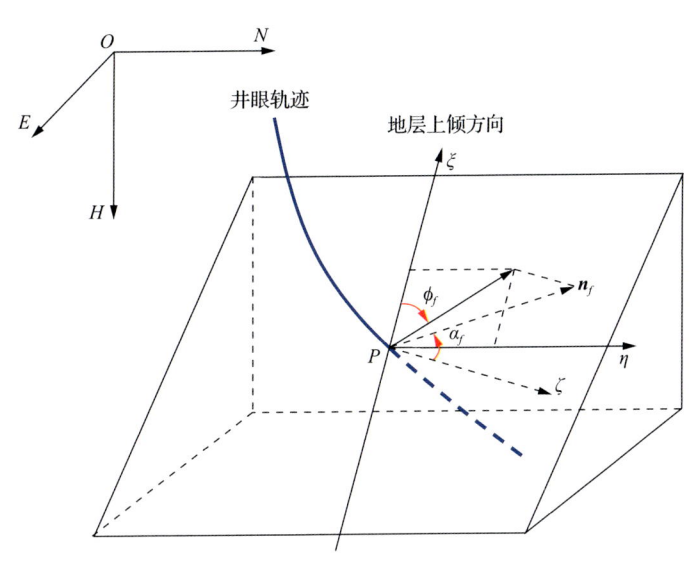

图 5-15　正交各向异性地层的自然造斜特性

二、系统内相互作用及约束关系

造斜工具对井眼轨迹的影响效果，可用井斜变化率和方位变化率来表征。为简便，由造斜工具所产生的井斜变化率和方位变化率分别简称为工具井斜率 $\kappa_{\alpha,t}$ 和工具方位率 $\kappa_{\phi,t}$。基于造斜工具的定向造斜特性 (κ_t, ω_t)，工具井斜率 $\kappa_{\alpha,t}$ 和工具方位率 $\kappa_{\phi,t}$ 分别为

$$\begin{cases} \kappa_{\alpha,t} = \kappa_t \cos\omega_t \\ \kappa_{\phi,t} = \kappa_t \dfrac{\sin\omega_t}{\sin\alpha} \end{cases} \tag{5-152}$$

式中，κ_t 为工具造斜率，(°)/m；ω_t 为工具面角，(°)；$\kappa_{\alpha,t}$ 为工具井斜率，(°)/m；$\kappa_{\phi,t}$ 为工具方位率，(°)/m。

同理，地层自然造斜对井眼轨迹的贡献也用井斜变化率和方位变化率来表征，由地层自然造斜所产生的井斜变化率和方位变化率简称地层井斜率 $\kappa_{\alpha,f}$ 和地层方位率 $\kappa_{\phi,f}$。于是，基于地层岩体的自然造斜特性（$\kappa_f, \alpha_f, \phi_f$），地层井斜率 $\kappa_{\alpha,f}$ 和地层方位率 $\kappa_{\phi,f}$ 分别为

$$\begin{cases} \kappa_{\alpha,f} = \kappa_f \left[c_f \cos(\phi-\psi) + b_f \sin(\phi-\psi) \right] \cos\alpha + \kappa_f d_f \sin\alpha \\ \kappa_{\phi,f} = \kappa_f \left[b_f \cos(\phi-\psi) - c_f \sin(\phi-\psi) \right] / \sin\alpha \end{cases} \tag{5-153}$$

式中

$$\begin{cases} b_f = \sin\alpha_f \sin\phi_f \\ c_f = \sin\alpha_f \cos\phi_f \cos\beta + \cos\alpha_f \sin\beta \\ d_f = \sin\alpha_f \cos\phi_f \sin\beta - \cos\alpha_f \cos\beta \end{cases}$$

式中，$\kappa_{\alpha,f}$ 为地层井斜率，(°)/m；$\kappa_{\phi,f}$ 为地层方位率，(°)/m；β 为地层倾角，(°)；ψ 为地层上倾方位角，(°)；b_f、c_f 和 d_f 均为仅与地层参数有关的系数。

造斜工具与地层岩体相互作用形成井眼轨迹，即井眼轨迹是造斜工具与地层岩体的耦合作用结果。井眼轨迹的弯曲程度和弯曲方向分别用井眼曲率 κ 和主法线方向 $\boldsymbol{n}$ 表征。在井眼轨迹的主法线方向 $\boldsymbol{n}$ 上，井眼曲率 κ 应等于工具造斜率 κ_t 和地层自然造斜率 κ_f 投影的矢量和。于是，地层岩体、造斜工具和井眼轨迹三者间的约束关系为

$$\kappa\boldsymbol{n} = \kappa_t (\boldsymbol{n}_t \cdot \boldsymbol{n})\boldsymbol{n} + \kappa_f (\boldsymbol{n}_f \cdot \boldsymbol{n})\boldsymbol{n} \tag{5-154}$$

在井眼轨迹法面上，正交分解式(5-154)得

$$\begin{cases} \kappa_\alpha = \kappa_t \cos\omega_t + \kappa_{\alpha,f} \\ \kappa_\phi = \kappa_t \dfrac{\sin\omega_t}{\sin\alpha} + \kappa_{\phi,f} \end{cases} \tag{5-155}$$

若不考虑地层自然造斜对井眼轨迹的影响，则式(5-155)简化为

$$\begin{cases} \kappa_\alpha = \kappa_t \cos\omega_t \\ \kappa_\phi = \kappa_t \dfrac{\sin\omega_t}{\sin\alpha} \end{cases} \tag{5-156}$$

及

$$\begin{cases} \kappa = \kappa_t \\ \omega = \omega_t \end{cases} \tag{5-157}$$

三、井眼轨迹预测

井眼轨迹预测是从当前井底向前预测井眼轨迹，需要已知地层岩体的自然造斜特性和造斜工具的定向造斜特性。前者可基于邻井和本井的实钻数据经反演得到，后者可基于造斜工具及施工技术方案获得。

联立式(5-155)和式(5-153)，得

$$\begin{cases} \dfrac{d\alpha}{dL} = \kappa_t \cos\omega_t + \kappa_f \left[c_f \cos(\phi-\psi) + b_f \sin(\phi-\psi) \right] \cos\alpha + \kappa_f d_f \sin\alpha \\ \dfrac{d\phi}{dL} = \kappa_t \dfrac{\sin\omega_t}{\sin\alpha} + \kappa_f \left[b_f \cos(\phi-\psi) - c_f \sin(\phi-\psi) \right]/\sin\alpha \end{cases} \quad (5\text{-}158)$$

当给定造斜工具和地层岩体的特性参数后，式(5-158)就是关于井眼轨迹参数的一阶常微分方程组，自变量是井深 L，因变量是井斜角 α 和方位角 ϕ。若将当前井底处的井深、井斜角和方位角分别记为 L_0、α_0 和 ϕ_0，则式(5-158)的初值条件为

$$\begin{cases} \alpha(L_0) = \alpha_0 \\ \phi(L_0) = \phi_0 \end{cases} \quad (5\text{-}159)$$

利用欧拉法、龙格-库塔法等数值方法[24,25]，可解算由式(5-158)和式(5-159)构成的常微分方程组初值问题，从而实现井眼轨迹的定量预测。

若不考虑地层影响，则上述常微分方程组初值问题简化为

$$\begin{cases} \alpha = \alpha_0 + \int_{L_0}^{L} \kappa_t \cos\omega_t \, dL \\ \phi = \phi_0 + \int_{L_0}^{L} \kappa_t \dfrac{\sin\omega_t}{\sin\alpha} \, dL \end{cases} \quad (5\text{-}160)$$

这样，便可预测任一井深 L 处的井斜角 α 和方位角 ϕ。

四、井眼轨迹控制

井眼轨迹控制的主要任务是确定造斜工具的工具造斜率和工具面角，需要已知地层岩体的自然造斜特性和井眼轨迹的空间挠曲形态。基于实钻数据经反演可得到地层岩体的自然造斜特性，基于井眼轨道设计或随钻修正设计可得到井眼轨迹的空间挠曲形态。

由式(5-155)得，工具造斜率 κ_t 和工具面角 ω_t 满足

$$\begin{cases} \kappa_t \cos\omega_t = \kappa_\alpha - \kappa_{\alpha,f} \\ \kappa_t \dfrac{\sin\omega_t}{\sin\alpha} = \kappa_\phi - \kappa_{\phi,f} \end{cases} \quad (5\text{-}161)$$

在式(5-161)中，按式(5-153)确定地层井斜率 $\kappa_{\alpha,f}$ 和地层方位率 $\kappa_{\phi,f}$，按井眼轨迹预期结果确定井斜角 α、井斜变化率 κ_α 和方位变化率 κ_ϕ。例如，欲钻成空间圆弧轨迹，基

于井眼曲率 κ 和初始主法线角 ω_0 的相关参数计算公式为

$$\begin{cases} \cos\alpha = \cos\alpha_0 \cos\varepsilon - \sin\alpha_0 \cos\omega_0 \sin\varepsilon \\ \kappa_\alpha = \dfrac{\kappa}{\sin\alpha}(\cos\alpha_0 \sin\varepsilon + \sin\alpha_0 \cos\omega_0 \cos\varepsilon) \\ \kappa_\phi = \kappa \dfrac{\sin\alpha_0 \sin\omega_0}{\sin^2\alpha} \end{cases} \quad (5\text{-}162)$$

式中

$$\varepsilon = \kappa(L - L_0)$$

于是，由式(5-161)得，工具造斜率 κ_t 和工具面角 ω_t 为

$$\begin{cases} \kappa_t = \sqrt{\kappa_{\alpha,t}^2 + \kappa_{\phi,t}^2 \sin^2\alpha} \\ \tan\omega_t = \dfrac{\kappa_{\phi,t}}{\kappa_{\alpha,t}} \sin\alpha \end{cases} \quad (5\text{-}163)$$

式中

$$\begin{cases} \kappa_{\alpha,t} = \kappa_\alpha - \kappa_{\alpha,f} \\ \kappa_{\phi,t} = \kappa_\phi - \kappa_{\phi,f} \end{cases}$$

这样，便可算得预期井眼轨迹上任一井深 L 处的工具造斜率 κ_t 和工具面角 ω_t，进而实现井眼轨迹的定量控制。

五、地层自然造斜特性反演

地层岩体的自然造斜特性是客观存在的，只能有效利用而无法控制。基于地层自然造斜规律可将井眼轨道设计为三维漂移轨道，从而利用地层自然造斜规律钻进和中靶，有利于大钻压快速钻进、减少扭方位作业、提高井身质量和降低钻井成本[26-28]。地层自然造斜规律也是井眼轨迹预测与控制的前提条件，要有效预测和控制井眼轨迹必须事先获取地层自然造斜规律。

基于邻井和本井的实钻资料，可获得井眼轨迹的空间挠曲形态和造斜工具的定向造斜特性。进而，基于式(5-155)可算得地层井斜率 $\kappa_{\alpha,f}$ 和地层方位率 $\kappa_{\phi,f}$，即

$$\begin{cases} \kappa_{\alpha,f} = \kappa_\alpha - \kappa_t \cos\omega_t \\ \kappa_{\phi,f} = \kappa_\phi - \kappa_t \dfrac{\sin\omega_t}{\sin\alpha} \end{cases} \quad (5\text{-}164)$$

地层自然造斜对井眼轨迹的影响既与地层特性有关也与井眼方向有关。为得到地层岩体自身的自然造斜特性，需要消除井眼方向的影响效果，即得到基于地层坐标系表征

的自然造斜特性(κ_f, α_f, ϕ_f)。

$$\begin{cases} \kappa_f = \sqrt{\kappa_{\xi,f}^2 + \kappa_{\eta,f}^2 + \kappa_{\zeta,f}^2} \\ \tan\alpha_f = \dfrac{\sqrt{\kappa_{\xi,f}^2 + \kappa_{\eta,f}^2}}{\kappa_{\zeta,f}} \\ \tan\phi_f = \dfrac{\kappa_{\eta,f}}{\kappa_{\xi,f}} \end{cases} \quad (5\text{-}165)$$

式中

$$\begin{cases} \kappa_{\xi,f} = \kappa_{\alpha,f}\left[\cos\alpha\cos\beta\cos(\phi-\psi)+\sin\alpha\sin\beta\right] - \kappa_{\phi,f}\sin\alpha\cos\beta\sin(\phi-\psi) \\ \kappa_{\eta,f} = \kappa_{\alpha,f}\cos\alpha\sin(\phi-\psi) + \kappa_{\phi,f}\sin\alpha\cos(\phi-\psi) \\ \kappa_{\zeta,f} = \kappa_{\alpha,f}\left[\cos\alpha\sin\beta\cos(\phi-\psi)-\sin\alpha\cos\beta\right] - \kappa_{\phi,f}\sin\alpha\sin\beta\sin(\phi-\psi) \end{cases}$$

这样，基于式(5-165)，通过对某区块上多口已钻井和所钻遇地层进行统计分析，便可得到各地层的基于地层坐标系表征的自然造斜规律。

参 考 文 献

[1] 苏义脑. 地质导向钻井技术概况及其在我国的研究进展[J]. 2005, 32(1): 92-95.
[2] 苏义脑. 井下控制工程学概述及其研究进展[J]. 石油勘探与开发, 2018, 45(4): 705-712.
[3] 白家祉, 苏义脑. 井斜控制理论与实践[M]. 北京: 石油工业出版社, 1990.
[4] 高德利, 刘希圣, 徐秉业. 井眼轨迹控制[M]. 东营: 石油大学出版社, 1994.
[5] Ho H S. Prediction of drilling trajectory in directional wells via a new rock-bit interaction model[R]. SPE 16658, 1987.
[6] 刘修善, 郭钧. 空间圆弧轨道的描述与计算[J]. 天然气工业, 2000, 20(5): 44-47.
[7] 刘修善, 王超. 空间圆弧轨迹的解析描述技术[J]. 石油学报, 2014, 35(1): 134-140.
[8] 韩志勇. 斜面圆弧形井眼的轨迹控制新模式[J]. 石油钻探技术, 2004, 32(2): 1-3.
[9] 刘修善, 苏义脑. 空间圆弧轨迹的井斜演化规律及控制模式[J]. 石油勘探与开发, 2014, 41(3): 354-358.
[10] 刘修善, 王珊, 贾仲宣, 等. 井眼轨道设计理论与描述方法[M]. 哈尔滨: 黑龙江科学技术出版社, 1993.
[11] 韩志勇. 定向钻井设计与计算[M]. 第2版. 东营: 中国石油大学出版社, 2007.
[12] 刘修善, 苏义脑. 井斜控制方案设计方法[J]. 石油学报, 2015, 36(7): 890-896.
[13] 刘修善. 井眼轨道几何学[M]. 北京: 石油工业出版社, 2006.
[14] Liu X S, Shi Z H. Improved method makes a soft landing of well path[J]. Oil & Gas Journal, 2001, 99(43): 47-51.
[15] 刘修善, 石在虹. 给定井眼方向的修正轨道设计方法[J]. 石油学报, 2002, 23(2): 72-76.
[16] 刘修善. 导向钻具几何造斜率的实用计算方法[J]. 天然气工业, 2005, 25(11): 50-52.
[17] 刘修善, 王成萍, 程安林. 弯壳体导向钻具的设计方法[J]. 石油钻采工艺, 2005, 27(4): 18-20, 23.
[18] 刘修善, 何树山, 邹野. 导向钻具几何造斜率的研究[J]. 石油学报, 2004, 25(6): 83-87.
[19] Liu X S. Improved method evaluates deflection performance of bent housing motors[J]. Oil & Gas Journal, 2005, 103(12): 42-46.
[20] Karlsson H, Brassfield T. Performance drilling optimization[J]. SPE 13474, 1985.

[21] Karlsson H, Cobbley R, Jaques G E. New developments in short-, medium-, and long-radius lateral drilling[R]. SPE 18706, 1989.

[22] 苏义脑, 唐雪平, 高兰. 双弯与三弯钻具对单弯钻具的等效问题[J]. 石油学报, 2002, 23(2): 77-81.

[23] 刘修善. 导向钻具定向造斜方程及井眼轨迹控制机制[J]. 石油勘探与开发, 2017, 44(5): 788-793.

[24] 李庆扬, 王超能, 易大义, 等. 数值分析[M]. 第4版. 北京: 清华大学出版社, 2003.

[25] 张韵华, 奚梅成, 陈效群, 等. 数值计算方法与算法[M]. 第2版. 北京: 科学出版社, 2006.

[26] Liu X S, Shi Z H. Technique yields exact solution for planning bit-walk paths[J]. Oil & Gas Journal, 2002, 100(5): 45-50.

[27] Liu X S. New techniques accurately model and plan 3D well paths based on formation's deflecting behaviors[R]. IADC/SPE 115024, 2008.

[28] Liu X S, Samuel G R. Catenary well profiles for extended and ultra-extended reach wells[R]. SPE 124313, 2009.